Oracle

Hadoop

DB2

Snowflake

PostgreSQL

System R

A Brief History of
Database Management
Systems

dBASE

数据库简史

MySQL

盖国强 著

MogDB

Ingres

openGauss

TDSQL

PolarDB

OceanBase

PolarDB

U0262154

人 民 邮 电 出 版 社

北 京

图书在版编目（CIP）数据

数据库简史 / 盖国强著. -- 北京 ：人民邮电出版
社, 2024. -- ISBN 978-7-115-63863-2

Ⅰ. TP311-09

中国国家版本馆 CIP 数据核字第 2024LZ5431 号

内 容 提 要

　　本书讲述了数据库技术的发展史，从数据和数据库始，到区块链和大模型止，全面介绍了数据库技术的发展历程，包括数据库领域天才科学家、产品先行者的贡献，以及中国数据库的探索和发展格局，并试图对中国数据库的根社区发展、数据库架构演进方向做出推导和建议。

　　本书深入浅出地探讨了数据库发展过程中的关键技术、核心挑战，以及那些引人入胜的趣闻轶事。同时，书中还对数据库行业内的典型企业进行了细致的分析。通过阅读本书，读者不仅能领略到技术的魅力，还能从中汲取关于个人职业发展和企业产品研发的宝贵启示。此外，本书通过对数据库历史上成功与失败的企业案例剖析，还为读者提供了技术与商业融合的宝贵经验。

　　本书不仅适合对数据库技术感兴趣的读者，也非常适合作为本科生和研究生的学习资料，帮助他们深入了解数据库行业的发展历程。

◆ 著　　　　　　盖国强
　　责任编辑　　王旭丹
　　责任印制　　王　郁　胡　南

◆ 人民邮电出版社出版发行　　北京市丰台区成寿寺路 11 号
　　邮编　100164　　电子邮件　315@ptpress.com.cn
　　网址　https://www.ptpress.com.cn
　　涿州市京南印刷厂印刷

◆ 开本：720×960　1/16
　　印张：27　　　　　　　　　　2024 年 8 月第 1 版
　　字数：509 千字　　　　　　　2024 年 9 月河北第 2 次印刷

定价：115.00 元

读者服务热线：(010)81055410　印装质量热线：(010)81055316
反盗版热线：(010)81055315
广告经营许可证：京东市监广登字 20170147 号

谨以此书献给我的父亲，

他是我所知道的生活最严谨、性情最豁达、行事最勤勉的人。

推荐序 1　投入社区，共建生态

自 2022 年生成式人工智能取得突破性进展以来，世界正在加速进入数据驱动的智能时代。**数据作为新质生产力的核心驱动力之一，已经成为数字经济的关键生产要素和价值源泉。**

在人类当下所处的信息化、数字化和智能化同振的科技变革中，数据始终处于关键位置。尤其是**当人工智能技术高速发展时，所有企业都需要建立以数据为中心的系统化思想**，重新思考如何在数据计算、存储、传送、加工、管理、应用等领域进行创新与提升。

首先，**加速数字化进程。**高效地实现企业生产活动全流程的数字化表达。通过数字化转型实现数字化经营，提升企业运营效率，帮助企业更好地洞察市场变化、理解用户需求，进而做出更精准的经营决策，为用户创造价值。

其次，**以数据驱动业务创新。**伴随全球经济不确定性的日益加深，所有产业都面临着来自不同维度的竞争，行业间的跨界融合变得越来越普遍。在此背景下，企业需要在保持核心竞争力的同时，积极寻求创新的发展路径，而数据正是跨界创新的决定性因素。

无论是企业的数字化转型，还是以数据驱动业务创新，数据技术都是其中的关键。

为满足数字经济发展对于数据库技术的核心诉求，2020 年 6 月，华为公司联合众多合作伙伴创建了企业级数据库社区——openGauss 社区，旨在立足中国、面向全球，构建一个开源开放的根社区，通过聚集全产业链的力量共建生态，为世界构建"第二选择"。

从 2020 年到 2023 年，openGauss 开源三年以来，社区贡献者数量已经超过 6000 人，加入社区的企业和组织超过 600 家，"openGauss 系"数据库累计部署超过 6 万套，覆盖包括政府、金融、电信、互联网、电力等领域，并已规模化应用到企业核心系统中。根据沙利文《重点行业数据库应用调研报告》，在 2023 年中国数据库市场中，线下集中式"openGauss 系"新增市场份额达 21.9%。另外根据 Gitee

平台指数，openGauss 社区已成为国内最活跃的开源数据库根社区。openGauss 社区正在跨越生态拐点，步入生态发展期。

云和恩墨公司作为 openGauss 社区的创始伙伴，和华为公司共同投入社区研发、共同建设开源生态，为 openGauss 的蓬勃发展作出了突出贡献。云和恩墨公司创始人盖国强是业界知名的数据库专家，他见证了中国数据库产业从跟随到创新突破的全过程。他写作的这本《数据库简史》，纵论全球数据库产业 60 多年发展的辉煌历程，并对中国数据库产业发展进行了展望，其历史视角和行业洞见必将给行业发展带来非常积极的推动作用。

数据库被誉为基础软件皇冠上的明珠，是下接算力、上接应用的核心软件，一旦形成突破，必将推动全球相关产业价值链的重构。对于华为计算产业而言，从硬件开放到软件开源，从鲲鹏到昇腾，从 openEuler 到 openGauss，**华为将持续加大研发投入，聚焦软硬协同的根技术的不断创新，助力千行万业，使能百模千态，共赢数智未来。**

华为计算产品线总裁　张熙伟

2024 年 04 月 16 日

推荐序 2　学习与传承

数据库及其存储技术，一直以来都是基础软件的主力。数据库系统的操作接口标准，也是应用型软件的重要接口，关系重大。

作为最"有感"的系统软件，数据库的历史悠久、品类繁多、创新活跃。盖国强的《数据库简史》一书，很好地阐述了数据库技术的发展历史，也对未来工程化技术的发展提出了设想。

对数据库历史发展的介绍，有利于新一代技术人员的学习和传承；对未来演进的探究，有利于数据库开发者的思考和实践。

本书为广大系统和应用软件开发人员，以及从事相关教育和培训的专家，提供了较为全面的数据库知识和专业化的见解。

技术的发展和实践，往往与广泛交流相关。**图书的写作是一项艰苦的工作，图书本身也是重要的交流成果，我对《数据库简史》一书的出版给出积极的鼓励。**

中科软科技股份有限公司总裁　左春
2024 年 03 月 22 日

推荐序3　中国数据库一定会屹立在世界之巅

　　《数据库简史》详细讲述了国内外数据库的发展历史，包括数据库的定义、数据库技术的发展、数据库系统架构的演进、数据库产品的更替、数据库开源社区的崛起、数据库产业格局、数据库先驱者的事迹等，是一本介绍数据库的历史宝典。

　　数据库是基础软件皇冠上的明珠，被广泛应用到国家关键基础行业中。数据库有着60多年的发展历史，在此期间，诞生了很多历史名人和诸多事迹。但是市场上很少有书籍详细介绍数据库技术、系统、开拓者的历史，而本书弥补了这一空白，为数据库从业者了解数据库历史提供了丰富宝贵的材料。

　　本书逻辑清晰、通俗易懂，非常适合从事数据库研究、开发的爱好者阅读。**通过该书可以了解数据库的发展历史、数据库的演进脉络，认识数据库的先驱者和开拓者，深入掌握数据库的架构，对未来研发数据库具有深刻的启发性。**

　　本书作者盖国强是一位数据库领域从业者，一直致力于数据库系统的研发和国产数据库事业的发展，对中国数据库事业发展充满热情。我相信在一批又一批国产数据库爱好者和从业者的奋斗下，**中国数据库一定会屹立在世界之巅。**

清华大学计算机系副主任，CCF 数据库专委会副主任　李国良

2024 年 04 月 15 日

推荐序 4：中国数据库走向世界前列

数据库系统是基础软件"三驾马车"之一，自诞生以来已发展 60 余年。这期间，关系型数据库以其良好的抽象能力、强大的表达能力和易于使用的 SQL 语言成为了主流。

在半个多世纪的发展过程中，关系型数据库的理论和技术都日臻成熟，业界关于 SQL 解析、事务处理、日志恢复、存储引擎等书籍也足称汗牛充栋。但是这些著作中关于数据库发展（尤其是中国数据库的发展过程）的历史书籍，还不够完善。盖国强写作的《数据库简史》为数据库领域，尤其是中国数据库近年的高速发展，作出了一个有益的补充和贡献。我们只有充分了解数据库的历史，才能避免犯错误，也才能够更好地洞察数据库的未来。

数据库系统从诞生那天起就为信息技术领域带来了翻天覆地的变化，在云计算和人工智能高速发展的今天，我们相信数据库的未来一定能够催生更多的关键创新，尤其是中国的数字化和智能化进程一定会带动中国数据库产品走向世界前列。

经过多年发展，阿里云数据库，特别是以云原生数据库 PolarDB 为代表的阿里云瑶池数据库系列产品，已经实现了持续的技术创新。这些创新不仅在计算、存储、内存的三层解耦和池化上取得了突破，而且在多主多写、HTAP、Serverless、一体化分布式、跨可用区跨域容灾等关键技术领域达到了业界领先。阿里云数据库先后荣获了中国电子学会科技进步一等奖、浙江省科技进步一等奖、世界互联网大会全球领先科技成果奖等重要奖项。自 2020 年起始，阿里云成为了首个进入并蝉联 4 年 Gartner 全球数据库领导者象限的中国数据库厂商。同时，在市场份额上，连续 4 年蝉联中国数据库市场份额榜首至今。过去，阿里云数据库支持了阿里巴巴著名的"双 11"购物节，也成为了阿里云的核心部件，服务于中国的千行万业。面向未来，在社会和用户需求的推动下，结合云计算和人工智能发展的大潮，阿里云数据库正在加速创新成长。

我在 2023 年的 VLDB 大会的主旨演讲中提出："未来云数据库要像乐高积木一样易用、好用。"阿里云数据库正在将这一愿景带入现实。

盖国强是中国数据库领域的知名专家，本书充分展示了他对于数据库发展历程的观察思考与洞见。他对数据库历史事件的精心遴选旨在为中国数据库产业提供宝贵的参考和启示。我衷心地祝贺《数据库简史》一书的出版，**这本书的面世恰逢其时，必能助力百花齐放的中国数据库产业生态繁荣发展。**

阿里云副总裁，阿里云数据库产品事业部负责人　李飞飞
2024 年 05 月 20 日

推荐序5　从历史中触摸未来的脉搏

在人类追求信息处理效率的历史长河中，数据库技术的出现无疑是一个里程碑式的进步。它将人类的手工数据管理模式推进到数字化时代，并且其发展和成熟的每一步都契合了人类对于数据认知的提升。

如今的数据库已经发展成为一个庞大的体系，任何想对数据库体系有全局了解的人，都面临着巨大的挑战。但事实上，就如同想要了解纷繁复杂的数学体系，最好看一下数学发展史一样，**如果想对当今数据库体系有一个深入的了解，最好学习一下数据库的发展史**。这对于在我们脑海里建立数据库体系的知识大厦大有助益。但是这类书籍相当不好写，不但要对数据库的技术有着深厚的理解，而且要有非常丰富的产业经验，更要有亲历历史的积淀——所谓亲历历史，不过是当我们身处其中浑然不觉，但是蓦然回首，才发现我们自己已然就是历史的一部分。

幸运的是，老盖就是拥有所有这些要素的那个人。且相较于传统印象中理科生不善表达的刻板印象，老盖不但长于讲述，而且文笔也相当了得。我始终认为，将一本书洋洋洒洒写得一尺厚，把简单问题搞复杂是很多专业书籍的作者最容易犯的错。把专业书籍写薄，用最简单的语言把复杂的事情讲清楚，才是对作者最大的考验，老盖经受住了这样的考验。

最后，**有趣也是这本记录历史的书籍显著的特点**，毕竟，历史的底色本就是多姿多彩，而我们所需要做的，仅仅是还原历史的底色而已。感谢老盖奉献了这么精彩的一部书籍，也希望读者能和老盖一起从历史中触摸到未来的脉搏。

开放原子开源基金会 TOC 副主席　熊伟

2024 年 05 月 06 日

图强莫畏征途远，耕获菑畬又一春

为什么写这样一本书，其实事关一些前尘往事和当下三个动因。

前尘往事

当云和恩墨开始进行数据库基础软件研发之后，我们深刻地感受到了这个领域的艰难与挑战，也切肤之痛般体验到这个领域人才之稀缺、关注之缺乏、力量之分散，我想在自己亲身入局的参与之外，也力所能及地为中国数据库产业做一点点号召和贡献。

于是，我们打造了"**墨天轮中国数据库技术社区**"，推出了"**中国数据库流行度排行榜**"，希望以客观中立的视角，为大家了解中国数据库的流行度提供参考。

随后，为了洞悉数据库的历史，展示当下数据库格局，呈现中国数据库创新，我们精心绘制了一张"**数据库简史**"海报，将数据库技术的发展脉络和代表性品牌凸显出来，为中国数据库产业摇旗呐喊。

以上两件事的前因则更是可以追溯到 2000 年我们发起倡议的 ITPUB 社区，以及在 2013 年开始绘制的"Oracle 数据库体系结构图"，前者曾汇聚 360 万会员，后者则发行超过 5 万张。

三个动因

在"**数据库简史**"海报印行之后，在和一些行业专家、客户交流时，他们就提出建议："老盖，你画得不错，讲得挺好，可是你走之后，我们的印象又淡忘了。你能不能将这些写下来，成为一本书，**给行业一个参考？**"

听完此话，我内心为之一动，但是唯恐工作量之大，自身积累之薄，不能胜任,不敢遽应。

2023 年,云和恩墨和 openGauss 社区在武汉举行了一场盛况空前的技术交流会,在我的演讲之后,云和恩墨的一位同事吴凌伟(我承诺把他的名字写在这里)提出了类似的建议,他说:"盖总,你讲得头头是道、清清楚楚,我也听明白了,也理解了,可是我转身就不会讲了。你能不能写出一本书,**我回去背。**"

听完此话,我内心又是一动,为了上进的同学们……可是这个活毕竟还是有点大,让我再想想。

回到北京,机缘巧合之下,人民邮电出版社信息应用分社的蒋艳社长和李莎老师来公司访问,她们带来了一批优秀图书供我学习,其中有一本书是《人工智能简史》。蒋老师就提议:"能不能**写一本《数据库简史》**,为中国蓬勃发展的数据库行业提供借鉴参考?你特别适合来执笔,海报还可以作为插图。"

听完此话,我盯着一堆样书,势必不能让她们再带走了!我说:"适不适合不知道,但我可以试试。"

万里长征

头脑一热是很容易的,但是"瓜熟蒂落"却要"十月怀胎"。

动笔之后,才知道自己虽然有 20 多年的职业历程,但对行业的认知和了解仍然十分有限,这几乎是一项不可能完成的任务。

但是总归是发愿,自然不能中辍。就且行且珍惜吧。

文章千古事,既然要冠以"史"名,自然要严谨再严谨。在这样的原则下,就会发现不少中文的资料都是不可靠的,以前可以大致模糊的概念和名词,现在就要追本溯源,确有出处。回顾历史,有时一个时间的差异,结论可能就差之千里;有时同一件事情,不同人的描述又全然不同;明明两个牛人在一起工作,可是彼此却又全不提及;名字相同的一个产品在不同平台上,又是全然不同的东西。以上种种,中文描述往往为之模糊混同,而真实结果则大相径庭。

写史,不可肆意发挥,不可臆测无据。所以在写作本书的过程中,我查阅了大量英文的历史文献和资料,从各个角度、不同的描述中去考证事实的真相,希望能够做到句有所出、事有所依。

既如此,这本书似乎永远不可能完成,伴随着我的不断学习和思考、接受来自行业专家的意见和指导,这本书的厚度不断增加。

直到有一天看到叔本华的一句话，他说，**一本有开头和结尾的哲学书是某种矛盾之物**。我也认为，一本有开头和结尾的技术书也一定是矛盾之物。尤其是数据库技术的变革和创新如此之快，百花齐放、百家争鸣，这使得很多内容写出来就已过时。

既然技术书也可以没有开头和结尾，那就应该接受不完美。希望这本书可以有一个阶段性的回答。不作为结束，而是作为一个开始，我还可以持续不断地更新下去。

本书构思

本书写作的目的是希望为国产数据库的从业者提供一些借鉴，同时也希望有更多人能够了解数据库，关注基础软件。所以对于技术讲得尽量少，通俗的描述尽量多，以期增加趣味，让更多读者有兴趣读下去。

基于这样的思考，本书的章节安排如下。

- 第 1 章，**数据和数据库**。以一以贯之的脉络，纵览数据和数据库技术的发展历程，从勒石以记到大语言模型，从概念和应用上探讨了数据和数据库的价值。

- 第 2 章，**数据库技术的拓荒者**。试图通过 4 位数据库领域的图灵奖获得者，阐述这些引领时代的先驱如何洞察和开拓了数据库的广阔天空。在介绍这 4 位天才之前，我们还简单回顾了计算机的发展历程，以及图灵的传奇一生。

- 第 3 章，**数据库领域的"先知"**。讲述了 Oracle 公司的故事，在英文中，Oracle 一词有"先知"之意，Oracle 公司对关系型数据库探索之早、成就之高也使其成为了行业中不断研究和学习的对象。Oracle 占据了数据库领域的半壁江山，其成功之路值得用一章去重点描述。

- 第 4 章，**数据库产品的先行者**。讲述了 DB2、dBASE、Ingres 和 MySQL 4 个产品，它们和 Oracle 一起主导了丰富多彩的早期数据库市场，其中有的产品失败了，有的仍然光彩夺目，值得我们回顾其成就，警示其挫折。

- 第 5 章，**中国数据库的早期探索**。回顾了自 1977 年首届中国数据库学术年会开始，我国学术界和工业界对数据库技术的不懈探索和全方位尝试。从技术到教育，从产品到社区，正是这些探索让数据库人能够薪火相传。

- 第 6 章，**互联网和云的新篇章**。揭开了数据库技术变革的新时代，正是因为互联网和云计算的发展，彻底改变了数据库市场的格局，这也使得新兴的数据库创新企业和产品不断崛起，中国的数据库产品开始站上了国际舞台。

- 第 7 章，**开源根社区的崛起**。探讨了在全球供应链风险之下，中国数据库根社区的建设和发展。坚持开源、开放，向世界展示中国创新；合力共建共享，让用户和企业必备一个可信的中国选择。

- 第 8 章，**中国数据库的产业格局**。分析了国内数据库产品和企业的典型特征、技术路线、开源趋势，对比了国际数据库的创新特性与人才竞争，同时为中国数据库产业的发展提出了建议。

- 第 9 章，**数据库架构演进和未来**。通过回溯数据库架构发展脉络，展示了不同要素对于数据库技术的关键影响，以及不同产品在不同阶段实现的架构创新，并探讨了数据库技术演进的未来。

- 第 10 章，**天道酬勤，缘起数据终不悔**。这一章是我自身成长经历的分享和总结。作为在数据库领域摸爬滚打 25 年的老兵，从程序员到 DBA[1] 再到创业者，亲历历史，以此作为附录，或许可以为走在不同成长阶段的读者提供一点参考。

本书的每一个章节在写作时都自成体系，期望可以做到独立成文，方便读者独立阅读。任何一个章节如能对大家有所帮助，则是作者幸事。

此外，除了历史，为了便于理解，本书的不同章节难免对很多技术、产品做出了分类和断代，受限于作者的认知，难免有偏颇错漏之处，务请读者谅解。

钱穆先生在讲述《中国通史》时提到，讲历史必须分期，但不能严格分期。数据库历史同样如此，有时需要分期，但是也不能严格分期。例如，从商业数据库时代、开源数据库时代到云数据库时代，其中必然不能够界限分明，严丝合缝。因为其交相辉映、辗转反侧，技术的发展才会峰回路转、分分合合，异彩纷呈。

然而，毕竟是第一次尝试非技术类图书的写作，对我的挑战极大，无论是选题还是行文，无论是布局还是章节，都难免反复推敲、诚惶诚恐。尤其是有人物、有历史、有技术，所以不同章节采用的描述方式可能又完全不同，至于成败得失，只能交给大家去评判了。

---

1 在数据库领域，DBA 是数据库管理员（Database Administrator）的简称，是从事管理和维护数据库管理系统的相关工作人员的统称。DBA 属于运维工程师的一个分支，主要负责数据库从设计、部署、测试、交付到维护的全生命周期管理。

感恩鸣谢

虽然勉为其难接受了这个写作任务，然而能力所限，的确屡屡感觉力不从心，所以书中错谬之处在所难免，恳请读者朋友批评指正。书中抒发个人观点之处，仅仅作为一家之言，以期抛砖引玉，和行业专家前辈共同商榷。因为出版的原因所限，书中未能一一列出参考文献以及部分引用的来源，我会在墨天轮维护一个《数据库简史》栏目来详细补充和持续更新，并对所有参考和引用的作者表示衷心的感谢。本书在写作过程中，参考了很多产品官方信息，在此一并表示感谢。另外，很多数据库的名称更迭频繁，虽然我已经付诸了最大的努力，但是仍然难免挂一漏万，如有不妥之处，敬请谅解，也欢迎指出，本书将在出版后持续进行修正。

本书写作过程中，承蒙清华大学李国良教授、阿里云李飞飞博士、本原数据张皖川博士、本原数据金毅博士、华为胡正策、平凯星辰刘松、基石数据徐戟、奥星贝斯张海平、腾讯云王云龙、云和恩墨杨廷琨、中达金桥卢东明、本原数据张程伟、虚谷伟业明玉琢、华为蔡亚杰、华为黄凯耀等专家审阅指正，感谢云和恩墨胡贵新帮我审阅了早期的几章文稿，感谢云和恩墨陈丽丽为我提供了一个关键的创作灵感，感谢云和恩墨姚向云，她为本书绘制了大量插图以及"数据库简史"海报，在此致以诚挚的谢意。

感谢华为计算产品线总裁张熙伟先生、中科软总裁左春先生、清华大学李国良教授、阿里云李飞飞博士、开放原子开源基金会 TOC 副主席熊伟博士等为本书撰写推荐序言。此外，作为华为鲲鹏计算产品线的 MVP，我还要特别感谢华为鲲鹏计算业务总裁李义先生对本书的关注与支持，华为计算产品线对 openGauss 生态的坚定投入，是 openGauss 社区蓬勃发展的重要基础。

感谢以上良师益友们在细致阅读了全书之后给予我的真诚鼓励和改进建议，所以不揣浅薄，只为那念念不忘的数据梦想和师友读者们的热情鼓舞。

在本书编辑过程中，感谢人民邮电出版社傅道坤、王旭丹给予的支持与协助，他们精益求精的严谨工作方式，让本书得以减少了大量的撰写疏漏。王小波说："书不管大小，都可以成为灾难，并且主要是作者和编辑的灾难。"在本书的出版过程中，我深刻地感受到这一点，并为我为编辑们带来的"灾难"深表歉意。

特别感谢杭实集团对于中国基础软件产业和云和恩墨的关注与支持，世有伯乐，然后有千里马。有识之士，担当之人，共同成就非凡。

最后，还要特别感谢我的岳父岳母、父亲母亲，他们不辞辛劳地帮我们照顾小朋友，使得我可以腾出家庭时间，用于写作。感谢我的太太黄慧君女士，她为我洗了所有的碗碟和包办了所有的家务，还帮我纠正了第 1 章中的错别字。没有你们的支持，这一切全无可能。

展望未来

在 2023 年的"数据技术嘉年华"大会前，我曾经写了一篇文章，提出了一个问题：**当大师遇见大师，他们会谈论什么？**

两位图灵奖的获得者斯通布雷克（Stonebraker）和吉姆·格雷（Jim Gray）曾经在 2002 年的一次大会上表达对于行业同仁的观点。

- **斯通布雷克提出批评**：大多数看似创新的想法实际上并不是新的，而是以前提出的。有一个强大的历史视角很重要，可以帮助我们避免重复发明轮子，避免重复历史错误。

- **吉姆·格雷表达激励**：如果你有眼光，就一定要追求有远见的研究。尽可能花时间去做自己引以为自豪的事情，尽量不做无意义的事情。

两位天才人物不约而同地告诉我们：**建立历史视角、锤炼远见目光**非常重要。

丘吉尔也曾说过："回顾历史越久远，展望未来就越深远。"回顾数据库的历史，对我们研究和思考数据库的未来会有很多有益的启示。

毫无疑问，中国的数据库产业正在崛起，越来越多的产品和创新正在跻身世界尖端。相信在一代又一代数据人的努力之下，**一定会迎来数据库的"中国时刻"**。我相信，**每一分努力都是推动中国数据库技术进步的力量**。

点点星光，汇聚星河，此时此刻，中国数据库领域正是群星闪耀时刻。

因为相信，所以坚持。

微薄之力，云和恩墨，12 年不曾止息。

盖国强
2023 年 08 月 11 日于北京
（2024 年 06 月 13 日定稿）

目 录

第2章 数据库技术的拓荒者

186 第 5 章　中国数据库的早期探索

325 **第 9 章 数据库架构的演进和未来**

373　第 10 章　天道酬勤，缘起数据终不悔

402　行至水穷处，坐看云起时

第 1 章　数据和数据库

在宁夏贺兰山下的一块巨石上，雕刻着冯骥才先生所书的 8 个字：**岁月失语，惟石能言**（见图 1.1），颇有"子在川上曰：逝者如斯夫！"的神采。

图 1.1　作者在冯骥才先生题词石畔

这感慨源自宁夏贺兰山中自远古而来的一系列惊心动魄而又神采飞扬的**岩画**[1]，如图 1.2 所示。这些岩画的分布范围北至石嘴山市，南至中卫市，数量多达 6000 余幅，题材以人面像和游牧生活为主，反映了远古先民在这片土地上生活繁衍的勃

1　在历史上，北魏时期的地理学家、旅游家郦道元（466 年或 472 年—527 年）在《水经注》中最早记录了贺兰山岩画。近代，大规模地发现和记录贺兰山岩画，则始于上世纪 70 年代末。经考证，贺兰山岩画的创作时间在 3000 ～ 10000 年前。很多学者认为，贺兰山就是《山海经》中所记录的不周山。《淮南子》中也有关于不周山的记载："昔者共工与颛顼争为帝，怒而触不周之山。天柱折，地维缺。天倾西北，故日月星辰移焉，地不满东南，故水潦尘埃归焉。"

第一章　数据和数据库　一　1

图 1.2　贺兰山太阳神岩画图腾

勃生机。

如何将信息保存下来，一直是人类孜孜不倦探索的课题。小说《三体》中，罗辑在冥王星上执行的终极任务——将人类文明保存一亿年，使用的最佳办法仍然是"**把字刻在石头上**"。

在中华文明中，**出现较为成熟的文字最早**可以追溯到甲骨文，这是商代（约公元前 1600 年至公元前 1046 年）的伟大发明。自从人类学会用文字记录信息，文明开始进入新的篇章。

以上所谈论的岩画、甲骨文等，都是人类根据对于现实世界的理解所做的抽象记录，这些都可以被称为数据。

1.1　什么是数据

数据（Data）是事实或观察的结果，是对客观事物的逻辑归纳，是用于表示客观事物的原始素材，可以是符号、文字、数字、语音、图像、视频等。人类早期对于数据的认知，往往局限于符号和数字，但是随着信息技术的发展，文字、图像、语音、视频等也早已被纳入了数据的范畴，并成为了互联网、通信等领域的核心。

Data 一词来自拉丁语，其词义也经历了从"事实"到"数字事实"的转变。古希腊毕达哥拉斯学派所提倡的"**万物皆数**"的理念，在今天以丰富多彩的形式得以实现；维特根斯坦所定义的"**世界是事实的总体**"，也正因数据的丰富而愈加清晰和具象；而老子在《道德经》中所描述的"道生一，一生二，二生三，三生万物"，也早已揭示了万事万物之间的数据联系与发展。

数据作为原始素材被存储下来，进一步就是对其进行加工和应用。对数据进行分类、过滤、清洗，进而呈现出有价值的信息；信息经过归纳、验证形成知识；灵活运用知识，指导实践展现智慧。这就是美国科学哲学家罗素·艾可夫（Russell L. Ackoff）总结的 DIKW 模型，如图 1.3 所示，它概括了人类**从数据**

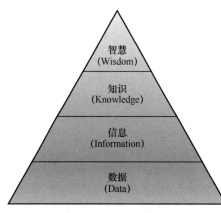

图 1.3　DIKW 模型

（Data）到信息（Information），再从知识（Knowledge）入智慧（Wisdom）的认知过程。

举个具象化的例子。通过测量胡夫金字塔，得到的长、宽、高就是数据；通过分析，发现胡夫金字塔内部的直角三角形厅室，各边的长度之比都是 3:4:5，这就呈现出一个非常有价值的信息；通过归纳抽象，特征分析，概括出勾股定理，这就是知识；通过将勾股定理运用到测量、建筑等领域，体现的就是人类的智慧。

1.2 什么是数据库

当计算机被发明之后，数据的存储和计算效率实现前所未有的跃迁，人类进入信息时代。在计算机的世界里，**数据库是指按照特定数据结构组织、存储和管理数据的仓库，是存储在一起的相关数据的集合。用于实现数据库功能的软件则被称为数据库管理系统（Database Management System，DBMS）**，由其实现对数据库的统一管理和控制，以保证数据库的安全性和完整性。

数据库软件是其他应用软件的基础，处于应用软件的后端，也正因此，往往不为用户所觉察和了解。就如同一个城市的基础设施（水、电、气等），日常不被关注，但是一旦出现问题，却会从根基上影响一个城市的运转。

作为基础软件，数据库处于 IT 系统的核心位置，向下能够发挥硬件的存力和算力，向上能够使能顶层应用，被誉为**"基础软件皇冠上的明珠"**。

1.2.1 数据库与生活

数据库在生活中的应用无处不在。例如，当我们在超市购物时，来自不同系统的数据库就在底层支撑这一生活行为。当收银员扫描商品用于计价时，后端就在和数据库交互，包括获得价格、减少库存等；当我们通过电子支付手段付款时，系统就需要连接银行的数据库，判断你的信用额度、常用地点（防范盗刷），发送通知短信等。以上流程中的任何一个数据库停止工作，我们的购物行为都无法顺利完成。

数据库对于生活的影响，可以通过一个论坛帖子中的讨论，直观地帮我们将数据库和生活连接起来，如图 1.4 所示。而且，你肯定听闻过很多这样的案例。

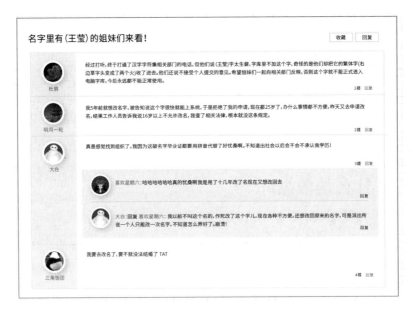

名字里有〔王莹〕的姐妹们来看！

收藏 回复

杜鹃

经过打听，终于打通了汉字字符集相关部门的电话，但他们说〔王莹〕字太生僻，字库里不加这个字，奇怪的是他们却把它的繁体字（右边草字头变成了两个火）收了进去。他们还说不接受个人提交的意见。希望姐妹们一起向相关部门反映，否则这个字就可能永远都不能正常使用。

1楼 回复

明月一轮

我5年前就想改名字，被告知说这个字得快能上系统，于是拒绝了我的申请，现在都25岁了，办什么事情都不方便，昨天又去申请改名，结果工作人员告诉我说16岁以上不允许改名，我查了相关法律，根本就没这条规定。

2楼 回复

大白

真是感觉找到组织了。我因为这破名字毕业证都要用拼音代替了好忧桑啊。不知道出社会以后会不会不承认我学历！

3楼 回复

喜欢星期六：哈哈哈哈哈真的忧桑啊我是用了十几年改了名现在又想改回去

回复

大白:回复 喜欢星期六：我以前不叫这个名的，作死改了这个字儿，现在各种不方便，还想改回原来的名字，可是派出所说一个人只能改一次名字，不知道怎么弄好了。崩溃！

回复

我要去改名了，要不就没法结婚了 TAT

三角饭团

4楼 回复

图1.4　论坛帖子中对生僻字的讨论

在这些讨论的帖子中，涉及了一个特殊的汉字，也就是"瑾"，如图1.5所示。这是一个生僻字[1]，因为国家标准未收纳，在很多系统里无法输入或者无法存储这个

Homepage › Unicode › CJK Unified Ideographs Extension E › CJK Unified Ideograph-2C386

瑾 CJK Unified Ideograph-2C386

瑾 U+2C386

Click to copy and paste symbol

瑾 Copy

图1.5　生僻字和编码

字。**在数据库的范畴，这就属于字符集问题**。很多时候，就是因为数据库不支持存储这些生僻字，导致我们生活中面临很多户籍和身份证办理的困扰。更常见的情况是某个系统支持，而其他系统不支持。一个个被寄予厚望的汉字，却给很多人带来了生活上的诸多不便。我曾经开过一个玩笑："**未受过名字的苦，不足以谈人生。**"同音字、多音字、生僻字，是中文给我们带来的幸福的烦恼。瑾（yíng）、㛑（suǒ）、龑（yǎn）、玒（zǐ），这些字都可以用来挑战一下数据库的字符集。

通过这个例子，我们初步了解了数据库的重要作用，也了解到数据库可能对我们的生活产生的重要影响。从某种意义上说，**数据库技术已经成为了现代文明社会的基石。**

1　在信息系统中，生僻字是指需要通过一系列特殊处理才能被正确输入、输出、处理、显示的不常见汉字。

1.2.2 数据库的三个时代

伴随着应用需求的变化和硬件资源供给的进步，数据库的发展也经历了不同的阶段。按照软件的商业形态划分，数据库的发展经历了商业数据库时代、开源数据库时代和云数据库时代。这三个时代交织在一起，交相辉映，推动了信息技术应用蓬勃发展和不断演进。

- **商业数据库时代**：数据库的概念自 20 世纪 60 年代被提出，从网状和层次数据库开始探索；70 年代关系型数据库横空出世，成为业界主流；80 年代随着 SQL 语言的发明，交易型数据库得到成熟发展。在这一时期，诞生了一系列的商业公司，它们通过持续的软件研发，为用户带来了成熟的数据库产品，支撑了企业级应用的迅猛发展，有代表性的产品包括 Oracle、DB2 等。商业数据库时代，数据库以大型机、小型机和商业存储为基础设施，支撑了商业软件的崛起，世界开始进入信息时代。

- **开源数据库时代**：从 20 世纪 90 年代到 21 世纪初，数据应用规模不断增大，分析型数据库随之兴起。随后，伴随移动互联网应用的爆发，数据类型不断丰富，多样化的数据需求不断涌现，NoSQL 技术应运而生，大数据和人工智能时代也依次到来。这一时期，以 MySQL、PostgreSQL、Hadoop、Redis 等为代表的产品，通过开放源代码的形式，倡导开源自由精神，支撑了生机勃勃的互联网创新，让信息技术惠及和影响到每一个个体。

- **云数据库时代**：近 10 年，随着云技术的发展和普及，基础设施的供给发生了根本性的变革。数据库通过在云平台自动化部署、运维，能够极大地加速用户业务环境上线，实现生产力的提升，数据库也因而开始了云上进化。在云基础设施之上，通过计算存储分离等技术创新，云原生数据库实现了更卓越的性能和弹性，获得了用户的青睐。云数据库时代，亚马逊的 Redshift 和 Aurora、阿里云的 PolarDB、华为云的 GaussDB、腾讯云的 TDSQL 等产品，伴随着云计算的发展在新的阵地上获得了高速成长。**这一时期，中国数据库开始登上历史舞台，以多姿多彩的形态，呈现出引领新时代的新气象。**

图 1.6 展示了三个时代中典型的数据库产品，其中，1977 年创立的 Oracle 公司是商业数据库时代的王者，1995 年诞生的 MySQL 推动了开源数据库时代的发展，2012 年亚马逊通过云计算率先开始探索云数据库应用。

1977 ORACLE	1983 IBM DB2	1984 Informix SOFTWARE	1989 SQL Server	1999 KING BASE 人大金仓	2000 达梦数据库
1995 MySQL	1996 PostgreSQL	2005 (Hadoop)	2009 mongoDB	2009 redis	2010 elastic
2012 Amazon Redshift	2012 TDSQL 腾讯分布式数据库	2017 Azure Cosmos DB	2017 PolarDB	2018 ORACLE AUTONOMOUS DATABASE	2019 GaussDB

图1.6　数据库发展的三个时代

　　三个时代变迁的背后，其实是**数据库技术一直在解决需求驱动的两大挑战**，如图1.7所示。第一是**数据品类问题**，从结构化数据到非结构化数据，数据库需要存储和计算的数据品类不断丰富。第二是**数据容量问题**，数据的不断累积，以及数字化时代带来的爆发式数据增长，数据库需要处理从 TB[1] 级到 PB 级甚至 EB 级的数据。

　　以上两大挑战带来了数据库技术的两个变革。**一是数据模型的变迁**，从关系型到非关系型，数据模型不断演进和丰富。当然，面对不同需求，是使用一个数据库来统一解决，还是通过不同类型的独立数据库来解决（One size can fit all or not），在学术上产生了长期的争论——这个争论至今仍未结束。**二是数据架构的变迁**，随着数据的累积，分析型需求兴起，MPP[2] 数据库获得蓬勃发展，大数据随之兴起，同时互联网和全球化应用的出现推动了分布式技术的高速发展。

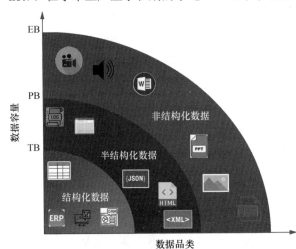

图1.7　数据品类和数据容量

　　在品类和容量挑战之后，如何以更好的**性能和可用性**满足更多用户的需求，如何更优雅地处理异常情况后的**系统恢复**，是数据库技术追求的永恒命题。

1　存储量的基本单位是字节（Byte），一个英文字母存储占用1字节，一个汉字需要2Byte（GBK 编码）。其基本进制单位转换关系：1024Byte=1KB，1024KB=1MB，1024MB=1GB，1024GB=1TB，1024TB=1PB，1024PB=1EB。通常的一部 720P 电影，大小约 1GB，1PB 可以存放 100 万部电影。

2　MPP 指大规模并行处理（Massively Parallel Processing）。MPP 数据库是针对分析工作负载进行了优化的数据库，可以存储和处理大型数据集。列式存储通常是 MPP 数据库的基本特征之一。

广阔的需求催生了丰富的产品，截至 2023 年 6 月，全球有共计 472 家数据库产品提供商。其中，美国和中国的厂商数量遥遥领先，分别为 157 家和 150 家，占比 33.3% 和 31.8%；全球数据库产品数量为 655 款，其中美国和中国的数据库产品数量分别以 242 款和 238 款领先。[1]

丰富的产品成就了广阔的市场，根据统计数据，2022 年全球数据库市场规模约为 833 亿美元，中国数据库市场规模约为 59.7 亿美元（约合人民币 403.6 亿元），占全球 7.2%。预计到 2027 年，中国数据库市场总规模将达到 1286.8 亿元，市场年复合增长率为 26.1%。[1]

1.3　数据库的构成

数据库作为基础软件之一，是支撑大量关键业务的核心部件，其整个体系包含了学术界和工业界数十年的研究和开发成果，是极其复杂的系统软件。以集中式数据库为例，其内核架构主要包含进程管理、通信管理、SQL 引擎、存储引擎等部分。图 1.8 所示为集中式数据库体系架构的基本蓝图。

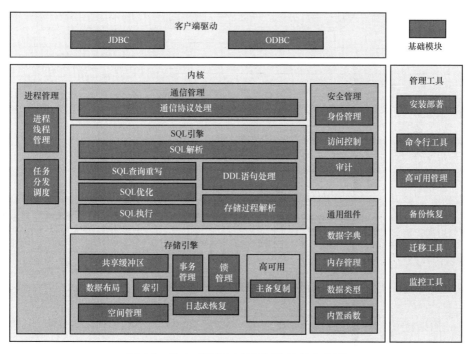

图 1.8　集中式数据库体系架构的基本蓝图

1　数据引自中国通信标准化协会大数据技术标准推进委员会（CCSA TC601）发布的《数据库发展研究报告（2023）》。

从蓝图到实践，图 1.9 所示为 Oracle 数据库的体系架构。"数据库"部分代表的是实际的磁盘文件存储，是数据库的实体部分；"实例"部分代表数据库软件运行中所占用的内存结构和启动的一系列操作系统进程，是数据库的运行时部分。数据通常被从文件读取到内存中处理，再写回存储。

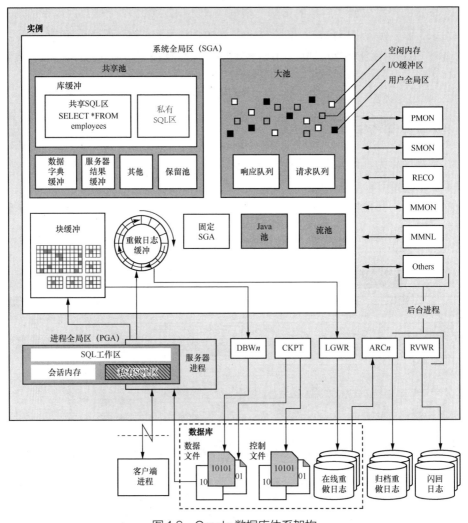

图1.9　Oracle 数据库体系架构

如果将数据库比作我们日常使用的一个"日记本"，那么如何写入信息、何时给予他人阅读，以及一旦"日记本"发生异常——遭遇水浸、火烧、失窃，我们又如何去保护和恢复数据？这都是数据库软件要解决的关键技术难题。

如果再加入一些元素，比如当有多个人要同时写入数据，如何处理？刚刚写了一半,发现信息有误,需要涂改或重写,可是已经被他人阅读传播以讹传讹,该如何解决?

将以上现实中的例子转换成数据库术语,就是我们要面对的**优化器技术、事务管理技术、日志和恢复**等问题。

1.3.1 优化器技术

SQL 是针对数据库设计的结构化查询语言(Structured Query Language),当 SQL 发送到数据库服务器后,如何执行就是 SQL 引擎的任务。而优化器技术就是指在有多种执行可能的情况下,应该如何选择最佳的执行计划。

1979 年,IBM 的研究员帕特·塞林格(Pat Selinger),如图 1.10 所示,在她的论文 *Access Path Selection in a Relational Database Management System* 中描述了业界第一个关系查询优化器,提出了基于成本的优化器(Cost-Based Optimizer,CBO),与此相对的是基于规则的优化器(Rule-Based Optimizer,RBO)。

图 1.10　帕特·塞林格

用一个生活化的故事(见图 1.11)很容易理解这两者的区别。完成一个买裤子的任务,对于男性可能非常简单,他进入商场,直接定位到最近或最熟悉的店铺,花了 6 分钟,900 元就解决了问题,这是基于过往的经验做出**基于规则**的快速决策。然而,女性的方式可能是更科学的,她希望对比所有店铺,最后找到最佳解决方案,获得**基于成本**的最优组合。虽然两者最后的结果可能完全相同,可是决策过程却天差地别。

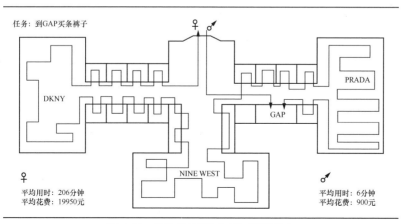

图 1.11　购物的时间成本和货币成本

我们期待哪一种算法获胜呢？当然是基于成本的算法。但是现实是，基于成本的算法，往往考量的因素过于复杂，得出的结果可能是消耗时间更长，花费成本更高。例如，数据库中的多表关联查询，表的先后顺序排列和查询性能息息相关，2 张表的先后顺序排列有 2 种可能性，3 张表的先后顺序排列有 6 种可能性，而 8 张表的先后顺序排列可能性已经达到了 40320 种。优化器的使命就是要快速地在尽可能多的执行计划中找到相对最优的一个。直到现在，优化器技术在数据库中仍然没有完美的解决方案。

Oracle 数据库长期使用基于规则的优化器，在规则列表中，基于行标识符确定单行记录的优先级最高，全表扫描优先级最低，这是一个易于决策的算法，而且在很长时间内非常有效。Oracle 直到第 7 版才以备选项的方式引入了基于成本的优化器，到 10g 版本，CBO 成为了默认优化器（表 1.1）。

表 1.1　Oracle RBO 的规则和优先级

优先级	访问路径	优先级	访问路径
1	根据行标识符（Rowid）确定单行	9	单列索引
2	利用聚集连接确定单行	10	对被索引列的限定范围搜索
3	根据唯一列或主键的散列聚集确定单行	11	对被索引列的非限定范围搜索
4	根据为唯一列或主键确定单行	12	分类归并连接
5	聚集连接	13	被索引列的 MAX 值或者 MIN 值
6	散列聚集关键字	14	被索引列上的 ORDER BY
7	带索引的聚集关键字	15	全表扫描
8	复合索引		

1.3.2　事务管理技术

图 1.12　詹姆斯·尼古拉·格雷

在事务管理方面，詹姆斯·尼古拉·格雷（James Nicholas "Jim" Gray，如图 1.12 所示）作出了奠基性的贡献。他提出的事务理论成为了数据库技术发展的基础性理论之一。

在格雷的理论中，**事务被定义为包含一个或一系列操作的原子化逻辑单元，在这个逻辑单元中的所有语句，要么都执行成功，要么都执行失败，不存在中间状态。如果事务执行成功，所有的操作结果都会被保存；如果事务执行失败，所有的操作都会被撤销。**

用一个现实的例子可能比较好理解，比如在银行的交易事务中，把钱从一个账户转移到另一个账户，就涉及至少两个基本操作，那就是在转出账号扣减金额，在转入账号加入金额。事务原理要保证的就是，无论交易是否成功，都必须让银行的数据库处于一致的状态：要么钱被转移，要么留在原来的账户里。绝不允许存在钱既转移到了他人账户，也同时留在原账户的中间态。你也完全可以将这样的情形对比到前面提到的"日记本模型"（如果你尚未确认你的记录，就不要允许其他人阅读和传播）中。

格雷抽象和定义了 ACID[1]，也就是在数据库管理系统中事务所具有的 4 个基本属性（原子性、一致性、隔离性、持久性），以确保数据库交易的并发执行、崩溃后的恢复和重新启动，并保持数据库的一致性，这项工作成为他后来获得图灵奖的基础。以下是 ACID 基本属性在技术上的简要描述。

- 原子性（Atomicity）。一个事务的所有行为在数据库中必须是"原子"的，即这个事务操作的所有数据要么全部提交，要么全部回滚。

- 一致性（Consistency）。一个事务完成后数据库必须处于一种一致性状态。也就是说，只有当事务能够保证将数据库从一个一致性状态带到另一个一致性状态时，这个事务才能被提交。

- 隔离性（Isolation）。数据库赋予每个事务独占整个数据库的可见性，任意两个并发执行的事务无法看到对方未提交的数据。

- 持久性（Durability）。一个成功提交的事务对数据库的更改具有永久性，即便之后数据库发生软件或硬件故障。

1.3.3 日志和恢复

日志和恢复技术是数据库存储引擎的关键部分，用于确保提交事务的持久性，并使得数据库能够在崩溃后将已提交事务恢复过来，这期间还要回退未提交事务，确保事务的原子性。

在数据库持久化和恢复方面，格雷曾经提出过影子页（Shadow Page）技术，通过新旧页面来确认或回滚事务。但是由于这种技术的并发能力有限，并且会导致额外的空间膨胀，并没有成为主流。现在数据库的恢复实现基本上都使用了

1　吉姆·格雷在最初描述事务概念时命名了原子性、一致性和持久性，但没有命名隔离性。1983 年，安德烈亚斯·罗伊特（Andreas Reuter）和特奥·哈德（Theo Härder）在格雷早期工作的基础上定义了隔离性，并创造了 ACID 首字母缩写词。

图 1.13 西·莫汉

西·莫汉（C. Mohan，如图 1.13 所示）[1] 提出的关于 ARIES 算法论文[2] 中的日志机制。这篇论文是数据库日志和事务恢复领域的一篇超长经典论文，为莫汉赢得了数据库领域的世界声誉。莫汉自 1981 年博士毕业之后，一直在 IBM 工作，直到 2020 年 6 月从 IBM 退休。自 2016 年 8 月起，他一直担任清华大学特聘客座教授。

除了以上几项关键技术，内存管理中的闩锁技术、外存中的压缩技术等，都是数据库领域极具挑战的关键性问题。这些问题在不同数据库中，不断以不同方式在改进创新。

1.4 数据库的分类

由于数据库产品繁多，适用场景各异，在发展过程中，形成了不同的种类划分。通常根据数据模型、架构模型、部署模型，可以从不同视角对数据库的品类进行归纳，也因而形成了纷繁复杂的专业术语。

图 1.14 对数据库的分类进行了概括。

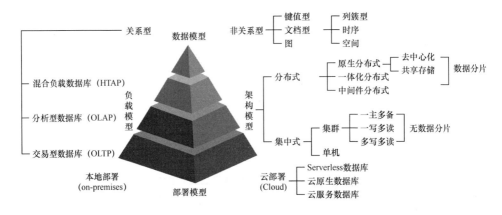

图 1.14 数据库分类示意图

---

1 西·莫汉曾是 IBM Almaden 研究中心 DBCache 项目的技术团队负责人，他因在事务提交、日志管理和恢复方面的工作而闻名于世。莫汉是 1992 年 *TODS* 上关于 ARIES 文章的作者，这篇文章是唯一一篇超过 50 页限制被接收的文章。他是电气与电子工程师学会（IEEE）和美国计算机学会（ACM）会士，IBM 院士，并且获得了 SIGMOD 创新奖和 VLDB 十年最有影响力论文奖。

2 该论文的全名是 *ARIES：A Transaction Recovery Method supporting Fine-Granularity Locking and partial Rollbacks Using Write-Ahead Logging.ARIES* 是 Algorithm for Recovery and Isolation Exploiting Semantics 的缩写。

1.4.1　从模型看数据库

数据是对客观世界的特定描述，只要启动观测和记录，就会无穷无尽地滚滚而来。那么如何有效地组织、记录和应用数据，就成了一个关键的挑战。如果没有有效的方法和系统，数据就会成为一个负担。

此时，人类特有的逻辑思维能力就发挥了作用。我们为了研究真实世界的某个问题，会在逻辑思维的世界中构建一个抽象系统，这个抽象系统是对真实世界里复杂系统的简化，这就是模型。

数据模型就是指我们对现实世界进行数据特征抽象时，所遵循的方法和规则，它决定了数据库中数据的存储方式，是数据库系统的基础。

当然，针对同样的数据，通过不同的数据模型进行抽象，最后得出的结论可能完全不同。小说《三体Ⅱ：黑暗森林》通过一个独特的算法对宇宙进行抽象，最终得出了一个独特的模型——黑暗森林。

> 宇宙就是一座黑暗森林，每个文明都是带枪的猎人，像幽灵般潜行于林间……如果他发现了别的生命，能做的只有一件事：开枪消灭之。在这片森林中，他人就是地狱，就是永恒的威胁，任何暴露自己存在的生命都将很快被消灭，这就是宇宙文明的图景，这就是对费米悖论的解释。一旦被发现，能生存下来的是只有一方，或者都不能生存。

在数据库技术发展的过程中，诞生过三种关键的数据模型，分别是网状模型、层次模型和关系模型。 网状模型是以"图结构"来表示数据之间的联系，层次模型以"树结构"来表示数据之间的联系，关系模型则是用"二维表"（或称为关系）来表示数据之间的联系。在历史上，网状模型和层次模型被称为第一代数据库技术，关系模型被称为第二代数据库技术，随后出现的面向对象则被称为第三代数据库技术。

世界上第一个网状数据库集成数据存储（Integrated Data Store，IDS）诞生于 1964 年，第一个层次数据库信息管理系统（Information management System，IMS）诞生于 1968 年。当 1970 年 IBM 的研究员**埃德加·弗兰克·科德**（Edgar Frank Codd），如图 1.15 所示，**发表了论文 *A Relational Model of Data for Large Shared Data Banks* 之后，关系型数据库模型由此确立，并且以席卷而来的态势占领市场，成为至今的主流数据库品类。** 科德也因此当之无愧地被称为"关系型数据库之父"。第一个商用关系型数据库系统

图 1.15　埃德加·弗兰克·科德

（Multics Relational Data Store，MRDS）诞生于 1976 年。

目前**关系型数据库在市场上占据主流**地位，在此之外的一系列数据库则被归纳和统称为**非关系型数据库**。在互联网上，DB-Engines 和墨天轮两个网站维护着两个榜单，分别呈现全球数据库品牌和中国数据库品牌，两个榜单都采用了数据库模型（Database Model）作为其入选数据库的主要分类方法。

图 1.16 展示了截至 2024 年 1 月的全球数据库流行度排行前十名的数据库，共有 417 个数据库呈现在 DB-Engines 榜单上，Oracle、MySQL、Microsoft SQL Server、PostgreSQL 和 MongoDB 处于前 5 名的位置。

Rank			DBMS	Database Model	Score		
Jan 2024	Dec 2023	Jan 2023			Jan 2024	Dec 2023	Jan 2023
1.	1.	1.	Oracle ⊞	Relational, Multi-model ℹ	1247.49	-9.92	+2.33
2.	2.	2.	MySQL ⊞	Relational, Multi-model ℹ	1123.46	-3.18	-88.50
3.	3.	3.	Microsoft SQL Server ⊞	Relational, Multi-model ℹ	876.60	-27.23	-42.79
4.	4.	4.	PostgreSQL ⊞	Relational, Multi-model ℹ	648.96	-1.94	+34.11
5.	5.	5.	MongoDB ⊞	Document, Multi-model ℹ	417.48	-1.67	-37.70
6.	6.	6.	Redis ⊞	Key-value, Multi-model ℹ	159.38	+1.03	-18.17
7.	7.	↑8.	Elasticsearch	Search engine, Multi-model ℹ	136.07	-1.68	-5.09
8.	8.	↓7.	IBM Db2	Relational, Multi-model ℹ	132.41	-2.19	-11.16
9.	↑10.	↑11.	Snowflake ⊞	Relational	125.92	+6.04	+8.66
10.	↓9.	↓9.	Microsoft Access	Relational	117.67	-4.08	-15.69

图 1.16　DB-Engines 数据库流行度排行榜

图 1.17 展示的是墨天轮中国数据库流行度排行榜，截至 2024 年 1 月，共有 292 个数据库名列其中，OceanBase、PolarDB、openGauss、TiDB 和人大金仓数据库名列前 5。

排行	上月	半年前	名称	模型	数据处理	部署方式	商业模式	专利	论文	案例	资质	书籍	岗位	得分
🏆	1	1	OceanBase	关系型	HTAP			151	26	26	11	1	0	802.24
🏆	2	↑↑↑ 5	PolarDB	关系型				592	70	10	10	2	0	777.41
🏆	3	↓ 2	openGauss	关系型	TP			573	11	16	7	5	0	600.24
4	4	↓ 3	TiDB	关系型	HTAP			40	54	18	6	1	0	584.11
5	5	↑↑ 7	人大金仓	关系型	TP			333	0	12	11	3	0	582.77
6	↑↑ 8	6	达梦数据库	关系型	TP			518	0	8	8	11	0	577.77
7	7	↑ 8	GBASE	关系型	TP			191	1	46	4	4	0	524.77
8	↓↓ 6	↓↓↓ 4	GaussDB	关系型	HTAP			630	14	9	6	4	0	434.24
9	↑↑ 11	9	TDSQL	关系型				39	12	10	6	1	0	304.52
10	↓ 9	↑↑↑ 13	GoldenDB	关系型	HTAP			581	26	38	7	1	0	300.24

图 1.17　墨天轮中国数据库流行度排行榜

1. 关系型数据库

关系型数据库以关系代数为基础、以二维数据表格为方式，对数据之间的关

系进行抽象和建模。在关系型数据库实现过程中发明的 SQL，成为了关系型数据库的典型特征，因此也常将关系型数据库称为 SQL 数据库。

关系型数据库具备严谨的数学论证，符合人们对数据管理的直观认知，自推出之后迅速得到了市场的认可，推动了数据库产业的快速发展。图 1.18 直观地展示了基于关系型数据库的表示例，不同的数据表存储通过抽象得出的现实世界实体，通过字段属性还可以建立不同实体之间的关联。

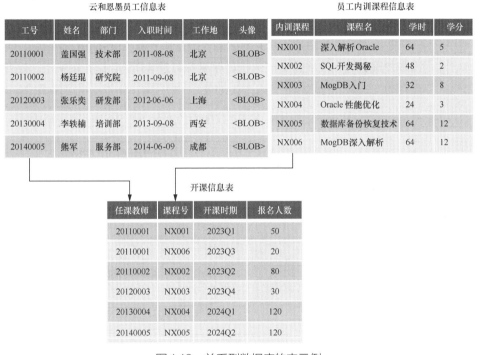

图 1.18　关系型数据库的表示例

关系型数据库支撑了生产生活所需的各种软件系统的运行，不同的**应用负载**具有不同的数据使用方式。因而可以通过应用负载特征将数据库归纳为不同的分类，这也可以被视为数据库的**"负载模型"**分类法。

- 最初的关系型数据库主要是用来处理实时在线的业务交易，将金融、物流、商务等信息快速存储到数据库中，这类数据库系统被称为**在线事务处理（OnLine Transaction Processing，OLTP）数据库**，具有实时、强一致性的业务要求，以写交易为主，也称交易型数据库。OLTP 数据库的数据存储以**行存为主**。

- 随着数据量的增长，用户对数据进行统计分析、在线分析处理就提上需求日程。**联机分析处理（OnLine Analytical Processing，OLAP）数据库**是指支持对大规模数据进行较为复杂的联机分析处理的关系型数据库，这类系统对数据写少读多，以分析计算为主，多用于支持企业经营决策。OLAP 数据库的数据存储以**列存为主要形式**。

● 如果 OLTP 和 OLAP 两类需求能够通过同一个数据库实现，则可以大大降低应用和管理的复杂性，于是混合负载成为一个受到关注的需求。混合事务 / 分析处理（Hybrid Transactional/Analytical Processing，HTAP）**数据库**是指能够同时支持在线事务处理和复杂数据分析的关系型数据库。**HTAP 数据库不仅消除了从关系型事务数据库到数据仓库的数据抽取、转换和加载过程，还支持实时分析最新事务数据**。HTAP 数据库主要以**行列混存**的方式来支持混合事务与分析处理。

OLTP 数据库、OLAP 数据库和 HTAP 数据库的差异示意图，如图 1.19 所示。

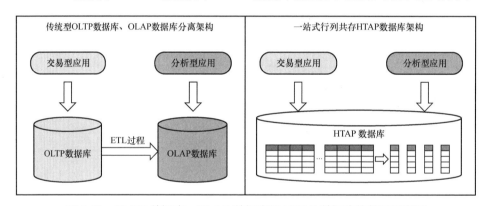

图 1.19　OLTP 数据库、OLAP 数据库和 HTAP 数据库的差异示意图

2. 非关系型数据库

最初，关系型数据库以处理数字和字符数据为主，而随着信息技术的高速发展，在互联网的推动下，客观世界产生的数据越来越多，种类也越来越丰富，关系型数据库在处理频繁变化的业务和一些特殊数据结构时，开始力不从心。

此时，**一些使用特殊数据模型的数据库开始涌现，这类数据库被统称为 NoSQL 或非关系型数据库**。NoSQL 是 Not only SQL 的缩写，意思是"不仅仅是 SQL"。我们用表格管理联系人数据都经历过这样的过程，一个联系人，从一个电话号码到多个号码，从一个邮箱到多个邮箱，都对表格提出了挑战，你可能需要不停增加列用于存储数据，但是多数联系人的这些属性还可能是空的，NoSQL 数据库就能够很好地应对这些变化。

NoSQL 数据库使用不同数据模型来灵活或专注地管理各种数据，针对需要大数据量、低延迟和多变数据模型的应用进行优化，在实现上往往**通过一定程度地放宽一致性限制来达成目标**。

NoSQL 数据库种类繁多，根据数据的组织形式和结构特点主要可以分为 8 大类，如图 1.20 所示，分别是键值数据库（Key-Value Database）、文档数据库（Document Database）、列簇式数据库（Wide Column Database）、图数据库（Graph Database）、时序数据库（Time-series Database）、空间数据库（Spatial Database）、搜索引擎数据库（Search Engine Database）和向量数据库（Vector Database）。

图 1.20 NoSQL 数据库的主要类别

（1）键值数据库：对键值集合进行存储、检索和管理的数据库。键值数据库查询速度快、存放数据量大、支持高并发、扩展性好，非常适合通过主键进行查询，但不能进行复杂的范围查询和聚集分析。

（2）文档数据库：面向文档进行存储、检索和管理的数据库。文档数据库适合于 Schema 频繁变化的场景，易于开发和维护。

（3）列簇式数据库：传统数据库有列数的限制，而宽表通过列簇的概念来解决这一问题，BigTable、HBase 是这类数据库的代表。

（4）图数据库：使用节点、边和属性来表示和存储数据，基于图结构进行语义查询的数据库。图数据库包含支持事务处理的数据库、图计算和分析引擎、图学习框架等。

（5）时序数据库：对包含个体、时间、状态信息的实时流数据进行存储、检索和管理的数据库，适合于物联网（IOT）、性能监控服务。

（6）空间数据库：针对二维或多维的空间数据进行存储和管理的数据库，适合于地图服务和时空分析场景。

（7）搜索引擎数据库：面向搜索类应用进行文档和数据管理，以支持高效快速检索的数据库，适合于文档搜索。

（8）向量数据库：是一种通过向量嵌入函数精准描写非结构化数据特征，**将数据存储为高维向量的数据库，允许根据向量距离或相似性对数据进行相似性检索**。

在非关系型数据库中，键值数据库是一个特殊的品类，也是 NoSQL 数据库中最简单的类型。键值数据库中的数据就是简单的键值对，Key 作为主键来识别和检索数据，Value 可以是任意字符或者数值，不需要固定的模式。常见的键值存储有 Redis、Amazon DynamoDB、Microsoft Azure Cosmos DB 等。

Key	Value
20110001	盖国强，技术部，eygle@eygle.om
20110002	杨廷琨，yangtingkun@263.net
20110003	张乐奕，2012-06-06
20110004	李轶楠，西安
20110005	熊军，2014-06-09，成都

图 1.21　键值数据示例

键值数据库因其具有极高的并发读写性能，所以非常适合在分布式高并发场景下使用，基于键值数据库还发展出很多分布式应用。图 1.21 是键值数据的一个基本的示例。

在键值数据库中，RocksDB **在近年的采用率急速上升，并成为了一系列分布式数据库的底层存储**（见图 1.22）。RocksDB 是一个高性能的持久键值存储引擎，于 2012 年由当时的脸书（Facebook）公司创建，基于 Google 的 LevelDB 代码演化而来。目前，RocksDB 由 Meta 公司开发和维护，在 Meta、微软、网飞等公司的生产环境上大量应用。此外，CockroachDB、Yugabyte、PingCAP、Rockset 等公司的分布式数据库产品都构建在 RocksDB 基础之上。

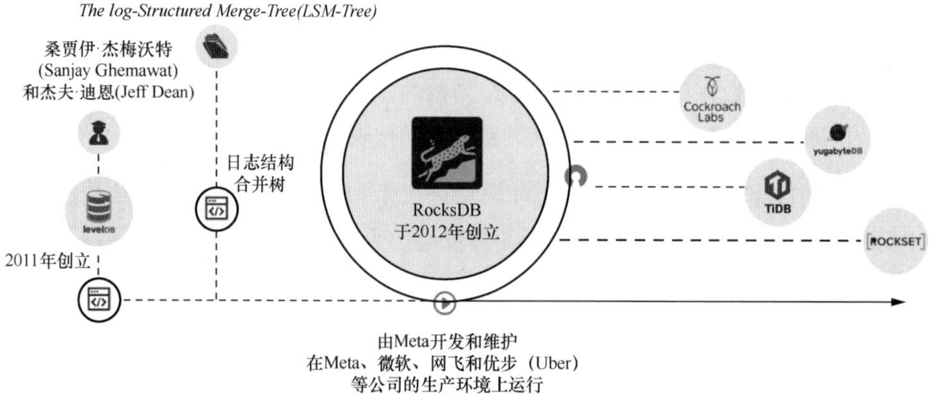

图 1.22　RocksDB 应用广泛

RocksDB 的核心数据结构被称为日志结构合并树（LSM-Tree），是一种多层级的数据结构，主要设计用来应对写入密集型工作负载，并因 1996 年论文 *The Log-Structured Merge-Tree*（*LSM-Tree*）而著称。

除了关系型数据库和非关系型数据库的概念，多模数据库（Multi-Model Database）也常被提及。多模数据库指能够同时支持多种数据模型的混合数据库，例如在单一数据库中支持关系型数据、文档数据、键值数据等统一存储。通过多模数据库可以同时满足结构化、半结构化和非结构化数据的统一管理需求。多模数据库并不是一种学术上的模型划分，而是被看作一种概括上的描述称谓。在需求的推动下，大多数关系型数据库都在增加多种数据模型的支持，不断向多模方向扩展。

1.4.2　从架构看数据库

最初，数据库软件通常安装部署在独立的计算机上，可以使用其全部的计算和存储资源，这种方式被称为全共享架构（Shared Everything）。在面临更高负载和压力的情况下，单机性能无法满足时，可以通过扩展两个方向解决。一个是**垂直扩展（Scale up）**，提升各个组件的容量，使用更好的硬件，例如使用小型机、高端存储。这种架构下多个计算节点共享一份存储，称为共享存储（Shared Storage）架构，"IOE"[1] 架构就在此列。另一个是**水平扩展（Scale out）**，使用更多的节点组成一个无共享（Shared Nothing）的分布式系统来解决问题。这种架构下每个节点根据分布规则存储一部分数据，处理一部分请求，从而提升系统的整体处理能力。

在图 1.23 所示的三种架构中，**数据库可以分为集中式数据库和分布式数据库两类**，其主要差异正在于共享和使用资源的方式的不同。

1. 集中式数据库

集中式数据库是指，数据库集中部署于由一台或多台计算机组成的中心节点，数据整体存储于本地磁盘或外接存储设备，其最大的特点就是部署简单、架构成熟。基于不同的部署形态，集中式数据库的部署模式还可以分为单机部署模式和集群部署模式。

- **单机**部署模式，通常指由单服务器进行数据管理，适用于数据量较少、对服务可靠性要求不高的场景。一般都是全共享架构，使用本地存储，用户共享所有资源（CPU、RAM、Disk）和数据。

1　"IOE" 是一个概括性的描述，指在 IT 系统中，采用以 IBM 小型机为代表的服务器、以 Oracle 为代表的商业数据库、以 EMC 为代表的存储设备。"IOE" 架构是计算机系统演进过程中，广泛引用最为成熟的一个体系架构。

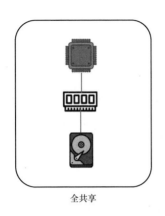 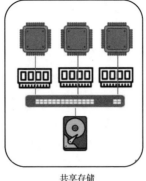 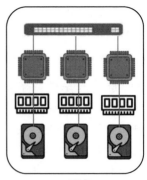

全共享　　　　　　　　共享存储　　　　　　　　无共享

图 1.23　三种资源共享架构

● **集群**部署模式，通常指通过多台服务器作为计算节点，联合进行数据管理和服务，数据统一存储。通常采用共享存储架构，集群架构又因为数据库产品的不同呈现出多种形态，包括**一主多备、一写多读、多写多读**（典型的集群架构如 Oracle RAC）等。

在集中式数据库中，单机通常应用于小型系统，这类应用对可用性要求不高，单服务器即能支撑业务应用，能够接受故障时的短时中断或维护停机。大型的企业级应用对可用性和性能要求更高，通常采用更高端的服务器和存储设备，通过高可用数据库架构实现提供连续服务，其中最成功的就是"IOE"组合——基于小型机、共享存储、Oracle RAC 集群，可以实现无单点故障的高性能、高可用数据库架构。

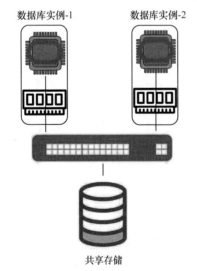

图 1.24　Oracle 集群架构示意图

图 1.24 所示是一个简单的 Oracle 集群架构示意图，两个数据库实例并发读写共享存储上的一个数据库，通过数据库实例的增加和存储的扩容，可以提升整个系统的处理能力。这是企业级数据库应用中最为成熟的解决方案，被广泛应用于企业级信息系统环境中。

集中式数据库虽然架构简单、易于管理，但是当互联网兴起后，在面对超高并发、海量数据时往往弹性不足，分布式数据库因此应运而生。

2．分布式数据库

分布式数据库是指部署于网络中不同计算机上，物理上分散、逻辑上相互关联的数据库，如图 1.25 所示，通常采用无共享架构，每个节点都有自己的处理器、内存和磁盘，节点间通过网络通信。在分布式数据库系统中，独立的资源在软件系统的协调下形成一个整体对外提供服务，从使用者角度来看，感受不到系统实际部署的方式和内部处理的复杂性。

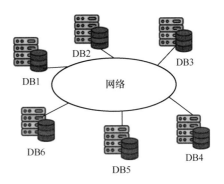

图1.25　分布式数据库示意图

分布式数据库的研究起步非常早。1979年，美国计算机公司在美国数字设备公司（Digital Equipment Corporation，DEC）计算机上就实现了世界上第一个分布式数据库系统 SDD-1[1]。随后，IBM 在 System R 的基础上研制了分布式数据库 R*[2]，加利福尼亚大学伯克利分校开发了分布式 Ingres 等。到 1987 年，C.J.Date[3] 提出了分布式数据库系统应遵循的 12 条原则，被视为分布式数据库系统的理想目标。至此，分布式数据库系统的理念走向成熟。

（1）分布式数据库的分类。

分布式数据库往往将数据从物理上分割（例如通过哈希、范围、列表进行划分），并分配给多台服务器（或多个实例），实现负载分担和分散处理。在架构演进上，又经历了**中间件分布式、一体化分布式和原生分布式**三个阶段。

- **第一阶段：中间件分布式**。是由传统单机数据库向前演进的第一阶段。当单机数据库不足以支撑高并发和高负载时，分库分表自然发生；当分库出现后，前端应用通过代理进行路由分发成为必需，Sharding-Sphere、MyCat 等成为流行的数据库中间件，独立于数据库而存在。大多数单机数据库和中间件结合都能提供一套分布式解决方案。

- **第二阶段：一体化分布式**。是由中间件分布式向前继续演进，融合发展的产

1　SDD-1（SDD 是 System for Distributed Databases 的缩写）自 1976 年开始研发，于 1978 年完成。该系统的第一个版本包括分布式查询处理于 1978 年年中发布；包括并发控制和可靠地写入的完整原型系统于 1979 年秋季发布。SDD-1 旨在服务于地理分布广泛的组织，其在实现数据跨地域分布的同时，通过统一网络进行数据管理与访问服务。

2　R* 是 IBM 在 System R 的基础上研发的分布式数据库。R* 是一个由自治的、本地管理的数据库组成的联邦，这些数据库在地理位置上可能是分散的，但在用户看来却是一个单一的数据库。

3　克里斯托佛·戴特（Christopher J. Date）是著名计算机科学家、数据库理论专家。他于 1967 年加入 IBM，参与了 SQL/DS 与 DB2 的设计开发。达特是最早认识到科德在关系模型方面所做的开创性贡献的学者之一，他与科德一起研究关系模型。他于 1983 年离开 IBM，专门从事关系模型的研究与写作，其专著 *An Introduction to Database Systems*（《数据库系统导论》）已经售出超过 70 万本，为全世界数百所高校选作教科书。

物。以 PGXC 为典型代表产品，当代理节点引入了分布式事务和跨节点查询等功能后就进化为协调节点。为了实现全局事务，数据库又引入了全局事务管理器（Global Transaction Manager，GTM）组件，保证全局时钟一致性。通过数据分片、分布式事务、跨节点查询和全局时钟，一体化分布式数据库成型，各组件更紧密地融合在一起。典型的代表产品还包括 GoldenDB、TDSQL、AntDB 等。

- **第三阶段：原生分布式。**其架构中的每个层次都是面向分布式全新设计的，也因此被称为 NewSQL。NewSQL 数据库底层通常**使用分布式键值系统存储数据**，以 LSM-Tree 模型替换 B+Tree 模型，大幅提升了写性能；高可靠机制通过 Raft 或 Paxos 共识算法实现，通过细粒度数据同步，以分片处理取代了库级的主从复制，获得了更高的灵活性。其代表产品包括 Google Spanner、TiDB、CockroachDB 等，此外，OceanBase 也被认为是一种 NewSQL 实现。

（2）NewSQL 的诞生。

NewSQL 是分布式数据库发展的新阶段，其概念由美国分析师马修·阿斯利特（Matthew Aslett）于 2011 年首次提出。随后，Google 于 2012 年发表了关于 Spanner 系统的论文、2013 年发表了关于 F1 系统的论文，两篇论文呈现了 Google 在关系模型和 NoSQL 融合方面的探索成果，NewSQL 由此诞生。

NewSQL 是对一类分布式关系型数据库的统称，这类数据库结合了关系型数据库和 NoSQL 的典型特征，**既拥有 NoSQL 数据库的扩展性，又保持了关系型数据库的事务特性**，使得传统数据库能够更好地支持海量数据的实时处理。

下页图 1.26 表达了 SQL、NoSQL 和 NewSQL 的演进与融合。SQL 数据库支持良好的持久性、一致性和可恢复性，支持高并发的事务执行，适用于 OLTP 系统，但是扩展弹性有限；NoSQL 数据库具备极致的弹性能力，拥有近乎线性的水平扩展能力，但是在事务支持方面有所欠缺。NewSQL 则是在保留了一定弹性能力的基础上，实现了关系型数据库的事务处理，是技术发展的不断进步和融合，是应对用户新需求的新探索。

（3）从 CAP 到 BASE。

在单机数据库的世界里，很容易能够实现一套满足 ACID 特性的事务处理系统，但是在分布式系统下，数据分散在不同的计算机中，如何对这些数据进行分布式处理则具有极大的挑战。无论是 NewSQL 还是 NoSQL，都必须面对这一挑战，CAP 和 BASE 两个重要的定理因此而生。

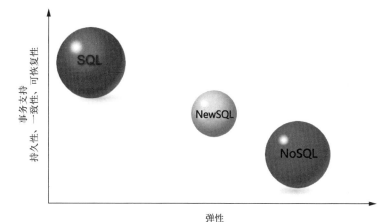

图 1.26　SQL、NoSQL 和 NewSQL 的关系示意图

CAP 定理是由埃里克·艾伦·布鲁尔（Eric Allen Brewer）[1] 在 1999 年的论文 *Harvest, Yield, and Scalable Tolerant Systems* 中提出的，在 2000 年的 PODC 大会上，布鲁尔发表了题为 *Towards Robust Distributed Systems* 的演讲，让 CAP 广为人知。两年之后，赛思·吉尔伯特（Seth Gilbert）和南希·林奇（Nancy Lynch）联合发表了一篇论文，证明了 CAP 的正确性，此后 CAP 真正成为了一个定理，深远地影响着分布式和数据库领域。

CAP 分别代表 Consistency（一致性）、Availability（可用性）和 Partition Tolerance（分区容忍性），在分布式系统中，以上三者不能同时获得。CAP 定理在本质上要求一个分布式系统，对外要像一个原子性的单一系统一样，对于确认的数据，所有节点读取需要一致；发送到任何存活节点的请求，需要给出响应；在任意节点故障时，系统需要持续可用。CAP 的简要概括如下。

- **一致性**：在更新操作成功后，所有节点在同一时间读取的数据完全一致。

- **可用性**：发出数据请求的任何客户端都会得到响应，即使一个或多个节点宕机。

- **分区容忍性**：当任意数量的消息丢失或延迟时，系统仍会继续提供服务。

布鲁尔在提出 CAP 定理时，陈述了**强 CAP 原则**（即 CAP 定理）和**弱 CAP**

1　埃里克·艾伦·布鲁尔是加州伯克利计算机科学名誉教授和 Google 基础设施副总裁，因提出关于分布式网络应用的 CAP 定理而闻名。1996 年，Eric 与他人共同创办了 Inktomi 公司，该公司于 2003 年被雅虎收购，自 2011 年起，他一直在 Google 工作。ACM Symposium on Principles of Distributed Computing（PODC）大会是关于分布式计算的学术会议。

原则两种形态。在分布式系统中，网络分区（网络是不可靠的，消息丢失不可避免）不可避免，所以 P 无法拒绝，只能在 A 和 C 之间进行权衡。不管是 CAP 定理还是弱 CAP 原则，可用性和一致性之间是对立的，欲实现强一致性，则必然收获弱可用性，反之亦然。

NoSQL 的本质就是为了获得高可用性，在一定程度上放弃了一致性，BASE 原理就是针对 NoSQL 特征的抽象和总结。BASE 代表基本可用（Basic Available）、柔性状态（Soft State）、最终一致性（Eventual Consistency）。BASE 由 eBay 的架构师丹·普里切特（Dan Pritchett）在其文章 *BASE：An Acid Alternative* 中首次提出，其核心思想是**即使无法做到强一致性，但每个应用都应该根据自身的业务特点，采用适当的方式来使系统达到最终一致性**。值得一提的是，在英文中"Acid"有"酸性"的词义，"Base"则有"碱"的词义，对立中见统一，竞争中存和谐。

图 1.27 展示了 CAP 定理在不同方向的侧重和取舍。传统的单机数据库是 AC 类型系统的代表，NoSQL 则是 AP 类型系统的代表，CAP 和 BASE 理论的出现为 SQL 和 NoSQL 之争提供了理论依据，清晰地呈现出不同技术的特征和应用场景。

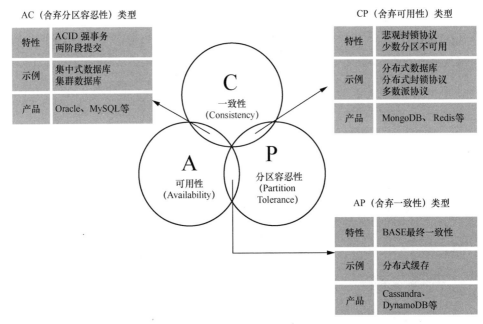

图 1.27　CAP 定理在不同方向的取舍

（4）Paxos 的传奇。

在分布式系统中，还有一个重要事项，那就是在网络分区不可避免的环境下，

分布式系统中的各个进程如何就某个值（决议）达成一致。这是一个复杂的问题，而 Paxos 算法就是为了解决这一问题而诞生的。

Paxos 是莱斯利·兰波特（Leslie Lamport，如图 1.28 所示），于 1990 年提出的共识算法。因为一些波折，这个算法直到 1998 年才通过论文 *The Part-Time Parliament* 公开发表。这篇论文的发表过程是计算机历史中最有趣的故事之一。

兰波特的这篇论文名翻译成中文是"兼职议会"，从这个匪夷所思的名字中，你可能完全看不出这是一篇关于计算机算法的论文。

为什么使用这个名字呢？这源自一个科学家的幽默感。

图 1.28　莱斯利·兰波特

在这篇论文之前，兰波特于 1982 年发表过类似风格的一篇论文，名为**"拜占庭将军问题"**（Byzantine Generals Problem）。这篇论文通过拜占庭将军的故事，提出了对分布式对等网络通信容错问题的解决方案。拜占庭将军的故事梗概是这样的。

> 一组拜占庭将军各率领一支军队围困一座城市，各支军队的行动策略限定为进攻或撤离两种。部分军队进攻或撤离可能会造成灾难性后果，因此必须通过投票来达成一致策略（遵从多数派的选择），即所有军队一起进攻或所有军队一起撤离。因为将军分处不同方向，他们只能通过信使互相联系。系统的问题在于，将军中可能出现叛徒，他们不仅可能向较为糟糕的策略投票，还可能选择性地发送投票信息，影响最终结果。如果部分将军谎称进攻，但却撤退了，那么战斗就失败了。

拜占庭将军的故事被业界广泛接受，而"兼职议会"的论文这一次却出现了意外。兰波特在这篇论文中虚拟了一个希腊城邦小岛 Paxos，城邦按照议会民主制来制定法律，其中有议员、议长和传纸条的服务员等几类角色。议案的制定需要多个议员通过传递纸条信息，就议案达成一致，这就是 Paxos 算法。1990 年，他将这篇论文提交给 *ACM Transactions on Computer Systems*，*TOCS*（《ACM 计算机系统学报》）。TOCS 的 3 个审稿人认为这篇论文"并不重要，但也还有些趣味"，发表前要求作者把 Paxos 岛相关的故事删除。兰波特对这个意见非常生气，认为他们缺乏幽默感，拒绝修改，论文发表就此搁置。

论文虽未公开发表，但仍引起了一些科学家的关注。巴特勒·莱特·兰普森

（Butler Wright Lampson）[1] 在他的论文 *How to Build a Highly Availability System using Consensus* 中对 Paxos 算法进行了描述。此后，兰普森和另外两位科学家进一步发表了对 Paxos 算法的证明论文——*Revisiting the PAXOS algorithm*。

这些论文的发表，再次激发了兰波特发表论文的冲动。他回忆说："我提议 *TOCS* 发表该论文，编辑建议我再修改一下，但是重读旧文后，我更确信其中的描述和证明已经足够清晰。诚然，该论文可能需要参考一下近年发表的研究成果，但是，作为一种幽默感的延续和历史工作的存档，我建议不是再写一个修订版本，而是**以一个最近被发现的手稿的形式公布**，并且由基思·马祖洛（Keith Marzullo）[2] 作注。马祖洛很乐意这样干，编辑终于同意了，论文得以重见天日。"

1998 论文发表时，仅仅加上了一段马祖洛的注释：

> 最近，我们在 *TOCS* 编辑室的文件柜后面发现了这份来稿。尽管年代久远，但主编认为值得出版。由于作者目前正在希腊群岛进行实地考察，无法联系到他，因此我受邀准备将其发表。

> **作者似乎是一位考古学家，对计算机科学只是一知半解**，这是令人遗憾的。尽管他所描述的晦涩的古代 Paxos 文明对大多数计算机科学家来说兴趣不大，但其立法系统却是在异步环境中实施分布式计算机系统的绝佳模型。事实上，Paxos 人对其协议所做的一些创新，在系统文献中似乎并不为人所知。

论文发表后，大众觉得很难理解，最后兰波特被同行们问到忍无可忍，他为大家不能理解他的幽默感而遗憾。2001 年，他重新发表了一篇朴实的算法描述版本的论文 *Paxos Made Simple*。这篇论文一个公式都没有，他在开头写道"Paxos 算法被认为难以理解，可能原因是最初的表述是用希腊语写的"，然后兰波特在摘要里写下了仅有的一句话：

> The Paxos algorithm, when presented in plain English, is very simple.

这当然是另外一个幽默的说法，关于 Paxos 的第一篇论文显然是用英语写

---

1 巴特勒·莱特·兰普森（1943 年 12 月 23 日—），生于美国华盛顿特区，计算机科学家，1992 年，他因对个人计算和计算机科学的贡献获得了 ACM 图灵奖。1984 年，巴特勒加入 DEC，1994 年，他获评为 ACM 院士，1995 年，他加入微软研究院，成为其中的院士。

2 基思·马祖洛是 Marzullo 算法的发明者，该算法是网络时间协议和 Windows 时间服务的基础。在担任美国"网络与信息技术研发计划"（NITRD）国家协调办公室主任之后，他于 2016 年 8 月 1 日成为马里兰大学圣地亚哥分校信息研究学院的院长。此前，他是加利福尼亚大学计算机科学与工程系教授。2011 年，他被选为 ACM 会士。

的，但是其中虚构故事里的一些人物的名字，的确是他找朋友用希腊的一种方言命名的。

此后，Paxos 几乎垄断了分布式一致性算法，Paxos 这个名词几乎等同于分布式一致性。2006 年，Google 在关于 Bigtable 和 Chubby 的两篇论文中提及用 Paxos 算法实现了一个分布式锁服务 Chubby。最终，Google 的很多分布式系统都采用了 Paxos 算法来解决分布式一致性问题，如 Chubby、Megastore 以及 Spanner 等。Chubby 的作者迈克·伯罗斯（Mike Burrows）说道：

这个世界上只有一种一致性算法，那就是 Paxos 算法，其他的算法都是残次品。

虽然 Paxos 算法如此重要，但是其典型特点就是难，不仅难以理解，更难以实现。2013 年，斯坦福大学的迭戈·翁加罗（Diego Ongaro）和约翰·奥斯特豪特（John Ousterhout）提出了 Raft 协议，希望通过一个简化实现，使得更多人能够理解和使用分布式一致性算法。Raft（意为"筏"）的命名，可能是因为他们太想逃离 Paxos 这个孤岛了。

上文提到的兰普森，任职于微软新英格兰研发中心，他和兰波特是好朋友。在庆祝兰普森 70 岁生日的活动中，兰波特首先展示了两张照片，他说："**这张是我，而这是巴特勒**（见图 1.29）。当有人给我发邮件询问我的图灵奖演讲时，我意识到大家对此有些混淆。所以你应该学会区分我们。我是留胡子的那个，巴特勒才是拿图灵奖的那个。"

这就是兰波特的幽默感。但是一年之后，他获得了 2013 年的图灵奖，这个笑话就永久地失效了。

图 1.29　巴特勒·莱特·兰普森

这里还有一个关于大胡子的美好故事。由于史怀哲[1] 和爱因斯坦都留着大胡子，一头乱发，人们经常认错。史怀哲一次乘火车，有一个小女孩向他鞠躬说：可否为我签名？爱因斯坦先生。史怀哲签了"爱因斯坦"后，在下面加括号写着：**爱因斯坦的朋友，史怀哲代签**。

1　阿尔伯特·史怀哲（1875 年 1 月 14 日—1965 年 9 月 4 日），德国著名的哲学家、音乐家、人道主义者，同时也是神学家、医学家，拥有神学、音乐、哲学、医学 4 个博士学位，被称作 20 世纪最伟大的精神之父、"非洲圣人"。史怀哲 29 岁看到一篇有关非洲民生疾苦的报道，于 30 岁决定学医，38 岁到非洲行医，在那里工作了 52 年，终其一生。爱因斯坦曾说，像史怀哲这样理想的集善和美的渴望于一身的人，我几乎还没有发现过。

（5）区块链的故事。

2008 年 10 月 31 日，一个化名为"中本聪"（Satoshi Nakamoto）的学者，在一个密码学邮件组发表了一篇论文：*Bitcoin：A Peer-to-Peer Electronic Cash System*（《比特币：一种点对点的电子现金系统》），如图 1.30 所示，区块链技术由此诞生。随后，在 2009 年 1 月 3 日，在位于芬兰赫尔辛基的服务器上，中本聪生成了区块链上的第一个区块，即所谓的比特币"创世区块"，世界上第一个区块链开始蓬勃滋生，**基于区块链的电子货币——比特币从此登上历史舞台**。此后不久，中本聪这位神秘人物就消失在网络深处，至今无人得知这位天才的真实身份。

Bitcoin: A Peer-to-Peer Electronic Cash System

Satoshi Nakamoto
satoshin@gmx.com
www.bitcoin.org

Abstract. A purely peer-to-peer version of electronic cash would allow online payments to be sent directly from one party to another without going through a financial institution. Digital signatures provide part of the solution, but the main benefits are lost if a trusted third party is still required to prevent double-spending. We propose a solution to the double-spending problem using a peer-to-peer network. The network timestamps transactions by hashing them into an ongoing chain of hash-based proof-of-work, forming a record that cannot be changed without redoing the proof-of-work. The longest chain not only serves as proof of the sequence of events witnessed, but proof that it came from the largest pool of CPU power. As long as a majority of CPU power is controlled by nodes that are not cooperating to attack the network, they'll generate the longest chain and outpace attackers. The network itself requires minimal structure. Messages are broadcast on a best effort basis, and nodes can leave and rejoin the network at will, accepting the longest proof-of-work chain as proof of what happened while they were gone.

图 1.30　比特币的创始论文

从本质上看，**区块链也是一种数据库，是分布式数据库在金融领域的一个特殊场景化应用**。这个场景化应用的需求，源自真实世界的一个久远困扰——**如何不受第三方控制地跨越时间保有财富**。

中本聪在互联网上留有一些基本信息，例如他在注册 P2P Foundation 网站时，填写的出生日期是 1975 年 4 月 5 日，这是一个充满隐喻的暗示。

4 月 5 日在货币史上是具有重要意义的一天。一战之后，欧洲黄金大量流向美国，1913—1924 年间，美国黄金储量从 19.24 亿美元增至 44.99 亿美元，达到当时世界黄金储存量的一半。1929 年，美国股市暴跌，经济陷入大萧条，人们纷纷抢购黄金。

1933 年 4 月 5 日，罗斯福政府发布行政命令，规定美国公民持有黄金是非法的。联邦政府推高价格购买黄金以增发货币，美元因此贬值了 40%。政府的目的是让债务贬值对抗大萧条，但也导致了美国人的财富因贬值而损失了40%。很多人认为，这是美国政府所作所为中最违宪的行为之一。一直到1975年，布雷顿森林体系瓦解后的第4年，总统福特正式签署了"黄金合法化"法案，美国公民才重新获得了拥有黄金的权利。

中本聪显然对这一历史事件刻骨铭心，当区块链创始时，历史时刻仿佛在重演。在创世区块的备注中，如图1.31所示，中本聪写入了当天英国《泰晤士报》的头版头条标题。当时正是英国财政大臣达林（Darling）被迫考虑第二次出手纾解银行危急的时刻。

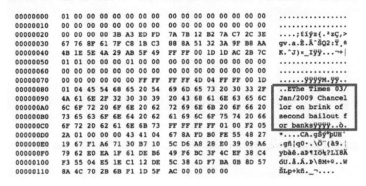

图1.31 比特币创世区块的信息

"The Times 03/Jan/2009 Chancellor on brink of second bailout for banks"（2009年1月3日，财政大臣站在第二次救助银行的边缘）

——《泰晤士报》

传统货币强依赖于银行的集中管理，为了解决这一问题，**中本聪的发明去掉了中心化的记账方式**，通过区块链网络上的所有计算机建立了一个分布式记账体系。比特币的任何变更都需要同步到所有计算机存储，只要参与节点足够多，这个体系就足够安全。为了防止通货膨胀，**中本聪还将比特币被设置为最高约2100万枚[1]，不可增发**。截至本书写作时，单个比特币的最高价格为73750.07美元，总市值突破1.4万亿美元，这一纪录是在2024年3月14日达到的，如下页图1.32所示。

---

1 比特币可细分到小数点后8位，最小单位为"聪"。比特币网络每10分钟产生一个区块，每个区块发行50个比特币，每生成21万个区块后，发行量减半。挖出21万个区块所需要的时间约为4年，当第33次减半时，每区块的奖励将降至1聪以下，无法继续分割，发币停止。此时的比特币总数量为20999999.97690000个，时间预计是2140年。

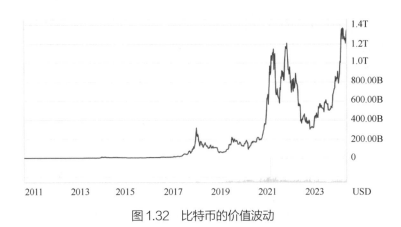

图 1.32　比特币的价值波动

比特币的实现依赖于很多基础技术研究，作为比特币加密货币交易的**公共分布式账本**，其基础是斯科特·斯托尔内塔（W. Scott Stornetta）、斯图尔特·哈伯（Stuart Haber）和戴夫·拜尔（Dave Bayer）之前的工作。斯科特在与哈伯在 1991 年共同撰写的论文中首次提出了以时间戳确保数字文件安全的协议，这篇论文被认为是加密货币发展过程中最重要的论文之一，为区块链技术革命奠定了基础（图 1.33 左侧是斯托尔内塔，右侧是哈伯）；亚当·贝克（Adam Back）发明的哈希现金（HashCash）用到的工作量证明（PoW）机制，也成为了比特币的核心要素之一。

图 1.33　斯托尔内塔和哈伯

区块链技术被认为是互联网发明以来最具颠覆性的技术创新之一。通过密码学和数学设计的巧妙分布式算法，在无法建立信任关系的互联网上，无须借助任何第三方就可以使参与者达成共识，以极低的成本解决了信任与价值可靠传递的难题。下面，我们可以更为深入地了解区块链，如图 1.34 所示。

图 1.34　区块链的示意图

首先，我们来看一下"区块链"这个名字。区块链是一种分布式账本，区块是一个一个的存储单元，每个区块中记录了一定时间内系统中的交易信息，所有的区块通过加密哈希值连接在一起。由于每个区块都包含前一个区块的信息，因此它们实际上形成了一条链，因此被称为"区块链"。最早在中本聪的论文中，"区块"（Block）和"链"（Chain）是两个概念，后来被合称区块链（Blockchain），这就是区块链概念的由来。由于链的存在，区块链交易是不可逆的，因为任何区块都无法在不改变后续区块的情况下被更改（技术上认为，在某区块后续继续写入 5 个块，实现 6 次区块确认之后，该区块就无法被更改）。

其次，我们要看一下分布式网络的分散情况。由于比特币网络去中心化这个特点，同时也必然存在 51% 攻击缺陷，这是比特币的致命伤。根据外部监测的公开数据，截至 2023 年 9 月，全球的比特币可达节点数量约有 16000 个。而据著名的比特币核心开发者 Luke Dash jr 估计，实际节点数量远高于以上数字，2021 年 1 月活跃的比特币核心节点约有 83000 个，这个数字在 2022 年急剧下降至约 50000 个。如果有人能够控制 51% 的机器，占据算力优势，是能够实现对于区块链的攻击和分叉的，但是基于成本的理性考虑，这个事件可能不会发生。

最后，我们来看一下比特币的发币过程。比特币发币是通过计算机持续运算获得一个哈希值来实现的，这个过程被称为"挖矿"。比特币网络中每 10 分钟会产生一个区块，优先获得计算结果的计算机将获得记账权，并因此获得发币奖励。由于这个计算过程消耗大量的电力，而计算的结果没有现实意义，只是用于工作量证明而获得记账权，因此被许多国家所禁止。

以上获得记账权的节点，还会赢得各交易方给出的手续费，因为整个网络每 10 分钟产生一个区块，交易如果希望被优先记账，就需要给出手续费。当 2140 年比特币到达恒定产量 2100 万个时，"矿工"就只能通过交易的手续费获得奖励。不要小看手续费，在 2016 年 4 月 26 日，就有人为了转账 0.0001 比特币，支付了 291.2409 比特币的交易费（他很可能错误的输入了 2 个数据的位置）。当然在比特币历史上最著名的交易当数 2010 年 5 月 22 日，程序员拉兹洛·哈涅克斯（Laszlo Hanyecz）用 10000 枚比特币购买了 2 块棒约翰的比萨。

比特币是区块链的一个应用，为区块链技术作出了精彩的示范，今天正在走向更加广阔的应用领域。ChainSQL、BlockchianDB 等产品在专用区块链数据库方向进行了探索；传统关系型数据库也纷纷扩展了区块链表，着重实现了不可篡改的安全特性，这在 Oracle、openGauss 和 MogDB 数据库中都已得到了体现。

根据公开数据，比特币这个超级数据库账本现在的容量已经接近 500GB（见图 1.35）。每个参与记账的节点都要下载这个公开的账本，这样的节点被称为全节点。现在比特币网络中也允许存在只下载少量和自我交易相关数据的轻量级节点。

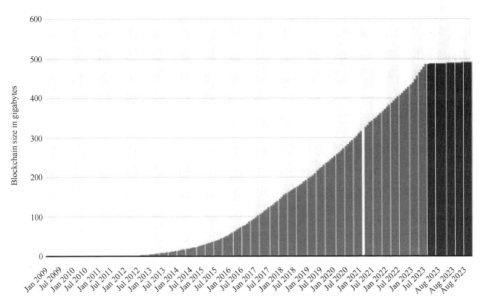

图 1.35　比特币账本数据量的变化

这里，我举一个生活化的"区块链"案例，如图 1.36 所示，有助于大家的技术理解。因为没有设置门卫，小区大门敞开，社会车辆乱入，影响业主停车，辽宁一小区的业主，在小区大门上串联了 66 把锁头。谁家有车谁就加一把锁，链长约 1 米，锁都有标号，只需拿钥匙打开对应的锁，就能打开大门。

图 1.36　现实中用锁实现的"区块链"

这就是现实生活中的一个"区块链"，几乎符合所有复杂的技术特征：**去中心化**（不需要人员统一管理）、**可追溯性**（一人一锁，谁没锁门就找谁）、**不可篡改性**（形成链条，编号连续，不可错位锁定）、**公钥私钥**（锁编号代表身份，个人专用的钥匙代表私钥）。

1.4.3 从部署看数据库

传统数据库都部署在用户环境，称为本地部署，而随着云计算的流行，云部署也成为了新型的数据库部署方式。根据统计数据，2022 年中国公有云数据库市场规模为 219.15 亿元，本地部署数据库市场规模为 184.45 亿元，2022 年公有云数据库市场规模占比首次过半 [1]。

1．本地部署

本地部署是**在本地的硬件、网络和其他基础设施上安装的软件服务**。在云计算兴起之前，自行采购硬件和租用数据中心机房是主流的 IT 基础设施构建方式。

在本地部署模式下，数据库在真正被使用前，需要先进行硬件采购调试、数据库安装部署等工作，才能就绪和上线数据库应用，企业需要配备专业的数据库管理员（DBA）或通过专业的服务厂商进行数据库部署和维护服务。

此外，由于基础设施的更换需要时间，企业必须提早预测自身业务发展的需求，做好预先规划。为了避免系统容量跟不上业务发展的速度，往往会提前预留一定的余量。尽管如此，在我国信息化高速发展的时期，"系统和数据库扩容"几乎是企业每年都要进行的建设工作。

2．云部署

2006 年，Google 首席执行官埃里克·施密特（Eric Schmidt）在搜索引擎大会上首次提出了云计算（Cloud Computing）的概念，同年，亚马逊推出了公有云服务（Amazon Web Services）。随后，国内外的互联网巨头，例如微软、Google、阿里巴巴、腾讯和华为也相继推出了云服务。云计算技术的持续创新和成熟商用，彻底改变了资源的提供方式，也为数据库云化部署提供了便利和可能。**云数据库可以共享云基础架构，加速数据库的供给和上线，简化运维和服务管理。现在，越来越多的用户选择云数据库的部署形态。**

云数据库的发展经历了三个阶段，从最初的关系型数据库服务（RDS），到云原生数据库，现在正在向 Serverless 数据库架构演化。

● **关系型数据库服务阶段：RDS 是云数据库初期的模式**，其主要特征是云供应商围绕数据库产品，提供自动化和平台化服务，从而加速用户的环境获取和后期维护。云数据库提供的自动化服务包括安装、部署、升级、备

---

1 云部署的统计中，包含了私有云、行业云等部署形态。数据引自中国通信标准化协会大数据技术标准推进委员会（CCSA TC601）发表的《数据库发展研究报告（2023）》。

份、恢复、运维等。从整体上看用户只需要负责管理和使用数据库，不需要管理底层资源，不需要运维数据库。

- **云原生数据库阶段**：在这一阶段，通过将数据库的计算和存储分离，从而实现弹性计算资源和弹性存储资源的独立伸缩；通过日志即数据库的方式，降低网络和磁盘 I/O 代价。这一时期，数据库真正在内核上围绕云资源实现了技术创新。

- **Serverless 数据库阶段**：在这一阶段，数据库的计算、内存、存储分离，提供分层池化能力、弹性伸缩能力和按需计费能力，让数据库实现了类似"水和电"的使用模式（即时提供、秒级弹性、按量计费）。

云原生（Cloud Native）的概念最早由毕威拓（Pivotal）公司在 2014 年提出，并在 2015 年组织成立了云原生计算基金会（CNCF）。CNCF 给出了对云原生的描述，即**云原生技术有利于各组织在公有云、私有云和混合云等新型动态环境中，构建和运行可弹性扩展的应用**。

云原生的本质是基于云设施来设计和构建应用系统，基于这个理念云原生数据库也应运而生。**云原生数据库是指为云架构设计和构建的数据库**，云架构场景下要求数据库有更高的扩展性、多租户、分布式部署等能力。从技术能力来看，云原生数据库具备**存算分离、极致弹性、高可用、高安全、高性能**等核心能力，同时在**服务上具备智能化的自省能力，包括自感知、自诊断、自优化和自恢复**等。

云原生数据库起源于亚马逊，其数据库 Aurora 就是为云计算时代而专门定制的一款关系型数据库。亚马逊认识到，在云环境中，当计算和存储实现资源池化和弹性伸缩，系统的主要矛盾就会聚焦到网络上——最小化网络 I/O。充分利用云基础设施来提升系统的可扩展性与可用性是云原生数据库的重要使命。Aurora 创新地提出了"日志即数据库"（Log Is Database）理念，将日志处理下推到分布式存储层，关于数据的更改只写日志，不刷脏页，通过架构上的优化解决了网络瓶颈。Aurora 的创新理念已经成为了云原生数据库的标准配置。

从本地部署到云部署，代表着资源供给方式的巨大改变，数据库在新的资源供给方式下，自动化和智能化程度不断提升，进而让用户更简单地使用数据库，实现无处不在、触手可及的数据服务。

今天，云理念的影响不断扩大和深入，"无云不 IT"已成为基本共识，传统的企业级私有环境也已经开始广泛采用云架构，**公有云、私有云、行业云、政务云共同将数据库全面带入云时代**。

1.5 数据仓库

日常生产中的数据库系统，主要是满足基本的、日常的事务处理需求，例如银行交易、超市交易等，这一类系统也被称为 OLTP 系统。在企业中，因为业务类型的不同，往往存在众多的应用系统和数据库，例如企业内部的办公系统、人力资源系统等。**企业在经营管理上，常常需要从各个角度来分析企业数据，洞察企业发展，制订经营决策，所以就产生了数据汇聚的需求，这类需求通常使用数据仓库系统来解决。**

1988 年，为解决上述的企业数据集成问题，IBM 爱尔兰公司的巴里·德夫林（Barry Devlin）和保罗·墨菲（Paul Murphy）第一次提出了数据仓库的概念，他们将商业数据仓库（Business Data Warehouse，BDW）定义为"**用于商业报告的包含所有信息的单一逻辑仓库**"，直至今日，这一定义仍然代表着数据仓库的本质。

到了 1991 年，比尔·恩门（Bill Inmon，如图 1.37 所示）出版了数据仓库经典作品 *Building the Data Warehouse*（《构建数据仓库》），标志着数据仓库概念的确立，比尔也因此被称为"数据仓库之父"。书中指出，**数据仓库是一个面向主题的、集成的、相对稳定的、反映历史变化的数据集合，并且是用于支持管理决策的数据集合。**有了数据仓库之后，企业第一次拥有了一个原生为存储历史数据而设计的系统，"事实的唯一版本"或"记录系统"也随之出现。

数据仓库系统的主要应用之一是联机分析处理（OLAP），其能够支持复杂的分析操作，提供直观易懂的处理结果，侧重于实现企业决策支持。OLAP 的理念由"关系型数据库之父"科德于 1993 年首次提出，他在白皮书 *Providing OLAP to User-Analysts：An IT Mandate* 中阐述了这一理论。

图 1.37　比尔·恩门

科德认为 OLTP 系统已不能满足用户对数据分析的深入需要，决策支持需要对关系型数据库进行大量计算才能得到结果。因此，**科德提出了多维数据库和多维分析的概念，推动了 OLAP 技术的发展。**

1.5.1 发展阶段

数据仓库技术的发展，在大体上经历了以下 4 个阶段。

（1）MPP 时代。IBM DB2 和 Teradata 是早期数据仓库理论的实践者，也是这一时期市场的领导者，其中 Teradata 是 MPP 数据仓库最成功的商业产品。Teradata

创立于 1979 年，其公司名称来源于 Tera Bytes（太字节），包含着面向 TB 级别数据存储的愿景，这一愿景在公司成立 13 年后第一次达成，沃尔玛是其第一个 TB 级数据仓库的用户。

（2）一体机时代。随着数据规模的增大和数据库技术的成熟，数据仓库进入一体机的快速发展时代，典型代表是 Netezza、SAP HANA 和 Oracle Exadata。Netezza 公司创立于 1999 年，并于 2003 年发布了业界首款"数据仓库一体机"，获得了市场成功，Netezza 公司于 2010 年被 IBM 收购。此后，Oracle 同样凭借 Exadata 一体机在数据仓库领域赢得了大量客户。这一时期，从 Postgres 演变而来的 Greenplum 开源 MPP 数据仓库，也在市场中具有很高的影响力。

（3）云数仓时代。随着互联网、云计算的发展，基于互联网需求和云基础设施的数据仓库飞速发展。Google 凭借"三驾马车"论文（1.6.2 节会做详细介绍）开启了大数据时代，Hadoop 随之崛起，成为数据仓库的代名词；云计算出现，改变了基础设施的供给方式，直接推动了云数仓的诞生。2012 年，两位在 Oracle 公司工作了十多年的工程师——伯努瓦·达热维尔（Benoit Dageville）和蒂埃里·克吕阿纳（Thierry Cruanes）离职创业，他们决心在云上建立一个数据仓库，于是 Snowflake 诞生了。作为第一个基于云原生的数据仓库，Snowflake 具有存算分离、按量付费、云中立等特点，在为客户提供巨大数据价值的同时，极大地降低了客户的使用和维护成本。

（4）湖仓一体。随着云原生数仓 Snowflake 上市并取得巨大的成功，行业开始趋向把数据仓库、大数据、数据湖、云存储的技术全面融合，全世界掀起了云原生数据仓库和湖仓一体的热潮。湖仓一体的目标是将数据仓库和数据湖两者之间的差异进行融合，并将数据仓库构建在数据湖上，从而有效简化企业数据的基础架构，提升数据存储弹性和数据质量的同时，还能降低成本，减少数据冗余。Databricks、Clickhouse、AnalyticDB、GaussDB（DWS）、StarRocks、SelectDB、HashData 等产品，正在探索数据仓库时代的新未来。

1.5.2　Snowflake 的崛起

Snowflake 于 2020 年 9 月 16 日在纽约证券交易所成功上市，交易首日市值达到 704 亿美元，成为史上规模最大的软件首次公开募股（Initial Public Off ering，IPO），之后市值最高突破 1200 亿美元。在业绩上，Snowflake 的增长势头在软件即服务（Software as a Service，SaaS）领域无出其右，其 2022 财年营收 12.19 亿美元，2023 财年收入达 21 亿美元。在产品流行度上，Snowflake 于 2023 年 12 月跃升到 DB-Engines 排行榜的第 10 名，成为 10 年间最快进入前 10 的数据库产品。

作为一个云原生的数据仓库产品，Snowflake 的成功令人瞩目、意义深远。当云计算成为时代的主旋律之后，独立的数据库软件供应商是否能够生存，成为了一个重要命题。云厂商依托开源产品，提供了大量的云数据库服务，并改变了数据库行业的游戏规则，从数据仓库角度看，AWS 就有著名的 Redshift 产品。**Snowflake的成功，证明了一个事实，只要具备足够的创新力，独立的数据库厂商仍然可以在云上获得广阔的生存空间。**

Snowflake 的成功在于率先拥抱云原生的技术路线，**通过持续的技术创新，创造性地使用云资源，在云上重塑了"云"的使用方式，从而获得了与 AWS 一同高速成长的机遇。这一过程是通过在云上获得的近实时弹性，并持续简化数仓应用，帮助用户"降本增效"而实现的。**Snowflake 的 CEO 弗兰克·斯洛特曼（Frank Slootman）最终认识到：**只有当经济效益发生根本性变化的时候，客户才会彻底改变对新技术的态度。**这个本质性的洞察也应该是对所有创新者的激励与提示，笔者也认为，**只有当国产数据库能够使得经济效益发生根本性变化的时候，企业才会彻底改变对于国产数据库的态度。**

Snowflake 将集群分成了三层，分别是云服务层、虚拟数仓层和数据存储层。各层间通过 RESTful API[1] 进行交互，其整体架构如图 1.38 所示。

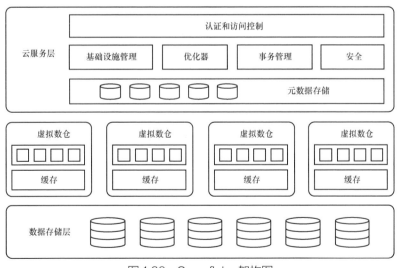

图 1.38　Snowflake 架构图

1　RESTful API（Representational State Transfer Application Programming Interface，表现层状态转移应用程序接口）是指以 REST 风格（包含一系列应用程序接口规范）设计的 API。RESTful API 的规范设计使其易于使用、理解和扩展，是现代 Web 服务开发中非常流行的一种方式。

（1）**云服务层**非常独立，由一系列的全局服务组成，包括认证和访问控制、优化器、事务管理、安全等。这一层还包含一个支持事务的分布式键值数据库系统FoundationDB，用来存储数据分区元信息、统计信息，以及数据库的事务信息等。云服务层解决了数据仓库易用性的问题，大大降低了管理和运维成本。

（2）**虚拟数仓**由一个或多个规格相同的无共享架构的 AWS EC2[1] 集群组成。计算资源本身无状态，可以弹性伸缩、按需分配，让客户实现了按需扩缩容。不同的虚拟数仓相互隔离负载，使应用具有灵活性和成本可控性。当查询执行时，云服务层的查询优化器，将要访问的表数据文件，通过一致性哈希算法分配到虚拟数仓的各个工作节点中，形成一个暂时的无共享集群。也因此，**Snowflake 的架构巧妙地融合了共享存储和无共享架构的优势**。

（3）**数据存储层**依赖 AWS S3[2] 块存储，具有极好的可用性和持久性，其特点是访问延迟较高，但吞吐量很大，具备几乎无限的扩容能力。Snowflake 将所有表自动划分为接近固定大小的微分区，每个微分区对应一个文件，内部数据按列进行组织。

总结一下，Snowflake 通过存算分离的云原生架构，在无共享架构的基础上实现了多集群、共享数据的创新，开创性地提供完整半结构化数据支持、完整的数据操作语言（DML）和多版本并发控制（MVCC），**打造了极致的易用性，大大降低了用户的使用成本，增加了用户黏性，从本质上解决了传统架构的痛点**。

2024 年 2 月 28 日，Snowflake 宣布弗兰克·斯洛特曼退休。自 2019 年 4 月 26 日，斯洛特曼被任命为 CEO 以来，他领导 Snowflake 成功上市，并伴随该创业新锐走过了一段引人瞩目的光辉岁月。

1.6 大数据时代

早在 1980 年，在 *The Third Wave*（《第三次浪潮》）一书中，美国社会思想家阿尔文·托夫勒（Alvin Toffler）就使用了"大数据"（Big Data）一词，并称颂它为"第三次浪潮的华彩乐章"。

---

1 AWS EC2，全称为 Amazon Elastic Compute Cloud，是由 AWS 提供的云计算服务，允许用户在云中租用虚拟计算资源。AWS EC2 是一个灵活、经济、安全的云计算服务，适合构建和运行各种规模的应用程序。

2 AWS S3，全称为 Amazon Simple Storage Service，是由 AWS 提供的一种对象存储服务。AWS S3 具备高可用性、可扩展性、简单易用等特点，被广泛用于备份和恢复、存档、大数据分析、内容分发等场景，是一个灵活、可靠且功能强大的存储解决方案。

2008 年，*Nature*（《自然》）杂志推出了题为 **"Big Data：Science in the Petabyte Era"**（大数据：PB 时代的科学）的封面专栏，如图 1.39 所示，引发了人们对大数据的广泛关注。

2012 年，维克托·迈尔·舍恩伯格（Viktor Mayer Schönberger）的《大数据时代：生活、工作与思路》一书横空出世，书中极具洞见地指出，大数据所带来的**相关关系的研究会逐渐取代因果关系**，为人类的生活创造前所未有的可量化的维度，进而成为新发明和新服务的源泉。

图 1.39 *Nature* 杂志大数据时代

此后，随着移动互联网、物联网、人工智能等技术的飞速进步，带动了数据的爆炸式增长，人类社会真正进入了数字化数据极其丰富的**大数据时代**。

1.6.1　大数据的特征

大数据是在一定条件下数据量达到一定规模的大量数据的集合，其典型特征是"4V"属性，即规模性（Volume）、多样性（Variety）、高速性（Velocity）和价值性（Value）。此后，在不同学者的不断总结概括下，大数据典型特征增加至"8V"属性，如图 1.40 所示。

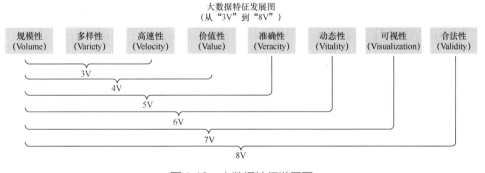

图 1.40　大数据特征发展图

最被人们广为接受的"4V"属性，揭示了大数据的核心特性。

（1）**规模性**。大数据首先体现为规模大，存储容量从过去的 GB 级别扩展到 TB 级别，直至 PB、EB 级别。来自社交网络、移动网络、各种智能终端等的数据，都成为大数据的输入来源。

（2）**多样性**。广泛的数据来源，决定了大数据形式的多样性。多样性意味着数据可以具有不同的格式和结构。大数据大体可分为结构化数据、非结构化数据、半结构化数据。

（3）**高速性**。大数据的交换和传播是通过互联网、云计算等方式实现的，传播速度快，对处理数据的响应速度要求高，其增长速度和处理速度是高速性的重要体现。

（4）**价值性**。大数据可以通过大量不相关的、各种类型的数据分析，挖掘出对未来趋势与预测分析有价值的数据，发现新规律和新知识，最终达到改善社会治理、提高生产效率、推进科学研究的效果。

此外，需要特别强调的是合法性（Validity），随着海量数据的聚集，需要特别关注对于个人隐私数据的合理使用，如果使用不当，则可能触及法律禁区。各国关于数据的立法已经逐步完善，以《通用数据保护条例》（GDPR）为代表的法案就对数据应用做出了严格的界定，我国也于 2021 年 9 月 1 日正式施行《中华人民共和国数据安全法》，这标志我国在数据安全领域已经有法可依。

1.6.2　Hadoop 兴衰

在技术实现上，Hadoop 一度成为了大数据的代名词，其 Logo 上的这只小黄象曾经火爆全球（小黄象源自 Hadoop 之父儿子的一个小玩具）。

我们知道，搜索引擎是最早将数据量提升到海量的典型应用，真实需求推动了真正的技术创新。1998 年 9 月 4 日，Google 公司在美国硅谷成立，大数据的故事由此展开。

为了解决搜索引擎的海量数据存储和计算问题，Google 做了大量的研究探索，并先后发表了影响深远的"三驾马车"论文。

- 2003 年，Google 发 表 了 有 关 Google 文 件 系 统（Google File System，GFS）的论文，系统地介绍了为存储海量搜索数据而设计的专用文件系统。

- 2004 年，Google 又发表了一篇学术论文，介绍 MapReduce 编程模型。这个编程模型用于大规模数据集（大于 1TB）的并行分析运算。

- 2006 年，Google 发表了关于 BigTable 的论文，介绍了一种分布式数据存储系统，用于处理海量数据的非关系型数据库。

在 Google 探索搜索引擎的历程中，一位名叫道格·卡廷（Doug Cutting，如图 1.41 所示）的天才美国工程师，也开始关注搜索引擎技术。他用 Java 开发了一个用于文本搜索的开源函数库，命名为 Lucene，目标是为中小型应用加入全文检索功能，非常受程序员们的欢迎。2004 年，道格和迈克·卡法雷拉（Mike Cafarella）合作，在 Lucene 的基础上开发了一款开源搜索引擎 Nutch，获得了极大的成功。

关键时刻到来，Google 发表"三驾马车"论文时，并未发布原型产品，但道格和开源社区将其一一实现出来。

- 2004 年，道格基于 Google 的 GFS 论文，实现了分布式文件存储系统，并将它命名为 NDFS（Nutch Distributed File System）。

图 1.41　道格·卡廷

- 2005 年，道格基于关于 MapReduce 论文，将 MapReduce 编程模型在 Nutch 搜索引擎中实现出来。

- 2007 年，HBase 作为一个模块提交到 Hadoop 的代码库中，代码量约为 8000 行。HBase 最早诞生于 Powerset，用于解决 Hadoop 中随机读效率低下的问题。最初的开发人员是迈克尔·斯塔克（Michael Stack）和吉姆·凯勒曼（Jim Kellerman）。2010 年 5 月，HBase 成为 Apache 的顶级项目。Google 和 Hadoop 技术对比如图 1.42 所示。

2006 年，雅虎公司为了开发自己的搜索引擎，聘请了道格加盟，而此前雅虎使用的正是 Google 的搜索引擎。加入雅虎之后，道格将 NDFS 和 MapReduce 进行了升级改造，并重新命名为 Hadoop（NDFS 更名为 HDFS，即 Hadoop Distributed File System）。这就是大名鼎鼎的大数据框架系统——Hadoop 的由来，而道格·卡廷则被人们尊称为"Hadoop 之父"。

图 1.42　Google 和 Hadoop 技术对比

2008 年 1 月，Hadoop 成为 Apache 基金会的顶级项目；同年 2 月，雅虎宣布建成了一个拥有 1 万个内核的 Hadoop 集群，该集群支持了雅虎的搜索引擎产品；同年 7 月，Hadoop 打破世界纪录，成为最快排序 1TB 数据的系统，用时 209 秒。此后，Hadoop 进入快速发展期。

Hadoop 生态圈包含一系列的组件，将这些组件集成到一个平台，面临各式各样的问题的同时，其中的商业机会也会浮现出来。一时间，市场上出现了众多 Hadoop 相关的创业公司，Cloudera、MapR、Hortonworks 是其中最有影响的三个，被称为"Hadoop 三巨头"，分别创立于 2008 年、2009 年和 2011 年。Cloudera 和 Hortonworks 都推出了各自的 Hadoop 发行版，在鼎盛时期，几乎所有公司的大数据平台都使用了它们的发行版。

Hadoop 虽然看起来很好，但是数据处理复杂性和性能隐忧始终萦绕在 MapReduce 编程模型周围。迈克尔·斯通布雷克（Michael Stonebraker）和戴维·德威特（David DeWitt）在 2011 年发表了一篇著名的文章 *MapReduce：A major step backwards*，抨击 MapReduce 是一种技术上的倒退。而事实上，Google 也早已意识到了 MapReduce 存在的问题，研发了自己的 SQL 系统 Dremel，并且用高度定制化的数据管道（Data Pipeline）处理引擎 FlumeJava 来对数据进行集成。脸书在 2010 年开源了自研的 SQL on Hadoop 引擎 Apache Hive，并于 2012 年开发了交互式分析引擎 Presto，随后在 2013 年开源。

此后，面对 Hadoop 痛点的挑战，Cloudera 研发了 Impala，Pivotal 研发了 HAWQ，实现了 MPP 架构的 SQL 计算引擎，底层都以 HDFS 作为存储层。

2013 年，EMC 旗下的 VMWare 将部分业务剥离，创建了子公司 Pivotal，也提供了 Hadoop 发行版 Pivotal HD。

为 Hadoop 带来新的革命的是 Spark 技术。加利福尼亚大学伯克利分校的 AMP 实验室为解决 MapReduce 的性能问题，决定研发一款新的大规模数据处理引擎。他们使用弹性分布式数据集（Resilient Distributed Datasets，RDD）来描述数据集，使用更丰富的函数式算子来描述计算，并且引入了内存洗牌技术来改善中间结果传输的性能。就这样，Spark 于 2009 年诞生了，并于次年开源，很快便取得了整个开源社区的青睐。此后，Spark 的开发者们创立了 Databricks 公司，希望通过替换 MapReduce 来进行商业化。

2014 年，Hadoop 行业迎来高光时刻，Hortonworks 成功上市；Cloudera 获得 Intel 的 7.5 亿美元的投资，总估值达到 41 亿美元；MapR 虽然一直没有上市，先后融资也近 3 亿美元。最终，Cloudera 于 2017 年上市，但是随着 Spark 系列技术的崛起和云数仓的蓬勃发展，Hadoop 的黄金时代也已过去。

Cloudera 和 Hortonworks 两家公司于 2018 年以 52 亿美元的价格合并，但是合并后仍然难掩颓势，于 2021 年以 53 亿美元的价格被私有化，MapR 则是在 2019 年被 HPE[1] 公司收购。

中国 Hadoop 领域的领军企业星环科技创立于 2013 年，推出了大数据基础平台 TDH（Transwarp Data Hub）产品。星环科技于 2022 年成功在科创板上市，IPO 当日市值近人民币 90 亿元。

---

1 惠普公司于 2015 年 11 月进行了业务拆分，其企业级产品部门独立为 HPE（Hewlett Packard Enterprise）。

1.6.3　Hadoop 启示录

Hadoop 的故事告一段落，但是大数据技术仍然风起云涌。回顾 Hadoop 的发展历史，**复杂性是其难解之殇，云计算是非战之罪**。

从技术上看，Hadoop 的核心技术包括文件系统 HDFS、资源调度 Yarn、计算引擎 MapReduce、数据库存储 HBase 等，除此之外，还需要集成大量开源组件，复杂性导致用户的学习成本、部署代价都很高，极大地影响了技术应用和普及。

随着新技术和云计算的兴起，Hadoop 体系中的很多技术已经被替换，比如 Spark 替代 MapReduce、S3 替代 HDFS、K8s 替代 Yarn，**Hadoop 体系被彻底重构，但也因而实现了简化**。同时，随着数据库技术的不断进步，传统数据库的处理能力不断提升，也极大地解决了大数据问题。

从 Google 的 Spanner 到亚马逊的 Redshift，再到 Snowflake 代表的云数仓获得成功，新技术蓬勃发展。Databricks 作为新秀，2021 年 2 月获得 10 亿美元融资，估值达到了 280 亿美元。7 个月后，Databricks 再获 16 亿美元融资，估值升至 380 亿美元。

这标志着大数据已经进入新的时代。

2024 年，斯通布雷克和安迪·帕夫洛（Andy Pavlo）在杂志 *SIGMOD Record* 的 6 月号上发表了一篇文章，题为：*What Goes Around Comes Around… And Around…*。在这篇文章中，斯通布雷克对 MapReduce 做了盖棺定论式的总结，他说："MapReduce 的缺陷如此之大，以至于尽管开发者社区对其充满热情并广泛采用，它也无法得救。Hadoop 大约在 10 年前就死了，HDFS 也已经失去了光彩，MapReduce 系统在几年前就死了，现在最多算是遗留技术。"

1.7　大模型时代

2022 年 11 月 30 日，OpenAI 公司发布了基于 GPT-3.5 系列大型语言模型[1]（Large Language Model，LLM，简称大模型）的全新对话式 AI 模型——ChatGPT，彻底引爆了全球对于大模型的关注，从而也带动了**向量数据库**的发展。

1. ChatGPT 和大模型

ChatGPT 全称为 Chat Generative Pres-trained Transformer，即聊天式生成型预训练转

1　大模型由具有许多参数（通常数十亿个权重或更多）的人工神经网络组成，使用自监督学习或半监督学习对大量未标记文本进行训练。大模型在 2018 年左右出现，并在各种任务中表现出色。大模型的训练需要大量的数据和强大的计算资源，其产品通常具有更好的性能和更强的泛化能力。

换器。ChatGPT 之所以引发关注，是因为其在和用户对话过程中，其对话的流畅度、准确度相比之前的 AI 模型都有较大提升，并且还可以进行翻译、程序代码生成等工作，让人工智能清晰地找到了一条向前演进之路，推动 AI 领域进入"iPhone 时刻"。

ChatGPT 是 AIGC（AI-Generated Content）技术的一种。AIGC 的意思是 AI 生成内容，按照模态来划分，有文本生成、音频生成、图像生成、视频生成及图像、视频、文本间的跨模态生成等。在技术上，ChatGPT 主要属于"文本生成"，**是基于自然语言处理技术和神经网络模型实现的**，通过学习理解人类语言的语法和语义，能够生成有逻辑的文本，从而模拟人类对话的过程。

ChatGPT 的工作方式是对已知文本进行合理延续，这里的"合理"是以数十亿网页和书籍等数据为基础，理解用户的"意图"，并推理出人们所期望的答案。**当 ChatGPT 接收到一个输入后，通过对已有文本的理解和学习，生成下一个标记，新的标记（文本）继续用作下一个输入，如此循环推理，最终达到"合理"完整延续文本的目标。**

假设向 ChatGPT 输入这样一句话，"The best thing about AI is its ability to……"，如果计算机扫描了数十亿页人类书写的文本，就可以很容易地找到有关这个文本的所有实例，并根据后续词汇出现的概率，推理出最有可能满足用户意图的语句，如图 1.43 所示。理解用户意图，也正在成为数据库技术探索的新方向。Oracle 在 23c 版本中推出了数据意图语言（Data Intent Language，DIL），作为对科德关系模型的进一步扩展。同时，为了表达对于 AI 技术的重点投入，Oracle 于 2024 年 5 月正式将其 Oracle Database 23C 更名为 Oracle Database 23ai。

The best thing about AI is its ability to	learn	4.5%
	predict	3.5%
	make	3.2%
	understand	3.1%
	do	2.9%

图 1.43　AI 根据概率对文本的推理

大模型的精准性来自对采样数据的预训练和学习，其底层自然离不开数据的基础作用。应用采集到的各类数据，通过预训练形成人工智能基础模型，就能够满足以问答为代表的各类型应用，为很多领域带来了颠覆性的影响力。

以 ChatGPT 的系列模型为例，随着数据量和参数规模的提升，人工智能正在加速进化，为人类的生产生活提供更精准的帮助。ChatGPT 的系列模型的参数量和参数规模如下所示。

（1）GPT-1 是上亿规模的参数量，数据集使用了 1 万本书的图书语料库（BookCorpus），25 亿单词量。

（2）GPT-2 参数量达到了 15 亿，其中数据来自互联网，使用了 800 万在 Reddit 被链接过的网页数据，清洗后约 40GB（WebText）。

（3）GPT-3 参数规模突破百亿，最大模型为 1750 亿，数据集语料规模扩大到 45TB（清洗后 570GB），包括 Common Crawl 数据集（4 千亿词）、WebText2（190 亿词）、BookCorpus（670 亿词）、维基百科（30 亿词）等。

（4）GPT-3.5 在 2022 年 11 月发布，是 ChatGPT 的底层模型，参数量级也是千亿级，预训练数据量百 T 级。其产生的文本更接近人类对话与思考方式。

（5）GPT-4 在 2023 年 3 月发布，参数量约为 3.5 万亿词。可以对文字，图像进行加工。

（6）GPT-5 仍在开发中，参数量预计将达到 10 万亿词。

2021 年 8 月，李飞飞[1]和 100 多位学者联名发表了一份研究报告 *On the Opportunities and Risk of Foundation Models*，将大模型统一命名为 Foundation Models，即**基础模型或者基石模型**。图 1.44 展示了基础模型集中来自各种模态的数据信息，经过预训练，然后将其应用于各种下游任务。

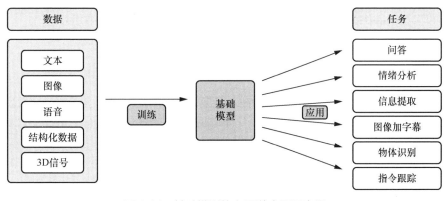

图 1.44　基础模型的上下游应用示意图

————————

1　李飞飞（女），美国著名华裔计算机科学家，被公认为人工智能领域的先行者和开拓者。她在计算机图片识别技术上作出了开创性贡献。2024 年 1 月，李飞飞离开斯坦福大学，开始在"空间智能"方向展开创业。空间智能的目标是让 AI 能像人类一样对视觉信息进行高级推理，从而实现更复杂的行为和决策。

2．向量和向量数据库

在计算机的世界里，我们可以**将数据划分为结构化、半结构化和非结构化数据**。结构化数据可以通过关系型数据库来进行很好的处理，半结构化数据可以通过适当的转换或特定的数据类型来表达，唯有最庞大的非结构化数据可谓是千奇百怪、五花八门、无所不包，例如图片、音频、文档、视频等，如何管理这些非结构化数据一直是一个难题，对这些数据进行比较和检索更是难上加难。

传统关系型数据库通常是精准查询和范围查询，不足以完全挖掘和学习到复杂数据类型所蕴含的知识，而向量技术为数据库带来了一线曙光。向量是 AI 理解世界的通用数据形式，可以**通过嵌入（Embedding）函数，将非结构化数据转换表达成一个 N 维向量**（直观的形式是一组数值，每个数字表示数据的一个重要特征，向量最终表达一个点在多维空间中的位置），如图 1.45 所示，从而为向量搜索提供可能。

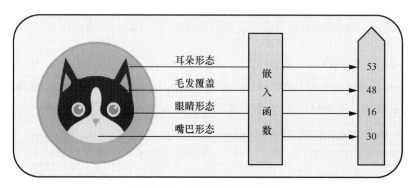

图 1.45　向量化转换示意图

在向量的世界里，你可以看到"Cat"和一张猫的图片距离很近，苹果公司和 Google 相近，而不是和一个物理的苹果在一起，而作为水果的"Apple"自然是和"Banana"在一起，如图 1.46 所示。向量让复杂的数据可以在向量空间聚集起来，从而实现对数据相似性的快速检索。

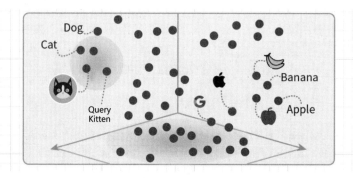

图 1.46　多维空间向量示意图

向量数据库是一种将数据存储为高维向量的数据库，高维向量是特征或属性的数学表示。每个向量都有一定数量的维度，范围从几十到几千不等。向量数据库用以高效存储和搜索向量。在保证信息完整的情况下，通过向量嵌入函数精准描写非结构化数据的特征，从而提供查询、删除、修改、元数据过滤等操作。向量数据库的主要优点是它**允许根据向量距离或相似性对数据进行快速的相似性检索**。这有别于基于精确匹配或预定义标准查询数据库的传统方法。

　　例如搜索有关 "Covid-19" 的论文，基于关键字的搜索引擎在某些情况下效果很好，但在语义应对方面就可能会出现问题，数据库中相关文档可能会因为使用了不同的措辞而被疏漏。限定搜索词为 "Covid-19" 的精确查询，无法找到包含 "冠状病毒" 一词的论文，而基于矢量的搜索试图解决这个问题。

　　大模型场景下，向量搜索获得了爆发式增长。在实际应用中，如果有大量信息或语料需要作为大模型的参考，把文本全部作为提示显然很不经济。提前把语料库向量化，再查询与问题嵌入相似的语料，最终一同输入 GPT 模型，是现阶段比较灵活且经济的实践方式。

　　正是 ChatGPT 将 AIGC 推进到了实用阶段，才让向量数据库找到了一个广阔的场景化 "用武之地"。所以，**向量数据库是在大模型时代恰逢其时**。

　　向量技术和相似搜索可以回溯到 1999 年斯坦福大学在 *VLDB* 上发表的 *Similarity Search in High Dimensions via Hashing* 论文，这篇论文开启了高维向量处理研究；2013 年 Google 在 *ICLR* 发表了 *Efficient Estimation of Word Representations in Vector Space* 论文，开启了万物皆可向量嵌入的研究；脸书在 2017 年开源了 Faiss[1]，开启了产品化探索，后来的向量数据库 Milvus 和腾讯的 VectorDB 都是在 Faiss 的基础上发展而来的。

　　为什么脸书早在 2017 年就能够开源 Faiss？毫无疑问这是真实需求推动的关键创新。作为一个社交媒体，脸书的非结构化数据是海量级别的，通过以向量技术解决自身问题，最终实现了技术创新。

　　对于大模型和向量数据库的关系，业界有一个精准的比喻，**"大模型是容易失忆的大脑，向量数据库就是海马体"**。这是因为大模型的记忆是基于预训练而来的，

1　Faiss（Facebook AI Similarity Search）是脸书人工智能实验室开源的 AI 相似性搜索项目。该项目提供的类库可以从多媒体文档中快速搜索出相似的条目。脸书基于十亿级别的数据集构建的最近邻搜索算法，比之前 GPU 上的最快算法还要快大约 8.5 倍，创造了新的纪录。

由于用于训练的令牌（Token）[1]数总是有限的，其配合RLHF[2]可以拥有"短暂记忆"，但是记住一件新的事件或者校正信息，需要改变其内部参数设置，是一项非常复杂且耗时的任务。所以，当训练的数据存在错误、过期或缺失时，大模型"一本正经地胡说八道"的情况就会普遍存在。图1.47展示了GPT"自我创作"的一个示例。

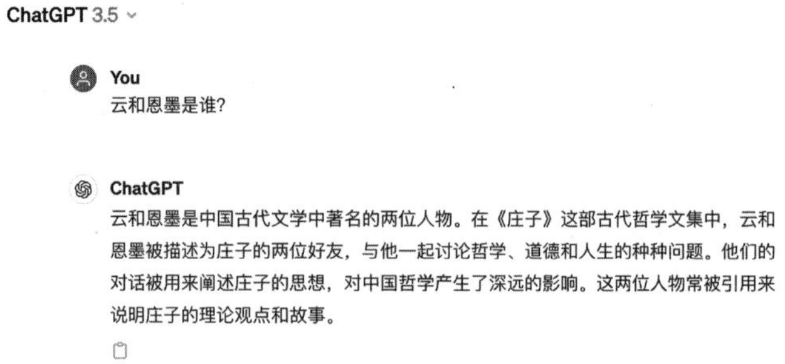

ChatGPT 3.5 ˅

You
云和恩墨是谁？

ChatGPT
云和恩墨是中国古代文学中著名的两位人物。在《庄子》这部古代哲学文集中，云和恩墨被描述为庄子的两位好友，与他一起讨论哲学、道德和人生的种种问题。他们的对话被用来阐述庄子的思想，对中国哲学产生了深远的影响。这两位人物常被引用来说明庄子的理论观点和故事。

图 1.47　大模型"自我创作"的一个示例

检索增强生成（Retrieval-Augmented Generation，RAG）技术正在用于解决这方面的问题。RAG结合**向量数据库可以在一定程度上弥补大模型的不足**，降低训练成本，提高信息输出的及时性和准确度，最终会成为一种通用的呈现形态，推动数据库技术走向多样化。同时向量数据库还需要更好地支持 CPU 和 GPU 协同，面向复杂向量查询优化，以和大模型更好地融合，满足大模型作为操作系统的未来挑战。

需求寻找产品，产品也在寻找需求，尤其是在垂直领域，由于训练数据有限，大模型回答的专业性亟待增强。企业通过向量数据库，并结合大模型和自有知识资产、行业专业知识，可以更科学地构建垂直领域的 AI 能力，实现行业分工，加速 AI 能力的下沉应用。这些可能的应用场景包括重构传统的知识问答系统、进行高效的版权验证、实现多语言翻译、进行自动的新闻创作、详细的健康报告解读等。

向量数据库为解决非结构化数据的"存算查"带来了福音，同时找到了广泛的落地场景，最终，向量计算将成为数据库的基础能力，**向量数据库也将成为关系型数据库多模化扩展的一部分，**实现更普遍的创新应用。

1　Token 即大型语言模型中的"令牌"。在自然语言处理中，令牌是文本的基本单位，可以是单词、字符或子字符串，用于训练和生成文本。例如："你好，世界！"这个句子可以被分割成两个令牌："你好"和"世界"用作训练。科学家预测，到 2027 年，互联网上高质量的 Token 将消耗殆尽。
2　RLHF（Reinforcement Learning from Human Feedback，基于人类反馈的强化学习），是一种机器学习方法，它使智能系统能够从环境中学习并最大化特定目标。在 RLHF 中，通过对同一输入的多个生成结果进行人工排序，可以获得包含人类偏好反馈的标注数据，从而训练出一个奖励模型（Reward Model）。

1.8 总结

在本章中，我们简单回顾了数据的历史。作为人类对世界的描述和记录方式，数据无处不在，尤其是进入现代，在计算机诞生之后，数据库技术蓬勃发展，人类管理和使用数据的方式发生了革命性改变。

伴随移动互联网的发展，数据爆炸式增长，且日渐多样化，给数据存储技术带来了新的挑战。海量数据进一步推动了理论研究的进步，分布式得以站上历史舞台。

随着数据应用需求的不断拓展，机器学习、人工智能、深度学习等领域的理论和算法不断成熟，为探索和发掘数据价值提供了理论依据和现实手段。数据通过大模型演化和催生了 AIGC 技术的成熟应用，为人类带来了一场新的商业变革。

数据的故事永远生生不息。

第 2 章　数据库技术的拓荒者

在人类历史上，总是有一些伟大的先驱者，他们极智穷思、苦苦探究，不断用自己的智慧之光，为文明点燃智慧之火，他们是拓荒者，是燃灯者，是人类文明进步的引导者。

数据库领域同样如此，而关于数据库领域的"拓荒者"，我想先从图灵（见图 2.1）说起。

图 2.1　艾伦·麦席森·图灵

2014 年的电影 *The Imitation Game*（《模仿游戏》），刻画了艾伦·麦席森·图灵（Alan Mathison Turing）[1] 传奇而坎坷的一生。影片中提到，根据历史学家估算，由于破译恩尼格码（Enigma）的贡献，二战欧洲战场的战事至少被缩短了 2 年，拯救了 1400 万个生命。而正是图灵为破译密码作出了突出的贡献。

甚至有很多著作提到，丘吉尔曾盛赞"**图灵为盟军取得第二次世界大战的胜利作出了最大的个人贡献**"。虽然这一表述现在仍然找不到官方证据，但这充分表明了人们对于这一天才怀有的善意和敬意。

1931 年，图灵进入剑桥大学国王学院，研究量子力学、概率论和逻辑学，毕业后到美国普林斯顿大学攻读博士学位。**图灵 24 岁时，提出了一种抽象的计算模型——图灵机（Turing Machine），用纸带式机器来模拟人类进行数学运算的过程，从而证明通用计算理论，为计算机的建造奠定了理论基础。因此，图灵被称为"计算机科学之父"。**

图灵于 1938 年在普林斯顿获博士学位，之后回到剑桥继续研究数理逻辑和计算理论。在次年的复活节学期，图灵在剑桥遇到了哲学天才维特根斯坦，当时他们两位都在讲授一门同名的"数学基础"课程。图灵经常出现在维特根斯坦的听众席，

1　艾伦·麦席森·图灵（1912 年 6 月 23 日—1954 年 6 月 7 日），英国数学家、逻辑学家，被誉为计算机科学之父、人工智能之父。

当后者攻击数理逻辑的重要性时，图灵就会为之辩护，两个人的巅峰论战无疑是神仙打架，是所有听众为之观止、为之悠然的绝唱场景。

后来图灵退出了维特根斯坦的听众席，这可能是因为二战爆发后，图灵开始参与军方破解德国的密码系统恩尼格码的任务。在这项任务中，图灵重新设计并改进密码破译机。1940年，第一台密码破译机"图灵Bombe"开始运行，它有一吨重，可以模拟30台并行运行的恩尼格码密码机，用于加速破解德国人的密码。到1941年中期，在新机器的帮助下，图灵和团队最终成功破译了恩尼格码加密的通信，大大降低了海军的损失。

1950年，图灵发表了著名的 *Computing Machinery and Intelligence*（《计算机器与智能》）论文。在这篇论文里，图灵首先提出一个问题："机器能思考吗？"（Can machines think）。接着，他设计了一个"模仿游戏"，作为对前述问题的等价描述，这就是著名的**"图灵测试"**。图灵测试是指一个人在不接触对象的情况下，与对象进行一系列的问答，如果他根据这些回答无法判断对象是人还是计算机，那么就可以认为这个计算机具有与人相当的智力。**这篇论文是一个划时代的作品，为图灵赢得了"人工智能之父"的桂冠。**

在科学研究之外，图灵还有一个重要的爱好——长跑，这值得今天的每一位计算机工作者学习。图灵起初为了缓解工作压力开始跑步，但是很快他爱上了长跑，1947年8月25日，《泰晤士报》报道他的马拉松成绩为2小时46分3秒，而当时的世界纪录为2小时25分39秒。

图灵在剑桥的一位朋友曾经回忆："有一次我到外面散步，碰到艾伦正在长跑，他超了过去，但又停下来与我交谈了几句，然后说'我得赶快跑了，因为我正在比赛'。不一会儿，著名运动员西德尼·伍德森（Sydney Wooderson）就带着一批运动员跑过来了。"

1954年6月7日，图灵被发现死于家中的床上，床头还放着一个咬了一口的苹果。警方调查后认为图灵死于氰化物中毒，属于自杀，时年42岁。在很长一段时间里，都流传着苹果公司的标志创意源自纪念图灵，后来史蒂夫·乔布斯说："我非常喜欢图灵，我宁愿我当初是这么想的"。

为纪念图灵在计算机领域的卓越贡献，美国计算机学会（Association for Computing Machinery，ACM）于1966年设立图灵奖（Turing Award），此奖项被誉为计算机科学界的诺贝尔奖。

迄今，共有4位数据库领域的科学家获得过图灵奖，分别是查尔斯·威廉·巴赫曼（Charles William Bachman）、埃德加·弗兰克·科德（Edgar Frank

Codd）、詹姆斯·尼古拉·格雷（James Nicholas Gray）、迈克尔·斯通布雷克（Michael Stonebraker）。他们是数据库领域闪耀的大明星，一次又一次地将数据库技术推向新的浪潮之巅。

2.1 前数据库时代

在数据库诞生之前，数据处理就已经是一个长久的命题，从人工处理到机械处理，再到计算机处理，经历了漫长的历史时期。

2.1.1 机械数据处理时代

现代机械数据处理是从赫尔曼·霍尔瑞斯（Herman Hollerith，见图 2.2）的发明开始的。

赫尔曼·霍尔瑞斯（1860 年 2 月 29 日—1929 年 11 月 17 日），是一位德裔美籍的统计学家和发明家，他于 1879 年毕业于哥伦比亚大学矿业学院，并于 1882 年进入麻省理工学院教授机械工程学，在此期间，他开始研究机械制表系统。基于自己的研究成果，霍尔瑞斯于 1889 年完成了博士论文 *An Electric Tabulating System*（《一个电子制表系统》），并于次年获得了哥伦比亚大学的博士学位。霍尔瑞斯为他的研究成果申请了专利，这个专利的名称很具有艺术性，就叫作"编译统计艺术"（Art of Compiling Statistics）[1]。

图 2.2　赫尔曼·霍尔瑞斯

在博士研究期间，霍尔瑞斯于 1884 年离开了麻省理工学院的教学岗位，开始为美国人口调查局工作。基于打孔卡技术，他发明了机电制表机（Tabulation Machine），制成后被用于 1890 年的美国人口普查。因为机电制表机的超强处理能力，普查工作得以在 6 年之内完成（此前，1880 年的人口普查耗时 8 年）。这次人口普查在汇总了所有信息之后，仅经过 6 周的处理就公布了基于家庭粗略计数的人口数，约 6295 万人。戏剧性的是，人们拒绝相信这一结果，大家普遍认为"正确答案"至少是 7500 万人。

但是，无论如何，这是人类历史上第一次大规模的机械数据处理，霍尔瑞斯

1　霍尔瑞斯在提交第一份专利申请的当年就离开了教师岗位，开始为美国人口普查局工作。该专利于 1884 年 9 月 23 日提交，于 1889 年 1 月 8 日作为第 395782 号美国专利获得授权。

也因此被称为"**现代机械数据处理之父**"。伴随着他的发明,自动数据处理的时代真正开启。

图 2.3 是一张在霍尔瑞斯的制表机中广泛使用的打孔卡,它和我们今天考试所用的答题卡非常类似,通过将人工数据处理转化为机械处理,效率和准确性都得以大幅提升。

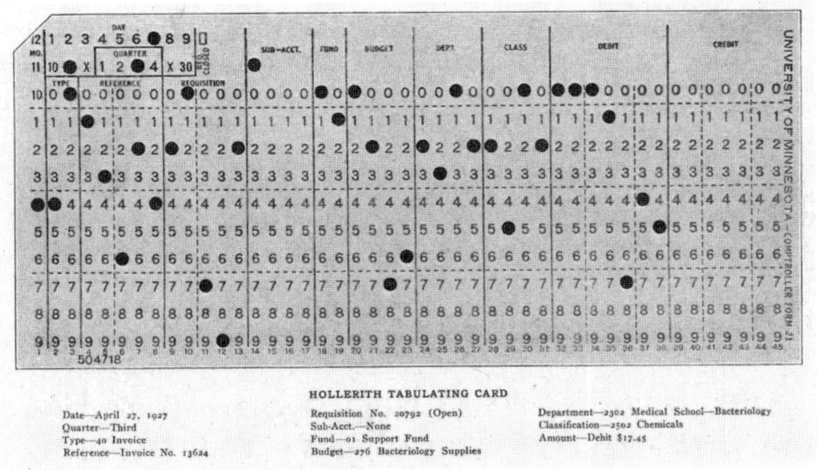

图 2.3 赫尔曼制表机的打孔卡

霍尔瑞斯通过制表机的打孔卡第一次把数据转变成二进制信息,此时上距英国科学家查尔斯·巴贝奇(Charles Babbage)[1] 制造出第一台差分机已然 68 年;再上距法国机械师约瑟夫·M. 雅卡尔(Joseph M.Jacquard)完成"自动提花编织机"的设计制作已经 85 年;再上距法国纺织机械师巴西勒·布乔(Basile Bouchon)[2] 提出"穿孔纸带"的构想已经 165 年。

我们还需要记得,远在 1834 年,当巴贝奇提出了分析机的概念后,是埃达·奥古斯塔(Ada Augusta,通称埃达·洛夫莱斯,1815 年 12 月 10 日—1852 年 11 月 27 日,拜伦的女儿),如图 2.4 所示,为分析机编制了**人类历史上第一批计算机程序**,并建立了循环和子程序的概念。现在埃达被公认为世界上第一位软件工程师。

---

1 查尔斯·巴贝奇(1791 年 12 月 26 日—1871 年 10 月 18 日),英国数学家、发明家兼机械工程师,由于提出了差分机与分析机的设计概念,他被视为计算机先驱。1822 年,巴贝奇制作出了差分机的原型。

2 1725 年,法国纺织机械师巴西勒·布乔发明了"穿孔纸带"用于编织,1805 年,杰卡德(Joseph Marie Jacquard)完成了"自动提花编织机"的制作。"自动提花编织机"是程序控制思想的萌芽,启发了计算机的发明。四川成都汉墓出土的 4 部织机是迄今发现最早的提花机实物,据推测发明于西汉景帝、武帝时期,年代应不晚于公元前 1 世纪。

1979 年，美国国防部将耗费巨资，历时近 20 年研制的高级程序语言命名为 Ada（Ada 是第 4 代计算机语言的主要代表）。

巴贝奇和埃达·洛夫莱斯超前的视野和坚毅的探索，为计算机的发明奠定了坚实的基础，霍尔瑞斯的制表机重拾了人类计算机的梦想，并将其向前推进到现实阶段。

图2.4　埃达·洛夫莱斯

经历了 1890 年人口普查的成功，霍尔瑞斯随后创办了制表机器公司来销售他的产品，该公司于 1911 并入计算制表记录（Computing-Tabulating-Recording，CTR）公司。

托马斯·约翰·沃森（Thomas John Watson）于 1914 年作为总经理加入计算制表记录公司，1924 年 2 月 14 日，该公司更名为国际商业机器公司（IBM）。

2.1.2　计算机数据处理时代

在制表机发明之后，又经历了漫长的探索，我们今天所熟知的计算机才逐步演化出来。计算机诞生的重要里程碑包括：1936 年图灵提出了图灵机，1937 年香农提出数字电子技术应用，1941 年阿塔纳索夫 - 贝瑞计算机（现在被认为是世界上第一部电子计算机）诞生，1946 年诞生电子数字积分计算机（Electronic Numerical Integrator And Computer，ENIAC），如图 2.5 所示。

图2.5　ENIAC

ENIAC 是人类第一台正式投入运行的电子计算机，从外形看堪称庞然大物，其占地面积为 170 平方米，总重量达 30 吨。这台"巨型"计算机每秒钟可以进行 5000 次加减运算，相当于手工计算的 20 万倍、机电式计算机的 1000 倍。

ENIAC 虽然造出来了，但是它不具备现代计算机"存储程序"的思想，应用起来十分复杂。1945 年，约翰·冯·诺依曼（John von Neumann，如图 2.6 所示），牵头撰写了 *First Draft of a Report on the EDVAC*（《EDVAC 报告书的第一份草案》），提出了离散变量自动电子计算机（Electronic Discrete Variable Automatic Computer，EDVAC）方案，其中最核心的概念是"存储程序"，并创造性地提出了二进制思想，从而大幅**简化**了逻辑电路的设计。该方案还定义了计算机的五大组成部分，即控制器、运算器、存储器、输入设备和输出设备，为电子计算机的设计奠定了基础。基于冯·诺依曼的构想，第一台可以存储程序的**离散变量自动电子计算机**被制造出来，1952 年正式投入运行，其运算速度是 ENIAC 的 240 倍。

图 2.6　冯·诺依曼

冯·诺依曼提出的计算机结构为人们普遍接受，延续至今，现代计算机的基本工作原理仍然是存储程序和程序控制，都被称为冯诺依曼结构计算机。冯·诺依曼也因此被誉为"现代计算机之父"。

冯·诺依曼还是图灵的伯乐，他曾为图灵撰写奖学金推荐信，并希望图灵留在普林斯顿作为他的助手。他在论文中无私地将"存储程序"概念的原创权给予了图灵。他还在其他场合中多次强调，**计算机中那些没有被巴贝奇预见到的概念都应该归功于图灵**。冯·诺依曼在 EDVAC 方案中真正的原创思想应该是随机寻址及其衍生品寄存器。

ENIAC 和 EDVAC 都是为美国陆军弹道研究实验室研制的，是基于真空管和二极管制造的。在整个 20 世纪 50 年代，真空管制造的计算机都居于统治地位，直到 1947 年，美国贝尔实验室的威廉·肖克利（William Shockley）、约翰·巴丁（John Bardeen）和沃尔特·布拉顿（Walter Brattain）研制出晶体管，以体积更小、速度更快、成本更低的特点将计算机推进到了晶体管时代。肖克利、巴丁和布拉顿也因为晶体管的发明共同获得了 1956 年的诺贝尔物理学奖。

在 20 世纪 40 年代，计算机诞生之初只能处理数字，不支持字母和符号，主要应用场景是科学与工程计算。此外，当时的计算机还缺少大容量存储器支持。

在 20 世纪 50 年代初，**字符发生器**的发明使计算机具备了显示、存储和处理各种字母和符号的能力。1956 年，IBM 和雷明顿兰德（Remington Rand）公司相继实验成功**磁盘存储器**方案，并推出了商用磁盘系统。1958 年 9 月 12 日，杰克·基尔比（Jack Kilby）研制出世界上第一个集成电路，这是一个划时代的发明。此后，1971 年，英特尔利用基尔比的发明成功地制成了世界上第一款商用微处理器（Central Processing Unit，CPU）——Intel 4004。

字符发生器和磁盘存储器的发明让计算机摆脱了显示和存储的束缚，微处理器的发明让计算机的运算速度突飞猛进，数据处理技术的发展开始一日千里。

2.1.3　文件管理时代

早期的数据处理是通过文件来完成的，所有的应用程序都需要自行编码来进行数据文件的处理和维护，极为不便，而且不同程序之间的数据处理无法统一，这进一步引发了数据冗余和数据一致性等严重问题。

此后，文件管理系统（File Management System，FMS）被抽象和研发出来。FMS 作为应用程序和数据文件之间的接口，极大地提升了数据处理的灵活性，但仍然没有解决文件独立、数据冗余、数据一致性等关键问题。

技术的重大跃迁，总是需要宏大的历史事件作为驱动。 20 世纪 60 年代初，美国制定了阿波罗计划（Apollo program），这是世界航天史上具有划时代意义的一项成就。阿波罗计划始于 1961 年 5 月，至 1972 年 12 月第 6 次登月成功结束，历时 11 年多，耗资 255 亿美元。在工程高峰时期，参加工程的有 2 万家企业、200 多所大学和 80 多个科研机构，总人数超过 30 万人，为社会带来了惊人的长期就业增长。

阿波罗飞船由约 200 万个零部件组成，通过一个基于磁带的生产管理系统控制分散在世界各地的生产和进度。据说该系统用了 18 盘磁带，其中 60% 是冗余数据，性能缓慢、管理维护困难，一度成为阿波罗计划的重大障碍之一。为了攻克数据管理的难题，阿波罗计划调动了各国学者、专家和企业开展研究，期望通过新型软件研发，实现对数据的集中管控。

而在此之前，美国北美航空公司（North American Aviation，NAA，后并入罗克韦尔国际飞机公司）开发了著名的 GUAM（Generalized Update Access Method，通用的更新访问方法）软件。GUAM 软件的设计思想基于倒置树结构，多个较小构件不断向上组成较大构件，直到组装成最终的产品。倒置树结构也就是我们通常所称的**层次结构**。1966 年，IBM 加入 NAA 的行列，合作攻关，将 GUMA 发展成**信息管理系统**（Information Management System，IMS），为保证阿波罗飞船 1969 年顺利登月作出了重要贡献。而阿波罗计划也极大地促进了美国计算机工业的迅速发展，带动该产业的收益从 1969 年的 10 亿美元，增加到 1972 年的 80 亿美元。

值得一提的是，27 岁就参与阿波罗计划的玛格丽特·汉密尔顿（Margaret Hamilton），如图 2.7 所示，后来成为这个计划的首席软件工程师，用软件引领人类于 1969 年 7 月 20 日成功登月。这是迄今为止，人类在软件的引导下，到达的最远的土地（右图是玛格丽特和阿波罗计划的软件代码清单）。玛格丽特编写的程序都以**最大程度防止软件崩溃为目标**，这一执着和洞见，最终防止了阿波罗 11 号登月计划意外中辍 [1]。2016 年底，时任美国总统的奥巴马为她颁发了美国总统自由勋章。

---

[1] 在登月舱到达月球表面三分钟前，计算机产生过载警报，但由于汉密尔顿的软件可靠性设计意识超前，计算机能够自动剔除低级别任务，保证了重要任务得以完成。汉密尔顿曾总结道，……如果当时计算机不能发现错误所在并从中恢复，我怀疑阿波罗号不能成功登月。

在阿波罗项目之外，IBM 也在紧锣密鼓地将数据库产品化。1968 年 8 月 14 日，第一条"IMS READY"信息出现在加利福尼亚州多尼市的 IBM 2740 终端上，**IMS 从此成为了 IBM 的重要产品之一**。IMS 数据库是基于层次模型的，是世界上第一个层次数据库管理系统。而在此之前，巴赫曼已经在通用电气设计上实现了**集成数据存储（Integrated Data Store，IDS）**，这是世界上第一个网状数据库，也是世界上第一个数据库管理系统。

图 2.7　玛格丽特·汉密尔顿

世界由此进入数据库时代。

2.2　网状数据库之父——查尔斯·威廉·巴赫曼

查尔斯·威廉·巴赫曼（Charles William Bachman，如图 2.8 所示，1924 年 11 月 11 日－ 2017 年 7 月 13 日）出生于美国堪萨斯州曼哈顿市，他的父亲是堪萨斯州立大学的橄榄球总教练。在第二次世界大战期间，他加入了美国陆军，1944 年 3 月至 1946 年 2 月在西南太平洋战区的高射炮兵部队服役，先后到过新几内亚、澳大利亚和菲律宾群岛等地。1946 年，巴赫曼退伍后进入密歇根州立大学学习，并于 1948 年获得机械工程学士学位。1950 年，他在宾夕法尼亚大学获得机械工程硕士学位，并同时参加了该校沃顿商学院工商管理硕士的学习。

图 2.8　查尔斯·威廉·巴赫曼

2.2.1　抓住机遇

毕业之后，巴赫曼于 1950 年加入了位于密歇根州米德兰市的陶氏化学公司。最初他在工程部工作，研究工程经济问题（运筹学），**在穿孔卡片机上开发投资回报率的计算程序**。1952 年他被调至财务部，负责建立一个决策支持项目，协助评估新旧生产工厂的资本回报率和产品盈利能力。

1957 年，陶氏化学公司成立了第一个计算机部门，负责业务数据处理，巴赫曼被任命为中央数据处理部门的第一负责人，自此，他的职业生涯和数据紧密连接了起来。他的任务之一是负责筹备建立公司的第一台大型数字计算机，这项工作是和 IBM 合作进行的。然而，陶氏化学公司在 IBM 709 机器到货之前取消了订单，巴赫曼不久后也离开了陶氏。

1961 年，巴赫曼来到纽约，加入了通用电气公司，负责为制造服务部设计和构建通用生产信息和控制系统（MIACS）。该系统具备生产计划、部件分解、工厂调度等功能，并能够处理工厂反馈，根据需要重新计划，以处理新订单和纠正不断变化的工厂环境。在当时该系统是非常领先的，其中包含的许多元素，成为了当今大多数制造控制系统的基础。

在完成这个任务的过程中，一个巨大的机遇已经不知不觉地降临到巴赫曼的世界。 MIACS 本质上就是一个早期的 OLTP 系统，该系统底层的**集成数据存储（IDS），正是巴赫曼创造的新数据库管理系统。** IDS 是一个支持虚拟内存架构的数据库，支持数据定义语言（Data Definition Language，DDL）和数据操作语言（Data Manipulation Language，DML），并引入了网状数据模型。巴赫曼打造的 IDS 是第一个用于生产的基于磁盘的数据库管理系统，通用电气公司在此基础上持续推出了 IDS II 等多个数据库产品，IDS 也成为了多个相关网状数据库的基础，对数据库技术的早期发展产生了深远的影响。

图 2.9 是网状数据模型的一个示例，我们能直观地看出，其能够简洁明了地描述现实世界。网状数据模型在数据组织中，一个节点可以有多个双亲（比如，公司可以按部门、办公地点等进行分类），节点之间可以有多种联系，这种表达在数据处理上也具有良好的性能。

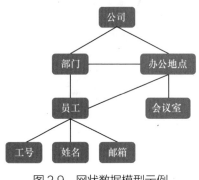

图 2.9　网状数据模型示例

巴赫曼回忆，他在 1961 年开始编写的 IDS 产品代码，事实上是其编程生涯中的第一个作品。在 1963 年初开始运行的最初原型版本中，IDS 使用的是通用电气自己的 GECOM 语言，但出于对性能和内存的考虑，在 1964 年完成的高性能版本中，开发转向了汇编语言。随着高级语言的成熟和内存的减少，IDS 的后期版本开始使用 COBOL 语言开发。

巴赫曼抓住了数据技术的历史机遇，成就了一个独特的产品。IDS **最终于 1964 年推出，成为最受欢迎的数据库产品之一**，这是世界上第一个网状数据库系统，它的设计思想和实现技术被后来的许多数据库产品仿效。当年产品完工之后，巴赫曼将代码移交给公司的另一个团队，IDS 随后成为通用电气公司 200 系列计算机的支持软件包。在当时，计算机制造商提供的软件包是由硬件销售额支付的，客户无须支付额外费用。

此后，巴赫曼来到通用电气公司位于亚利桑那州的计算机部门。在这里，他和同事一起完成了许多数据库相关的项目，其中包括 WEYCOS 第 1 期和第 2 期项目，这两个项目都是为惠好（Weyerhaeuser）公司研发的，目标是**围绕数据库建立一个复杂的在线管理信息系统**。巴赫曼认为，WEYCOS 第 2 期项目是第一个能够支持多个应用程序同时在同一数据库中执行的数据库管理系统。此外，他们还开发了产品 dataBasic，为使用 BASIC 语言的分时系统用户提供数据库接口支持。

1970 年，霍尼韦尔信息系统（Honeywell Information Systems）公司收购通用电气公司的计算机业务，巴赫曼来到波士顿，仍然从事数据库方面的工作，他把自己研究的数据模型称为角色数据模型（Role Data Model）。

2.2.2　数据库生涯

1981 年，巴赫曼加入了库里南（Cullinet）公司。库里南公司也是一家传奇性的公司，由约翰·卡利南（John Cullinane，通称约翰·库里南）于 1968 年创立，目标是开发大型机软件。该公司于 1978 年上市，是第一家在纽约证券交易所上市的软件公司，也是第一家拥有十亿美元估值的软件公司。在上市之前，公司更名为 Cullinane Database Systems，这自然也是第一家以"数据库"为名的上市公司。

库里南公司在 1973 年接手了霍尼韦尔 IDS 的跨平台移植任务，自此和数据库结缘。随后，该公司推出了自有的网状数据库管理系统（Integrated Database Management System，IDMS）大获成功，成为了大型机时代最受欢迎产品之一。库里南公司还研发了 Goldengate 产品，用于在大型机和 PC 之间转移数据。在库里南公司工作期间，巴赫曼继续增强了他提出的角色数据模型，并使其与 IDMS 相集成。1989 年，库里南公司以 3.3 亿美元被美国国际联合电脑（Computer Associates，CA）[1] 公司收购，其许多产品直至今日仍被使用。

1983 年，巴赫曼创办了自己的公司——巴赫曼信息系统（Bachman Information System）公司。该公司获得了风险投资，迅速成长，并成功实现了 IPO，但最终命运多舛，先是与 Cadre 系统公司合并，后辗转同样被 CA 公司收购（见图 2.10）。

1　美国国际联合电脑（Computer Associates，CA）公司由王嘉廉（Charles Wang）于 1976 年创立，该公司通过收购一批 IBM 大型机行业中规模较小的软件公司而迅速壮大。在 20 世纪 90 年代，CA 公司发展成为世界上最大的独立软件公司之一，并一度成为世界第二大独立软件公司。2018 年，CA 公司被半导体制造商博通（Broadcom）以 189 亿美元的价格收购。

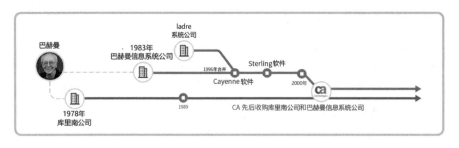

图 2.10　库里南和巴赫曼的公司

关于 IDMS 的源代码是否和 IDS 有关，这在历史上是一桩悬案。库里南声称，没有任何 IDS 的源码进入 IDMS 系统。但是巴赫曼在一次采访中提到一个例子，他说早期 IDMS 的手册中，总是建议用户不要构建递归结构，因为 IDMS 构建的递归删除总是会引发系统崩溃。而 IDS 中具有完整的解决方案，后来他发现这些代码行为原样出现在了 IDMS 之中，很明显一些 IDS 的代码被继承了下来。巴赫曼还用一句老话开了一个玩笑，他说："如果它走路像只鸭子，叫声像只鸭子，那它一定是只鸭子（They say if it walks like a duck, and quacks like a duck, it must be a duck）。"对产品出身讳莫如深，这种情况在今天的数据库市场上同样存在。

在 2004 年谈及关系型数据库时，巴赫曼抨击道，关系型数据库系统就是一个平板文件系统，只知道表，本身对"关系"一无所知。关系的连接要靠程序员去建立。

源自通用电气内部的一份 1962 年的文件，展示了网状数据库的优势。图 2.11 描写了，在 100 万个鸽子洞中，获取任何一条记录只需要 1/6 秒，而获取相关的下一条记录仅仅需要 1/1000 秒。

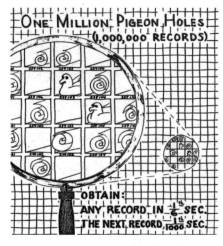

图 2.11　GE 公司数据库的海报

2.2.3　标准的开创者

巴赫曼还为许多标准化组织工作，他积极推动与促成了多项数据库标准的制定。他是数据系统语言（CODASYL）会议[1]下属的数据库任务组（Data Base Task

---

1　美国数据系统语言（Conference on Data System Language，CODASYL）成立于 1957 年，主要目的是开发一种用于创建商业应用的通用语言。1959 年 5 月，CODASYL 召开了首次会议，就语言开发进行讨论，这个语言实际上就是 COBOL 语言。

Group，DBTG）的创始成员之一，提出了网状数据库模型以及数据定义（DDL）和数据操作语言（DML）规范说明，并于 1971 年推出了第一份正式报告——DBTG 报告，他也因此被称为"DBTG 之父"。

DBTG 报告确立了现在被称为三层模式方法（Three Schema Approach）的数据库模型（外部、抽象和内部的分层模型），明确了 DBA 的概念，规定了 DBA 的作用与地位，使其成为数据库历史上具有里程碑意义的文献。

1973 年，凭借对数据库技术领域的杰出贡献，**巴赫曼被授予图灵奖，他是数据库技术领域最早获得图灵奖的先驱，**也是第一个没有博士学位的图灵奖获得者。他的主要贡献不在学术研究，而在于工业界的产品研发。

在图灵奖的颁奖典礼上，他做了题为"The Programmer as Navigator"（作为领航员的程序员）的演讲。他在演讲的开篇提到：

> 1543 年，哥白尼出版了《天体运行论》一书，描述了关于地球、行星和太阳相对运动的新理论，与 1400 年前托勒密的以地球为中心的理论直接相悖。而在信息系统领域存在的一个相似之处，在过去的 50 年里，我们一直在使用几乎是托勒密式的信息系统，这些系统，以及大多数关于系统的思考，都是基于以计算机为中心的理念。就像古人认为地球是围绕太阳旋转的一样，我们信息系统的古人也认为制表机或计算机是流过顺序文件的。在当时的环境下，每一种模式都是适当的。但一段时间后，人们发现每种模式都不正确、不充分，不得不用另一种更能准确描绘真实世界及其行为的模式取而代之。

巴赫曼以哥白尼的日心说颠覆地心说做类比，指出**新时代应当摒弃"以计算机为中心"的思维模型，拥抱"以数据库为中心"的理念。**这种新的认识为我们的数据库问题带来了新的解决方案，并加速我们对 N 维数据结构的征服进程，而这种 N 维数据结构最能模拟现实世界的复杂性。

领航员总是指引出正确的前行方向，时至今日，数据驱动几乎已经成为每一个企业的座右铭，数字经济也成为了我国重要的经济增长点。在互联网和智能时代，数据正在发挥着举足轻重的主导作用。

此后，在 1977 年至 1982 年间，巴赫曼还担任了美国国家标准学会（American National Standards Institute，ANSI）和国际标准化组织（International Organization for Standardization，ISO）委员会主席，负责制定开放系统互联标准，持续为行业作出了卓越的贡献。

2.2.4 想象力比知识更重要

在 2008 年的一次采访中，巴赫曼被问及"谁是 IT 行业启发你或是你将之作为榜样的人"时，他回答说："发明人、新概念的开发人员、以前未解决问题的解决者、新兴技术和旧技术有趣组合的装配者。例如莫里斯·威尔克斯（Maurice Wilkes，英国计算机科学之父）、艾兹赫尔·戴克斯特拉（Edsger Dijkstra，现代计算机科学的先驱）、蒂姆·伯纳斯-李爵士[1]（Sir Tim Berners-Lee，万维网的发明者）。"

显然，巴赫曼自己也是这样的人，他朋友的一句话可以作为很好的注脚，"**他从来没有停止试图了解事物的运作，并试图使之更好地运作。**"

图 2.12　巴赫曼和奥巴马

巴赫曼于 2012 年获得了美国国家技术与创新奖章，这是美国政府授予科学家、工程师和发明家的最高荣誉（图 2.12）。他亲眼见证了，从陶氏化工公司的穿孔卡片到 iPhone 的触摸屏，这样震撼人心的科技变迁。巴赫曼回忆他和通用电气团队设计的第一个数据库管理系统时说："我们使用的是 1960 年的计算机，它们很大，大到占据了一个房间，它们也很小，算力和数据存储能力比今天的智能手机都要小。"

2017 年 7 月 13 日，巴赫曼在马萨诸塞州列克星敦的家中去世，享年 92 岁。

正如图灵奖颁奖词总结的那样，巴赫曼的贡献**代表了想象力与实用性的结合**，他的丰富成果已经并将继续对数据库领域产生重大影响。他对世界永远充满想象力的探索精神，是对爱因斯坦**"想象力比知识更重要"**名言的最佳注脚。

2.3　关系型数据库之父——埃德加·科德

埃德加·弗兰克·科德（Edgar Frank Codd，如图 2.13 所示，1923 年 8 月 19 日—

1　蒂姆·伯纳斯 - 李（1955 年 6 月 8 日—），英国计算机科学家，以发明万维网、HTML 标记语言、URL 系统和超文本传输协议（HTTP）而闻名。1989 年 3 月 12 日，他提出了一种信息管理系统，并于 11 月中旬通过互联网实现了 HTTP 客户端和服务器之间的首次成功通信。伯纳斯 - 李设计和实现了第一个网页浏览器和网页服务器，帮助并推动了网络的爆炸性发展。2004 年，英女皇伊丽莎白二世向伯纳斯 - 李颁发了大英帝国爵级司令勋章。2016 年，他因"发明了万维网、第一个网页浏览器以及使网络得以扩展的基础协议和算法"而获得了图灵奖。

2003 年 4 月 18 日），出生于英格兰中部濒临大西洋的港口城市波特兰，是家里 7 个孩子中最小的一个。1941 年，他获得了牛津大学埃克塞特学院的全额奖学金，最初学的是化学。第二次世界大战爆发后，他于 1942 年自愿加入英国皇家空军服役，参与了许多惊心动魄的空战，后来飞行成为他一生的爱好。**战后，他回到牛津继续学习，转而攻读数学**，于 1948 年取得学士和硕士学位以后，远渡大西洋到美国谋求发展。

图 2.13　埃德加·弗兰克·科德

　　1949 年，科德加入了 IBM，为 IBM 的机电计算器 SSEC（Selective Sequence Electronic Calculator，选择性序列电子计算器）编制程序，这是世界上第一台具有存储程序特点的计算机。这一编程经历为初入职场的科德的计算机生涯奠定了基础。其后，他参与了 IBM 701 计算机（IBM 的第一台商用计算机）的设计和开发。1953 年，因为抗议麦卡锡参议员的政治迫害而离开美国和 IBM，4 年后，他受邀回到美国，重新加入 IBM 从事大型机的研发。

2.3.1　关系模型的诞生

　　科德在工作中发觉自己缺乏的硬件知识，影响了他在重大工程中发挥更大的作用，1961 年，他毅然决定重返大学校园（当时他已年近 40），到密西根大学进修计算机与通信专业，并于 1963 年获得硕士学位，1965 年又获得博士学位，他在有关细胞自动机（Cellular Automata）的博士论文中提出了对**冯·诺依曼方案的优化**。值得一提的是，科德的导师是约翰·霍兰德（John Holland）博士，而霍兰德的老师阿瑟·伯克斯（Authur Burks）正是冯诺依曼在普林斯顿大学研制计算机时的助手。**学术上的薪火相传，不外如是。**

　　在密西根大学的学术进修期间，科德和 IBM 的同事提出了商用的关系型数据库（RDBMS）原型。1962 年 5 月，IBM 圣何塞实验室[1]的 RM3420 号技术备忘录第一次使用了 RDBMS 这个名词。

　　因为自身的深厚数学背景，科德在工作中敏锐地察觉到当时的数据库技术逻辑混乱，缺乏坚实的理论基础，经过深入思考和推演之后，他提出了"数据的关系模型"，以关系代数作为理论基础。他还发表了论文《大型数据库中关系存储的可推导

第 2 章　数据库技术的拓荒者 ——

1　IBM 研究院在全球拥有 12 个实验室，其中 3 处在美国本土，分别是：托马斯·J·沃森研究中心（Thomas J. Watson Research Center），爱曼登研究中心（Almaden Research Center，位于加利福尼亚州圣何塞），奥斯汀研究实验室（Austin Research Lab，位于得克萨斯州奥斯汀）。

性、冗余与一致性》，这篇里程碑式的论文奠定了关系模型的理论基础。但因其发表在 *IBM Research Report*（《IBM 研究报告》）内部期刊上，并没有引起外界的注意。1970 年，科德在权威学术杂志 *Communications of ACM* 上，以《大型共享数据库的关系模型》为题发表了第二篇论文，如图 2.14 所示。至此，关系模型真正地问世了。

A Relational Model of Data for Large Shared Data Banks

E. F. Codd
IBM Research Laboratory, San Jose, California

Future users of large data banks must be protected from having to know how the data is organized in the machine (the internal representation). A prompting service which supplies such information is not a satisfactory solution. Activities of users at terminals and most application programs should remain unaffected when the internal representation of data is changed and even when some aspects of the external representation are changed. Changes in data representation will often be needed as a result of changes in query, update, and report traffic and natural growth in the types of stored information.

Existing noninferential, formatted data systems provide users with tree-structured files or slightly more general network models of the data. In Section 1, inadequacies of these models are discussed. A model based on *n*-ary relations, a normal form for data base relations, and the concept of a universal data sublanguage are introduced. In Section 2, certain operations on relations (other than logical inference) are discussed and applied to the problems of redundancy and consistency in the user's model.

KEY WORDS AND PHRASES: data bank, data base, data structure, data organization, hierarchies of data, networks of data, relations, derivability, redundancy, consistency, composition, join, retrieval language, predicate calculus, security, data integrity
CR CATEGORIES: 3.70, 3.73, 3.75, 4.20, 4.22, 4.29

图 2.14　关系型数据库的创始论文

关系是数学中的一个基本概念，定义在集合的基础上，用以反映元素之间的联系和性质。而**用关系的概念来建立数据模型，用以描述、设计与操纵数据库，科德是第一人。**

关系模型将数据组织到具有行和列的一张或多张表（或"关系"）中，行被称为记录或元组，列被称为属性。通常一张表代表一个"实体类型"，行表示实体的实例，列表示实体的相关属性，例如"学生表"中，属性行代表了"学生"这个实体的抽象，属性列可能包含"姓名""性别"等信息。表中的行都有自己唯一的键，通过这些唯一键，可以将表中的行链接到其他表中的行，从而建立关联关系，关系就是不同表之间的逻辑连接。

由于关系模型简单明了，有坚实的数学基础，为数据管理提供了一个标准的、简便易行的、科学的理论框架，用信息技术来抽象客观世界的对象和关系，并形成数据模型，因而，**关系型数据库可以说是有史以来最伟大的软件发明。**

科德在他的论文中只做了一次基础引用，参考了戴维·蔡尔兹（David Childs）[1] 在 1968 年发表的关于集合理论的工作。

论文开头的介绍部分是这样描述这一引用的：**本文涉及基础关系理论（Relation Theory）在大型格式化数据共享访问系统中的应用，除了蔡尔兹的一篇论文外，关系在数据系统中的主要应用是在演绎问答系统中。**

科德的论文，伴随着数学方法和严密的论证，一经提出，立即引起学术界和产业界的广泛重视和响应，从理论与实践两个方面都对数据库技术产生了强烈的冲击。

1974 年，科德和巴赫曼在 ACM 的牵头下组织了一场"交锋"，支持和反对关系型数据库的两派之间展开了辩论，并最终推动了关系型数据库的发展，使其成为了现代数据库产品的主流模型。

2.3.2 成功是成功者的阻碍

在科德提出关系型数据库之前，IBM 销售的数据库是 IMS。IMS 是世界上第一个层次数据库管理系统（Hierarchical Database  Management System，HDBMS），在 20 世纪 60 年代后期由 IBM、罗克韦尔国际飞行、卡特彼勒公司联合研发，运行在 IBM 大型机上，用来管理阿波罗登月计划的火箭制造的物料清单（Bill Of Materials，BOM）[2] 中的部件。直到今天，最新版本的 IMS 还在 IBM 大型机上使用。据媒体称，即使将 IMS 业务分离成为一家独立的公司，也将是财富 500 强排名前列的公司。

IBM 认为，IMS 自 1968 年推出以来，实现了以下三大成就。

---

1 作为这个故事的无名英雄之一，蔡尔兹曾在 1965 年为美国军方工作，探索用数学的方法处理数据，他的论文就来自于这个项目的成果。后来，蔡尔兹的研究在**计算机对话使用研究项目**中得到了应用。

2 物料清单是指将产品分解为不同的零部件或原材料，并标明它们的层级结构和数量关系的清单。在制造业中，BOM 表明了产品的总装件、分装件、组件、部件、零件、原材料之间的结构关系以及所需的数量。BOM 将用图表示的产品组成改用数据表格的形式表示出来，是 MRPII 系统中计算 MRP 过程中的重要控制文件。BOM 的数据组织方式非常适合层次数据库。

- 帮助美国国家航空航天局（NASA）实现肯尼迪总统的梦想。

- 掀起了数据库管理系统革命。

- 不断发展，以满足并超越当今企业和政府对数据处理的要求。

因为 IMS 是 IBM 的第一代数据库，所以也被称为 DB1。

IBM 为了保护在 IMS 上的投资，开始并不太支持科德的新成果。而且，当时科德的想法也被许多人认为是离经叛道的，尤其是其具有强烈的数学和理论的味道。

后来，在 System R 项目的 20 周年回顾会上，埃尔夫·特雷格（Irv Traiger）[1] 谈道："当时，我们系统部的几个人试着读了读这篇论文，但怎么也读不懂。**至少在当时看来，这是一篇写得非常糟糕的论文：阐述了一些工业动机，然后直接进入数学。**"

直到 1974 年，IBM 才在**圣何塞研究中心**启动了 System R 项目，来探索备受关注的关系型数据库技术。

第一个商用关系型数据库的荣誉应归于霍尼韦尔公司，该公司于 1976 年 6 月发布了 **MRDS（Multics Relational Data Store）产品，这是第一个由主流计算机供应商提供的关系型数据库系统**。MRDS 的设计者熟悉科德的工作、Ingres 项目和 System R 项目，并受到它们的影响。

也是在这一年，科德被评为 IBM 院士。在为他举行的招待会上，他说："**这是我印象中第一次有人因为别人的产品而被授予 IBM 院士称号。**"可见，他已经对 IBM 给予关系型数据库的待遇深感不满。

这当然是有原因的，**完美的理论和现实之间还有一道鸿沟**。虽然关系型理论是有着严谨数学基因的优雅理论，但却给工程师们提出了一个巨大的研究问题，即如何实现一个有效的产品。

IBM 的另外一位专家鲍勃·约斯特（Bob Yost）回忆说："我当时在高级系统开发部工作，大约在 1970 年，我和其他几个人一起去看科德的东西，因为我们当时正在与 IMS 的人合作。**我们简直不敢相信，我们认为至少需要十年时间才会有结果**"。

1　著名的数据库专家，DB2 数据库的主要设计师之一，因为他在关系型数据库方面的贡献获得了 ACM 会士（1994 年）和 ACM 软件系统奖（ACM Software System Award，1988 年）等多个奖项。

不幸的是，约斯特一语成谶，幸运的是 System R[1] 的研究还是开始了，项目分为三个阶段。项目的"零阶段"包括 1974 年至 1975 年的大部分时间，主要完成了 SQL 用户界面的开发和一个支持单用户操作的 SQL 子集，这部分代码最终被放弃了。项目的"第一阶段"在 1976 年至 1977 年的大部分时间里进行，包括设计和开发全功能、多用户版本的 System R。"第二阶段"是对 R 系统在实际使用中的评估，这个阶段在 1978 年至 1979 年进行，包括在圣何塞研究实验室和其他几个用户点的实验。

在 System R 项目开始的 10 年之后，在科德的论文发表的 14 年之后，IBM 于 1983 年推出了最初用于大型机的 DB2。

IBM 最终也证明了关系型理论的正确性，DB2 系列数据库成为了 IBM 最成功的软件产品之一。

2.3.3　天才的偏执

科德一直不满意 IBM 对关系型数据库的态度和研发投入，他也公开抨击了 IBM 的官僚主义。在 System R 项目启动时，可能是因为赌气，或者是对自己梦想呈现的未知恐惧，他并未参与其中。他进入了自然语言处理领域，并写了一个非常大的由 APL 编写[2]程序，叫作 Rendezvous。

唐纳德・D. 钱伯林（Donald D. Chamberlin）回忆说："**科德真的没怎么参与 System R 的具体工作，我想他可能是想保持一定的距离，以防我们没有做好。我想他可能会说我们没有做好。**"

后来科德真的对 System R 的实现作出了很多批评。当关系模型在 20 世纪 80 年代初开始流行时，他看到自己思想的精髓并未被遵从，"关系"已经被滥用，为了阻止这一切，他发表了著名的**"科德十二定律"**来定义什么是关系型数据库，这使得他在 IBM 的地位变得更加艰难。

甚至直到 2016 年，吉姆・斯塔基（Jim Starkey）在一次访问中仍然提及："'关系模型'的基础是科德所说的关系和我们所说的表，除此之外，与他的数学模型毫

1　System R 的"R"是遵循 IBM 的字母命名序列，类似情况如钱伯林曾经参加过 System A 项目，以及著名的主机系统 System Z 系列。

2　A 编程语言（A Programming Language，APL）是由肯尼斯・艾弗森（Kenneth Iverson）在 20 世纪 60 年代开发的一种程序设计语言，其核心数据类型是多维数组。它使用大量的特殊图形符号来表示大多数函数和运算符，因此代码非常简洁，对概念建模、电子表格、函数式编程和计算机数学软件包的发展产生了重要影响。

无关系。该模型基于集合论，需要自动消除重复。据我所知，从来没有人实现过科德的模型，但我们仍然使用着与打孔卡片非常相似的表格"。

无数的事实已经证明，理论和现实之间、理想和实现之间，总是存在一条巨大的鸿沟。然而，只要我们无畏出发，总能够在奔赴途中收获丰硕的果实。

1984 年，61 岁的科德摔了一跤，受伤严重，他选择从 IBM 退休。1985 年，科德和他的实验室同事莎伦·温伯格（Sharon Weinberg，后来成为他的第二任妻子），以及多年实验室伙伴克里斯托佛·戴特（C. J. Date）成立了两家公司：The Relational Institute 公司和 Codd & Date Consulting Group（C&DCG）公司。前者专注于关系型数据库理念宣传，后者专注于关系型数据库的管理、设计和咨询。

1986 年 2 月的《计算机世界》上，科德评论当时时髦的第 4 代语言，认为其不符合共享数据管理的理念，他说："我不知道有哪一种第 4 代语言包含关系型数据子语言，甚至没有任何一种第 4 代语言与之合作。"

1993 年 7 月，科德在《计算机世界》撰文，**首次提出了术语 OLAP**，将其作为他关系型数据库理论的延伸，并且提出了评估 OLAP 软件的 12 个原则。当时刊出的标题包含 "He's back" 的字样，暗喻"王者归来"。

科德提出 OLAP 的十二条原则时，他正为 Arbor（也就是后来的海波龙）软件提供咨询，有人因此质疑他提出这些原则的中立性。

2007 年，Oracle 公司以近 37 亿美元的价格收购了海波龙公司。

2.3.4　伟大成就

作为一位数学家，科德主要在数据管理的学术领域里发起探索。在实践应用上，特别关注制造业的数据管理，他认为自己提出的**制造业物料清单（BOM）数据管理方法是其最重要的学术成就之一**。所以科德也可以说是 ERP[1] 领域的先驱。

关系模型被提出后，曾经基于层次模型和网状模型的数据库产品很快消亡了，取而代之的是大量的关系型数据库系统。这种交替变化之快、淘汰更新之彻底是软件史上罕见的。基于 20 世纪 70 年代中后期和 80 年代初这一十分引人注目的现象，**1981 年的图灵奖当之无愧地被授予了这位"关系型数据库之父"**。

1　ERP（Enterprise Resource Planning）即企业资源计划，是一种集成的信息系统，用于帮助企业更有效地管理和协调其关键业务流程，确保在不同部门之间能够流畅地共享和传递信息，从而提高企业的运营效率和决策质量。ERP 系统通常包含，如财务、人力资源、供应链、库存管理、生产和销售等针对企业运营的不同方面的多个模块。

科德的关系型数据理论显然还启发了两位年轻人——劳伦斯·约瑟夫·埃里森（Lawrence Joseph Ellison）和迈克尔·斯通布雷克（Michael Stonebraker）。从其创建的公司名字上就能看出来，埃里森及其伙伴创建的公司名为关系软件公司（Relational Software Inc.，RSI，1983 年更名为 Oracle），迈克尔·斯通布雷克及其伙伴创立的公司名为关系技术公司（Relational Technology Inc.，RTI，后更名为 Ingres），他们两位的故事同样非常精彩。

科德还活跃在很多其他专业领域，例如他还创立了 ACM 的文档描述和翻译特别兴趣委员会（Special Interest Committee on File Description and Translation，SICFIDET），该组织后来成为 ACM 特别兴趣小组（SIGFIDET），并最终更名为现在的数据管理特别兴趣小组（Special Interest Group on Management of Data，SIGMOD）。

科德基于 The Relational Institute 公司和 C&DCG 公司的顾问生涯持续到 1999 年，然后他开始"淡出江湖"。

2003 年 4 月 18 日，科德在佛罗里达州威廉姆斯岛病逝，享年 80 岁。

科德的贡献被广泛地认为是计算机科学历史上的里程碑之一。他的创新和发明促进了数据库技术的发展和应用，改变了数据管理和处理的方式，推动了信息技术的进步。

2004 年，SIGMOD 将其最高奖项更名为"SIGMOD 埃德加·F. 科德创新奖"，用以纪念科德。

2.4　数据库先生——詹姆斯·尼古拉·格雷

詹姆斯·尼古拉·格雷（James Nicholas Gray，如图 2.15 所示），出生于 1944 年 1 月 12 日，数据库人都亲切地用昵称吉姆·格雷（Jim Gray）称呼他。格雷由母亲抚养长大，他的母亲是一名英语教师，特别鼓励两个孩子建立阅读的习惯，并经常带他们去水族馆、天文馆或博物馆参观，培养他们对于世界探索的兴趣。格雷大学就读于美国加利福尼亚大学伯克利分校计算机科学系，1966 年取得工程数学学士学位，1969 年取得计算机科学博士学位（他是该校计算机科学学院的第一个博士）。

图 2.15　詹姆斯·尼古拉·格雷

关于自己的学习历程，格雷这样说："我对所有事情都感兴趣，我可以写一篇实践性的论文或理论性的论文，但是我有点急于求成，所以选择语法分析理论方向作为课题，在一年半内拿到了我的博士学位。"

2.4.1 听人劝开启的职业生涯

博士毕业后，格雷继续从事理论研究与系统开发，先在加利福尼亚大学伯克利分校做了两年的博士后，然后加入了IBM。格雷最初的研究方向是面向对象操作系统，后来在机缘巧合之下，转向了数据库领域。

从操作系统转向数据库领域的研究，源于上司伦纳德·刘（Leonard Liu）[1] 的建议。格雷回忆，有一天他来到我的办公室，坐下来说："IBM已经有太多的程序语言和操作系统，如果在这两方面工作，你能做到最好的事情就是干掉其中的几个。而我们在网络和数据库方面有很大的挑战，如果你在寻找一个真正需要新想法的领域，数据库或数据通信领域是最佳选择。"

伦纳德·刘是一个好的说服者，格雷说："我确实没有好的想法来提高当时操作系统的性能。所以，我做了件顺其自然的事情——开始研究数据库系统。"

一念即起，数据库领域迎来了一位石破天惊的天才人物。此后，在IBM期间，格雷参与和主持过IMS、System R、SQL/DS、DB2等项目的开发，其中，除System R仅作为研究原型，没有成为产品外，其他几个都成为IBM在数据库市场上有影响力的产品。

1980年，格雷离开IBM加入了天腾电脑（Tandem Computer）[2]，他带领团队研发了NonStop SQL关系型数据库，来自Ingres团队的杰里·赫尔德（Jerry Held，

1　伦纳德·刘（刘英武，1941年出生于湖南衡山）拥有台湾大学本科学位和普林斯顿大学博士学位，他的职业生涯始于IBM，曾负责领导SQL的发明和实现，以及CICS、SNA和AIX等软件的研发管理，他曾出任IBM集团最高管理委员会秘书长和组织部部长，直接向董事长汇报。他最终负责全球数据库和计算机语言业务线，任全球副总裁，是IBM级别最高的华裔高管。1989年，他受施振荣先生邀请出任宏碁集团总裁（1989—1992年），他制定的彩色显示器战略成就了后来的明基（BenQ）；此后还担任过集成电路测试和封装服务提供商ASE集团总裁，Walker Interactive Systems董事长兼首席执行官、Cadence Design Systems首席运营官；目前是群硕软件的创始人。

2　天腾电脑于1974年由詹姆斯·特里比格（James Treybig）创立。他在惠普工作时，首次发现了OLTP系统对容错的市场需求，他从惠普请核心团队，志向打造具有超高的可靠性，永远不会出现故障，数据永远不会丢失或损坏的系统。直到1983年，公司一直保持着不间断的指数式增长，曾被评为美国发展最快的上市公司。1997年天腾电脑被康柏收购，2002年随康柏被惠普收购。

部分文献中也被记录为 Gerald Held）[1] 和卡罗尔·尤塞菲（Carol Youseffi）同样在这个项目中。NonStop SQL 是 Ingres 的增强版本，设计目标是在并行计算机上高效运行。为此，他们为 Ingres 增加了分布式数据存储、分布式执行和分布式事务等功能。NonStop SQL 于 1987 年首次发布，1989 年的第二个版本增加了并行查询的能力，该产品因其优秀的线性扩展能力而著名。

格雷在天腾电脑公司工作 10 年后离开，加入了 DEC。在接下来的 4 年里，他为 Rdb 关系型数据库管理系统和 ACMS[2] 事务处理监控器的产品小组提供咨询服务，并为 DEC 在 OLTP 数据库领域的崛起作出了巨大贡献。在此期间，他的一个突出贡献是 AlphaSort 算法，该算法证明了 Alpha 芯片的超高主频可以转化为超快的数据处理性能。了解他的人认为，他对 DEC 的内部管理有更加突出的贡献，当 DEC 的产品系统战略濒临灾难时，格雷收拾残局，将其转变为连贯的技术和业务战略；而当 DEC 退出软件领域时，格雷又是维持该业务发展的领导者。

最终，天腾电脑和 DEC 两家公司后来都辗转被 HP 收购。此后，HP 的 Neoview 商业智能平台就是以 NonStop SQL 为源头建立的，其部分代码在 2014 年以 Trafodion 的名义进行了开源，易鲸捷数据库就是在 Trafodion 基础上发展而来的。

由于格雷在数据库技术方面的声誉巨大，微软公司在决定进入大型关系型数据库市场时，不惜代价地把格雷从 DEC 公司挖过来。格雷不喜欢微软总部多雨的西雅图，微软特地在旧金山开辟了微软研究院湾区研究中心，1995 年格雷加入并担任了该研究院主管。格雷不负所望，领导一个小组参与开发了 MS SQL Server 7.0，这是微软历史上一个里程碑式的版本，SQL Server 也因此成为了当今关系型数据库市场上的佼佼者。在微软研究院宽松的环境下，他致力于应用计算机海量数据处理技术，解决各科学领域的问题，于 2009 年出版的 *The Fourth Paradigm*（《**第四范式：数据密集型科学发现**》）[3] 一书（图 2.16）是他这一思想的绝佳体现。

---

1 杰里·赫尔德是斯通布雷克的首位博士生，1975 年，他在加州大学伯克利分校获得了计算机科学博士学位。在攻读博士学位期间，他担任了 Ingres 项目的首席程序员和联合架构师，并编写了最初的 QUEL 查询语言。1976 年，他加入了天腾电脑，领导了包括 NonStop SQL 在内的多个产品的研发。作为天腾电脑管理团队的一员，他亲历了公司从初创阶段成长为市值 20 亿美元的企业。在天腾电脑工作 18 年后，他离开了天腾电脑，并于 1993 年加入了 Oracle 公司，担任服务器技术部的高级副总裁，领导着一个 1500 名员工的团队，到 1997 年离开时，Oracle 公司年收入已经从 15 亿美元增长至 60 亿美元。

2 ACMS（Application Control Management System）是一种事务处理监控软件系统，适用于运行 OpenVMS 操作系统的计算机。

3 格雷认为，在海量数据和网络无处不在的时代，以数据分析为代表的数据科学与技术是科学发现的重要途径，是继科学实验、理论推演、计算机仿真三种科研范式之后的科学研究第四范式。

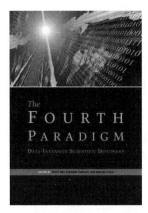

图 2.16 《第四范式：数据密集型科学发现》一书封面

关于第四范式的探索，曾任微软 CTO 的戴维·瓦什科维奇（David Vaskevitch）[1] 回忆说，"我总是对他预见未来的能力印象深刻，他总能先于他人看到计算机的广泛新用途，然后帮助我们更快更好地实现目标。有一次，他建立了一个日交易量达十亿次的演示服务器；还有一次，他建立了世界上第一个"TerraServer"[2]，既能提供整个世界的地图，又能建立一个比当时任何人想象的都要大的数据库。格雷深邃而广阔的思维影响甚至创造了整个社区"

2.4.2　开天辟地 System R

从科德到格雷的故事中，System R 已经反复出现，这里我们稍微展开介绍一下数据库历史上的这个奠基项目。

System R 是 IBM 研究实验室于 1974 年至 1979 年期间，开发的一个关系型数据库管理原型系统，设计目标是解决当时主流数据库系统的性能和可扩展性问题，为后来的商业数据库系统奠定了基础。System R 获得过各种大奖，参与项目的主要人物，如格雷等 6 人[3] 于 1988 年被 ACM 授予软件系统奖，同年获得该奖项的还有另外一个著名项目——Ingres，是 2.4.3 节将要谈到的。

System R 的成功启示了商业数据库系统的发展，例如 DB2、Oracle、Microsoft SQL Server 等。此外，System R 的设计思想和技术也对后来的数据库研究和应用产生了深远的影响。

格雷正是 System R 项目的主力之一，负责对 System R 进行价值提升优化。格雷从构建进程、优化虚拟内存、启动授权等方面着手，然后专注于并发控制和恢复问题。当时，雷蒙德·洛里（Raymond Lori）已经完成了所有的 I/O 部分，并给出一个低级别的块接口，基于此，格雷进行所有的配置、启动、进程结构、锁定、日

1　戴维·瓦什科维奇（David Vaskevitch）曾任微软 CTO，与比尔·盖茨（Bill Gates）一同从微软退役。在他的职业生涯中，最富显赫声名的就是作为 Outlook 的最初设计人和微软 Office 办公软件技术创始人之一。2012 年，他创立了 Mylio 公司，该公司的使命是"改变世界记忆的方式"。

2　TerraServer 将地球的航空、卫星和地形图像存储在一个 SQL 数据库中，可通过互联网访问，它是世界上最大的在线地图集，汇集了美国地质调查局和 SPIN-2（航空图像 SPIN-2 是灰度 1.56 米分辨率的解密俄罗斯军事卫星图像，图像被重新采样至 2 米分辨率）提供的 8TB 图像数据。TerraServer 证明了通用关系型数据库技术可以管理大规模图像库，并表明网络浏览器可以成为良好的地理空间图像展示系统。

3　获得 ACM 软件系统奖的 6 位 System R 成员分别是 Donald Chamberlin、James Gray、Raymond Lorie、Franco Putzolu、Patricia Selinger 和 Irving Traiger。

志和进程间通信的开发和优化工作。

在此期间，还有一个关于"敲门"的故事。

格雷说，"项目组中佛朗哥·普措卢（Franco Putzolu）为 System R 一年写了两万行代码，并调试通过；而我一年内才写了一万行代码。所以，上司经常敲我的门说'快点写代码'"。

当主管敲门给我警示时，我会说，"特雷格，开除我吧，这比较容易。如果你不喜欢我这样做，让我滚蛋好了。"图 2.17 左起是普措卢、格雷和埃尔夫·特雷格三剑客。

图 2.17　System R 三剑客

当然，这是玩笑话，特雷格是格雷的好朋友，他们经常一起探讨数据库技术问题。在访谈中，格雷满怀微笑地回忆道，"**我确实因他的敲打加快了编码，但也制造了太多的 Bug。在 System R 中，我大概写了五万至七万行代码，主要涉及并发控制、系统恢复、系统启动、安全性管理等工作。**"

关于 System R 项目的命名，埃文曾经回忆说，列昂纳德命令我们为这个项目取个名字，我们推说"这不重要"。但是他说，"有个名字对提高知名度很重要"。我们尝试了几周才想出一个名字——Rufus，是弗兰科狗的名字。此前，R 系统的几个模块都已获得命名，包括 RDS（Relational Data System）和 RSS（Research Storage System），既然都是以 R 开头的，又包含了最重要的关系之意，R 系统的代号顺理成章。有趣的是 Rufus 最后真的成为了某个产品的名字，并被重新解释为 Relational User Friendly Universal System（关系型用户友好通用系统）。

格雷在 System R 中发挥了重要作用，他结合自己在系统和理论方面的经验，为并发控制和崩溃恢复等相关问题创造了统一方法。在此期间，他将自己的思考总结为一篇《数据库操作系统笔记》，这篇论文成为了关于事务实现的早期圣经。关于这篇论文，Oracle 的安迪·门德尔松（Andy Mendelsohn）[1] 曾经回忆说：

在普林斯顿大学读大四的时候，我参加了一个关系型数据库研讨会。当时杰夫·乌尔曼还是普林斯顿大学的教授，他刚刚开始对数据库感兴趣。我们在研讨会上学习了数据库系统方面的一些最新研究成果，比如吉姆·格雷的《数据库操作系统笔记》，这让我在毕业时成为了一个相当稀缺的数据库人才。

1　安迪·门德尔松（Andy Mendelsohn），1980 年从麻省理工学院毕业后，加入惠普的 Horizon 数据库研发工作，两年半之后离职加入了 ESVEL 公司，在 ESVEL 公司工作的时间不到一年后，加入 Oracle 工作至今。在 ESVEL 工作期间，安迪·门德尔松将其产品推荐给惠普合作，惠普放弃了 Horizon 项目，将 ESVEL 产品作为 HP Allbase 推向市场。

随着 System R 的研究部分的结束，格雷帮助将技术转移到 IBM 的产品组，并开始思考如何将交易扩展到通信计算机的分布式网络。

2.4.3 独具慧眼奠基事务

技术上，"RISC 之父"约翰·科克（John Cocke）对格雷的影响最大。1971 年，科克和格雷已经在研究可以无限灵活扩展的架构，为他此后的数据库探索打下了坚实的底层技术基础。**格雷此后的很多研究都在探索如何让数据库在技术世界实现更好的扩展性。**

格雷进入数据库领域时，关系型数据库的基本理论已经成熟，但各大公司在关系型数据库管理系统的实现和产品开发中，都遇到了一系列技术问题。主要是在数据库的规模越来越大，结构越来越复杂，又有越来越多用户共享数据库的情况下，如何保障数据的完整性（Integrity）、安全性（Security）、并发性（Concurrency），以及一旦出现故障后，数据库如何从故障中恢复（Recovery）运行。

如果这些共性问题不能得到圆满解决，数据库的存在根基都会被动摇。早期的技术积累使得格雷能够跳出当时纷繁复杂的学术大战，在底层独辟蹊径，厘清了事务的基本概念并定义了事务的 ACID 核心属性，同时给出了许多具体的实现机制。

正是在解决这些重大的技术问题，使 DBMS 成熟并顺利进入市场的过程中，格雷以他的聪明才智发挥了十分关键的作用。今天，所有电子化的商业和金融系统的可靠运作都离不开格雷的成就。

格雷在事务处理技术上的创造性思维和开拓性工作，使他成为该技术领域公认的权威。**自科德发明了关系型数据库模型之后，格雷为数据库提供了这一领域的另一个伟大抽象——事务。这两个抽象一直是，并将继续是数据库领域的核心。**

格雷的研究成果反映在他发表的一系列论文和研究报告之中，最后凝结为一部厚厚的专著——《事务处理：概念和技术》（图 2.18），于 1992 年出版。这本书最初源于 1986 年格雷为为期一周的研讨会准备的讲稿，但到 1992 年写完时，已经是一本厚达 800 页的皇皇巨著了。这是他和安德烈亚斯·罗伊特[1]（Andreas Reuter）

1　安德烈亚斯·罗伊特于 1949 年出生于德国。1981 年，他在特奥·哈德和哈特穆特·韦德金德（Hartmut Wedekind）的指导下获得博士学位。1983 年，罗伊特被聘为圣何塞 IBM 研究中心的博士后。1986 年，他应吉姆·格雷之邀，与其共同为在柏林举行的为期一周的事务处理研讨会撰写教材。这次合作促使罗伊特和格雷于 1989 年开始撰写《事务处理：概念和技术》一书。由于"对数据库并发控制的贡献和对社区的服务"，他于 2019 年当选为 ACM 会士。

教授通过两次长达 3 个月的闭关，最终一起完成了这一史诗级创作。罗伊特说："我们最终从写作中得到的一项经验是，写书是一项艰苦的工作，我们永远不会再这样做了。"而另一项教训是，"我们不可能完成最初设想的全部工作。"

图 2.18 《事务处理：概念和技术》的经典封面

事情是怎么结束的呢？罗伊特说，有一天在结束写作后，吉姆走到他的办公桌前说："罗伊特，停下来，让我们去看看事务之外还有没有生命。"事务处理技术虽然诞生于数据库研究，但对于分布式系统、客户端／服务器结构中的数据管理与通信、容错和高可靠性系统，同样具有重要的意义。

这本书的完成对格雷来说是一个重要转折点的标志，此后他的工作开始转向事务处理之外的其他领域。

在这本书之外，格雷在事务相关领域发表的唯一论文是关于 Paxos 的。2004 年，格雷和兰波特联手，发表了论文 *Consensus on Transaction Commit*，这是分布式事务的奠基之作。该论文主要讨论了分布式事务提交的共识问题，即如何达成对于一个事务是提交还是中止的共识。Paxos 提交算法是论文中提出的一个解决之道。

随后，在兰波特的带领下，微软开始研发 Cosmos DB。Azure Cosmos DB 自 2010 年立项，最终成为了一款全球分布式、多模型支持的数据库服务，是业界首个全球分布式数据库服务。Cosmos DB 是一种 NoSQL 数据库，但是提供多种数据库 API，支持 NoSQL、MongoDB、Cassandra、Gremlin 和 PostgreSQL 等。

遗憾的是，格雷已经无法参与到这样一个卓越的项目中去了。

2.4.4　基准测试

当计算机系统和应用日益普及，供应商之间的竞争日趋激烈时，成本和性能就成为了用户最关心的问题，**谁是性价比最高的 OLTP 数据库成为了焦点**。当时在市场上占主导地位的 IBM 大型机，正在受到价格更低的微型计算机的挑战。

1983 年，威斯康星大学教授戴维·德威特（David DeWitt）[1] 发布了威斯康星基准，该基准由一组简单查询组成，包括选择、投影、连接和聚合。德威特随基准还公布了针对几个数据库的评测结果，其中包括大学版 Ingres、商业版 Ingres 和 Oracle。图 2.19 展示了最初公布的一组测试结果。

System	joinAselB	joinABprime	joinCselAselB
U-INGRES	10.2	9.6	9.4
C-INGRES	1.8	2.6	2.1
ORACLE	>300	>300	>300
IDMnodac	>300	>300	>300
IDMnodac	>300	>300	>300
DIRECT	10.2	9.5	5.6
SQL/DS	2.2	2.2	2.1

无索引连接

System	joinAselB	joinABprime	joinCselAselB
U-INGRES	2.11	1.66	9.07
C-INGRES	7.94	1.71	1.07
ORACLE	7.94	7.22	13.78
IDMnodac	0.52	0.59	0.74
IDMnodac	0.39	0.46	0.58
DIRECT	10.21	9.47	5.62
SQL/DS	0.92	1.08	1.33

有索引、主键（聚簇）索引的连接

System	MIN scalar	MIN agg fn 100 parts	SUM agg fun 100 parts
U-INGRES	40.2	176.7	174.2
C-INGRES	34.0	495.0	484.4
ORACLE	145.8	1449.2	1487.5
IDMnodac	32.0	65.0	67.5
IDMnodac	21.2	38.0	38.2
DIRECT	41.0	227.0	229.2
SQL/DS	19.8	22.5	23.5

无索引汇总

System	MIN scalar	MIN agg fn 100 parts	SUM agg fun 100 parts
U-INGRES	41.2	186.5	182.2
C-INGRES	37.2	242.2	254.0
ORACLE	160.5	1470.2	1446.5
IDMnodac	27.0	65.0	66.8
IDMnodac	21.2	38.0	38.0
DIRECT	41.0	227.0	229.5
SQL/DS	8.5	22.8	23.8

带索引汇总

图 2.19　威斯康星基准最初发布的测试结果

显而易见，结果对 Ingres 十分有利，这在 Oracle 引起了轩然大波。据说，震怒之下埃里森曾试图去影响大学解雇德威特，这个努力当然没有得逞。后来 Oracle 团队全力以赴提高在基准查询中的性能，经过改进，包含最先进查询处理组件的产品在测试中取得了业界最高的性能成绩。从那时起，Oracle 内部订立了一项名为 WAR 的政策，意为"赢得所有评测"（Win All Reviews），并且要求第三方在发布 Oracle 的性能结果之前必须获得许可。这也是**现在反基准测试条款通常被称为"德威特条款"**的原因。

虽然威斯康星基准引发了广泛的争议，但是也以事实证明，基准测试是促进行业提升的有效手段之一。市场也迫切需要一个中立的、明确的性能衡量标准，格雷为此提供了一个答案。1984 年，他撰写了关于交易处理能力的衡量标准的论文，

1　戴维·德威特于 1976 年在密西根大学获得博士学位，同年 9 月进入威斯康星大学麦迪逊分校计算机科学系任教，创立了威斯康西数据库研究小组。1999 年 7 月至 2004 年 7 月期间，戴维任计算机科学系主任。在并行数据库、测试标准、面向对象数据库和 XML 数据库技术上的创造性思维和开拓性工作，使他成为该技术领域公认的权威。戴维于 1995 年成为美国计算机学会（ACM）的会士，于 1998 年成为美国国家工程院的院士，于 2007 年成为美国艺术和科学院的院士。2008 年，戴维从威斯康星大学退休之后，成为微软公司的数据和存储平台部门的战略技术专家。

并将其分发给 19 位工业界和学术界的专业人士，征求他们的意见。在收到评价后，他慷慨地将工作归功于所有向他发送评价的人，并在 1985 年 4 月 1 日在名为 *Datamation* 的杂志上发表。这篇论文是 1988 年交易处理性能委员会（Transaction Processing Performance Council，TPC）成立的动因。

格雷在论文中提出了一个名为 "Debit-Credit" 的借贷模型，定义了一个真正的系统级基准测试。通过借贷模型的基本逻辑评测，得出数据库系统在满足一定响应时间要求下的性能指标和总系统成本。**Debit-Credit 基准测试很快面临了性能欺诈**，供应商们常常删除模型中的关键要求以提高性能结果，并利用虚高性能数字做出夸张的营销文案。为了解决这个问题，奥马里·塞林（Omri Serlin）领导下的行业分析师于 1988 年发起创建 TPC，旨在建立一个负责监督和控制基准测试过程的组织。TPC 成立后，该组织开始制定标准化的基准测试规范，并创造了相应的流程来监督和控制基准测试结果的发布。

TPC 在 1989 年 11 月发布了第一个基准测试 TPC-A。1990 年 7 月公布的第一个 TPC-A 结果是每秒 33 笔交易，平均每笔交易的成本为 25500 美元。此后最高的纪录是每秒 3692 笔交易，每个交易的成本为 4873 美元。总计发布了约 300 个 TPC-A 基准测试结果。

随后，TPC 推出了 TPC-B 基准测试，共有 73 个不同的系统发布了 130 个测试结果。从第一个 TPC-B 结果（每秒 102.94tpsB，每交易成本 4167 美元）到最高 TPC-B 评级（每秒 2025tpsB，每交易成本 254 美元），性价比提高了 16 倍。

在 TPC 出现之前，基准组织和流程的建立是一项全新的挑战。然而，TPC 组织建立之后，大家才认识到，万里长征才刚刚开始。

一旦供应商开始发布 TPC 结果，竞争对手就开始抱怨。**如果没有积极的流程来审查和挑战基准合规性，TPC 就无法保证其所承诺的公平竞争。**1990 年至 1991 年，技术顾问委员会（TAB）成为了 TPC 的下设机构，公众或公司可以通过它来挑战已发布的 TPC 结果，以确保基准测试的合规性。

到 1991 年春季，TPC 显然已经取得了成功。许多公司发布了多个 TPC-A 和 TPC-B 结果，希望利用取得的出色结果，在市场宣传和赢得客户上获得成功。

意外总会出现。1993 年 4 月，**咨询公司斯坦迪什集团（Standish Group）指控 Oracle 在其数据库中添加了一个专用功能——离散事务（Discrete Transaction），从而夸大了 TPC-A 结果**，"违反了 TPC 的精神"，客户不会在生产中使用离散事务，因此是基准特殊功能。Oracle 对这一指控予以强烈反对，并表示他们遵循了 TPC 基准规范书的所有要求。

关于 Oracle 的离散事务选项是否真的是基准特殊功能，TPC 从未正式讨论或决定。然而，这一事件让委员会意识到，**厂商完全可以将某些特殊组件埋藏在产品代码的某个角落，只在 TPC 测试时使用**。为了完善基准测试审查流程，TPC 采取了几项重大改革。其中，新的"反基准测试特殊功能禁令"全面禁止产品包含专门为基准测试开发的特殊功能，成为确保相关基准测试的 TPC 流程的基石。

1993 年的争议导致 TPC 意识到，如果结果的可信度受到挑战，投入基准测试的数百万美元将被完全浪费。经过当年 9 月和 12 月的一系列讨论，TPC 通过了一项措施，设立一组经过 TPC 认证的审核人员，在每个结果提交给 TPC 作为官方结果公开之前，对测试结果进行严格审查，事实证明这一流程非常有效。

TPC–C 于 1992 年 7 月被批准，并成为了当下最流行的基准测试。TPC-C 是一个 OLTP 基准，以数据库每分钟处理的事务数（tpmC）作为主要的测试结果，可以用于评估数据库系统的性能，并与其他系统进行比较。通常，TPM（Transactions Per Minute）值越高，表示数据库系统处理事务的能力越强。在 C 基准测试下，每个 tpmC 的成本还可以用于度量不同数据库的性价比。

2019 年 10 月 1 日，蚂蚁金服的 OceanBase 以 60 880 800TPM 登上了 TPC-C 的榜首。2020 年 5 月 18 日，OceanBase 又以 707 351 007 TPM 的性能将性能榜首提高了 11.6 倍，此次打榜系统总成本为 28 亿元（三年的软件、硬件和维护总成本），每 tpmC 成本为 3.98 元人民币。

2023 年 3 月 24 日，腾讯云数据库 TDSQL 以 814 854 791TPM 的性能成为了新的榜首，打榜系统总成本为 10 亿元，每 tpmC 成本为人民币 1.27 元，如图 2.20 所示。

Hardware Vendor	System	∨ tpmC	Price/tpmC	Watts/KtpmC	System Availability	Database
Tencent Cloud	Tencent Database Dedicated Cluster (1650 Nodes)	814,854,791	1.27 CNY	NR	06/18/23	Tencent TDSQL v10.3 Enterprise Pro Edition with Partitioning and Physical Replication
ANT FINANCIAL	Alibaba Cloud Elastic Compute Service Cluster	707,351,007	3.98 CNY	NR	06/08/20	OceanBase v2.2 Enterprise Edition with Partitioning, Horizontal Scalability and Advanced Compression
ANT FINANCIAL	Alibaba Cloud Elastic Compute Service Cluster	60,880,800	6.25 CNY	NR	10/02/19	OceanBase v2.2 Enterprise Edition with Partitioning, Horizontal Scalability and Advanced Compression
ORACLE	SPARC SuperCluster with T3-4 Servers	30,249,688	1.01 USD	NR	06/01/11	Oracle Database 11g R2 Enterprise Edition w/RAC w/Partitioning
IBM	IBM Power 780 Server Model 9179-MHB	10,366,254	1.38 USD	NR	10/13/10	IBM DB2 9.7
ORACLE	SPARC T5-8 Server	8,552,523	.55 USD	NR	09/25/13	Oracle 11g Release 2 Enterprise Edition with Oracle Partitioning
ORACLE	Sun SPARC Enterprise T5440 Server Cluster	7,646,486	2.36 USD	NR	03/19/10	Oracle Database 11g Enterprise Edition w/RAC w/Partitioning
IBM	IBM Power 595 Server Model 9119-FHA	6,085,166	2.81 USD	NR	12/10/08	IBM DB2 9.5

图 2.20 TPC-C 基准测试排行

从榜单来看,在腾讯和蚂蚁金服之前,Oracle 是最后一个参与 TPC-C 排名的厂商,记录提交于 2011 年。

2.4.5 人格魅力

回首往事,格雷说:"导师麦克·哈里森(Mike Harrison)常教导我要把一些事情写下来。所以,无论何时去旅行,我都要写一篇旅行报告;无论何时与人谈话得到的想法,我都要做备忘录,并归档。凭借这种习惯,我写了许多文章,参加了许多国际会议,并出名了。这可能对那些做同样事情的人来说是不公平的,但那就是生活。我常说自己的文章思想大都来自普措卢和埃尔夫。记笔记和做报告的习惯,使我在圈内得到好评。实际上,我最终更像一个研究者,而不太像一个研发者。"

除了学术上的成就,格雷的人格魅力堪称伟大。瓦什科维奇认为格雷的最大贡献在于几十年不知疲倦地通过无私培养、提携他人,并与他人进行学术合作,影响和连接着成千上万的同行,跨越了公司的界限,帮助塑造了整个计算机科学社区。只要时间许可,格雷总是全身心地倾听他人的诉求,给予点石成金般的指点和帮助,往往从此改变对方的一生。他热心审读大量各种领域的技术论文,给出自己的权威评论,还坚持给众多同行发送有价值的论文或者研究成果。正因为如此,在技术界竟然有成百上千人认为格雷是自己亲密的朋友或者导师。瓦什科维奇用三个词来概括格雷的一生:思想、社区和人。大多数人都会为自己在其中任何一个方面作出贡献而感到自豪,而格雷在这三个方面都作出了巨大贡献。

迈克尔·斯通布雷克在纪念格雷的文章里概括了格雷的三个特质:首先,他是一个"智力海绵",他"贪婪"地阅读计算机科学许多领域的书籍,似乎知道一切的一切;其次,他总是愿意花时间讨论新的想法,并给出他对其他研究人员的想法的看法,因此,他指导和帮助了许多人;最后,他是极其聪明的人。这种知识好奇心、乐于助人和原始智力能力的结合,使他成为该领域真正的巨人。

格雷在图灵奖的获奖感言中,他以其典型的自谦风格说:"在过去的时间里,我所做的每一件事都是一个团队的努力。当我想到任何项目时,都是迈克和吉姆,或者唐和吉姆,或者普措卢和吉姆……一直到今天,在每一种情况下,我都很难指出我个人所做的任何事情:所有的事情都是合作的努力。与这些最亲密的朋友一起工作是一件很快乐的事。更广泛地说,有一个庞大的社区一直在致力于解决自动和可靠的数据存储和交易处理的问题,我很自豪能成为这一努力的一部分,我也很自豪能被选为社区的代表。"

在他的代表作《事务处理：概念和技术》一书的序言中，他这样写道：

> 普措卢对本领域，尤其是作者有深刻的影响。他从没有写过一篇论文，也没有一项专利，但他的思想和代码却是 System R、SQL/DS、DB2、Allbase 和 NonStop SQL 等系统的核心，这些设计被他人广泛地使用。

2.4.6　思考未来

格雷于 1997 年被任命为美国总统科学技术顾问委员会（简称 PCAST）委员，PCAST 成立于 1989 年，由一群来自学术界、工业界和政府机构的科学家和工程师组成，负责向总统提供科技政策和科技创新方面的建议和意见，对美国科技政策和科技发展具有重要影响力。格雷在该委员会中的工作和贡献得到了广泛的认可和赞誉。

委员会的职务让格雷有机会从全局看行业，他鼓励年轻学者挑战前瞻性的研究。但是如何识别前瞻性方向，大部分人不具备这样的能力，所以，**格雷鼓励资历浅的学者若有好的想法，应找资历深的学者进行交流；而资历深的学者应该一起行动起来，提出好的有前瞻性的研究。**

1998 年，格雷被授予 ACM 图灵奖，以表彰他"对数据库和事务处理研究的开创性贡献以及在系统实施方面的技术领导性地位"。戴维·洛梅[1]（David Lomet）曾说："授予吉姆图灵奖不仅是对吉姆的嘉奖，也是图灵奖的荣耀。"很多人对此深有同感。

格雷在 1999 年 5 月 4 日于亚特兰大 ACM 会议上发表了"信息技术今后的目标"（What Next?——A dozen remaining IT problems）的演说，纵论了信息技术发展的几个方向性问题（该文经修改后在 SIGMOD 大会上再次发表）。

格雷在对计算技术的发展作总结性回顾时认为，英国数学家巴贝奇在 20 世纪所梦想和追求的计算机今天已经基本实现；美国数学家布什（Vannevar Bush，1890—1974 年）20 世纪 40 年代所设想的"梅米克斯"（MEMEX）即"记忆延伸器"（MEMory EXtender）当前已接近实现；而图灵所提出的智能机器离实现还有一段距离。

为了完全实现上述 3 位科学巨人的理想，格雷呼吁美国政府要**重视支持对 IT 技术的长期研究**，认为其重要意义不亚于 200 年前杰弗逊路易斯安那购地

1　戴维·洛梅于 1995 年在微软雷德蒙德研究院创建并管理数据库小组。他曾在 DEC 和 IBM 工作，是格雷进入 DEC 和微软的职业引领者，他也是事务处理的发明者之一，曾撰写了 120 多篇论文，包括两篇 SIGMOD 最佳论文，他还拥有 60 项专利，研究的技术重点是索引、并发控制和恢复。

（Louisiana Purchase）事件和"发现军团"的探险传奇（两者为美国版图奠定了基础）[1]。格雷认为，**目光远大者应该挑战 IT 领域的长期目标**，而这些目标应满足以下 5 个原则。

（1）可理解性。目标应能简单表述并被人理解。

（2）有挑战性。如何实现目标不应该是轻而易举的。

（3）用途广泛。不只对计算机科学家有用，而是对大多数人有用。

（4）可测试性。以便检查项目进展，判断目标是否已经达到。

（5）渐进性。中间有若干里程碑，以检查项目进展并鼓舞研究人员干下去。

在以上原则的约束下，格雷提出了 IT 领域的长期研究目标如下。

（1）规模可伸缩性（Scalability）。设计一种可按 10^6 倍扩展的软件和硬件架构，只需增加更多的资源，应用程序的存储和处理能力就能自动增长 10^6 倍，以更快的速度完成作业（10^6 倍加速），或在相同时间内完成 10^6 个更大的作业（10^6 倍扩展）。

（2）通过图灵测试。

（3）语音转文字（Speech to Text）。

（4）文字转语音（Text to Speech）。

（5）机器视觉。能像人一样识别物体和运动。

（6）个人的"梅米克斯"。记录个人的所见所闻，按要求快速检索任何项目。

（7）世界的"梅米克斯"。建立一个系统，在给定文本语料库的情况下，能像该领域的人类专家一样，准确、快速地回答有关文本的问题，并对文本进行总结。对音乐、图像、视频也是如此。

（8）远程存在感：以观察者的身份模拟其他地方的人（TeleOberserver），所听所见就像实际在那里一样，并且像参与者一样；以参与者的身份模拟成为其他地方的人（TelePresent）：与他人和环境互动，就像实际在那里一样。

（9）无故障系统（Trouble-Free Systems）。构建一个每天有数百万人使用的系统，但只需要一名兼职人员进行管理和维护。

---

1 1803 年，托马斯·杰斐逊（Thomas Jefferson，1743—1826 年，美国第三任总统）决定用 1500 万美元从法国政府手中买回路易斯安那领地（位于密西西比河和洛矶山脉之间，面积达 214 万平方公里）；随后又派出以梅里韦瑟·刘易斯（Meriwether Lewis）和威廉·克拉克（William Clark）为首的"发现军团"到西部探险，直至太平洋海岸，为美国的版图奠定了基础。

（10）安全系统（Secure Systems）。确保问题（9）的系统仅为授权用户提供服务，未经授权用户无法拒绝服务，信息无法被窃取（并证明它）。

（11）始终可用（AlwaysUp）。确保系统每百年的不可用时间不超过一秒钟，也即可用性为 8 个 9（并证明它）。

（12）自动程序设计（Automatic Programming）。设计一种规范语言或用户界面，使人们可以轻松表达自己的程序设计（容易 1000 倍），计算机可以对其编译，并且可以描述所有应用程序。系统应该可以推理应用程序，询问异常情况和不完整的规范。但是使用起来不应该太麻烦。

格雷为自己确定的研究方向是规模可伸缩性，他是微软"规模可伸缩的服务器研究小组"（Scalable Servers Research Group）的高级研究员，这一组织是微软根据他和戈登·贝尔（Gordon Bell）在 1994—1995 年间的建议而设立的。

从格雷提出这些方向的 20 多年之后来看，这些思考仍然深具价值。近年的元宇宙、人工智能、ChatGPT 等技术都在这些方向的涵盖之下，其中，有些挑战已经获得解答。

2.4.7　未解谜团

2007 年 1 月 28 日早，格雷驾驶着心爱的帆船"顽强号"，独自驶向金门大桥西面的法拉伦群岛。在那里，他将把已故母亲的骨灰撒入大海。然而直到晚上 8 时 35 分，格雷还没有回家，他的妻子不得不向警方报案。美国海岸警卫队立即出动直升机和船只展开搜救行动，但到 2 月 1 日，救援人员搜了面积达 13.2 万平方英里（约 34.2 万平方千米）的广阔海域，但是仍然没有找到任何线索，这条 40 英尺（约 12 米）长的帆船神秘地消失在茫茫大海中。

对格雷的失踪，许多硅谷精英格外关注。1 月 30 日晚，加利福尼亚大学伯克利分校教授约瑟夫·海勒斯坦恩（Joseph Hellestain）给同行发了一封群体邮件，标题是："十万火急！寻找格雷"。他的呼吁得到了大量的回应。Google 创始人谢尔盖·布林（Sergey Brin）、美国航空航天局地球科学专家、数字地球公司等都全力加入了搜救工作。卫星被调集以扫描相关海域，并拍摄图片以寻找蛛丝马迹。

然而好消息一直没有到来，2007 年 2 月 16 日，他的家人要求取消搜索行动。2012 年，他在法律意义上被认定已经死亡。

格雷的离去引发了很多猜测。当天的海域风平浪静、船上备有能够发出信号的紧急无线电信标、该水域甚至没有看到任何碎片冲上海滩……没有任何信息的失踪引发了很多猜想，我喜欢其中的一个：2008 年 10 月 31 日，中本聪发表了论文《比特币：一种点对点式的电子现金系统》，格雷拥有实现这一切的能力。

2008 年，ACM 理事会重新命名 "ACM SIGMOD 博士学位论文奖"奖项，更改为 "吉姆·格雷博士论文奖"（SIGMOD Jim Gray Doctoral Dissertation Award），以纪念数据库大师——吉姆·格雷。

2015 年 6 月 13 日，斯通布雷克在他的图灵奖获奖演讲的末尾，将最高的缅怀致予吉姆·格雷，他说："我想我可以代表整个 DBMS 社区向他致敬：'Jim，We miss you every day'"。

2.4.8　仿佛是解答

虽然我们无法得知格雷最后在海上遭遇了什么，但是他在 SIGMOD 2002 会议上所做的访谈，却提前透露了他的心声。

格雷在访谈中说：我不相信来世，**我尽力把时间用在最美好的事物上，尽可能花时间去做能够让自己引以为豪的事情，我只致力于那些我认为真正具有重要意义的事情。**

玛丽安娜·温斯莱特（Marianne Winslett）在采访时问到一个特殊的问题："有人一直告诉我要问你关于船只沉没，以及差点溺水的事情。你有什么故事想要分享吗？"

格雷说，"我是一个浪漫主义者，相信人应该有丰富的人生体验，我曾梦想着驾驶一艘帆船周游世界，于是我就买了一艘"[1]。但是令他始料未及的是，船位成为了难题。

> 我去了一个非常好的游艇港口，填好了申请表后问，"等待名单有多长？"管理员说，"哦，15 年到 25 年。"我认为这也太不靠谱了。最后我只好租了一个糟糕的船位。

> 直到某一天，我说："算了吧，我要搬到旧金山去。"于是我扔掉了锚泊线，搬到了旧金山。我去找港口主管，对他说："听着，伙计，我要租赁这里，要把船停靠这儿。这是我的电话号码。如果你想让我把船移走，就打这个电话，我三小时内就会到这。"如果你把船短暂性停靠，他们就不得不租给你。于是，我的船在那里暂住了 3 个月。

1　参考 Jim Gray Speaks Out by Marianne Winslett（玛丽安娜·温斯莱特对格雷的采访稿）。

此后的晨昏，我时常在码头踱来踱去，偶然发现有一只船正逐渐下沉。我把船捆绑了几次，给船主打电话，要 500 美金买下它。一小时后，我就拥有那艘快沉的船和一个不错的船位。

那么关于沉船又有一个什么样的故事呢？

我需要处理掉"SouSea 号"，它真的在下沉，而我不想让它在码头上沉没。于是在深夜，我和布鲁斯以及其他一些人，在恶魔岛附近开船。我带着小斧子走到"SouSea 号"上，在底部砍了一个小洞。夜晚一片漆黑。当我回到甲板上时，布鲁斯和我的醉鬼朋友们都走了，而我却站在旧金山湾中央的一艘沉船上，眼前一片漆黑！

我的朋友们没有充分认识到这样一个事实：除非你要找的东西被点燃，否则你在漆黑的海面上是找不到任何东西的。我坐在这艘即将沉没的船上，深刻地认识到了这一点，幸运的是，船当时还没有沉没。后来玩笑结束了，他们回来了。我坐在一艘即将沉没的船上大声呼叫，那是一个有趣的场景。我们在看着"SouSea 号"沉没后回到了空荡荡的船坞。

这是格雷谈论的关于生命和探险最真实的诠释，体验精彩、挑战疑难，不虚人生此行。

2.5 持续创新的天才——迈克尔·斯通布雷克

迈克尔·斯通布雷克（Michael Stonebraker），如图 2.21 所示，于 1943 年 10 月 11 日出生于美国马萨诸塞州的纽伯里波特。1965 年，22 岁的迈克尔·斯通布雷克从普林斯顿大学的电气工程系毕业，获得学士学位，此后他来到了密西根大学，获得了硕士学位（1967 年）和博士学位（1971 年）。

图 2.21 迈克尔·斯通布雷克

2.5.1 很多开始源于偶然

斯通布雷克的博士论文是关于"马尔可夫链"的算法研究，在完成论文前，他就觉得这不是一个值得投身的领域。要选择什么方向开始职业生涯？这是他一直在思考的问题。

网络上流传着一段他对这一时期回顾和判断的话："计算机产业背后是下一个

美好未来，所以，我们弃旧图新。"（The computer industry is driven by the next best thing, so we tend to throw out the old when the new comes along.）

斯通布雷克毕业后来到加利福尼亚大学伯克利分校，担任助理教授，他面临两个重要事项：第一，选择一个值得投身的新领域；第二，尽快发表论文以获得终身教职。这一切和中国当下的大学教职情形非常相似。

每个人身边都可能有一位"点火者"，他触发了一次伟大的变革。

一切都是偶然，1971 年，**伯克利的教授王佑曾（Eugene Wong）建议斯通布雷克阅读一下科德的论文，就这样他们开始了数据库领域的论文研究**，并被其深深地吸引。斯通布雷克表示，一切都是机缘巧合，而非主动绸缪计划。而数据库领域因为这个偶然再次迎来了一位大师级人物。

灵感闪现、路径选择，往往都是可遇不可求的机缘。 就像那个砸到牛顿的苹果，王佑曾推荐给斯通布雷克的论文。

那么王佑曾又是谁呢？他自然非是等闲之辈。

王佑曾（图 2.22），1934 年 12 月 24 日出生于中国南京，1947 年因战乱举家移居美国纽约。1959 年取得美国普林斯顿大学电机博士学位，然后在剑桥大学做博士后直到 1960 年。

随后，王佑曾博士加入了 IBM，1960 年至 1962 年在"托马斯·J·沃森"研究中心做研究员，继而于 1962 年加入了伯克利大学的教师队伍，后来担任了电气工程和计算机科学系主任。"由于**在国家和国际工程研究和技术政策方面的领导作用，以及在关系型数据库方面的开创性贡献**"，他于 1988 年获得"ACM 软件系统奖"，并被授予 2005 年"IEEE 创始人奖章"。

图 2.22　王佑曾

2.5.2　Ingres 横空出世

大约在 1972 年，斯通布雷克获得了一笔资金，着手开发一个地理查询数据库系统，用于城市规划研

究。该项目确实做了一些地理数据库方面的工作，但很快就转向建立关系型数据库系统，这就是 Ingres（Interactive graphics and retrieval system，交互式图形和检索系统）。这是一个神奇的开端，此后随 Ingres 衍生的数据库童话经久不衰。

在 20 世纪 70 年代中期，斯通布雷克的团队和一个滚动的学生程序员队伍，

打造出了一个可用的关系型数据库系统 Ingres。原型完成于 1974 年，随后进行了重大修订，使代码具有可维护性。

图 2.23 是伯克利数据库研究小组的一件 T 恤上的图案，这只乌龟在 70 年代被 Ingres 组作为吉祥物，寓意是"它很慢，但它能抵达终点"。

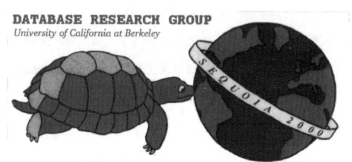

图 2.23　伯克利数据库研究小组的一件 T 恤上的图案

这段历程无疑令斯通布雷克印象深刻，多年后，斯通布雷克在回忆时仍然提到，"Ingres 很多的代码都是由伯克利的本科生写的，他们做出了卓越的工作。**我非常热衷于招募一些天才般的本科生，并为他们创造出一个良好的氛围，尽量给他们提供最好的设备，即使代价非常高昂。**"

由于 Ingres 项目受到了科德论文的启发，并且和 System R 项目的开始时间非常接近，所以很多故事和冲突持续发生。

格雷曾经回忆说："圣何塞 IBM 小组和伯克利小组之间产生了敌意，因为**彼此研究的东西非常非常相似，想法也非常非常相似。**几乎每个人都很年轻，而且缺乏安全感（还没有获得终身职位），因此大家都很关心发表成果的优先顺序。因此，我们得出结论，最好的办法就是彼此不说话。每当我们交谈后，就会出现反映交谈内容的论文，但不注明出处。在 IBM 的编年史档案中，有许多斯通布雷克的来信说：'谢谢你指出，在某某论文的某某段中，我们忘了引用……'。当然，这并不是单方面的。伯克利的人也认为 IBM 的人在抄袭 Ingres 项目的想法。我们之间的关系很紧张。"

1976 年，当"Ingres 的设计和实现"成果发表（图 2.24）时，另外两个名字，彼得·克雷普斯（Peter Kreps）和杰里·赫尔德（Gerald Held），也被列为作者。伴随 Ingres 的发展，一种称为 QUEL 的查询语言随之被发明出来。

在当时，Ingres 与 IBM 的 System R 相比被认为是"低端"的，因为它运行在基于 UNIX 的机器上，而不是 IBM 大型机。然而，到了 20 世纪 80 年代初，这些低端机器的性能和能力正在严重威胁着 IBM 的大型机市场。随着威胁的到来，Ingres 有能力成为一个可行的、"真正的"产品，用于大量的应用。

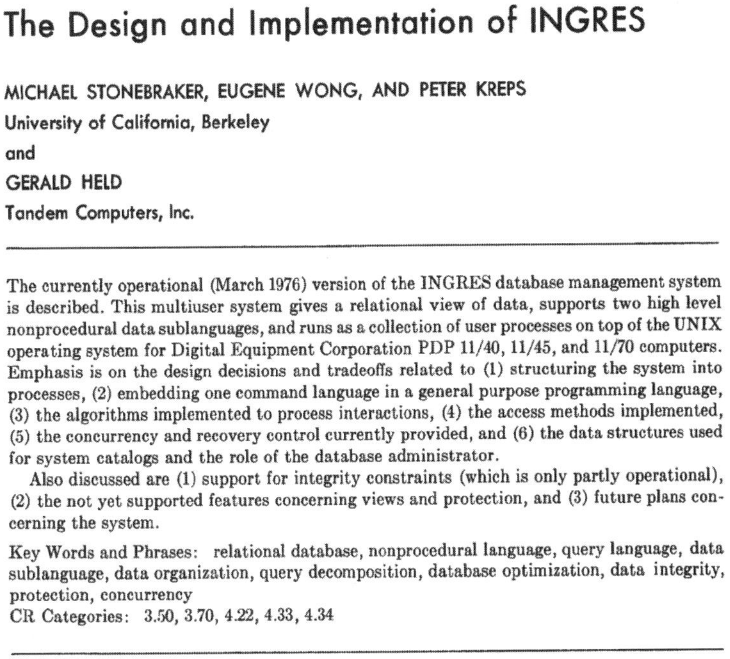

The Design and Implementation of INGRES

MICHAEL STONEBRAKER, EUGENE WONG, AND PETER KREPS
University of California, Berkeley
and
GERALD HELD
Tandem Computers, Inc.

The currently operational (March 1976) version of the INGRES database management system is described. This multiuser system gives a relational view of data, supports two high level nonprocedural data sublanguages, and runs as a collection of user processes on top of the UNIX operating system for Digital Equipment Corporation PDP 11/40, 11/45, and 11/70 computers. Emphasis is on the design decisions and tradeoffs related to (1) structuring the system into processes, (2) embedding one command language in a general purpose programming language, (3) the algorithms implemented to process interactions, (4) the access methods implemented, (5) the concurrency and recovery control currently provided, and (6) the data structures used for system catalogs and the role of the database administrator.

Also discussed are (1) support for integrity constraints (which is only partly operational), (2) the not yet supported features concerning views and protection, and (3) future plans concerning the system.

Key Words and Phrases: relational database, nonprocedural language, query language, data sublanguage, data organization, query decomposition, database optimization, data integrity, protection, concurrency
CR Categories: 3.50, 3.70, 4.22, 4.33, 4.34

图 2.24　Ingres 的关键论文

技术世界就是这样一次又一次地创新和颠覆，当年是小型机替代了大型机，而今天则是 X86 替代了小型机。

Ingres 和 System R 是最早的两个关系型数据库项目，这是了不起的成就。Ingres 的一些关键思想仍然广泛用于关系型系统，包括 B 树、视图、完整性约束、查询重写、RDBMS 中完整性检查的规则、触发器的思想等。

2.5.3　桃李满天下

Ingres 使用了 BSD 许可证的一个变种，只收取象征性的费用，Ingres 的代码是可以免费获得的。到 1980 年止，共分发了 1000 份副本，不少公司使用这些代码形成了自己的产品线，并衍生出一系列烜赫一时的产品。

- 1980 年，斯通布雷克与王佑曾和拉里·罗（Larry Rowe）一起创建了关系技术公司（Relational Technology, Inc.），后来更名为 Ingres。斯通布雷克在这个公司工作到 1991 年，然后公司被卖给了 ASK[1]，1994 年 ASK/Ingres 被 CA 收购。2004 年，CA 在开源许可下发布了 Ingres 第 3 版，并继续开发销售 Ingres。2005 年，Ingres 作为一个独立的公司剥离成立，并在后来更名为 Actian。

- 英孚美（Informix）创立于 1980 年，该公司于 1995 年收购了构建于 Postgres 之上的 Illustra 公司，斯通布雷克由此担任 Informix CTO，开创了通用数据库（Universal Database）的时代。Informix 到 1997 年已经成了第二大数据库供应商。

- 鲍勃·爱泼斯坦（Bob Epstein）是加利福尼亚大学伯克利分校 Ingres 项目的第三任经理，先是联合发起创建了 Britton-Lee[2] 公司，随后创建了 Sybase，Sybase 在 20 世纪 80 到 90 年代期间是第二号数据库产品。1987 年左右，Sybase 联合了微软，共同开发 SQL Server，后来 1994 年，两家公司合作终止。此时，两家公司都拥有一套完全相同的代码。微软的名为 MS SQL Server。

- 保拉·霍索恩（Paula Hawthorn）是斯通布雷克的博士生，于 1979 年获博士学位。在加利福尼亚大学伯克利分校期间，霍索恩参与到 Ingres 项目中，是其主要贡献者之一，她还在项目组遇到了她的第二任丈夫 Mike Ubell。霍索恩夫妇和爱泼斯坦一起加入 Britton-Lee，霍索恩在爱泼斯坦离职后担任了该公司的工程副总裁。在那之后，霍索恩和丈夫追随斯通布雷克加入了 Illustra，并担任了副总裁的职位。霍索恩和斯通布雷克同龄，为早期数据库产品的工程化做出了杰出的贡献，是公认的数据库系统专家和先驱。

- 杰里·赫尔德（Jerry Held）和卡罗尔·尤塞菲（Carol Youseffi）加入天腾电脑，他们在那里建造并发展成了 NonStop SQL 的一个系统。NonStop 是在并行计算机上高效运行的 Ingres 的一个修改版本，增加了分布式数据存储，分布式执行和分布式事务功能。首次发行于 1987 年，1989 年的第 2

---

1 ASK 计算机系统公司是一家商业和制造业软件开发商。该公司最著名的产品是企业资源计划（ERP）软件——Manman。ASK 的公司创始人（桑德拉·科尔茨格 Sandra Kurtzig）是计算机行业早期的女性先驱之一，她也是硅谷第一个将公司带上市的女企业家。Manman 推出后在市场上获得了巨大的成功，并迅速在制造业系统中占据了主导地位。1994 年，ASK 被 CA 收购之前，其年收入已接近 10 亿美元。

2 布里顿-李（Britton-Lee）公司成立于 1979 年，创始人包括 David L. Britton、Geoffrey M. Lee 和 Robert Epstein 等人，该公司和 Teradata 一起建立了"数据库一体机（Database Machine）"的新品类。1984 年 Epstein 离开布里顿·李，帮助创建了 Sybase。1989 年布里顿·李公司更名为 ShareBase，1990 年 6 月被 Teradata 收购。

版增加了并行运行查询的能力，这个产品也因几乎线性的性能伸缩能力而著名。

斯通布雷克教授"开枝散叶"的不仅是产品，更加是人才，他杰出的学生还包括约瑟夫•海勒斯坦恩（Joseph M. Hellerstein，加利福尼亚大学伯克利分校教授，ACM 会士）、迈克•奥尔森（Mike Olson，曾任 Sleepycat 和 Cloudera 的 CEO）、黛安娜•格林（Diane Greene，VMWare 创始人）、迈克尔•J. 凯里（Michael J. Carey，美国国家工程院院士，ACM 会士）……**他培养和影响的人才生生不息地投身数据库产业，为这一领域带来了丰富多彩的传奇故事。**

斯通布雷克的成就直到今天仍然值得探究，就如同戴维•德威特[1] 所说的："回想起来，我们仍然很难理解，一个毕业论文探讨随机马尔可夫链数学，没有任何构建软件工件经验，编程能力有限（实际上我认为是没有）的研究生，是如何最终帮助启动了整个计算机科学研究的新领域，以及一个年收入 500 亿美元的产业的。"

关于 Ingres 的传奇将在下一节继续展开。

2.5.4 Postgres 的时代

在 1985 年斯通布雷克回到伯克利后，为了解决 Ingres 中的数据关系维护问题，启动了一个"后" Ingres（Post-Ingres）项目，目的是在关系型数据库之上增加对更复杂的数据类型的支持，包括对象、地理数据、时序数据等，这就是 Postgres 的开端。

从 1986 年开始，斯通布雷克发表了一系列论文，探讨了新的数据库的结构设计和扩展设计，并于次年完成了一个原型系统，该系统在 1988 年的 SIGMOD 大会上亮相，并于 1989 年 6 月公开发布了第 1 版。

1990 年斯通布雷克再次离开伯克利，对 Postgres 产品进行去商业化，这一次使用的产品名字是 Illustra。Illustra 后来被 Informix 并购。

在 Postgres 的研发过程中，斯通布雷克做出了一个影响深远的决策，那就是将 Postgres 置于 BSD 许可证（Berkeley Software Distribution license）的保护下，允许基于其源码的自由使用和扩展。在这一宽松许可协议下，Postgres 演变出一系列大

---

1 戴维•德威特在密西根大学读研究生时，斯通布雷克正在该校攻读博士学位。1970 年，他成为了德怀特计算机体系结构入门课程的助教。德怀特说"那次偶遇对我的职业生涯和生活都产生了深远的影响"。

名鼎鼎的数据库产品，其中包括 PostgreSQL、Greenplum、Netezza 等。

到 1993 年，因为外部用户社区的快速发展，维护原型代码和提供支持耗费了大量时间，伯克利团队认为应该将更多的时间用于数据库研究。因此，Postgres 项目于 1994 年 6 月发布 4.2 版本后正式宣告结束，官方不再提供支持和更新。

虽然官方版本终止了，但是 Postgres 的"继任者"仍以开源精神持续投入研发。**1994 年，来自中国香港的两名伯克利的研究生 Andrew Yu 和 Jolly Chen 向 Postgres 中增加了 SQL 语言的解析器，替换了原有的 POSTQUEL，并将其更名为 Postgres95**，随后将源代码发布到互联网上供大家使用。Postgres95 成为了一个开放源码的 Postgres 的"继任者"。

代码在互联网发布之后，引起了很多人的关注，美国的布鲁斯·莫姆吉安（Bruce Momjian）和俄罗斯的瓦季姆·米赫耶夫（Vadim Mikheev）开始参与修改

代码，并于 1996 年 8 月发布了第一个开源版本，Postgres95 更名为 PostgreSQL，以表达 Postgres 与 SQL 的结合之意，同时版本号也沿用伯克利 Postgres 项目的顺序，从 6.0 开始。

在那之后，很多企业开始基于 PostgreSQL 进行数据库开发和产品发布，Postgres-XC（eXtensible Cluster，扩展集群，简称 PGXC）和 Postgres-XL（eXtensible Lattice，扩展网格，简称 PGXL）两个项目更是将单机版的 PostgreSQL 扩展为分布式。

- PGXC。由日本 NTT 公司于 2002 年展开的研究，最初被命名为 RiTaDB。在 RitaDB 的开发过程中，中国科学院也与 NTT 公司 RiTaDB 进行了合作，提供了数据复制和备份等技术。2010 年，更名为 Postgres-XC 发布。

- PGXL。2012 年，前 PGXC 核心开发者创建 StormDB 公司，对 PGXC 进行改进，包括对 MPP 并行化的性能改进和多租户安全的改进。2013 年，TransLattice 收购了 StormDB，次年将项目开源，命名为 Postgres-XL。

PGXC 侧重于 OLTP 分布式，PGXL 侧重于 OLAP 分布式，都为社区极大地扩展了 PostgreSQL 的外延。

PostgreSQL 的时代由此开始了。

2.5.5　列存更生

在数据库的世界里，从构想到技术实现，从技术实现到商业成功，每个阶段都有着难以逾越的鸿沟。斯通布雷克在列式存储方向的贡献，让这项技术再度流行。在关系型数据库中，通常的数据存储都是按行进行的，这非常符合我们对客观世界的认知。**行存指数据按照行为基础逻辑单元进行存储，一行中的数据在存储介质中以连续形式存在**，表中的每一行都具有相同的结构，如图 2.25 所示。行存和关系型数据库的设计紧密连接，适用于频繁变更的数据处理，在 OLTP 事务处理系统中广泛应用。

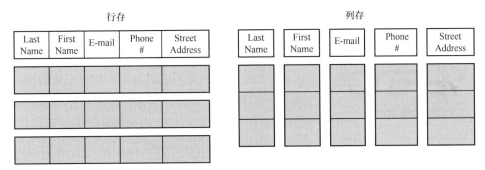

图 2.25　行存和列存的示意

可是通过观察，很多时候我们会发现，不同行记录的某个列值可能会完全相同或近似，例如很多人毕业于同一所大学。如果按照列来存储，那么可能只需要存储一次，存储和计算的效率都会大大提升。这就是列存的基本思想。

列存是指数据按照列对基础逻辑单元进行存储，所有数据按列存取。行存数据在做一些列分析时，必须将所有列的信息全部读取出来；而列存由于其按列存取的特性，在对特定列进行查询分析时，能够有效降低 I/O，提高读取性能。此外，列存往往还能在数据压缩上带来更大压缩比，节省存储空间。

在海量数据场景下，列存数据库由于其空间占用少、读取磁盘少以及复杂数据查询效率高等缘故，成为构建数据仓库的理想架构。

列式存储的起源，最早可以追溯到 1983 年康托尔（Cantor）的论文。随后在 1985 年 SIGMOD85 上发表的论文 *A Decomposition Storage Model* 全面提出列式存储概念，简称 DSM。这就是列数据库的雏形，这种技术在当时并没有得到足够的重视。

Sybase 公司在 1994 年推出了一款 Sybase IQ Accelerator 数据库，这便是

Sybase IQ 列式数据库的雏形。由此，列式数据库便在实践中诞生了。

此后，从 1994 年到 2005 年的十年时间，列式数据库几乎无人问津，而 2005 年被称为列式数据库的重生之年。这一年迈克尔·斯通布雷克教授发表有关 C-Store 的论文，随后在此基础上推出了商用的列式分析型数据库 Vertica，并创立了 Vertica 公司。在之后的 15 年时间里，用户需求逐渐从交易业务转向分析业务，列式数据库的优势得以发挥，很多厂商开始投入列式数据库的研发，将其应用到 OLAP 分析场景中。

因为列存的优势，目前其在数据库领域的应用非常活跃，传统关系型数据库都开始支持列存。行列混存，也就是在同一个数据库中支持两种存储方式几乎已经成为标配。

2011 年，Vertica 公司被 HP 以 3.4 亿美元收购。此后，微福思（Micro Focus）合并了惠普企业（HPE）公司的软件部门，Vertica 于 2017 年 9 月加入微福思。2023 年 1 月，加拿大公司 OpenText 收购了微福思，Vertica 现在归属于 OpenText。

2.5.6　永不止息

1997 年，斯通布雷克启动了联邦数据库 Mariposa 项目，并基于此创办了 Cohera 公司。这家公司后来被 PeopleSoft 收购，而后 PeopleSoft 又被 Oracle 公司收购。

虽然 Cohera 公司失败了，但是 Mariposa 和稍早的 D-Ingres（分布式 Ingres）、XPRS（并行 Postgres）两个项目开了一代分布式数据库风气之先。当时提出的无共享架构理念，如今已经成为大数据系统的基石之一。

回顾过去的成就，斯通布雷克在接受访谈时将 Ingres 定义为个人取得的最大成功，Cohera 则定义为个人最大失败，他是这样解释的：

> 我最大的成功毫无疑问是领导 Ingres 的开发，它在学术界和工业界都确实产生了巨大的影响，至于 Postgres 是否会产生同样的影响，还需要"跨越鸿沟"，谁也不知道它是否会发生；我认为最大的失败是 Cohera，它是一个非常成熟的联邦数据库系统，只是因为当时市场对这个技术的需求非常小，虽然我们花费了大量精力去推动它，但是仍然很难找到相应的应用需求，最终它彻底失败了。

迈克尔·斯通布雷克因"**对现代数据库系统底层的概念与实践所作出的基础性贡献**"获得 2014 年图灵奖。在此之前，他已经斩获美国工程院院士、IEEE 软件系统奖、冯·诺依曼奖和第一届 SIGMOD Edgar F. Codd 创新奖等多个重量级荣誉。另外要特别指出的是，由于 Google 的赞助，这是图灵奖历史上第一次将奖金提升到与诺贝尔奖相当（100 万美元），之前其金额只有 25 万美元。

在图灵奖获奖典礼的演讲中，斯通布雷克谈到了 PostgreSQL 在开源领域取得成功的"偶然性"，他非常谦逊地提到：一个由志愿者组成的团队，其中没有一个人与我或伯克利分校有任何关系，从 1995 年起就一直在开发这个开源系统。网上的 Postgres 系统就来自这个团队。这是开放源代码的精华所在，我只想说，我与这一切毫无关系，我们都应该对这群人表示衷心的感谢。

斯通布雷克在技术上的探索还远不止于此，他在不同的数据库细分赛道不断尝试，取得了一个又一个丰硕的成果。其中包括 2002 年，打造流数据库 Aurora，创办 StreamBase 公司（该公司后被 TIBCO 收购）；2007 年，打造分布式内存 OLTP 系统 H-Store，创办 VoltDB 公司；2008 年，打造数组数据库 SciDB，创办 Paradigm4 公司……

2023 年，斯通布雷克已经年届 80，当年 4 月，他和 Apache Spark 的创始人马泰·扎哈里亚（Matei Zaharia）共同创建了 DBOS 公司。该公司募集了 850 万美元的启动资金，于 2024 年 3 月 12 日发布了产品 DBOS Cloud。DBOS Cloud 在分布式数据库上实现了操作系统服务，是一个事务型无服务器计算平台，其底层由新操作系统 DBOS 支撑。DBOS 在高性能、分布式、事务型、分区容错 DBMS 的基础上，用 SQL 编写操作系统服务，以实现有状态、容错的 TypeScript 代码执行。斯通布雷克的灵感来自于对现实的观察，他说，自 1973 年以来，操作系统必须维护的状态已经增加了约 6 个数量级，而存储操作系统状态显然是一个数据库问题。斯通布雷克敏锐地提出："是时候将 DBMS 移入内核并构建一个新的操作系统了。"

1998 年《福布斯》杂志在成立 80 周年纪念版上将斯通布雷克评为推动硅谷财富爆炸的 8 大创新者之一。事实证明，斯通布雷克的创新从未停止，不停地开拓一个又一个的技术领域，留下一批又一批的追随者。

2.6　总结

数据库领域，也是天才引导的世界。

无数天才的科学家，用他们的智慧之光，照进现实，开创出一个又一个巅峰。

除了这 4 位图灵奖获得者，还有很多杰出的科学家，为数据库创造了光辉与荣耀。这些名字包括杰弗里·乌尔曼（Jeffrey D. Ullman）、西·莫汉（C. Mohan）、莱斯利·兰波特（Leslie Lamport）、韩家炜（Jiawei Han）、陈品山（Peter Chen）、黄奎勇（Kyu-Young Whang）……正是有了这些智慧的头脑、无畏的探索，数据库的世界才如此丰富多彩，并且不断推陈出新，推动了人类科技不断向前。

这个领域，也从来都不缺乏中国科学家的身影。在中国的数据库时代，也正在涌现引领潮流的科学家，不断带动中国技术走向世界！

第3章　数据库领域的"先知"

在数据库产品的发展史上，Oracle 公司作为一个杰出的代表，把握住了关系型数据库的历史机遇，缔造了一个庞大的科技帝国，至今仍然在引领行业发展。Oracle 公司名字中蕴含"先知"之意，也的确在发展中一次又一次地引领了技术潮流。

Oracle 公司的历史在某种程度上就是劳伦斯·埃里森（Lawrence Joseph "Larry" Ellison，也被称为拉里·埃里森，如图 3.1 所示）的个人奋斗史，在本书写作时，他仍然坚守在工作岗位上，是硅谷在位的最年长的公司创始人。他以鲜明的个人特色塑造了 Oracle 公司，也因而成就了"世界上规模最大的企业软件公司"。

图 3.1　劳伦斯·埃里森

2014 年，劳伦斯·埃里森宣布卸任 CEO，担任执行董事长和 CTO，由马克·赫德（Mark Hurd）和沙弗拉·卡茨（Safra Catz）共同出任 Orade 的联席 CEO。自 1977 年至 2014 年，埃里森执掌公司长达 37 年，卸任 CEO 时已经是 70 岁高龄，然而毫无疑问，他仍然是这家公司当之无愧的掌舵人。

2023 年 6 月 18 日，埃里森被彭博亿万富翁指数列为世界第四大富翁，估计财富为 1298 亿美元，超过了巴菲特和比尔·盖茨。

3.1　埃里森的成长

埃里森于 1944 年 8 月 17 日出生在纽约，母亲是犹太人，生父是美国陆军航空队的飞行员（一位意大利裔美国人）。埃里森在 9 个月大时感染了肺炎，母亲很难独自照顾他，把他交给她的姨妈和姨夫收养。 此后，直到 48 岁，埃里森才再次见到他的亲生母亲。成年后的埃里森酷爱飞行，买下了多架飞机，还时常带领儿子一飞冲天，他的这部分冒险基因，显然和他的父亲有关。

埃里森随养父母搬到了芝加哥的南岸，后来被伊利诺伊大学厄巴纳 - 香槟分校录取，并作为预科生入学，因为养母的去世，他在大二后没有参加期末考试就退学了。在加利福尼亚度过 1966 年的夏天后，他又到芝加哥大学学习了一个学期，在那里他学习了物理和数学，也第一次接触到了计算机设计，在这段时间里，他也经常出入西北大学。随后，22 岁的埃里森搬到了加州的伯克利，并且在加利福尼亚大学伯克利分校注册学习[1]，在他参与学习的课程中，最吸引他的是帆船课。

关于埃里森的教育履历，事实是一回事，而呈现过程则可能是另外一回事。科特·莫纳什[2]回忆他早年和埃里森的交往时说，"对于拉里事实是善变的，我第一次见到他时，他给我的印象是拥有博士学位。第二次，他给我的印象是只有硕士学位。十年后，他差点从芝加哥大学毕业，但法语考试不及格或没参加。我想，从那以后，他的教育履历又退步了一些"。

个人成就和教育履历的反比效应在很多名人身上都存在，例如辍学的乔布斯、从哈佛退学的比尔·盖茨，只不过他们从未就此变化陈述。而埃里森灵活机动的个性后来也恰恰成为了 Oracle 的风格，这让这家公司总是能够抓住技术领域萌生的热点纳为己用，并最终获得了用户的关注，并为此买单。

在埃里森的教育生涯中，幸运的是，他在伯克利遇到了第一任妻子，并在一年后，两人正式结为夫妻；但此后埃里森的事业并不顺利，与妻子于 1974 年离婚。

到 1976 年，埃里森几乎一无所有、一事无成，而年纪已经 32 岁。这也正是

1　埃里森的第一任妻子奎因回忆，埃里森在 1966 年夏天去加利福尼亚大学伯克利分校注册过，那时他刚到加利福尼亚。如果说他以后上过课，也仅仅是参与进去而已。奎因说："我出钱买过许多教科书，因此我知道他的确学了许多课程。"

2　科特·莫纳什（Curt Monash）曾是软件服务行业排名第一的股票分析师，自 1990 年开始经营莫纳什研究公司，主要在软件领域提供分析和咨询服务。此外，他还担任过其他几家技术初创公司的联合创始人、总裁或董事长。科特还曾担任 Oracle、IBM、微软、SAP 等多家知名公司的战略顾问。

很多小报为吸引眼球所确定的标题：曾读大学三次没有获取文凭，被老婆抛弃，32岁仍然一无所有。事实上，这不过是大多数人的普通状态。然而，身处风起云涌的硅谷，机遇随时都可能砸到有准备的人头上。

3.2 抓住机遇

自 1973 年开始，埃里森就在硅谷工作，他辗转于当时的科技公司 Amdahl[1] 和 Ampex[2]，作为一个普通的程序员，为了生活而奔波。

当埃里森看到 Ampex 的存储系统无法工作时，他果断离开了公司，进入精密仪器公司（Precision Instrument Company，PIC）担任系统开发部副总裁。这家公司希望在市场上推出一种新产品用以取代缩微胶卷及其读取器，而软件开发需要外包。

埃里森打电话给以前曾在 Ampex 一起工作的同事鲍勃·迈纳（Bob Miner，埃里森在 Ampex 工作时的领导）和爱德华·奥茨（Edward A. Oates），提议他们三人组建一家公司，投标承包此项目。1977 年夏，迈纳和奥茨整理出一份标书，投标精密仪器公司的项目，最后以金额 40 万美元承包了此项目。他们认为，再雇一个程序员肯定可以确保程序交付，而经费足以使公司经营下去。

1977 年 6 月，埃里森、迈纳和奥茨在硅谷共同发起创办了软件开发实验室（SDL），图 3.2 为最初的 SDL 标识。三人合伙出资 2000 美元，由于埃里森出了1200 美元，他获得了 60% 的股份。公司创立之初，迈纳是总裁，奥茨为副总裁，

图 3.2　最初的 SDL 标识

1　Amdahl 公司为吉恩·阿姆达尔（Gene Amdahl）创建，他被认为是有史以来最伟大的计算机设计师之一。作为商用大型机最早的"建筑师"，阿姆达尔缔造了 IBM 360 的辉煌。IBM 360 的研制花了 3 年时间（从 1961 年到 1964 年），耗费 50 多亿美元，超过二战时原子弹的研制费用。这一产品一面世，就再没有什么可以与它竞争的。加上后来的 370 系列，这系列产品成了历史上销售量最大的计算机家族。1970 年，他离开 IBM，创办阿姆达尔公司。

2　Ampex 是一家存储设备制造商，成立于 1944 年，是最早的硅谷公司之一。公司名称来自于创始人 Alexander M. Poniatoff 姓名的首字母 AMP 加上卓越（Excellence）的头两个字母。Ampex 曾开发出美国第一款实用的录音磁带、录像磁带。1956 年，Ampex VRX-1000 问世，被誉为第一台实用的录像机。Ampex 因其开创式的创新而多次获得艾美奖、奥斯卡奖和格莱美奖。公司的创新文化也培养了像杜比数字公司的创始人雷·杜比（Ray Dolby）这样的革命性创新者。

而埃里森这个决策者仍然留在精密仪器公司，负责监督合同的执行，但是他已向老板坦承，他不久将辞职，到新公司上班。

为什么埃里森占了大多数股份呢？埃里森说："这么干是我的主意。"奥茨表示同意："埃里森是公司的主要发起人，他为实现自己的想法付出得最多。他的胆识是我们俩自愧不如的。软件编写是我们俩的事，但是，**公司要成功还得靠埃里森的胆识。**"

为什么叫 SDL 呢？奥茨说，这个名字使人联想起系统开发公司（SDC）——美国第一家大型软件研发和服务公司。此外，公司的商标中，字母 SDL 有几条垂直线，与 IBM 商标中的水平线相呼应。

SDL 不久后收到了精密仪器公司的预付款，公司的第一位员工布鲁斯·斯科特（Bruce Scott）也加盟进来开始编写软件，一开始他在家中办公，工作了几个星期，用铅笔在纸上手写程序，直到公司租用了办公空间。Oracle 的第一个正式营业日是 1977 年 8 月 1 日。很快，埃里森全职加入公司，公司也急需找到未来的新方向。

此时，**关系型数据库理论已经诞生，但是并没有太多人关注到这一划时代的技术变革。机遇光顾了埃里森的头脑。**

埃里森从奥茨提供的 *IBM Systems Journal*（《IBM 系统期刊》）上了解到的 System R 项目，IBM 1976 年发表的关键性论文《System R：数据库管理的关系型方法》，以及此前 SQL 语言已经被发明出来……这些基于科德《大型共享数据库的关系模型》论文的研究成果，为 SDL 的发展照射进一道曙光。

埃里森、迈纳和奥茨讨论这个系统时，**三个人敏锐地意识到关系型数据库拥有巨大的商业潜力，**而且，此时还没有一家公司将这项技术实现出来，他们决定将科德论文中的系统研发出来。

虽然迈纳和斯科特远不是数据库系统的专家，但是有了明确的方向，一切很快便开始了。按照科德的描述，以及从 System R 获得的灵感，他们只花了几个月的时间就完成了数据库系统的第一个版本。根据埃里森和迈纳在 Ampex 从事的一个由中央情报局投资的项目代码，他们把这个产品命名为 Oracle。

Oracle 在字典里的解释有"神谕，先知"之意，仿佛暗示了这家公司的前瞻性和未来，当该公司在 1989 年进入中国市场时，选择了"甲骨文"作为中文名，同样有先知和预言之意。

斯科特说："从根本上说，我们是搞组装的施工人员。**我们是优秀的程序员，真的很优秀。**"值得一提的是，直到 Oracle 11g 版本，数据库中都会有一个缺省建立的实验用户，用户名是"scott"，密码是"tiger"。没错，这正是斯科特的创意，tiger 是他女儿猫的名字。

1979 年，SDL 更名为关系软件有限公司（RSI），以体现其关系型数据库的定位。1983 年，为了突出公

司的核心产品，RSI 正式更名为 Oracle，这就是我们今天所熟知的"Big Red"了。

图 3.3 就是 CIA 解密文件，从中可以看到 Project Oracle 的字样。然而我们也看到一句悲哀的话，"有 20 个测试阶段，它们全部失败了"。看起来埃里森这个项目进行得不够顺利，这也许正是他离开 Ampex 的原因所在。

Approved For Release 2004/10/28 : CIA-RDP80-01794R000100230019-6

(2 d)

26 November 1975

MEMORANDUM FOR THE RECORD

SUBJECT: Project ORACLE, Redwood City Preshipment Acceptance Test

The Redwood City Preshipment Acceptance Test was held for seven successive days over the period 19 November through 25 November 1975. There were 20 test periods, all of them failed.

The test exercised both the software and hardware of the Mass Storage System in conjunction with a host computer, an IBM 370/155. The functions tested were mutually agreed to by AMPEX and the Agency on 3 July 1975. All individual tests but one were submitted in advance of the test period to AMPEX. The test set was delivered on 25 August 1975 and a revised set was delivered on 10 October 1975. The tests actually run during the period differed from those previously submitted to AMPEX only in that the data content of the files had been altered. Altering the data content had no impact on the functional aspects of the test, it simply precluded any kind of pre-arrangement on the part of AMPEX.

The acceptance test was conducted by the Agency, AMPEX personnel were present as observers. The Agency decided what functions were to be tested in a given period and in what sequence the individual tests were to execute. Agency personnel alone made the decision

图 3.3 CIA 解密文件

3.3 鲜为人知的天才鲍勃·迈纳

在 Oracle 公司的三位联合创始人之中，有一位几乎不为人知的重要人物：鲍勃·迈纳（Bob Miner），他是成就关系型数据库时代的天才之一（图 3.4 左三）。

图 3.4　Oracle 一周年合影

迈纳于 1941 年 12 月 23 日出生于伊利诺伊州西塞罗的一个亚述人家庭，他的父母都来自伊朗西北部西阿塞拜疆省的一个村庄，并于 20 世纪 20 年代移民到美国。迈纳于 1963 年毕业于伊利诺伊大学厄巴纳 - 香槟分校的数学系，他在 Ampex 公司就职期间，接手了 CIA 的相关项目，并在那个时候结识了埃里森和奥茨。

SDL 创立后的一年之内，迈纳**就成功地用汇编语言实现了 Oracle 数据库的第 1 版**。初始版本能够在 DEC 公司的 PDP-11[1] 计算机上运行，当时的数据库内存只有 128KB。Oracle 第 1 版从未正式发布，因为埃里森认为没有人愿意买第 1 版的产品。

1979 年 Oracle 发布了可用于 PDP-11 上的商用 Oracle 数据库产品，也就是 **Oracle 第 2 版，这是第一个商业化的 SQL 关系型数据库管理系统**，实现了比较完整的 SQL 能力，其中包括子查询、表连接等关键特性。

和 DEC 的合作最终成就了 Oracle 的商业模式，那就是**成为一家独立的企业级商业软件供应商**。在此之前，计算机的天下是 IBM 掌控的大型机世界，软件是和硬件一起销售的，典型的 IBM 模式是将硬件、软件、服务等打包销售给客户。计算机领域的分工尚未形成，Oracle 通过数据库软件打破了这样的格局，推动了软硬件分工成为主流。

DEC 是计算机市场的一个革命者，自 1959 年推出 PDP-1 小型机之后，在市场上持续获得成功，到 20 世纪 80 年代末，其年销售收入已达 130 亿美元，净利

1　PDP-11（Programmed Data Processor-11）是计算机历史上最为著名的计算机之一，是数字设备公司（DEC）从 20 世纪 60 年代早期到 90 年代中期制造的系列产品之一。PDP-11 在 1970 年上市，当时售价为 10800 美元，是当时唯一的 16 位计算机，销售火爆，被美国工业研究所评为"1970 年最有影响的技术产品"。PDP-11 系列 20 多种产品卖出 60 万台，被称为小型计算机工业的典范、设计的样板。

润 11 亿美元，员工 13 万人，公司被称为"小型机之王"。1986 年，DEC 创始人肯·奥尔森登上《财富》杂志封面，被评为"全美历史上最成功的企业家"。

可以说，Oracle 是应运而生的，这个"运"就是"小型机时代"。

Oracle 的版本 2、版本 3 的更新所需的代码编写工作也几乎都是迈纳一个人完成的。Oracle 独创的回滚段（Rollback Segment）技术于 1988 年在第 6 版中第一次出现，提供了更加优秀的多版本并发控制（Multi-Version Concurrency Control，MVCC）[1] 能力，这是迈纳重要的技术创造。通过回滚段技术和行级锁（Row-Level Locking），Oracle 在相当长的时间内，在数据库领域保持了领先优势。

直到 1992 年 Oracle 的版本 7，迈纳一直都是技术小组的领军人物，直到他厌倦了无休止的产品发版压力。

埃里森回忆说："我要求迈纳承诺 Oracle 7.1 的发布日期，他不肯给。我继续追问。"最后，迈纳生气了，他把一张皱巴巴的纸扔到桌子中间，说："好吧，这就是你他妈的时间表。"

全场鸦雀无声，空气都像凝固了一样，冻结了很久，迈纳说："**每个人都在拼命工作，做完的时候自然就完成了。**"那天晚上，迈纳把埃里森叫到家里，说："听着，我会让你轻松一点。我会让德里（见下文）负责数据库的开发。"

迈纳退出了研发组织，一年后，他被诊断出患有肺癌，1994 年，迈纳离世。

时至今日，我们还能在 Oracle 数据库的最新版本中，找到关于他的印记。

在数据库软件安装后的 catalog5.sql 文件中，注释中有迈纳在 1984 年留下的描述（图 3.5）：以用户透明的方式重写数据字典视图（Rewrite for new dictionary but it still looks much the same to users）。

迈纳上面那一行的注释者是安迪·门德尔松，他于 1984 年加入 Oracle，是 Oracle 的第 130 号员工。安迪在 Oracle 公司工作至今，成为了 Oracle 数据库新一代的研发掌门人。图 3.5 显示的注释中还记录了 1992 年的另外一个标记，它修正了迈纳的一些小纰漏。

迈纳视金钱如无物，为人低调，和埃里森的锋芒毕露形成鲜明的对比。在公司里，大家一致认为他是老好人，他也深受员工爱戴。埃里森是公司的大脑，他塑

---

1 多版本并发控制（MVCC）理论由戴维·帕特里克·里德（David Patrick Reed）于 1978 年在其论文中提出。里德是美国计算机科学家，曾就读于麻省理工学院，因对计算机网络和无线通信网络的一系列重大贡献而闻名。他参与了 TCP/IP 的早期开发，也是 UDP 的设计者。

造了公司硬朗的销售文化，迈纳则当之无愧地成为公司的心脏，他塑造了柔性的工程师文化，虽然他也希望工程师们能够快速研发，但他不同意埃里森对他们的强制加班要求。他认为让人们工作到很晚是不对的，他们应该有机会见到自己的家人。据埃里森说，迈纳是**"先忠于人，后忠于公司"**。

```
rem $Header: catalog5.sql,v 1.12 1994/01/26 16:16:24 wmaimone
Exp $ catalog5.sql
rem
Rem Copyright (c) 1988 by Oracle Corporation
Rem NAME
Rem   CATALOG5.SQL
Rem FUNCTION
Rem   Create V5 catalog views.
Rem NOTES
Rem
Rem   This script must be run while connected to SYS.
Rem
Rem MODIFIED

rem Andy  Revised 26-Nov-84  Convert queries to use EXISTS
rem Miner Revised 13-Nov-84  Rewrite for new dictionary but
rem      it still looks much the same to users

rem
rem $Header: dbmsutil.sql,v 1.58 1995/12/21 14:38:47 ssamu Exp $
rem
Rem   Copyright (c) 1991, 1996 by Oracle Corporation
Rem   NAME
Rem     dbmsutil.sql - packages of various utility procedures
Rem     tpystyne  10/01/92 - fix Bob's mistakes
```

图 3.5　Oracle 代码中鲍勃·迈纳的印记

被誉为天才的鲍勃·迈纳在生活中非常简朴低调。用埃里森的原话说，就是"Oralce 的成功改变了很多人，但却没有改变鲍勃·迈纳"。他不曾拥有自己的游艇、豪车，甚至一套洋房。迈纳的女儿甚至都不知道她是一个富翁的孩子，直到她从《财富》杂志公布的 400 位财富人物名单上读到父亲的名字。迈纳唯一奢侈的爱好是波尔舍（Porsches）葡萄酒，每次只喝一瓶，后来家人为他在纳帕收购了一家葡萄酒庄。

关于鲍勃·迈纳，还有一个鲜为人知的小故事。Oracle 的成功也让迈纳成为了非常富有的人，但有一天，当他需要点现金的时候，他来到了银行。跟其他普通的顾客一样，他默默在人群中一直排队。等排到他的时候，他跟柜台服务人员说："帮我把这 50 万美元存到账户里，啊，对了，再取给我 100 美元现金。"这时候他的说辞惹得全场哄堂大笑。当时的出纳员举起双手尖叫道："上帝啊，我爱这个国家！"

但是也许那就是鲍勃·迈纳的幽默感。门德尔松曾回忆说，当时迈纳相信要让他的开发人员承担更大的责任，他的标志性口号是 KMABYOYO——"Kiss my ass baby; you're on your own."（孩子们，你应该自力更生了！）。

2011 年，在一次讲述 Oracle 成功经验的座谈会上，奥茨忆起昔日的老友，他将 Oracle 的成功归结为埃里森的行动力、迈纳的技术创造力和自己的管理能力。

奥茨在加入 SDL 创业的早期，曾经因为家庭原因短暂离开了公司，他将 20% 的股份折合成了 2 万美元，1 万现金支付给前妻，1 万期票自己保留。后来他再次回到公司继续工作，这一次他坚持到迈纳去世后两年。奥茨说，他从未想要去经营一家跨国公司。他原计划在公司达到 10000 人时离开，但是事实上他坚持到 20000 人时才离开。随后，他选择退休去陪伴家庭和追寻他的最爱——音乐。

至此，埃里森成为了孤家寡人，在登顶王座的过程中，他只能踽踽独行。

3.4　崛起之路

尽管大多数大型企业在 1977 年就开始使用计算机，但这些计算机往往是巨大而神秘的，只有那些训练有素的专业人员才能使用这些复杂的机器，从硬件到开发语言和操作系统都在极速进化，数据库就在这样的时代加速成长。

最初的 Oracle 数据库是用汇编语言编写的，但是 C 语言已经于 1972 年在贝尔实验室诞生。 1973 年，丹尼斯・里奇 [1]（Dennis M.Ritchie）和肯・汤普森 [2]（Ken Thompson）用 C 语言改写 UNIX 操作系统，再到 1978 年，丹尼斯正式发布名著 *The C Programming Language*（K&R）。至此，C 语言的基石已然奠定。

Oracle 决定将开发语言改为 C 语言 [3]，以便在多个操作系统上进行移植。这与当时的传统观念大相径庭。当时的看法是，高性能数据库需要为每种操作系统建立专门的代码库。迈纳和斯科特历尽艰辛用 C 语言重写了所有代码。1983 年 3 月，RSI 发布了基于 C 语言开发的 Oracle 第 3 版（图 3.6）。虽然这有点冒险，但是 C 编译器便宜

图 3.6　Oracle 第 3 版用户手册

1　丹尼斯・里奇（1941 年 9 月 9 日—2011 年 10 月 12 日），美国计算机科学家，黑客圈通常称他为 "Dmr"。他是 C 语言的创造者、UNIX 操作系统的关键开发者，因而被誉为 C 语言之父、UNIX 之父。里奇于 1967 年加入贝尔实验室，工作直至退休，他和汤普森长期合作，并将其评价为对他影响最大的人。因计算机领域做出的重大贡献，里奇与肯・汤普逊一起获得了很多奖项，包括 1983 年的图灵奖、1990 年的 IEEE Hamming 奖，以及 1999 年由克林顿总统颁发的美国国家技术与创新奖章。在各种杰出程序员的榜单上，里奇总是能轻松排入前十名。

2　肯・汤普森（1943 年 2 月 4 日—），美国计算机科学的先驱者，黑客圈通常称他为 "Ken"。1966 年，汤普森于加州大学伯克利分校硕士毕业后加入贝尔实验室。1969 年，汤普森与里奇合作，开发出了 UNIX 操作系统，因而他与里奇同被称为 UNIX 之父。汤普森觉得 UNIX 需要一个系统级的编程语言，便创造了 B 语言。后来，里奇则在 B 语言的基础上创造了 C 语言。2006 年，汤普森加入谷歌后与他人共同发明了 Go 语言。业界对汤姆森的评价极高，很多人称他为 "世界上最杰出的程序员"。

3　当 Oracle 选择 C 语言作为其开发语言时，C 语言仍然是一种相当生僻的语言，主要用于大学和仍处于起步阶段的 UNIX 操作系统。肯・雅各布斯（Ken Jacobs）甚至调侃说，当时甚至没有人知道如何拼写 C 语言。

且有效，而且开发的产品还有很好的移植性。从此，Oracle 产品有了一个关键的特性——**可移植性**，这是 Oracle 早期的两大最关键的选择之一，也成为了 Oracle 制胜的法宝。**在这一版本中，Oracle 还首次实现了 MVCC**[1]。

重写软件代码需要极大的勇气，好在 Oracle 走得并不远，但是这还是伤害了一个人。在重构代码时，迈纳和斯科特经常每星期工作 60 到 70 小时，斯科特深感压力巨大，1982 年，他选择了离开，顺手出售了自己 4% 的股票。把剩下的重担留给了迈纳一个人。斯科特说："我精疲力竭，累垮了，简直是要我的命。"

据说斯科特是通过电子邮件向迈纳提交辞职报告的，他在 15 年以后仍然对自己这么做感到不安，他说自己当时很不成熟。斯科特后来发过一封信，向迈纳表示歉意。迈纳怒气未消、恼火透顶，他几乎要独自完成代码重构，还要去阅读和完成斯科特那些未竟的代码，**他甚至给斯科特回过一封信，指出了斯科特程序中的错误**。

几年以后，迈纳承认，用 C 语言编写的新版软件"并不很可靠……在数据库领域，有些事情很忌讳，一个是把数据弄丢了，另一个是给出的答案是错的。在早期的版本里，我们在这两方面都有过问题，丢过数据，用户查询的结果有时不正确"。但是 Oracle 功能强大，仍然赢得了很多用户的信赖。

在离开 Oracle 的十几年后，斯科特再次给迈纳去信建立联系，而当时已经是迈纳去世的前几个星期了。斯科特去探访了他的老领导，迈纳仍然忍不住念叨："当初你为什么要走呢，你永远也遇不到像我这样的老板了。"当斯科特表达歉意时，迈纳说："你的错仅仅是因为那时你还太年轻了"。两个人终于达成了和解，那也是他们最后一次会面。

1983 年，当 Oracle 用 C 语言改写并发布了 Oracle 第 3 版时，其他厂商在做什么呢？

1983 年，IBM 发布了姗姗来迟的 DB2，但只可在多虚拟存储（Multiple Virtual Storage，MVS）[2] 系统上使用。

同样是在 1983 年，约翰·库里南在软件行业工作了 25 年后，将库里南公司的掌舵权交给了职业经理人，去追求个人的兴趣，那时候公司账上还有 5000 万美元。而且，直至当时，库里南仍然是世界上最大的数据库公司。

软件可以在不同的机器上运行，这在软件史上可以说是一个伟大的成就。在

1　根据 Oracle 数据库产品管理负责人雅各布斯的回忆，Oracle 在第 3 版中实现了 MVCC，应当是仅晚于 Rdb 实现 MVCC 的第二个数据库产品。

2　MVS 是 IBM 公司在 20 世纪 60 年代开发的一种操作系统，它开创了操作系统的一个新纪元，现在的大型机 z/OS 系统就是来自 MVS，目前国内的五大银行都有在使用 IBM 大型机，其上运行的是主机 DB2。

美国中央情报局、海军和其他客户的坚持要求下，RSI 最终实现了软件的可移植性。迈纳说："我们编写了第一个可以移植的大型软件。实际上这是被逼出来的，必须如此，别无选择。"

到 20 世纪 80 年代中期，Oracle 公司已经通过 C 语言可移植编码标准和操作系统依赖（Operating System Dependent，OSD）代码层，将编写可移植数据库软件的实践定为研发律条。和操作系统相关的能力（如 I/O 调度、进程调度、内存管理等）都被隔离到单独的 OSD 层中。对于在 OSD 层之上工作的开发人员来说，这样做的结果是大大提高了工作效率，研发人员可以快速编写可在任何操作系统上运行的代码，而无需了解操作系统的任何细节。Oracle 的研发团队还很快创建了移植工具包，并作为产品销售。由于代码的分层隔离，内部和外部开发人员只需重新实现 OSD 代码层，就能将 Oracle 数据库移植到新的平台上。而 OSD 层只占整个源代码的不到 2%。

通过规范化抽象和研发，Oracle 将数据库的内核被分成多层，主要层次如图 3.7 所示。在分层代码架构中，每一层都依赖于下面各层的服务，并可以以任何顺序直接调用其中任何一层。但是，除非从调用返回信息，否则控制权永远不会由底层向上层传递。

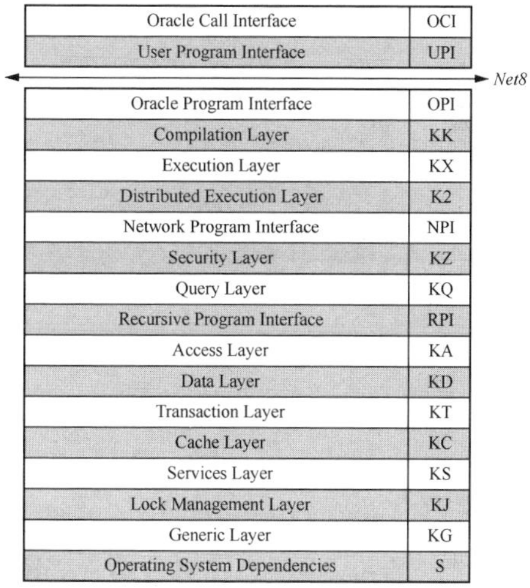

有了可以移植的软件版本，Oracle 成功地将软件从 PDP-11 版本适配到 VAX[1] 上来，并伴随其成功获得了丰厚的回报。**联合小型机挑战大型机，这是 Oracle 的第一次合纵连横，这样的**

Oracle Call Interface	OCI
User Program Interface	UPI

Net8

Oracle Program Interface	OPI
Compilation Layer	KK
Execution Layer	KX
Distributed Execution Layer	K2
Network Program Interface	NPI
Security Layer	KZ
Query Layer	KQ
Recursive Program Interface	RPI
Access Layer	KA
Data Layer	KD
Transaction Layer	KT
Cache Layer	KC
Services Layer	KS
Lock Management Layer	KJ
Generic Layer	KG
Operating System Dependencies	S

图 3.7　Oracle 内核分层架构

故事，在其登顶王座的道路上，还发生了多次，直到 Oracle 的生态最终实现自我闭环。DEC 于 1977 年 10 月推出了第一台 32 位小型机 VAX 系列——VAX11/780，VAX 取得了巨大的市场成功，最终在市场上获得了神话般的地位。

在 Oracle 第 3 版推出之后，埃里森敏锐地意识到，和 Ingres 相比，Oracle 缺乏足够优秀的工程人才。埃里森说："我痛苦地意识到，我们的开发组织不足以跟上 Ingres 的步伐。**我们必须重建它**。如果斯通布雷克从加州大学伯克利分校招聘最

1　戈登·贝尔（Chester Gordon Bell）于 1975 年策划了"VAX 战略"，让 DEC 的小型机组合成局域网，既发挥小型机的灵活性，又获得不亚于大型机的算力，这让 DEC 在高端算力领域一举登上了仅次于 IBM 的第二把交椅。1977 年 10 月，32 位小型机 VAX11/780 推出，戈登也被称为"小型机之父"。

优秀的学生，我们就从加州理工学院、麻省理工学院和斯坦福大学招聘最优秀的学生。我们还将招募最优秀、最有经验的编程人才。我们从施乐帕克公司聘请了一支优秀的团队，这是一次真正的改变。其中的德里·卡布切内尔（Derry Kabcenell）是 Oracle 有史以来最重要的员工之一。德里和他领导的新工程团队，克服了第 3 版的软件质量问题，交付了一个卓越的数据库产品、一个我们可以引以为豪的产品、一个可以杀死 Ingres 的产品。我们称之为 Oracle 4（图 3.8）。"**德里后来接替了迈纳的职务，成为 Oracle 公司的第二任研发负责人。**

图 3.8　Oracle 第 4 版界面

1984 年 10 月，Oracle 发布了第 4 版产品（图 3.9），这一版本增加了读一致性（Read Consistency）这一关键特性，产品的稳定性得到了极大增强，达到了工业强度。这一年，Oracle 公司 3/4 的软件许可证是卖给 DEC 的小型机用户的，其中绝大多数是 VAX 用户。**Oracle 第 4 版的幕后英雄是罗杰·班福德（Roger Bamford）**，他最早在 IBM 从事研发工作，后来追随卡帕利·埃斯瓦兰（Kapali Eswaran）加入 ESVEL[1] 公司。1983 年底，罗杰离开了 ESVEL，加入了 Oracle 公司。罗杰喜欢创新，负责设计了几项核心创新，包括多版本读一致性、行级锁 RAC 技术。

在 1985 年，ORACLE 发布了第 5 版，如图 3.10 所示，是首批可以在客户端 / 服务器模式下运行的 RDBMS 产品。在广告宣传中，Oracle 提出的第一个优势就是 AI 的查询优化处理能力，在"赶时髦"方面，Oracle 永不落后。

1　ESVEL 公司由 Kapali Eswaran（ES）和 Ron Revel（VEL）联合创办的。Ron 爱好跳伞，不幸的是，有一天他的降落伞没有打开。随后，在 Kapali 的管理下公司开始分崩离析。Kapali 是 IBM R 系统项目的创始成员之一，与数据库锁定和事务相关的 Eswaran 原则是他与吉姆·格雷和埃尔夫·特雷格共同提出的。1984 年，ESVEL 与惠普合作，推出 ALLBASE；1987 年，公司被库里南公司收购，后者又被 CA 公司收购。

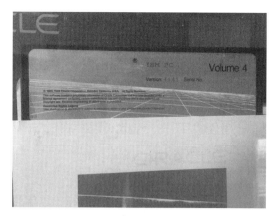

图 3.9　Oracle 第 4 版软盘　　　　　　图 3.10　Oracle 第 5 版广告

1985 年，IBM 正式公开提供 DB2，它的推出使 SQL 在业界成为事实上的标准。埃里森开始宣称："本公司相信，IBM 的 DB2 的推出，表明了当前数据库技术向关系型数据库靠拢的发展趋势，表明了 SQL 作为标准用户语言的发展趋势。"

埃里森之所以如此急于表达立场，是因为 QUEL（Query Language）在数据库市场上仍然极具竞争力。迈克·斯通布雷克教授发明的 QUEL，和 IBM 的 SQL 大不相同，但是在架构和实现上，QUEL 事实上要优于 SQL。

在竞争面前，IBM 果断决策，将 SQL 提交给美国国家标准学会（American National Standards Institute，ANSI），并于 1986 年 10 月被确定为关系型数据库查询语言的标准。事实证明，埃里森再一次选对了。

多年以后，斯通布雷克都难以相信埃里森有这么好的运气。他说，埃里森、迈纳和奥茨采用 SQL 而不采用 QUEL，纯属一种偶然，一次幸运的机遇。

1986 年 3 月 12 日，Oracle 公司以每股 15 美元的价格公开发行上市，当日以 20.75 美元收盘，市值 2.7 亿美元。这一财年，Oracle 的销售收入达到了 5540 万美元，据信其中有一半以上来自销售 VAX 的商店。到了 1992 财年，尽管 UNIX 操作系统已经为大多数用户所接受，但是 VAX 用户仍然占 Oracle 公司 12 亿美元总销售额的 20%。

IBM 和 DEC[1] 都可以说是 Oracle 公司的"贵人"，前者贡献了理论基础，后者贡献了用户基础。

1　DEC 的 PDP-11 和 VAX 系列产品在当时的销量屡创新高，在与市场领导者 IBM 的竞争中表现出色，在 20 世纪 80 年代中期，DEC 从 IBM 手中夺走了约 20 亿美元。1986 年，DEC 的利润增长了 38%；到 1987 年，该公司已经威胁到 IBM 在计算机行业的第一把交椅的位置。

ORACLE 第 6 版于 1988 年发布。 由于过去的版本在性能上屡受诟病，迈纳带领着工程师对数据库核心进行了全新的改写。引入了行级锁这个重要的特性，也就是说，执行写入的事务处理只锁定受影响的行，而不是存储该行记录的数据块或数据表。Oracle 独创的回滚段技术也在这一版本中首次出现，并持续至今。这个版本引入了还算不上完善的 PL/SQL（Procedural Language extension to SQL，SQL 语言的过程化扩展）语言。联机热备份功能也引人瞩目，这个特性使数据库能够在使用过程中进行在线备份，这极大地增强了数据库的可用性。但这一版本不太稳定，在应用中出现了很多问题，招致了竞争对手的攻击。

而此时，最大的数据库独立软件公司——库里南正在转型中艰难挣扎。新的 CEO 为了将产品从大型机移植到 DEC 的小型机，试图通过收购建立竞争力，但是失败了。1988 年，约翰·库里南重掌库里南，通过重整于 1989 年以 3.3 亿美元的价格将公司出售给查尔斯·王（Charles Wang，CA 公司创始人）。库里南的时代至此逐渐落幕，Oracle 的主要竞争对手成了 Ingres 数据库。

Oracle 在 1989 年将公司搬到了硅谷的红木海岸（Redwood Shores），这里新建的数据库形状的大楼成为了 Oracle 公司的标志。后来埃里森的帆船在没有比赛时，常年停靠在大楼旁边的湖边（图 3.11）。

图 3.11　埃里森的帆船

稳定性的问题在 Oracle 第 7 版中得以彻底解决，**这是真正出色的产品**，在 1992 年 6 月闪亮登场，取得了巨大的成功。Oracle 在这一版本中对优化器做出了重要改变，在原有基于规则的优化器之外，引入了基于成本的优化器。优化器是数据库的核心组件，是 SQL 执行效率的决定性因素。RBO 是通过预先设定的有限规则选择执行路径，经常会出现误判导致性能问题；CBO 可以动态地根据各种因素综合评估，选出最佳的执行计划，从而实现性能优化。时至今日，CBO 仍然是优化器中最主要的选择。

Oracle 第 7 版的出现正是好时机，当时数据库 Sybase 已经占据了不少市场份额，Oracle 借助这一版本的成功，一举击退了咄咄逼人的 Sybase。在技术上，由于 Sybase 缺乏行级锁定技术，SAP 拒绝支持 Sybase——他们无法料到，日后 SAP 成为了 Sybase 的拥有者。Oracle 第 7 版的成功，使公司业务重新步上轨道，年收入达到 11.79 亿美元。

Oracle 第 7 版正是笔者开始接触和学习的版本，至今这个版本仍然运行在笔者的虚拟机中。

3.5 咄咄逼人的行事风格

在 Oracle 公司崛起的过程中，埃里森咄咄逼人的行事风格逐渐显现，并逐渐演变为公司的风格。埃里森每年都会为公司设定一个竞争产品或竞争对手，全力以赴将其驱逐出市场，然后转而锚定另外一个。这些目标有库里南公司的 IDMS/R，还有 Ingres。Oracle 还毫不避讳地通过直接针对竞争对手的宣传，来刻意彰显自我，在争议中一路狂奔。

1983 年，IBM 公司发布了 DB2，但是还没有大规模推广，正在种子用户验证中，且只能运行在大型机上。但是 Oracle 的数据库则能够运行在个人计算机上，这对于任何以处理信息为职业的人来说绝对都是激动人心的。

1984 年 11 月，Oracle 在一本杂志上刊登过一则广告：IBM SQL/ DS&DB2 DBMS NOW ON PC（IBM SQL/DS&DB2 数据库管理系统现在可以在 PC 机上运行），如图 3.12 所示。这显然是借助 IBM 的品牌来"反客为主"。

IBM SQL/DS & DB2 DBMS NOW ON PC

The ORACLE® relational DBMS is 100% compatible with IBM's SQL/DS and DB2. SQL/DS and DB2 run only on IBM mainframes. ORACLE runs on IBM mainframes, DEC, DG, HP and most other minis. And all of ORACLE - not a subset - runs on the IBM PC XT and AT.

ORACLE is identical on all computer systems. Which means the same application runs everywhere, and can be developed anywhere.

Find out why 8 of the 10 largest US corporations use ORACLE on their mainframes, minis and micros. Along with a thousand other organizations.

Contact Oracle Corp., Dept. M, 2710 Sand Hill Rd., Menlo Park, CA 94025, or call 415/854-7350 ext. 2043.

图 3.12 Oracle 兼容 IBM 的广告

广告的文字说明是："Oracle 关系型数据库管理系统与 IBM 的 SQL/DS 和 DB2 是 100% 兼容的。SQL/DS 和 DB2 只能在主机上运行，Oracle 则可以在 IBM 主机、DEC、DG、HP 以及大多数其他小型机上运行。而且，所有 Oracle 程序（不是仅仅一个子集）都可以在 IBM PC XT 和 AT 机上运行。"广告最后给出了 Oracle 公司的地址和电话号码。

Oracle 在 40 年前就已经声称 100% 兼容 DB2，这样夸大的描述即使在今天仍然是不常见的。但是据说广告效果在当年十分突出，广告刊出后，Oracle 公司里电话铃开始响个不停。

20 世纪 80 年代中期和后期，埃里森和里克·本内特（Rick Bennett）合作开展了几次广告营销活动，引起了行业震动，后来本内特因此被称为"游击战营销之王"。在 1984 年至 1990 年间，他帮助 Oracle 将销售额从 1300 万美元提高到 10 亿美元，从而成就了自己的地位。

他们从一部名为 *The Last Starfighter*（《终极的星球战士》）的影片中获得灵感，策划了"终极的 DBMS"的系列广告。

这一系列的平面广告的含义都是赤裸裸的，其中一个广告中，驾驶员从一架喷气式战斗机座舱中伸出大拇指，飞机侧翼上写的是 Oracle 对手们的名字：IDMS、dBASE……所有名字上都画了"×"——都被 Oracle 击落了。

图 3.13 这则"THE LAST DBMS"（终极的 DBMS）广告仅仅是本内特后来称为"Oracle 空军"出击的第一次。

图 3.13 "终极的 DBMS"系列广告之一

20 世纪 80 年代中期，安信达（Ashton-Tate）公司几乎控制了个人计算机数据库软件市场，该公司出售了几十万份 dBASE 数据库。而到 1988 年底，Oracle 在个人计算机上总共只售出了不到两万份的程序副本。当时，Oracle 公司正忙于应付 VAX 小型机的客户。后来，当安信达准备开发 VAX 机上的数据库版本时，Oracle 决定向其开火。

埃里森和本内特设计了一则"终极的 DBMS"广告（图 3.14）：Oracle 战斗机击落了标有 dBASE 字样的红色

飞机。安信达飞机尾部断裂处冒着浓烟。然后，Oracle 销售部门指出安信达产品在技术上的缺陷，同时宣布以成本价出售 PC 机数据库软件。

"终极的 DBMS"广告不只是吸引了人们的注意力，也带领着 Oracle 数据库横扫四方。Oracle 公司在 1987 年的市场收入只有 1.31 亿，与库里南公司和安信达相距甚远，但是到 1990 年，Oracle 的收入已经达到了 9.7 亿美元。

为了领先一步，埃里森还将"通告"（Announce）这个词用到了极致。

1987 年，有消息说，Ingres 即将具有分布式查询的新特性。这是一种极有吸引

图 3.14 "终极的 DBMS"系列广告之二

力的功能，可以随时查询并统一展示存储在网络上不同数据库中的数据。Ingres Star 架构图如图 3.15 所示。客户也开始咨询埃里森 Oracle 什么时候可以有这种功能。回到办公室，埃里森立马交代本内特准备一则广告，宣称 Oracle 软件已具备了分布式功能。然后，他开始安排工程师火速赶写程序。

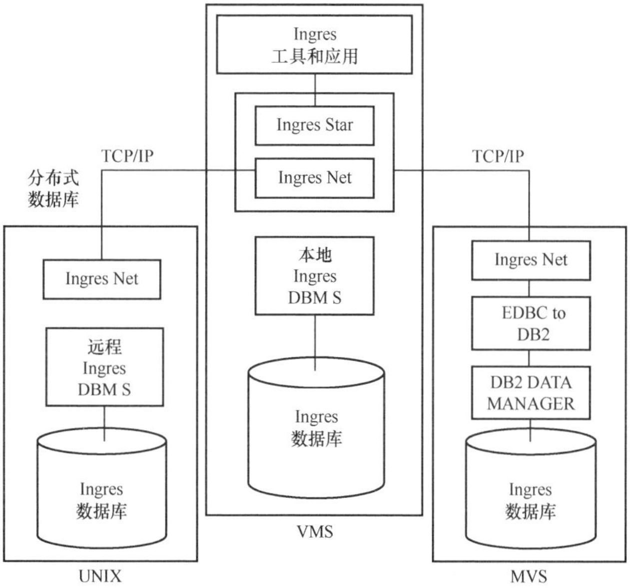

图 3.15　Ingres Star 架构图

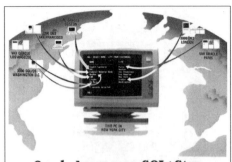

广告写道："Oracle 公司通告 SQL*Star：第一个分布式关系型 DBMS"，如图 3.16 所示。而此时德里·卡布切内尔不得不迅速制订 Oracle*Star 的实现方案，所有的内核开发人员都加班加点地开发出了自己的那部分。大约 3 个月后，Oracle 甚至在 Ingres Star 投产前就完成了发货。而在以后的岁月里，埃里森提前通告的产品，往往要几年后才能见到了。

分布式查询之战也是 Oracle 产品战略与其他产品战略产生重大差异的开端。Ingres Star 实际上是一个独立产品，而 Oracle*Star 只是一个新的产品功能。多年来，工业界和学术界经常声称，用户需要一种新的专用数据库来处理某些类型的工作负载。Ingres 开发了用于分布式查

图 3.16　Oracle SQL*Star 的广告

询的 Ingres Star，Teradata 和 IBM 则开发了用于扩展并行查询的专用数据库。**Oracle 一直采取的方法是不断将新功能添加到核心数据库中，从而打造一个融合数据库（Converged Database）**。大多数用户显然更喜欢这种方法，因为它简化了管理员和开发人员的工作，如果可能，用户只需使用一个数据库，而不是多个数据库。

在很长一段时间内，Ingres 一直是 Oracle 的宿敌。

从技术上看，Ingres 倾向于最先向市场推出新功能，如 4GL（第四代程序生成语言）或真正的分布式 DBMS。而 Oracle 公司则是第一个将客户最关心的功能推向市场的公司，其功能的完备程度是客户可以接受的。

从销售上看，埃里森努力推动了 Oracle 100% 的增长，而 Ingres 却"接受"了 50% 的增长。Ingres 的策略属于典型的学院派，他们说，Ingres 的增长速度不能超过 50%，否则就不能充分地为客户服务了。Ingres 坚信自己正在以正确的方式做事，正在占领道德制高点，并将得到回报。

Ingres 的设想没有问题，但是最终是 Oracle 赢得了这场战争。

杰弗里·摩尔（Geoffrey Moore）在《龙卷风暴》一书中提出：对于务实主义的客户，在快速变化的市场中，自由的第一要素是秩序和安全，而这只能靠团结在

一个明确的市场领导者周围获得。一旦一个明确的未来领导者出现，务实主义的客户就会支持这家公司，如图 3.17 所示。因此，在"龙卷风"中，与出去捕获下一位客户带来的奖励相比，客户满意度差带来的惩罚可以忽略不计。

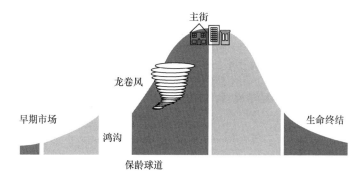

图 3.17 杰弗里·摩尔的理念图

在迈向成功的征途中，跨越鸿沟只是第一步，而在上升阶段赢得市场份额才是成败的关键。显然 Oracle 在"龙卷风"中，快速进入了主街，而 Ingres 则变得迷茫，失去了自我。

3.6 收购魔法

在 Oracle 的成长过程中，一个来自 DEC 的偶然挑战也让 Oracle 第一次尝到了收购的甜头。

前面曾经提到，DEC 是 Oracle 的"贵人"，随着 DEC 服务器的成功，Oracle 数据库的市场得以迅速壮大。而当 DEC 开始推出自己的数据库产品——Rdb 后，引起了 Oracle 的极大关注和警觉。

在 1990 年的一份分析报告中显示，Oracle 和 DEC 当时在 VMS 平台上的数据库份额相等，两者的数字都是 28%。但是 Rdb 推出时没有使用 SQL，而是为其设计了自己的语言，这让竞争对手们松了一口气。

Rdb 的许多设计在技术上具有极大的领先性，但开始时的确只适用于 DEC，这是客户关注的一个重要问题。此外，DEC 的创始人肯·奥尔森（Ken Olsen）对传统广告极其反感，**他认为设计精良的产品会自行销售。**

而 Oracle 恰恰相反，为了遏制 Rdb 的发展，Oracle 做了很多工作，例如图 3.18 中这张广告，醒目的标题和夸张的设计警示用户："**从一家硬件公司购买软件的问题。**"广告中提到，一旦被一家计算机供应商的硬件和软件锁定，就只能任由该供应商摆布。

本内特后来回忆道："有一次，我们听说 DEC 正考虑在每台 VAX 上免费提供 Rdb。我们不能坐以待毙，于是我们开展了一项活动，标语是'即使 Rdb 免费，你也无法承受……'。"

图 3.18　Oracle 对针对 DEC 做的广告

事实证明，好酒也怕巷子深，好产品也需要好的传播支持。那么 Rdb 到底是一个什么样的产品呢？这和另外一个数据库天才有关。

吉姆·斯塔基（Jim Starkey，1949 年 1 月 6 日生，如图 3.19 所示），毕业于威斯康星大学，获得了数学学士学位。毕业后，斯塔基在美国计算机公司工作，投身于 ARPAnet 建立数据库机器的研究项目。

1975 年，斯塔基加入 DEC。在这里，他创建了 DATATRIEVE 系列、Rdb/ELN（ELN 指 VAXELN 操作系统）数据库等产品，并设计了数据库一体机的软件架构，用于 PDP-11 的 DATATRIEVE 第 1 版于 1977 年发布，VAX DATATRIEVE、Rdb/ELN 则于 1981 年发布。

当 DEC 最终采用关系型技术时，斯塔基仍在负责 DATATRIEVE 的研发，无法抽身。于是另一个小组被任命开始设计 DEC 的关系型数据库——Rdb。由于缺乏足够的理论基础他们就"关系"和"数据库"的含义展开了辩论，一致性、谓词锁定和影子页技术也成为讨论的焦点。但编码并未开始，斯塔基不耐烦了，他开始着手验证影子页技术，并认识到这是一种在不阻塞更新的情况下提供可重复读取的方法。然后，在一天早上洗澡时，墙壁上的影子为他带来了灵感，他意识到影子页还可以防止更新冲突和撤销失败的事务，他被深深地吸引住了，并开始认真编写 JRD（Jim's Relational Database）。后来，DEC 的管理层发现，他们有两个关系型数据库项目，一个是 Rdb，另一个就是 JRD。数据库战争爆发了，根据安·哈里森（Ann Harrison）[1]的回忆："那是一段黑暗的岁月，充满了自相残杀的斗争和火药味十足的电子邮件。"

不论如何，在斯塔基的努力下，Rdb/ELN 成为了首个使用多版本并发控制[2]的商用数据库，他还在 DEC 工作期间发明了 BLOB，作为一种"二进制大对象"，后来成为了几乎所有数据库的标准数据类型。1984 年，Rdb/VMS 版本作为 VAX Rdb/VMS 发布，也是在这一年，斯塔基离开了 DEC。虽然后续的 Rdb/VMS 和 Rdb/ELN 并不等同，但是斯塔基在 DEC 开启的数据库创新历程还远远没有结束。

除了在数据库领域的先锋探索，作为服务器厂商，其实 Rdb 还有另外一个更强大的撒手锏技术，那就是**集群技术**。DEC 于 1983 年 5 月首次发布了 VAXcluster。在这一时期，集群需要专门的通信硬件，还需要对 VMS 的底层子系统进行一些重大修改，因此，软件和硬件是联合设计的。DEC 于 1984 年发布的 VAX/VMS V4.0 首次添加了对 VAXcluster 的支持，该版本仅支持通过 DEC 专有的计算机互连（Computer Interconnect，CI）设备进行集群。

每个集群的中心是一个星形耦合器，集群中的每个节点和存储设备都通过一对或两对 CI 电缆连接到该耦合器。每对电缆的传输速率为 70Mb/s，这在当时是很高的速度。使用两对电缆时，总传输速率为 140Mb/s，

图 3.19　吉姆·斯塔基

1　安·哈里森（Ann Harrison）是斯塔基的事业合伙人，1984 年，吉姆·斯塔基、安·哈里森和 Don Depalma 共同创立了 Groton Database Systems（GDS）公司，该公司 1986 更名为 InterBase。哈里森也是斯塔基的生活合伙人，她是斯塔基的妻子。

2　在里德提出 MVCC 之后，1981 年，菲尔·伯恩斯坦（Philip Bernstein）和纳坦·古德曼（Nathan Goodman）（当时受雇于美国计算机公司）发表论文对多版本并发控制进行了详细描述。斯塔基指出，尽管他与伯恩斯坦讨论过这个问题，但他并不知道里德的论文，后来他独立地提出了同样的想法。

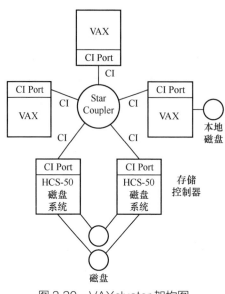

图 3.20　VAXcluster 架构图

如果其中一条出现故障，还可以进行冗余；星形耦合器也有冗余布线，以提高可用性。VAXcluster 是第一个取得商业成功的集群系统（图 3.20 是 VAXcluster 的集群拓扑图）。Rdb 运行在 VAXcluster 上，在当时是非常完美的架构组合，和后来的 Oracle RAC 架构几乎一模一样。

1986 年，DEC 在其微型计算机中增加了集群支持，开始支持以太网。OpenVMS 的后期版本（5.0 及更高版本）支持"混合互连"VAX 集群（同时使用 CI 设备和以太网）。后来支持 OpenVMS 的 VMScluster 在单个集群中最多可支持 96 个节点，并允许混合处理器架构。VMScluster 提供透明和完全分布式的读写功能，并带有记录级锁定，这意味着多个集群节点可同时访问同一磁盘甚至同一文件。锁定仅发生在文件的单条记录级别，通常是一行文本或数据库中的一条记录，这样就可以构建高可用性的多冗余数据库集群。

鲜为人知的是，大约在 1992 年至 1993 年，DEC 还耗资 1.3 亿美元，投入 100 多名研发人员，开发了一个分布式数据库产品 RdbStar，这个产品接近完成时，被强行终止。在那一阶段，DEC 开始**远离自己熟悉的硬件业务，追逐热点方向，并已深深被定制软件所困扰**。

1994 年，DEC 将 Rdb 部门出售给 Oracle 公司，价格是 1.08 亿美元 [1]，这是 Oracle 收购的第一家公司，此后，收购成为了 Oracle 消灭竞争对手、扩大产品线和营收的重要手段。

那么 Oracle 是怎样看待这一收购行为的呢？

安迪·门德尔松在 2013 年回顾提到："1995 年，Oracle 7 是市场上最顶级的产品。Sybase 位居第二，再也没有向头把交椅发起过有力的挑战。此时，Oracle 的

1　DEC 未能预见到个人计算机和企业工作站的价值，在英特尔微处理器崛起的过程中，于 1990 年首次遭遇季度亏损。1992 年 6 月，DEC 损失 20 亿美元，约一年间从亏损 6 亿美元到欠下 28 亿美元债务。1994 年 4 月 15 日，DEC 一个季度的亏损额达到创纪录的 1.83 亿美元。1994 年 7 月，DEC 将硬盘驱动器的存储部门以 4 亿美元的价格卖给昆腾，数据库软件部门卖给 Oracle。1998 年 5 月 18 日，康柏以 96 亿美元的价格收购 DEC。

大部分收入仍然来自 VAX VMS 平台。但是，DEC 已经研发了 Rdb 关系型数据库，正在 VAX 平台上冲击 Oracle 的份额。**幸运的是，1994 年，DEC 决定将 Rdb 卖给 Oracle。对 Oracle 来说，这是一次及时而又有利可图的收购。** 多年来，Oracle 对 Rdb 的装机量进行了妥善管理，即使到现在，Rdb 仍是一项盈利业务。收购的唯一缺点是无法留住 Rdb 的所有顶尖技术人才，一些优秀的开发人员转投微软 SQL Server（其中就包括吉姆·格雷）。"

在收购之后，Oracle 将该产品重新命名为 Oracle Rdb。Oracle Rdb 是首批基于成本优化器的数据库之一，Oracle 随后很快在其产品中引入了 CBO。集群技术也获得了突破，Oracle 最终在 2001 年推出了 Oracle 9i RAC 版本，成功地赢得了市场。直至今日，RAC 仍然是关系型数据库领域的一项核心技术。截至 2023 年，Oracle 仍在积极地开发和维护 Rdb[1]。

回顾 RDB 的历史，斯塔基的开创性贡献意义深远，而在离开 DEC 之后，他的数据库冒险旅程更加精彩。

- 1984 年，斯塔基离开 DEC 后创建了 GDS 公司，JRD 更名为 InterBase，该公司也于 1986 年更名为 InterBase 软件公司。1991 年，Interbase 软件公司被卖给安信达，安信达又被卖给 Borland。Borland 随后将 InterBase 纳入其产品 Delphi。

- 2000 年，Borland 将 InterBase 数据库引擎开源，成为了 Firebird 开源数据库项目的基础。

- 2000 年，斯塔基创立了 Netfrastructure 公司，开发面向 Java 的开发工具和数据库工具，这个公司于 2006 年被 MySQL AB 收购。此后，基于 Netfrastructure 产品开发的存储引擎 Falcon 成为了 MySQL 的引擎之一。2008 年 6 月，在 Sun 收购 MySQL AB 几个月后，他离开了 MySQL AB，Falcon 就此夭折。

- 2008 年，斯塔基创立了 NimbusDB 公司，2011 年，该公司正式更名为 NuoDB 公司。NuoDB 公司于 2020 年 12 月被达索系统收购。

吉姆·斯塔基所创造的产品和 Oracle、MySQL、dBase 等产品都有交相呼应的缘分，他的数据库生涯自 Rdb 开始，然而创新和创造却从未止步于 Rdb。

---

1 很多人认为 Oracle 收购 Rdb，为其集群技术的提升奠定了基础，但是安迪·门德尔松强烈地反对这一观点，Oracle 内部的创新力量，最终通过内存融合技术让 RAC 技术取得了决定性的成功。

3.7 跨越巅峰

1997 年 6 月，Oracle 8 发布。该版本支持面向对象的开发及新的多媒体应用，为支持互联网、网络计算等奠定了基础。**Oracle 8 还第一次引入了分区特性，支持按照范围对数据进行分区存储**，这是面向大规模数据存储和计算的重要增强，并在后续的版本中得到了持续改进。这一版本开始支持 Linux 操作系统，是第一个支持 Linux 的商业数据库。在 Oracle 8 发布之前，埃里森一直在关注 Postgres 项目和 Illustra，他要求在 Oracle 数据库的下一次发布中加入对象关系技术。根据安迪·门德尔松的猜测，Informix 公司得知这个情况后，决定在 1995 年底收购 Illustra。收购时，Informix 预计可以在六个月内将 Illustra 代码库并入自己的产品，从而至少比 Oracle 推出对象关系型数据库早一年，实现对 Oracle 的超越。然而，实际的合并产品 Informix Universal Server 直到 1997 年才推向市场。大约在同一时间，支持对象关系技术的 Oracle 8 发布，其内置了多媒体、空间、文本和文件（LOB）数据类型。然而，Informix 并未得到预料中的竞争优势。

1998 年 9 月，Oracle 公司正式发布了 Oracle 8i 版本，这是第一次在版本号中引入字母，"i"代表 Internet，代表数据库中提供面向互联网应用的大量特性，并为用户提供了全方位的 Java 支持。Oracle 8i 成为第一个完全整合了本地 Java 运行时环境的数据库，支持用 Java 编写存储过程。同年，Oracle 推出了对日后成功至关重要的在线支持站点（Metalink，现在的 MOS）。通过在线服务为用户处理问题，这一服务推出后的首个季度，用户的电话支持请求就下降了 20%。Metalink 上最终积累了大量宝贵的经验，成为了解决问题的法宝。

Oracle 在 2000 年推出电子商务套件（E-Business Suite，EBS），这是在原 ERP（企业资源计划管理）应用基础上的扩展，包括 ERP、HR（人力资源管理）、CRM（客户关系管理）等多种管理软件，开始和 SAP 进行广泛的竞争。也是在 2000 财年，Oracle 公司的营业额首次突破 100 亿美元，达到 102 亿美元（图 3.21）。

在 2001 年 6 月的 Oracle OpenWorld 大会中，Oracle 发布了 Oracle 9i 版本。在这个版本中，RAC 技术走向成熟，成为了 Oracle 克敌制胜的利器。Oracle 早在第 5 版的时候就开始探索这一技术方向，在第 6 版时该技术的名字是 OPS（Oracle Parallel Server）。

118

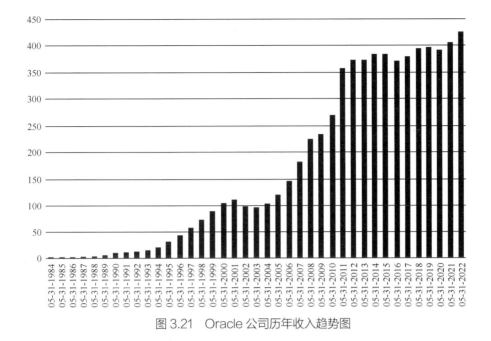

图 3.21　Oracle 公司历年收入趋势图

2003 年 9 月 8 日，在旧金山举办的 Oracle OpenWorld 大会上，埃里森宣布下一代数据库产品为"Oracle 10g"，"g"代表 grid（网格）。这一版最大的特性就是加入了网格计算的功能。同年底，Oracle 发起对仁科软件（Peoplesoft）的恶意收购，引起业界轰动。在经历了反复斗争和司法部的介入，以及 18 个月的拉锯战后，Oracle 成功收购仁科软件，并于 2005 年 1 月完成交易。

2007 年 11 月，Oracle 11g 正式发布，这是 Oracle 公司 30 年来发布的最重要的数据库版本。Oracle 11g 根据用户的需求实现了**信息生命周期管理**等多项创新，大幅提高了系统性能和安全性；全新的数据卫士（Data Guard）技术最大化了数据库的可用性；利用全新的高级数据压缩技术可以降低数据存储的支出。同年，Oracle 收购了 BEA 公司。

至此，Oracle 在数据库领域的霸主地位已经形成，几乎牢不可破。Oracle 11g 和 Oracle 7 一样，都是影响一个时代的产品。

3.8　RAC

数据库研究界很早就发现，共享磁盘集群技术无法很好地扩展 OLTP 工作负载。因此，几乎所有的 RDBMS 竞争产品都朝着无共享的方向发展，包括 Teradata、Tandem Non-Stop SQL、Informix XPS 和 IBM DB2 并行版。

与这一观点做反向坚持的只有 IBM 大型机上的 DB2 和 Oracle 数据库。Oracle 公司多年来一直在尝试共享磁盘集群技术。Oracle 第 5 版支持在 VAX/VMS 集群上运行数据库，6.2 版将集群数据库功能重新整合为一项新功能，称为 Oracle 并行服务器（Oracle Parallel Server，OPS），该技术在 Oracle 7、8 和 8i 版本中不断发展。Oracle 8 开始引入分布式锁管理器（Distribute Lock Manager，DLM），在此之前分布式锁管理都是由平台供应商提供的。Oracle 的 DLM 参考了 DEC 在 VAX/VMS 分布式操作系统中的锁设计。从此以后，Oracle 开始不断跨界侵入其他平台供应商的领地，逐步打造出自我闭环的强大商业帝国。

虽然 OPS 在不断进化，但是用户的反馈却是好坏参半。OPS 虽然能够很好地运行数据仓库的读取为主的并行查询工作负载，但对于大多数 OLTP 应用来说，它的扩展性并不好。

到 20 世纪 90 年代中期，Oracle 公司内部出现了激烈的争论：**是否应该放弃共享磁盘集群技术，转而采用无共享数据库集群技术**。争论的转折点是罗杰·班福德提出了一个突破性的设计方案——**高速缓存融合（Cache Fusion）技术**，这项技术在 Oracle 8i R3 中已经通过某些特定类型的跨实例读取进行了尝试。

罗杰发明了一种算法，通过高速缓存融合，使 SAP 和 Oracle EBS 等 OLTP 应用能够在共享磁盘集群上实现良好的扩展。

埃里森面临两种选择：转向无共享数据库集群，或者采用新的**基于高速缓存融合的共享磁盘集群**。后者风险很大，在此之前没有成功案例；传统观点认为，应该采用久经考验的无共享方式。然而，当时在市场上，除了数据仓库工作负载外，无共享数据库集群从未成功运行过，SAP R3 和 Oracle EBS 等应用根本无法在无共享集群上扩展。另外，具有高速缓存融合功能的共享磁盘集群有可能扩展打包应用程序，而无须开发人员进行复杂的开发工作。埃里森冒险采用了高速缓存融合技术。随着 2001 年 Oracle 9i 版本的发布，Oracle 公司推出了这种全新的"共享一切"数据库集群。埃里森将其命名为"真正应用集群"（Real Application Cluster，RAC），这是第一个开放系统数据库集群技术，可以扩展从 OLTP 到 DW、从 SAP 到 Oracle EBS 的所有数据库工作负载。

图 3.22 展示的是一个基本的 Oracle RAC 架构，通常计算节点采用 IBM 等小型机，存储常用 EMC（易安信，也即今天的戴尔 EMC）等商业存储，整个架构就是典型的 IOE 架构。由于多个计算节点可以同时读写数据库，分担并发的连接，又可以在故障时实现连接转移，因此可以提供数据库的高可用性支持。

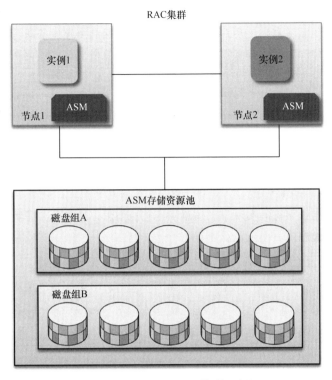

图 3.22　Oracle RAC 集群示意图

　　Oracle 的这一数据库架构被广泛采用，对数据库行业产生了深远影响。早期 RAC 集群需要依赖第三方的集群文件系统，Veritas 是核心供应商之一。Oracle 自从 Oracle 10g 开始，推出自有的集群组件——自动存储管理（Automatic Storage Management，ASM）和集群就绪服务（Cluster Ready Services，CRS），逐步替代了第三方产品。Oracle 于 2008 年开始推出数据库一体机 Exadata，通过 PC 服务器彻底替代了小型机和存储设备，实现了全栈的自主提供。Oracle 的集群产品和一体机都获得了巨大的市场成功。

3.9　云端角逐

　　Oracle 经历了信息技术的几次革命浪潮，最近的一次革命浪潮无疑是云计算。在云计算诞生之前，埃里森已经为此发挥了极大的想象力。

　　1995 年，基于互联网的发展和对于未来的预期，埃里森宣布 PC 已死，应当把全数产品推向互联网发展，并另组网络计算机公司（Network Computer，简称 NC），销售"网络计算机"。网络计算机是一种基于互联网的计算机，旨在提供低成本的计算能力和软件服务。它的设计理念是将计算机的处理和存储功能从本地转移到互联网上的服务器，**使用户只需拥有一个轻量级的终端设备即可访问互联网上的各种应用程序和数据**。埃里森认为，通过网络计算机，可以让每个家庭拥有一台廉价的终端，从而实现网络应用普及。Oracle、苹果和 Sun 公司都曾经为此努力并推出过产品。在这一时期，埃里森甚至和乔布斯讨论收购苹果，以支持乔布斯重掌苹果，很多"果粉"因此担忧埃里森会借助苹果探索 NC 的未知方向。乔布斯最终说服了埃里森，以自己的方式于 1997 年重回苹果。

NC 在 20 世纪 90 年代末到 21 世纪初引起了广泛的关注，但它最终没有成功。毫无疑问，NC 的思想仍然对今天的计算机技术产生了影响，随着云计算和移动设备的兴起，网络计算机的实现早已超越了当年的构想。**最终事实证明，埃里森并非想错了，只是太超前。**

2016 年 7 月，Oracle 宣布以 93 亿美元收购了 NetSuite，这宗收购将很多历史的尘埃激荡起来。NetSuite 创建于 1998 年，埃里森及其家人持有其约 40% 的股权。NetSuite 的 CEO 扎克·纳尔逊（Zach Nelson）在 1996 年至 1998 年之间供职于 Oracle 公司，负责全球营销业务。

"NetSuite 是我的想法，我打电话给 NetSuite 联合创始人说，我们应该在互联网上提供 ERP 服务。"埃里森说："六个月后，马克·罗素·贝尼奥夫（Marc Russell Benioff）发现了 NetSuite 将要做什么，他复制了这一想法，在网络上克隆希柏（Siebel）。这就是 Salesforce。"

贝尼奥夫曾经是 Oracle 公司最年轻的副总裁，在创立 Salesforce 的初期，埃里森允许他将公司设立在 Oracle 附近，在两边各工作半天，直到步入正轨。埃里森还给了他 200 万美元的种子基金，向他承诺："如果 Salesforce 不成功，你还可以再回来"，当然这件事情没有发生。

1999 年创立的 Salesforce 几乎独立开创了 SaaS 软件的市场，提出了**"软件已死，服务当兴"**的理念，成为了一家世界级的客户关系管理软件服务提供商，市值也一度超过了 Oracle 公司。

还需要做一个小注解的是，希柏公司也是 Oracle 的一位员工托马斯·希柏（Thomas M. Siebel）在 1993 年离职创立的。托马斯曾研发了 Oracle 内部使用的销售管理软件 OASIS，并在实践中获得了巨大成功。他希望将 OASIS 对外售卖，但未获埃里森的支持。独立发展的希柏成为了当时客户关系管理软件（Customer Relationship Management，CRM）的领导者，公司市值曾突破 500 亿美元，但是 CRM 市场最终被 Salesforce 侵蚀。Salesforce 于 2004 年上市，股票代码为 CRM。2005 年，希柏被 Oracle 以 58 亿美元收购。

2002 年 7 月，亚马逊创建了子公司 AWS（Amazon Web Services），以"使开发人员能够自行建立创新和创业的应用程序"为目标，开启了云计算的新赛道。2006 年 3 月，亚马逊推出了存储服务（S3），随后在同年 8 月，推出了弹性计算云（EC2）。这些产品开创了使用服务器虚拟化，以更便宜和按需定价的方式开启了 IaaS 的时代。

在 Oracle 公司的发展历程上，云计算是拉里·埃里森的唯一一次误判，直至今日，Oracle 仍在全力追赶。

关于云计算，在 2008 年的 Oracle OpenWorld 大会上，埃里森发表过一番评价，他说："云计算概念已经被扭曲了，现在的云计算概念几乎包括了我们要做的一切。你甚至找不到一家不宣称自己是云计算的公司。计算机行业是唯一一个比女性时装界还要追逐概念和潮流的行业……假如我们也宣称是云计算，我们不会跟云计算对着干。但是，我们真的不知道，我们每天做的有什么不同，云计算对我们顶多是个广告概念。这就是我对云计算的看法。"

还是同一年，Sun 公司的斯科特·麦克尼利（Scott McNealy）也发表了类似的言论："云计算只是一个可笑的概念，它只是一句经典的服务器广告词，它让服务器的名字更性感。Google 的网格计算就是云计算的一种，你把服务器共享起来就是云计算，云计算就是服务器。Sun 就做云计算，而且是世界上做云计算最好的公司。"

从以上两位科技领袖的发言中可以看到，他们当时并未能洞察云计算深远的未来，云计算在不断的探索中，终于形成了颠覆性创新，深刻而全面地改变了计算世界。如埃里森讲的那样，**云计算真的几乎包括了我们要做的一切。**

2009 年 4 月，在 IBM 对外宣布收购 Sun 公司失败的一周后，Oracle 宣布以每股 9.50 美元，总计 74 亿美元收购 Sun 的全部股权，这一爆炸性新闻背后暗藏着一个明确信号：**Oracle 从单一的纯软件厂商走向既有硬件（全球高端服务器系统、存储系统的厂商），也有软件，全球唯一能和 IBM 全面抗衡的公司。**2013 年，Oracle 超越 IBM，成为继 Microsoft 之后全球第二大软件公司。

在 2011 年的 Oracle OpenWorld 大会上，埃里森宣布推出公有云服务，全面迎接云的挑战。通过公有云，Oracle 整合自有产品和服务，提供面向应用、中间件和数据库的公有云解决方案。从此，云成为了 Oracle 的核心方向，AWS 变成了

Oracle 核心假想敌。

2013 年 6 月，Oracle 发布了其核心数据库产品的新版本 Oracle12c，这一版本的代号中第一次加入了"c"，代表着 Oracle 对于"云"（Cloud）计算的重视。Oracle 暗示该版本的数据库是专门为云计算环境设计的，能够支持蓬勃发展的云计算。自 2018 年开始，Oracle 数据库的核心数据库产品命名规则改为年度命名法，到目前已经发布了 Oracle 18c、19c 和 23c。

根据 Gartner 的分析报告，**2012 年 Oracle 的市场占有率已达到 48.3%，连续多年稳居第一，是当之无愧的市场领导者**。事实上，关系型数据库云下市场的竞争早已结束，头部厂商的市场份额都已经基本稳定，新的战场已经在云上开辟。根据 Garter 云数据库魔力象限的描述，自 2020 年开始，AWS 和微软都已经在领导者象限超越了 Oracle，这就是云计算的力量。

2021 年 12 月，Oracle 以 283 亿美元收购医疗记录公司 Cerner，这是 Oracle 有史以来最大的一笔交易。该交易于 2022 年 6 月完成。

Oracle 公司通过连续的收购，已经成为全球规模最大的 SaaS 软件提供商之一。永不服输的埃里森，持续引领 Oracle 穿越技术变革的一个又一个周期。

3.10 与 Google 的恩怨

收购 Sun 公司之后，Oracle 获得了 Java 编程语言的版权和专利，并开始**起诉 Google 侵犯了 Java 的知识产权**。Oracle 认为 Google 未经授权在 Android 操作系统中使用了 Java 的部分 API，构成了侵权行为，要求其支付近 90 亿美元的赔偿金。

这个案件的诉讼期长达 10 年，其间几经转折。Oracle 在 2010 年发起诉讼，2012 年，美国联邦地区法院判决 Google 未侵权；但 2014 年，联邦巡回上诉法院推翻了这一判决，认为侵权行为成立；2016 年，案件再次被送到联邦巡回上诉法院，法院最终裁定 Google 未侵权；Oracle 继续上诉，2021 年 4 月，美国最高法院驳回了上诉请求。这场官司最终以 Google 的胜利告终。

长达 10 年的诉讼，Oracle 为什么对 Google 的 Android 如此穷追不舍，念念不忘呢？

如果大家记得埃里森在南加州大学毕业典礼上发表演讲时提到的一段故事，应该对这个诉讼有着不同的理解。《乔布斯传》一书中也完整地记录了这个故事。为了帮助乔布斯重回苹果公司，埃里森当时的一个想法是买下苹果公司，然后让乔布斯当 CEO，当时苹果的市值仅有 50 亿美元。但是乔布斯反对这一做法：

"你看，拉里，我想我找到了一种方式重回苹果并获得控制权，而且你也不用去收购它。"乔布斯这样对埃里森说。埃里森认为乔布斯忽视了一个关键问题。"但是史蒂夫，有件事我不明白，如果我们不收购公司，我们怎么赚钱呢？"

乔布斯把手搭在埃里森的左肩上，把他拉到自己跟前，他们的鼻尖几乎要碰上了，他说："拉里，这就是为什么有我做你的朋友非常重要。你不需要更多钱了。"

通过这个故事，可以看到埃里森和乔布斯之间非比寻常的友谊。2016 年 5 月 11 日，埃里森捐款 2 亿美元，设立"南加大州劳伦斯•埃里森转化医学研究所"，负责该研究所的医生也正是身患癌症的乔布斯的主治医生。

乔布斯是埃里森最好的朋友，那么乔布斯有什么遗憾未了呢？在《乔布斯传》中有这样一段记载：当 Google 开发 Android 进入手机市场时，乔布斯愤怒了。2010 年 1 月 iPad 发布几天后，乔布斯在苹果园区举行了员工大会。他并没有为这款变革性的新产品欢欣鼓舞，反而开始痛斥 Google：

"我们没有涉足搜索领域，他们却进入了手机业务。没错，他们想要终结 iPhone，我们不会让他们得逞。"几分钟后，当会议进入到别的议题时，乔布斯又转回去长篇大论地攻击 Google 的著名价值观口号。"我想回到刚才的话题再说一件事，这个'不作恶'的口号就是扯淡。"

乔布斯觉得自己遭到了背叛。在 iPhone 和 iPad 研发期间，Google 公司的 CEO 埃里克•施密特是苹果公司的董事会成员，他清楚苹果公司所有的计划和节奏。

Android 的触摸屏界面采用了大量苹果公司首创的功能，包括多点触摸、滑动操作、图标网格等。起初，Google 避免复制某些功能，但是 2010 年 1 月，宏达电子推出了一款 Android 手机，并大张旗鼓地宣扬其多点触控功能，以及与 iPhone 在观感上的诸多相似之处。乔布斯就是在这种背景下认为 Google 的"不作恶"口号就是"扯淡"。苹果公司起诉了宏达电子，并连带起诉了 Google，称其侵犯了苹果 20 项专利。

在发起诉讼当周，乔布斯坐在帕洛奥图的家中，没有人见过他如此愤怒：

我们的诉讼是这样说的，"Google……抄袭了 iPhone，完全抄袭了我们"。这是偷窃。如果有必要，就算用尽最后一口气，花光苹果账户上的 400 亿美元，也要纠正这个错误，我要摧毁 Android，因为它是偷来的产品，我愿意为此发动核战争。他们怕得要死，因为他们知道自己有罪。

后来，Google 的施密特和乔布斯私下见面，试图去缓解乔布斯的怒火。但是，他的努力显然是徒劳无功的。乔布斯坚定地认为 Google 欺骗了他。施密特回忆说，我们一半的时间都在聊着个人问题，剩下一半的时间就是乔布斯在说 Google 偷窃苹果用户界面设计的事。

乔布斯说："我们把你们抓了个正着，我对和解没有兴趣，我不想要你们的钱。我要你们停止在 Android 上使用我们的创意，这才是我想要的。"

我想，Oracle 对于 Google 的紧追不舍，很大程度上可以看作乔布斯和 Google 的宿怨在埃里森身上的延伸。

埃里森信奉一句名言 "Winning is not enough. All others must lose"。这句话大致的意思是："仅仅我获得成功是不够的，其他人还必须都失败。"据说，这句话是成吉思汗说的，对应英文是 "It is not enough to succeed; everyone else must fail"。但事实上这句话也只是广为流传，查无出处。

3.11　硅谷江湖

虽然与 Google 的恩怨闻名天下，但是这早已不是 Oracle 法务的第一次建功立业。

Oracle 传奇般的法务部门在全球都是有口皆"悲"的。互联网上有一张漫画版的硅谷公司组织架构图，流传甚广，其中 Oracle 的架构图上，法务（Legal）部门显得庞大而充满威慑力，如图 3.23 所示。

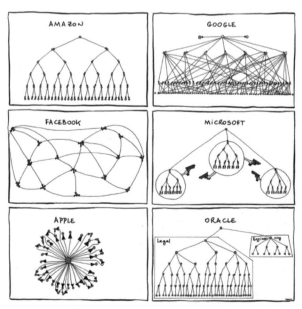

图 3.23　硅谷公司组织架构图

将时间回调至 2008 年，在当年的 Oracle OpenWorld 大会上，埃里森宣布推出数据库一体机，首款一体机被命名为 HP Oracle Database Machine（图 3.24）。伴随着这一产品的发布，Oracle 和惠普的合作更加深入。当时惠普公司的 CEO 是一位著名的职业经理人马克·赫德（Mark Hurd）。

图 3.24　Oracle 推出的首款一体机

赫德在 2005 年到 2010 年间担任惠普公司首席执行官，接替了备受争议的卡莉·费奥莉娜（Carly Fiorina），通过大刀阔斧的成本控制和改革，5 年间惠普的股价上涨了一倍多惠普的营业额在 2007 年超过 IBM，成为了全球营业额最高的 IT 公司。

2010 年，赫德由于受到性骚扰指控接受公司董事会调查后，辞去了惠普首席执行官的职务。惠普表示，赫德未能将其与女演员朱迪·费舍尔（Jodie Fisher）的私人关系告知董事会（当时，费舍尔是公司的营销外包商）。惠普的结论是，虽然外部调查确认赫德没有违反惠普的性骚扰政策，但他也确实没有遵守公司的商业行为标准。

埃里森很快站出来为赫德辩护，称这是"**继苹果董事会多年前解雇史蒂夫·乔布斯后最为糟糕的人事决定**"，并邀请赫德加入 Oracle，与卡茨并肩工作。埃里森说："在 IT 界，没有比马克经验更丰富的高管了。Oracle 的未来是为企业设计完整的、集成的硬件和软件系统。**当 Teradata 成为 NCR 的一部分时，马克是率先将硬件与软件集成的那个人。**"

而此时的背景是：

（1）2007 年，Oracle 起诉 SAP 的子公司侵权；

（2）2008 年，Oracle 联合惠普发布了数据库一体机；

（3）2009 年，Oracle 以 74 亿美元收购了 Sun 公司；

（4）2010年，惠普聘请SAP的前总裁担任CEO、Oracle的前总裁担任董事长。

在这一背景下，马克·赫德的加盟，为新的争端拉开了序幕。

赫德离开惠普后，惠普聘请了SAP的前首席执行官李艾科（Léo Apotheker）[1]担任CEO，聘请了Oracle的前总裁和首席运营官雷·兰恩（Ray Lane）[2]为董事长。以埃里森的个性，可以想象到他隐藏的怒火。当李艾科被宣布为惠普首席执行官时，埃里森公开表示，惠普选择了一个最近被解雇的家伙，他在经营SAP方面做得很糟糕，并且惠普董事会需要集体辞职。

而此前（2007年3月22日）Oracle已经起诉了SAP的子公司TomorrowNow[3]，控诉其从Oracle的客户支持网站下载了数千份受版权保护的文件和程序，属于侵权行为。其下载时使用的是Oracle客户的凭证，这些客户的支持合同要么已经到期，要么即将到期。

SAP承认了侵权，但是声称Oracle没有遭受任何损失，SAP也没有从侵权行为中获得任何经济利益。Oracle根据客户为合法获取TomorrowNow下载的所有材料而购买软件和支持的价格来计算损失，总额为20亿美元。最初，陪审团裁定Oracle应获得13亿美元的赔偿。在经历了漫长的诉讼和协商之后，2014年11月，上诉法院裁定SAP赔偿Oracle公司3.567亿美元，这一决定被双方接受。

要知道，SAP的系统大部分使用Oracle作为底层数据库存储，双方的竞争愈演愈烈，这直接导致SAP于2010年收购了Sybase数据库。结合SAP在2005年收购的P*TIME等产品，SAP HANA于2010年推出，最终让SAP完全摆脱了Oracle的束缚。

Oracle自从2009年宣布收购Sun公司，就开始设计和推出基于Sun公司硬件的数据库一体机，失去了赫德的斡旋，刚刚发布一年的HP Oracle Database Machine

---

1　李艾科（Léo Apotheker），前任惠普总裁兼CEO，德国人。1998年，他加入SAP，2008年4月，被提拔为该公司CEO，他帮助SAP在2004至2009年间实现软件业务营收连续18个季度的两位数增长。2010年，他被任命为惠普公司CEO，2011年9月23日，被惠普董事会解雇。

2　雷·兰恩（Ray Lane）曾经作为Oracle的二号人物在劳伦斯·埃里森手下工作，并一跃成为硅谷的风云人物。他在Oracle工作的8年中，Oracle的营收从1992年的大约10亿美元增至2000年100亿美元以上。2000年，在与埃里森进行了一番争吵后，兰恩离开了Oracle。

3　TomorrowNow位于得克萨斯州，专门为企业软件系统（包括PeopleSoft和JD Edwards的系统）提供第三方技术服务和支持。TomorrowNow于2005年被SAP AG收购，成为SAP的全资子公司。PeopleSoft在2003年收购了JD Edwards，随后Oracle公司在2005年收购了PeopleSoft。

就无疾而终。

言归赫德的故事。赫德加入 Oracle 之后，于 2011 年 3 月 22 日，**宣布将停止所有基于 Intel 安腾处理器的软件研发**。要知道，当时惠普的小型机采用的是安腾处理器，主要应用场景就是客户的数据库环境。

不再和惠普合作，并且宣布 Oracle 数据库不再支持安腾处理器，这对惠普的小型机造成了沉重的打击。2011 年 6 月 15 日，惠普向法院提起诉讼，声称 Oracle 违反了支持惠普安腾服务器的协议。Oracle 则称，如果知道李艾科即将被聘为惠普的新 CEO，就不会承诺对惠普安腾服务器提供任何支持。

2012 年 8 月 1 日，加利福尼亚州法官在一项暂定裁决中说，Oracle 必须继续免费移植其软件，直到惠普停止销售基于安腾的服务器，并做出赔偿。2016 年 7 月，Oracle 表示将对"向惠普赔付 30 亿美元"的裁决提出上诉。陪审团认同惠普声称案子开始前销售额损失 17 亿美元的说法，外加 13 亿美元的审判后销售额。

2021 年，美国最高法院为 Oracle 和惠普之间的史诗级诉讼画上了句号，裁定 **Oracle 必须向惠普支付 30 亿美元**，虽然安腾服务器对惠普和英特尔都是重大灾难。

充满戏剧性的是，惠普获胜的原因是**赫德的离职纠纷**。当赫德加入 Oracle 公司后，惠普公司认为赫德在新工作中不适当地使用了其商业机密，于是提起诉讼。但惠普在提起诉讼两天后立即与 Oracle 公司接触，商讨解决事宜，双方在当月就解决了纠纷，并在 2010 年 9 月 20 日的和解协议中正式达成了共识。除其他事项外，**和解协议中包含了 Oracle 公司的一项声明，承诺其软件将继续支持惠普公司的安腾服务器**。就是这一项声明导致了 Oracle 落败，怎么看都是惠普给 Oracle 挖了一个坑，而结案之时距离赫德离世已经过去了两年（赫德于 2019 年 10 月 20 日因病辞世）。

恩怨纠葛，爱恨情仇，但不可否认惠普一直是一家值得尊敬的伟大公司。在《乔布斯传》的最后，乔布斯曾两次谈到惠普，他说："在过去不同的时代，不同的公司成为硅谷的典范。很长一段时间里，这个公司都是惠普。后来，在半导体时代，是仙童和微软。我想有一段时间是苹果，后来没落了。而今天，我认为是苹果和 Google——苹果更多一些。"

乔布斯最后一次去董事会，告诉董事会他要辞去公司 CEO 一职时，大家谈论起平板电脑。苹果同事告诉乔布斯，因为无法跟 iPad 竞争，惠普已放弃这个领域了。这个时候乔布斯却神情严肃，说："这其实是个悲伤的时刻。"

乔布斯说："帕卡德和休利特[1]创建了一家伟大的公司，他们以为把它交到了可靠的人手里。可是现在这家公司正处于分裂和毁灭之中。太悲哀了，真希望我能留下更强大的遗产，那样的事就永远不会发生在苹果身上。"

3.12　AI 制胜

虽然在云时代 Oracle 曾经一度落后，但是在 AI 时代，埃里森显然不再希望这件事情重演。

2024 年 5 月 2 日，Oracle 公司宣布 Oracle Database 23ai 正式上市。在这次发布中，Oracle 将数据库名称从原来的 Oracle Database 23c 更改为 Oracle Database 23ai，以反映其数据库产品对人工智能的关注。

随着 23ai 版本的发布，Oracle 数据库的命名已经跨越了 4 个时代，分别是 I（Internet）时代、G（Grid）时代、C（Cloud）时代、AI（AI）时代。在最新的版本中，Oracle 数据库重点加强了数据与人工智能方向的研发，以实现两大核心目标：第一，让开发者能够更轻松地将 AI 功能添加至数据驱动的应用程序中；第二，将生成式 AI 功能纳入到产品中，让所有用户都能享受到工作效率的提升。图 3.25 展示了 Oracle Database 23ai 的主要新特性。

图 3.25　Oracle Database 23ai 的主要新特性

1　比尔·休利特（Bill Hewlett）和大卫·帕卡德（David Packard）于 1939 年在加利福尼亚州联合创立了惠普公司（Hewlett-Packard Company），公司名字是通过投硬币确定的先后顺序。

Oracle Database 23ai 引入了 AI 向量搜索技术，允许用户利用 AI 模型来生成并存储向量，从而实现相似性搜索和精确性搜索相结合。也就是说，任何拥有基本 SQL 能力的人都可以编写出相似性搜索和精确性搜索相结合的强大语句。这类查询可以为大模型提供额外的背景信息，使其智能能力与用户的问题内容紧密相关。图 3.26 是 Oracle Database 23ai 的向量搜索技术示意图。

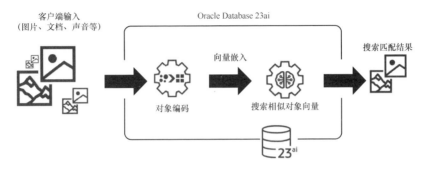

图 3.26　Oracle Database 23ai 的向量搜索技术示意图

　　数据库技术兼容并蓄、推陈出新之能力往往令人惊叹。Oracle 公司在数据库技术领域的持续探索和创新，正在一次又一次地拓展数据库的边界与外延，不断将数据库技术推进到新的时代前沿。

第4章　数据库产品的先行者

在数据库产品的发展史上，有数以百计的品牌曾在历史长河中闪耀，各自呈现出独一无二的发展之路。更有一些品牌绽放出耀眼的光辉，持续影响世界。DB2、dBASE、Ingres 和 MySQL 是其中的典型代表。

4.1　迟到的贵族——DB2

早在 1970 年，关系型数据库之父科德就在 IBM 提出了关系模型；1974 年 IBM 启动了 System R 项目，并于 1979 年完成；1981 年，科德获得 ACM 图灵奖，成为继查尔斯·巴赫曼之后，又一位由于在数据库领域做出巨大贡献而获此殊荣的计算机科学家。

那么 IBM 的关系型数据库产品进展如何呢？

众所周知的 DB2 于 1983 年发布。而 Ingres 于 1976 年完成，Oracle 在 1979 年发布了 Oracle 的第 2 版。DB2 可以说是姗姗来迟。

4.1.1　蓝色巨人

在谈论数据库时，我们必须要认识伟大的蓝色巨人——IBM，它是一系列创新和发明的发祥地，在个人计算机（Personal Computer, PC）[1] 发明之前，IBM 是计算机领域无敌的存在。

1946 年，由美国军方定制的世界上第一台电子计算机"电子数字积分计算

1　爱德华·罗伯茨（Edward Roberts）于 1974 年发明了第一台个人计算机，常被称为"个人计算机之父"。罗伯茨开始通过 4004 芯片尝试开发，最终英特尔的 8080 微处理器达到了要求，Altair 8800 个人计算机因而诞生。比尔·盖茨和保罗·艾伦（Paul Allen）的第一个产品 Altair BASIC 就是为罗伯茨的计算机开发的。随后，乔布斯和史蒂夫·沃兹尼亚克（Stephen Wozmak）也开始研发个人计算机，Apple 于 1976 年发布。IBM 则是在 1981 年 8 月 12 日推出了首款个人计算机产品，该产品即 IBM PC。

机"（Electronic Numerical Integrator And Computer，ENIAC）在美国宾夕法尼亚大学问世，ENIAC 最初是为了满足计算弹道的需要而研制的。后来，冯·诺依曼提出了程序存储的概念，对 ENIAC 进行改进，设计了**离散变量自动电子计算机**（Electronic Discrete Variable Automatic Computer，EDVAC），并于 1952 年投入使用。这种计算机后来被称为"冯·诺依曼机"，其结构对现代计算机产生了巨大影响。

当时，IBM 的小沃森敏锐地判断，计算机将在今后的人类社会生活中扮演重要的角色，因而聘请冯·诺依曼为顾问，开始研发计算机。

IBM System/360（简称 S/360）于 1964 年 4 月 7 日推出（见图 4.1），这是一个大型计算机系统家族，拥有一系列不同的型号，在 1965 年至 1978 年间陆续交付使用。S/360 是第一款真正意义上的通用计算机，支持不同类型的软件和硬件，允许客户购买精简配置而无须重新编程，从而开创了计算机兼容性的时代。S/360 获得了巨大成功，被认为是历史上最成功的产品之一，对未来的计算机设计产生了重大影响。

图 4.1　IBM System/360 计算机

伴随着计算机的推出，IBM 必须为其提供配套的一系列软件，因为**那时硬件和软件完全是一体化的**。1968 年，IBM 成功研制出 S/360 计算机上的数据库产品——IMS，这是业界第一个层次型数据库管理系统，也是层次型数据库中最为著名的产品。

IMS 获得了巨大的成功。IBM 在计算机领域取得的垄断性地位，引起了美国司法部的关注。1969 年 1 月 17 日，美国司法部针对 IBM 提起了反垄断诉讼。面对挑战，IBM 做出了重大变革：首先，变更软件和服务的捆绑销售为分别计价销售；其次，开放个人计算机产品生态。此后，IBM 开始从英特尔采购 CPU，请微软编写操作系统，同时开放软硬件技术标准。由此，独立的软件和硬件供应商开始蓬勃发展，微软、Oracle、英特尔等，都是 IBM "巨人"开放旗帜下的受益者。针对 IBM 的反垄断诉讼最终在 1982 年得以撤销。

4.1.2 群星闪耀

1970 年，埃德加·科德发表了关系型数据库理论的奠基性论文《大型共享数据库的关系模型》，奠定了科德"关系型数据库之父"的地位，这篇论文也成为了计算机科学史上最重要的论文之一。然而在当时，科德的研究成果在 IBM 内部并未受到重视，直到 1974 年底 IBM 研究中心才正式启动了 System R 项目。这个项目在 DB2 发展史上具有重要意义，为 DB2 的问世打下了良好的基础。

由于取得了一大批对数据库技术发展具有关键性作用的成果，System R 项目于 1988 年被授予 ACM 软件系统奖。这个项目的成功，是一个集体的成功，这个集体中的许多成员都成为了数据库领域的专家、IBM 院士、图灵奖获得者，为关系型数据库的发展完成了大量的技术奠基工作。

以下是 System R 项目发展过程中的几个重点的标志性事件。

- 1974 年，IBM 的研究员唐纳德·D. 钱伯林（Donald D. Chamberlin）和雷蒙德·博伊斯（Raymond Boyce），发表论文 *SEQUEL : A Structured English Query Language*（《SEQUEL：结构化英语查询语言》），提出了 SEQUEL 语言了设想和实现。

- 1975 年，IBM 的研究员钱伯林和莫顿·阿斯特拉罕（Morton Astrahan）发表论文 *Implementation of a Structured English Query Language*（《一个结构化英语查询语言的实现》），在 SEQUEL 的基础上描述了 SQL 语言的第一个实现方案。这是 System R 项目的重大成果之一。

- 1976 年，IBM System R 项目组发表了论文 *A System R : Relational Approach to Database Management*（《R 系统：数据库管理的关系型方法》），描述了一个关系型数据库的原型。

- 1976 年，IBM 的研究员吉姆·格雷发表了论文 *Granularity of Locks and Degrees of Consistency in a Shared DataBase*（《共享数据库中锁的粒度和一致性层级》），正式定义了数据库事务的概念和数据一致性的机制。

- 1977 年，System R 原型在 3 个客户处进行了安装。这 3 个客户分别是波音公司、Pratt & Whitney 公司和 Upjohn 公司。这标志着 System R 从技术上已经是一个比较成熟的数据库系统，能够支撑重要的商业应用了。

- 1979 年，IBM 研究员帕特·塞林格（Pat Selinger）在她的论文 *Access Path Selection in a Relational Database Management System*（《**关系型数据库管理系统中的访问路径选择**》）中描述了业界第一个关系查询优化器。

回顾 System R 的研发历程，我们可以注意到，**IBM 的研究仿佛就是在做科研，随着科研的进展不断发表论文，而这些论文启发了行业里一批又一批的技术精英。** 他们以实现产品为目标，率先推出了 Oracle 和 Ingres 等数据库产品。

佛朗哥·普措卢（Franco Putzolu）[1] 曾经回忆道："**直到 1979 年，我们都会公布我们想到的一切，做到的、没做到的、梦想实现的，一切都在自由的气氛中讨论公开。**"

钱伯林曾说，有一次收到埃里森的电话，为了提高产品的兼容性，埃里森请求 IBM 公布错误代码。经过请示领导，钱伯林拒绝了这个请求，错误代码被认为是 IBM 的机密，**这几乎是 IBM 当时唯一拒绝公开的内容了。**

当回顾往事，难免有很多疑问：是否当时 IBM 将这些技术保持在内部，就能够让 IBM 获得更好的竞争优势？可是后来 DB2 早期研发者们得出的结论是，正是因为开放，才让 RDBMS 取得了广泛的成功。是 IBM 对于创新技术的忽视错失了先机，也是因为 IBM 的速度太慢导致了落后于对手（SQL/DS 都是在 Oracle 之后发布的）。

开放和分享精神正是推动行业和社会进步的动力源泉所在。

4.1.3　DB2 之母

帕特·塞林格（见图 4.2）在哈佛大学获得应用数学专业博士学位，于 1975

1　佛朗哥·普措卢是 IBM 最著名的数据库专家之一，以高质量的编程风格著称，他写的代码号称"没有 Bug"。在 System R 项目组工作时，他完成了 RSS 项目大约一半的代码量，九年之后才发现一个 Bug。佛朗哥后来加入天腾电脑公司，担任首席软件架构师。VMware 的创始人黛安妮·格林在天腾和佛朗哥共事了大约四年，将其评价为对其一生影响最大的人，她认为佛朗哥具备三个特质：清晰、高标准、出人意料的风趣，并且他处理问题的方法总能产生最简单有效的解决方案。佛朗哥更广为人知的贡献是和吉姆·格雷在 1986 年共同提出了 5 分钟法则，即每五分钟就会被访问的页面应该存放到内存中。在 1993 年左右，佛朗哥加入 Oracle，成为数据库团队的关键架构师之一。

年加入 IBM 研究院，并成为 System R 研发过
程中的关键成员。

帕特论文中基于代价查询优化的开创性工
作几乎被所有的关系型数据库厂商采用，也是
每所大学数据库课程的经典内容。用戴维·德
威特的描述："当你写一篇可能结束这个领域
的论文时，明显地，它就会是一篇'超级论
文'，帕特就是一个超级巨星！"

图 4.2　帕特·塞林格

事实的确如此，在帕特完成数据库的查询
优化工作之前，关系型数据库系统的生产率一直是个难题。为了解决这一问题，她
的团队召集了一系列技术明星，吉姆·格雷是第一个组员。她也是布鲁斯·林赛
（Bruce Lindsay）[1]、佛朗哥·普措卢（Franco Putzolu）等技术明星的经理。

在一次访谈中，格雷建议主持人问一下帕特是如何搞定他们这些难搞的人的，
她可以让他们每个人做任何她想要他们做的事。帕特只有一个答案："**我想秘诀就
是我真的很喜欢他们，并且尊重他们。**我很关心他们，我努力去做一个有说服力的
人，一个共识的缔造者，而不是一个有独特风格的管理者。这也是数据库技术研究
所（Database Technology Institute，DBTI）成功的原因。**我把大家召集在一起，让
大家为了一个共同的目标而工作。**"

后来格雷离开了 IBM。帕特说，就是因为那段时间她不在他们身边，她正在
生孩子，否则他们不会离开。格雷笑着回答说，就是这样。

帕特是一个成功的管理者，她用 3 年时间做一线产品经理，然后一跃成为 4
线管理者，并用 3 年时间管理计算机科学部门，后来还担任了 IBM 信息管理架构
和技术副总裁。帕特说："我决定做管理的一个重要原因是，我发现和一个团队一
起工作得到的成就，要比只靠我这一双手多得多。在管理计算机科学部门时，我创
建了**数据库技术研究所**，随后开始了管理和技术结合的工作，我真的很喜欢。"

这里提到的数据库技术研究所由帕特创建于 1986 年，通过这个研究所，IBM
研究中心和 IBM 软件开发团队得以联合起来，从而使先进的研究成果快速转化成
像 DB2 这样的产品。这是研究成果转化成产品的最成功案例之一，后来也成为了

1　布鲁斯·林赛于 1978 年从加利福尼亚大学伯克利分校博士毕业，后加入 IBM 圣何塞研究实验室，
　　当时那里的研究人员正在研究 System R 项目。从那时起，林赛就开始指导 RDBMS 的发展。20
　　世纪 80 年代末，他帮助定义了分布式关系型数据库架构，他也因为提出 Heisenbug（海森虫）而
　　广为人知。1996 年他被评为 IBM 院士。

众多团队效仿的对象。

针对从技术到管理的转型，帕特的见解一针见血："除非你在技术上取得了一些成就，否则就不要做这种改变。一定要保证你懂得什么是成功的项目和技术，因为这将是你以后工作的参考。因此，耐心地等一段时间，不要急于转向管理，善于积累你所做的工作和了解的技术，这将成为你的经验，然后你会有大量的时间进行转变。**如果你善于管理和领导，那么每 6 个月就会有人想给你提供管理的工作。**"

因在 DB2 的研发过程中作出了巨大贡献，帕特在 IBM 内部被称为"DB2 之母"，1994 年，她获得了 IBM 最高的技术荣誉——IBM 院士。1999 年，帕特当选为美国国家工程院院士，这是美国工程师可获得的最高荣誉。

4.1.4　SQL 的诞生

System R 项目的一个关键成果是结构化查询语言（SQL）。为了实现关系型构想，必须有一种交互语言。科德设计了 DSL/Alpha 关系型数据库语言，但并未被实现。

这时另外一个重要人物出现了，他就是唐纳德·D. 钱伯林，如图 4.3 所示。

钱伯林于 1971 年加入 IBM，最初在托马斯·J. 沃森研究中心工作，当时该中心的主要研究方向是操作系统。钱伯林一开始从事的项目是 System A，但项目很快以失败告终。幸运的是，项目经理刘英武（Leonard Liu）又出现了，他预见到数据库的美好前景，于是转变了整个小组的研究方向，开始研究 CODASYL DBTG。钱伯林也因此在数据库软件和查询语言方面进行了大量研究，并成为了小组中最好的网状数据库专家。

图 4.3　唐纳德·D. 钱伯林

1973 年，IBM 在外部竞争的压力下开始加强在关系型数据库方面的投入。钱伯林被调到圣何塞研究中心，加入 System R 项目组。System R 项目包括研究顶层的关系型数据系统（Relational Data System，RDS）和探索底层的研究存储系统（Research Storage System，RSS）两个小组，钱伯林担任 RDS 组的经理。

RDS 实际上就是一个数据库语言编译器。由于科德提出的关系代数和关系演算过于数学化，影响了关系型数据库的易用性，于是**钱伯林选择了自然语言作为研**

究方向，他在之前 System A 小组的研究得以继续。因缘际会，他和博伊斯[1] 在 1974 年共同实现了 SQL 语言（博伊斯因病于 1974 年去世，年仅 28 岁）。该语言最初的命名是 SEQUEL（Structured English Query Language），但是注册商标时发现这个名字已经被占用了，后来他们选择了更简单、更容易记忆的 SQL 作为命名。

回顾 SQL 的发明历程，刘英武说："首先，我将创造的这个语言定位成'突破性的创新'，我挑选了三个没有数据库经验的计算机精英作为核心成员，他们没有条条框框的束缚；其次，我规定了这门语言的大致方向：易学易用、具备系统可运行性、拥有严密可靠的理论依据。"

刘英武还对三人部署了一个特别任务，即"4 个星期内只做两件事：精读科德博士的论文；累的时候到公司的会计那里，观察他们的工作。"

两周后，同事向他汇报说，其实那些会计做的事情很简单，把一些文件"select"一下，然后这个和那个"join"一下……SQL 的理念雏形就这样诞生了。

现在，SQL 已成为最流行的数据库查询语言，Stack Overflow 网站公布的 2023 年调查报告中，SQL 以 48.66% 的选择率，位列编程、脚本语言等排行榜的第 4 位。

SQL 曲折的命名导致了一个遗留事项，那就是发音上的困扰。最初的 SEQUEL 发音读作"sequel"，而根据 ANSI SQL 委员会的规定，SQL 的正式发音应该是"ess-cue-ell"，但是习惯最终压倒了一切，这在 MySQL 的名字中有同样的体现。

4.1.5 曲折的产品开端

虽然 System R 的研究成果非凡，但是产品化还未被正式提上日程，直到一件事情发生。

1973 年，一家位于康涅狄格州的 National CSS 公司捷足先登，基于关系型理论研发了数据库 NOMAD。从 NOMAD 的缩写（NCSS Owned，Maintained，And Developed）可以推断出该公司对这一产品的重视。NOMAD 于 1975 年 10 月正式发布，在此之前，部分种子用户已经开始使用这一数据库。随着采用分时数据管理工具来解决以前无法解决的问题，NOMAD 的用户群迅速扩大。从发布时间来

1　博伊斯的另外一个知名贡献是 BCNF 范式（Boyce-Codd Normal Form）。目前关系型数据库有六种范式：第一范式（1NF）、第二范式（2NF）、第三范式（3NF）、博伊斯·科德范式（BCNF）、第四范式（4NF）和第五范式（5NF，又称完美范式）。

看，NOMAD 是第一个采用关系型数据库概念，同时支持关系模型和层次模型的
商业数据库产品。

早期的 NOMAD 开发工作尤其受到克里斯托佛·戴特的《数据库系统导论》
的启发，该书的后续版本也包括了 NOMAD 的相关内容，戴特对 NOMAD 支持关
系模型表达了高度的认可。

NOMAD 可以运行在 IBM 大型机上，一些正在寻找优秀查询产品的大型企业
用户听说了 National CSS 公司的产品，并开始采购。通常情况下，为了完成这种查
询工作，用户会投入另一台大型机，所以一切看起来非常理想。然而，NOMAD 不
支持 IBM 的多处理器，当查询产品的使用量越来越大时，单处理器资源就会耗尽，
而 IBM 硬件产品线中又没有可以替代的产品。结果，有两个大客户很不满意——
一个是美国银行，另一个是雪佛龙，他们就去购买了阿姆达尔的机器。

当 IBM 丢掉了一台大型主机的订单时，报告会一直传到高层。当时的最高层
是弗兰克·卡里（Frank Cary）[1]。公司技术委员会和其他委员会就关系型数据库这项
新技术进行了讨论，并咨询到了科德那里。正如后来科德所说，当卡里听说这项技
术时，他只问了一个问题："这是我们的技术吗？"换句话说，他的意思是，这个
想法是科德他们想出来的吗？当他听到答案是肯定的，他就作出了决定。与此同
时，刘英武也在借助各种机会向卡里陈述 SQL 和关系型数据库的重要性，他借助
卫生间的偶遇向老板进言的故事已经成为了行业里的励志传奇。

至此，IBM 正式将关系型数据库纳入产品计划，决定为其提供资金和分配
资源。

1980 年，IBM 发布了 S/38 系统[2]，该系统中集成了一个以 System R 为原型的数
据库。两年后，IBM 发布了 SQL/DS[3]，这是**业界第一个以 SQL 作为接口的商用数
据库管理系统**，该系统也是基于 System R 原型设计的（SQL/DS 也是 DB2 的前身）。

到 1983 年，DB2 就正式诞生了。

---

1 弗兰克·卡里（1920 年 12 月 14 日至 2006 年 1 月 1 日）是一位美国高管和商人。1973 年至
   1983 年，卡里担任 IBM 董事长；1973 年至 1981 年，担任首席执行官。
2 中型计算机或中型系统是介于大型计算机和微型计算机之间的一类计算机系统。System/3（发
   布于 1969 年），是第一个 IBM 中端系统，System/32（发布于 1975 年）是一个 16 位单用户系统。
   System/38（发布于 1979 年）是第一个集成了关系型数据库管理系统（DBMS）的中端系统。
3 SQL/DS（Structured Query Language/Data System）可在 DOS/VSE 和 VM/CMS 操作系
   统上运行，DB2 适用于 MVS 操作系统。两个产品长期共存，直到 20 世纪 90 年代末，SQL/DS
   被重新命名为 "DB2 for VM and VSE"。

4.1.6 关键时刻

DB2 的开发是从 1980 年开始的，因为团队需要提供与 MVS 的硬件、操作系统、编程语言和交易系统的全面集成，所以在内部抽调组成了精英团队。领导这项工作的是开发经理玛丽莲·博尔（Marilyn Bohl）、总体技术负责人唐纳德·哈德勒（Donald Haderle），以及 DB2 与 MVS 集成的技术负责人鲍勃·杰克逊（Bob Jackson）（图 4.4 中左起分别是 Marilyn Bohl、Donald Haderle、Bob Jackson）。

图 4.4　DB2 研发管理团队

DB2 第 1 版于 1983 年 6 月 7 日公布，并开始有限提供，这一版本只能运行在以多虚拟存储（Multiple Virtual Storage，MVS）系统为基础的大型机上。

DB2 在有限提供阶段为 40 至 60 个用户提供了该软件。一般来说，只有当完成种子用户的成功实践后，IBM 的高级管理人员才允许 DB2 普遍提供，这一直等到了 1985 年 4 月 2 日。

波音公司是 DB2 的种子用户之一，他们实施 DB2 的 IT 小组在某年 2 月底之前用完了预算，于是召集哈德勒和帕特·塞林格开会。IBM 团队不但没有受到批评，反而被告知"我们已经得到了以前无法得到的答案"。波音公司对获得的数据感到非常兴奋，这充分证明了新技术的创新力量。

但用户在使用 DB2 的过程中发现了明显的错误，特别是在数据库的恢复功能和可维护性方面。例如，DB2 在日志上记录了用于恢复的数据。尽管 IBM 向用户强调了这些日志的重要性，但一个早期的用户在数据同步之前就把日志改写了，造成了一个恢复的噩梦。因此，DB2 团队迅速开发了各种设施，以便在各种情况下恢复数据库。

1985 年，IBM 最终通过一个低调的产品公告向 MVS 用户提供了 DB2，并将其定位为**决策支持**产品。此时 IBM 的 IMS 数据库仍然是高性能的**事务处理**产品，管理层希望通过场景区隔，保证其 IMS 的固有收入。

但是此时，Teradata 已经在 1984 年首次发布，其高度并行的架构在微处理器上运行，能够处理的数据量比 DB2 大得多。银行业和零售业的公司将详细记录载入 Teradata 进行分析，并使用 DB2 处理汇总的数据。

从一开始，IBM 就明白，SQL 的标准化是至关重要的。1982 年，ANSI 成立了一个 X3H2 小组来制定标准关系语言提案，第一个版本在 1986 年被采用，主要包括 IBM SQL 方言。1987 年，ANSI 的标准也被国际标准化组织（ISO）接受为国际标准。有了标准的加持，再加上 IBM、Oracle、Teradata、Sybase 和其他公司对该标准的拥护，SQL 快速统一了查询语言市场。

从 1985 年到 1988 年，DB2 的开发重点是应对关键任务工作负载。这需要大幅减少处理器的消耗，以降低成本和提升吞吐量。此外，还必须改进产品的并发性、服务能力、可管理性，以及支持参考完整性。

1987 年，IBM 发布带有关系型数据库能力的 OS/2 V1.0[1] 扩展版，这是 IBM 第一次尝试把关系型数据库处理能力迁移到微机系统上，也是 DB2 在 OS/2、UNIX、Windows 上的版本雏形。

1988 年交付的第 2 版为该产品开启了一个新时代。正如一份杂志的标题所指出的，DB2 终于"准备好了"。DB2 的第 2 版于 1988 年 4 月公布，从这一版本开始，DB2 开始被认为能够支持关键任务，**能够胜任交易处理工作负载**。

在第 2 版的开发过程中，人员变动不断，一些 DB2 开发人员和 IBM 的研究人员离开了，因此，**郑妙勤（Josephine Cheng）成为 DB2 查询处理经理，王云（Yun Wang）成为查询处理技术负责人，后来他们两位都成为了 IBM 院士**。

4.1.7 统一数据库

1993 年，路易斯·V. 郭士纳（Louis V. Gerstner）入主 IBM，此时距离 DB2 发布已经 10 年了，距离关系理论诞生已经 23 年。这一年，IBM 发布了 DB2 在 OS/2 和 RS/6000[2] 上的版本，这是 DB2 第一次在 Intel 和 UNIX 平台上出现，是一个巨大的产品里程碑。也正是从这时起，IBM 开始尝试解决多版本的代码问题。

在开发 RS/6000 版本时，IBM 在不同操作系统上已经有了 4 套不同的 RDBMS 代码，由 4 个工程团队维护。

---

1 OS/2 V1.0 是 IBM 和微软公司联合开发的一种操作系统，于 1987 年发布。它是 OS/2 操作系统系列的第一个版本，被设计为在 Intel 286 和 386 处理器上运行，为 IBM 第二代个人计算机 PS/2 服务。1990 年，当 IBM 与微软还在合作开发 OS/2 的下一版本时，微软同时也开发出 Windows 3.0 并大量销售，IBM 之后接手 OS/2 1.x 以及 OS/2 2.0 的开发工作，而微软则负责 Windows 以及 OS/2 3.0。不久之后，OS/2 3.0 被微软重新命名为 Windows NT。

2 RS/6000 是 IBM 于 20 世纪 90 年代生产的一个基于 UNIX 和 RISC 的服务器、工作站和超级计算机家族，是第一个使用 IBM 的基于 Power 架构和 PowerPC 微处理器的计算机系列。

- DB2/MVS（即 DB2 for z/OS）是一款针对 z/OS 操作系统进行优化的出色产品，支持独特的 System z 功能例如 Sysplex 耦合装置（Sysplex Coupling Facility）。

- DB2/400（即 DB2 for i）是 AS/400 的 IBM 关系型数据库。该硬件平台最初被称为 System/38，早在 1979 年就发布了，地至今日仍然是许多现代操作系统功能的优秀示例。

- VM/CMS 和 DOS/VSE 操作系统有一个单一的 DB2 代码库，最初称为 SQL/Data System 或 SQL/DS（即 DB2 for VSE & VM），它是 System R 研究系统的产品化。

- 在 OS/2 操作系统上，IBM 编写了另一个关系型数据库系统，但这一次它是用可移植语言编写的，并且对操作系统和硬件的依赖性较少。

当 IBM 需要为 RS/6000 提供第 5 个 RDBMS 时，许多人认为移植 OS/2 数据库管理器（OS/2 DBM）代码库是最快的选择。1992 年，这个任务转移到多伦多软件实验室。改造过程非常艰难，代码库不稳定、性能不佳，产品在任何维度上都无法很好地扩展。

詹姆斯·汉密尔顿（James Hamilton）[1] 是当时多伦多团队的经理，他回忆说："当时我想退出，我从椅子上站起来，走到珍妮特·佩尔纳（Janet Perna）的办公室，并脱口而出'我们有一个大问题'。"

珍妮特是多伦多软件实验室的数据库技术总监，她询问了细节，并以一贯的"把它完成"的方式对待所有问题，说："好吧，我们只需要把它解决就行了。汇集多伦多和阿尔马登最优秀的团队，每周进行报告。"

阿尔马登数据库研究团队的介入，为代码迁移工作带来了曙光。他们提出让整个研究团队参与该项目，用 Starburst 取代 OS/2 DBM 的优化器和执行引擎。对于任何开发团队来说，采用研究代码库都是危险的，但该提案的不同之处在于 Starburst 的作者们将伴随代码库一起加入工程研发。IBM 阿尔马登研究中心的领导者帕特·塞林格带领 Bruce Lindsay、Guy Lohman、C. Mohan、Hamid Pirahesh、John McPherson 等人与多伦多软件实验室并肩工作，最终使产品取得了成功。

1　詹姆斯·汉密尔顿在 1974 年高中毕业后，在渥太华担任汽车修理工，后来他对计算机产生了兴趣，重返大学并获得了计算机科学学位。毕业后他被任命为多伦多 IBM 团队的经理，后来成为了 DB2 数据库引擎的首席架构师。1997 年，詹姆斯加入微软，领导了大部分数据库核心引擎开发团队，包括担任关系引擎团队的开发经理和 Web 数据团队的总经理。在本书写作时，他是亚马逊高级副总裁兼杰出工程师。

"珍妮特是一位令人难以置信的领导者，她有一种能力，能让所有人都变得更好"，汉密尔顿说，"如果没有她的信心和支持，这个项目就不会取得成功，任务实在是太艰巨了。"

在 6 个月的时间里，多伦多和阿尔马登联合团队将性能最差的数据库管理系统转变为最好的。帕特·塞林格带领阿尔马登研究团队的加入起到了决定性的作用，她让产品团队中的所有人都充满信心。

1995 年，IBM 发布了 DB2 大名鼎鼎的并行版本（Parallel Edition），该版本通过**无共享架构**使软件具备更强的可伸缩性。在这个构架中，一个单独的大型数据库可以被分割、分布在多个 IBM 服务器上并通过高速网络通信。这一功能被称为 DB2 数据库分区，通过数据库分区特性提供（Database Partitioning Feature，DPF）发售。这一功能在当时是领先的，获得了广泛的关注和应用实践，并成为 DB2 后来主要的部署形态之一。图 4.5 是 *InfoWorld* 杂志于 1994 年对 DB2 这一并行版本的报道。图 4.6 则是 DPF 这一特性实现的架构图，底层数据库按照不同分区组织，每个分区存储表中的一部分数据，数据入库时按照哈希分区打散，分布到不同的节点上，由此可以分散高并发的用户负载。这种架构后来成为分布式数据库的常见形态。

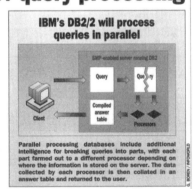

图 4.5　IBM 并行版本发布的新闻

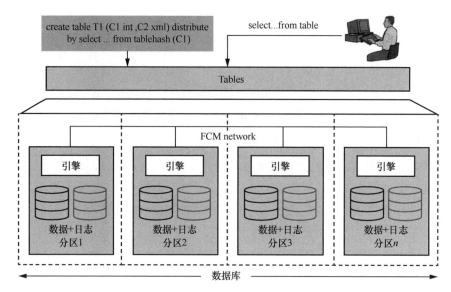

图 4.6　IBM DB2 的 DPF 架构图

　　1995 年，DB2 开始支持 Windows 和其他 UNIX 操作系统。1996 年，IBM 正式发布了 DB2 UDB（Universal Database，统一数据库）版本 5。通过这个版本，DB2 融合了面向对象技术，能够存储各种电子数据，包括传统的关系数据，以及音频、视频和文本文档。它也是第一个针对 Web 进行优化的版本，支持来自多个供应商的一系列分布式平台，例如 OS/2、Windows、AIX、HP-UX 和 Solaris。此外，UDB 能够在各种硬件上运行，从单处理器系统和对称多处理器（SMP）系统到 MPP 系统和 SMP 系统集群。"Universal"一词，代表了该版本的新功能，分布式平台以及 MVS、AS/400、VM 和 VSE 上的所有 DB2 版本均采用 UDB 这个名称。

　　同年，珍妮特晋升为负责 IBM 的全球数据管理业务的总经理，她是当时 IBM 级别最高的女性高管。2001 年，珍妮特在 IBM 收购 Informix 数据库业务资产的过程中发挥了重要作用。

　　在 UDB 的演进过程中，劳拉·哈斯（Laura Haas，如图 4.7 所示）的研究成果起到了关键作用，她于 1981 年博士毕业后加入 IBM 阿尔马登研究中心，参与并管理了分布式数据库系统方面的多个探索性项目。她领导开发了 Starburst 查询处理器项目，展示了如何将不同的信息集成到关系型数据库中（DB2 UDB 就是在此基础上开发的），

图 4.7　劳拉·哈斯

她于 2001 年加入开发团队，担任 UDB 查询编译器开发经理。2009 年，劳拉当选为 IBM 院士。

Starburst 在 IBM 内部被认为是 DB2 成为开放系统的巨大转折点，它融合了对象 / 关系理念，以及可扩展性和可扩充性，并具有以查询重写和新型编译为代表的自主功能，使 DB2 在开放系统上实现了功能上的跃迁。

1999 年，DB2 开始支持 Linux 操作系统。

4.1.8　DB2 之父

唐纳德·哈德勒（Donald Haderle，如图 4.8 所示）是美国计算机科学家、IBM 研究员，他以在关系型数据库管理系统（RDBMS）方面的工作而闻名。他领导了 DB2 的设计与研发，因而被称为"DB2 之父"。

图 4.8　唐纳德·哈德勒

在 IBM 内部，研发团队更愿意将哈德勒称为"DB2 之母"[1]。在 DB2 的 25 周年展望中，研发团队满怀深情地写道：

古谚讲，**成功有很多父亲，而失败是一个孤儿**。许多人都声称自己是 DB2 的父亲，而我们愿意称，**唐纳德是 DB2 的母亲，也是我们成长过程中无畏的领导者**。

哈德勒于 1968 年以程序员身份加入 IBM，1989 年被授予 IBM 院士荣誉，这一年他刚刚 45 岁。从 1977 年到 1999 年的 20 多年间，他一直是 DB2 的技术领导者和首席架构师，在所有关键技术方面都作出了重要的个人贡献并拥有基本专利。哈德勒在 2008 年被选为美国国家工程院院士，以表彰他对高性能关系型数据库管理的贡献，以及在创建关系型数据库管理行业中的领导地位。

哈德勒的领导和对数据库技术的深刻洞察影响了一代又一代的技术专家，西·莫汉（C.Mohan）就曾经讲过，他的 ARIES 算法就来源于与哈德勒的交流。

莫汉回忆说："正是通过与他的交流，使我意识到 DB2 的某些技术实现不同于 System R。"当时，System R 的商业化产品之一是 SQL/DS。System R 使用基于影子页的恢复技术，但是无法解决记录加锁和前写日志（Write-ahead Logging）的问题。

莫汉说："当我试图理解为什么这些事情会以不同的方式进行时，我开始根据哈德勒在 DB2 产品上的实际经验，更好地了解到什么是真正的问题，以及解决方案应该具有哪些特征。因此，ARIES 算法是产品人员和研究人员密切合作的结

1　帕特·塞林格也被称为"DB2 之母"，将哈德勒称为"DB2 之母"是研发团队的幽默的情感体现。

果。"最终，ARIES 算法及其变体不只被用到 IBM 的数据库产品中，也被其他数据库产品（如 SQL Server、Sybase ASE、MySQL 等）所采纳，并被集成到消息系统（如 MQSeries 和 Lotus Domino）中，用于基于日志的恢复。

哈德勒在 2005 年从 IBM 退休之前，他是信息管理方向的副总裁兼首席技术官。2008 年 2 月 23 日，哈德勒加入 Boardwalktech 公司，担任技术顾问，该公司提供企业电子表格数据管理解决方案，可使基于电子表格的流程在整个扩展企业中实现单元级协作。

2010 年 11 月，哈德勒加入 Aerospike 公司担任技术顾问，该公司致力于开发一个名为 Aerospike 的 NoSQL 数据库。

2013 年 3 月 26 日，哈德勒加入 ParStream 公司担任技术顾问，这家公司致力于为大数据分析开发实时 SQL 列式数据库。

4.1.9　中国力量

在开发 DB2 第 2 版时，两位华裔主力——郑妙勤（Josephine Cheng）和王云（Yun Wang）加入其中。郑妙勤（图 4.9）是 DB2 查询处理经理，王云是查询处理技术负责人。他们两位后来都成为了 IBM 院士，并且和中国的数据库发展建立了长期联系。

图 4.9　郑妙勤

1. 郑妙勤

郑妙勤出生于越南，在中国香港长大，她出生在一个有 7 个孩子的中国大家庭。她的母亲非常支持她的教育深造，她在加利福尼亚大学洛杉矶分校接受教育，1975 年获数学和计算机科学学士学位，1977 年获得计算机科学硕士学位。

郑妙勤毕业后就加入了 IBM。当时，圣特雷莎（Santa Teresa）实验室（现在叫硅谷实验室）首次开放，她是第一个加入实验室的人。随后她加入了 DB2 项目组工作，当时的项目代号是 Eagle，这为后来 DB2 每个版本的动物代号开了先河。

她在 20 世纪 80 年代初领导了 DB2/390 查询优化的开发，然后在 1987 年与 IBM 研究员帕特·塞林格一起成立了数据库技术研究所（DBTI）。IBM 通过该研究所得以**将研究部门和软件部门聚焦于共同目标**。笔者以为，这是 IBM 为了解决 System R 早期的问题，不再是仅仅去研究和探索技术，也不是先研究再研发，而是边研究、边研发、边交付。事实证明，这一改变的结果非常好。

直到 1994 年，DBTI 主要关注在不同操作系统上的 DB2 数据库系统技术。郑妙勤专注于查询优化技术，在创建混合连接算法、优化外部连接的执行、子查询到连接的转换和其他一些有助于 DB2 广泛成功的进展方面作出了重大贡献。1992 年，她启动了对象关系技术的开发，让 DB2 在文本和图像存储方面得到了扩展，这部分成果于 1996 年首次亮相。

她还主要负责开发 IBM 的网络数据库，使人们能够通过互联网访问以前只能通过专有系统访问的大量数据。她的团队开发了以下具有里程碑意义的数据库技术和产品：DB2 World-Wide Web 及其后续产品 Net.Data，提供对企业数据库的网络访问；DB2 的 XML Extender，允许将流行的 XML 格式的数据集成到 DB2 中；DB2 Everyplace，一个微小的、完全自我管理的数据库系统，可将 DB2 的功能扩展到方便的普及型计算设备，如笔记本电脑和移动电话。

由于在关系型数据库技术及其在广泛的操作系统中的普遍应用方面的持续领导和贡献，**2000 年，郑妙勤被评为 IBM 院士，她是自 1962 年以来第一位获得 IBM 院士称号的亚洲女性。**2006 年郑妙勤入选美国国家工程院院士。

在 2003 年的一次访谈中，她提及工作中最大的成就感来自客户的认同，所有技术人员应该都深有同感。一个在技术营销方面的简短任务让她印象深刻。

> 当时我正在帮助销售人员说服中国香港特别行政区政府。其中一个有趣的部分是出入境问题。他们想把所有人的信息都放在一个数据库里，这样当你从飞机上下来去办理出入境手续时，他们可以快速检查你的信息，以判断是否准许入境。由于数据库太大，5 分钟才能完成一次查询。经过分析后，我要求客户重写一个查询，效率提高了 4000 倍，1 毫秒内就能完成，他们立即决定购买 IBM 的产品，System/390 和 DB2。因为香港移民局的采购，此后几乎所有香港政府部门都对 IBM 机器和软件感兴趣了。

> 那个时候，销售人员真的很高兴，把我带到了最昂贵的餐厅——有水晶、冰晶和所有这些……，就像对待女王一样招待我。我真的认为，当我看到一个客户对我们的产品非常满意时，这是我最想得到的认可。

在谈到 IBM 的导师机制时，她给出了一段让笔者印象深刻的表述。她说：**"如果我在听某人的演讲，发现那个演讲真的吸引了所有的注意力，我就会去尝试了解某人发表好演讲的真正原因是什么，内容、风格……我确实将这些人视为导师，任何我可以学习的人，我都视他们为导师。"**

这也是笔者的学习方法，在我参加的数以百计的会议中，如有可能我都坐在第一排，认真去理解每一个主题演讲者的精华所在，包括谋篇布局、遣词造句、肢体语言，从无数导师的现身说法中，我获益良多，不断成长。

在谈到自己的成功和给年轻人的建议时，郑妙勤的这段真知灼见适合每一个人。

我真的认为第一件事是享受你的工作，热爱你的工作。因为如果你喜欢并热爱你的工作，实现的动力将是惊人的。个人的奉献精神、对业务的热情会随之而来。我真的热爱我的工作，并享受它。这就是所有事情产生的动力。

第二件事是坚持。在遇到困难时，不是简单说"NO"。我去思考它，我应该如何以不同的角度迂回，然后我再回来。坚持不懈、毅力非常重要。我认为首先每个人都应该去说"我真的喜欢我的工作"。我喜欢做我正在做的事情。而你应该做得最好，总是做得最好。认真对待每一项任务，尽你最大的努力。在你尽力而为达成目标后，扩展你的极限。不要感到满足，不要止步不前，不断扩展极限，这是你成长的方式。

在郑妙勤的职业生涯里，她一直处于关系型数据库技术的最前沿，一直勇于接受各种挑战。2004 年至 2008 年，她来到中国，担任 IBM 中国开发中心（China Development Lab，CDL）[1] 总经理，领导位于北京、上海和台北3个主要城市的数千名员工。

在那之后，郑妙勤担任加州圣何塞的 IBM 阿尔马登研究院的副总裁，带领400 多名科学家和工程师在各种硬件、软件和服务领域进行探索和应用研究，包括纳米技术、材料科学、存储系统、数据管理、网络技术、工作场所实践和用户界面。她于 2015 年从 IBM 退休。

2. 王云

IBM 第二位华裔院士是王云（图 4.10）。郑妙勤曾是王云在 1985 年加入 IBM 时的第一任主管。2005 年，受郑妙勤的邀请，王云离开工作生活了20 年的美国，来到中国北京，加入了 IBM 中国开发中心。当时，IBM 全球有 30 多万员工，副总裁600 多位，但是在职院士只有 61 位，而在中国的IBM 院士，只有郑妙勤和王云两个人。

图 4.10　王云

1　IBM 中国开发中心成立于 1999 年，后发展成为 IBM 全球最大的软件开发实验室，高峰期曾拥有超过 8,000 名员工。2024 年 8 月 26 日，IBM 宣布彻底关闭中国研发部门，涉及 IBM 中国开发中心和 IBM 中国系统中心（China Systems Lab，CSL），两者主要负责研发和测试工作，影响员工数量超过 1000 人。此前 IBM 已于 2021 年关闭了 IBM 中国研究院（China Research Lab，CRL）。

王云领导了 DB2 z/OS[1] 查询处理结构和技术的开发，设计并推出了多重索引访问方法、混合接入方法、非均匀数据分区优化，并参与了在线分析处理、并行查询处理、查询改写和查询下推运算法则等方面的开发。

数据连接器（Data Joiner）是 IBM 推出的第一代信息整合套件，王云领导了第一代数据连接器的基础构架设计工作。他领导的另一个项目，是利用用户定义的抽象数据类型、函数和查询推出的 DB2 空间扩展器（DB2 Spatial Extender）。

王云还领导了 DB2 for z/OS Version 8 查询引擎的改造工作。通过改造，转换了 DB2 z/OS SOL 引擎的最初设计模式，以智能和高效的优化器、高速和可升级的执行引擎，为复杂的企业应用（包括企业内外部的数据连接、数据联合、子查询、递归查询、聚类、星型方案、数据归总、并行操作、转换数据类型及处理 XML 数据等）提供支持。

王云因不断创新和为 DB2 通用数据库系统提供的先进数据库技术，于 2005 年 5 月获得 IBM 授予的最高技术荣誉——IBM 院士称号。

在 2008 年，王云接受采访时，谈到数据库的定位，他是这样表述的。

> IT 也好，数据库也好，我们做的最重要的一个工作，就是克服时间带来的挑战。我们现在做运算是"活在当下"，但是一定要了解过去和预测将来。

> 数据库的存在就是为了让时间虽然断开，应用却有连贯性，所以它的首要功能是提高存储的功能和效能。数据库是个承上启下的工作，往下要将物理层面的东西做好，往上又要让应用变得更简单。

对于数据库的未来发展，王云认为，提升应用的简单性是核心目标。

> 数据库的下一代，最终目的还是要跟应用结合，提升应用的简单性。从应用的简化来说，我们希望有一个统一的接口，能够解决大家很多需求。所以说对于数据库，现在最大的挑战是整合，既可以包括物理的整合，也可以包括逻辑的整合、功能性和非功能性的整合。整合之外，渗透也很重要。信息无处不在，但是怎样把信息的处理能力渗透到应用的层次呢？这很重要。关系型数据库也一直在提高和应用系统之间的交流。

王云说，技术的终极目标是"让别人看不到我的工作"。

1　z/OS 是 IBM 于 2000 年 10 月为其 z 系列大型机专门推出的 64 位操作系统，是在 OS/390 操作系统的基础上发展起来的，而 OS/390 的前身则是一系列 MVS 版本。z/OS 也是 IBM 目前最新的大型主机操作系统，被广泛应用于大型机中。

我的工作就是让别人看不到我的工作。我希望让我上面的应用层看不到我。如果他们看到了，就说明我的工作没做好。

我最佩服的一个职业，那就是环卫工人。他们每天早起晚睡，在我们还没起床的时候，为我们处理垃圾。如果垃圾没有人处理，整个城市就瘫痪了。很多很重要、很基础的工作都不是浮在表面上的。如果你不仔细去看，是不能觉察的。我们不能够只工作在过去和现在，必须结合未来。

在谈及个人成长时，王云提到："IBM 的文化特征是传承式的，每个人在 IBM 都有成长期、成熟期和传承期三个阶段。当我成为 IBM 院士的时候，有些人问我有什么秘诀，我开玩笑说，'你跟院士工作，你就有机会成为院士。'事实上也是这样，我在第一个阶段是被人传承，当然现在也想传承下去。"

其实，IBM 并不是在工业界科技上才有前瞻性的思维，它在组织架构、代际交流这些方面也走在前沿。王云深有感触的是 IBM 的导师（Mentor）制度，"授人以鱼，不如授人以渔。言传不如身教，其实就是这个意思"。

4.1.10 新的世纪

到 2000 年，DB2 已经在大型机上销售出了它的第 10000 个许可证。但是在开放市场上，DB2 没有优势。为了弥补自身的不足，2001 年，IBM 以 10 亿美元收购了 Informix 的数据库业务，正如在声明中强调的那样，**IBM 收购 Informix 正是"因为他们销售的强大开放系统数据库产品的内在价值，以及两家公司业务的互补性"**。

随后，DB2 被更新以整合对象关系技术，在这方面 Informix 是市场上的领导者，两者的技术融合使 DB2 成为了一个**对象关系型数据库（Object–Relational Database，ORDB）管理系统**。这次收购让 DB2 的能力获得了很大提升。

2006 年中期，IBM 发布了"Viper"版本，这是 DB2 第 9 版在分布式平台和 z/OS 上的代号，这一版本通过 pureXML 技术提供了原生的 XML 处理能力，同时增强了数据库的自调优、自管理等功能。当时，Viper 中包含 68 项专利技术，是 750 多名开发人员经过 5 年的时间研究出来的成果。然而事实上，当时备受关注的 XML 处理能力，后来并未成为数据库的主流技术。

2009 年 6 月，IBM 发布了"Cobra"版本，这是 DB2 的 9.7 版本针对 LUW（LUW 指 Linux、UNIX 和 Windows）平台的代号，这一版本为数据库索引、临时表和大型对象增加了数据压缩功能，能够帮助用户节省存储空间。DB2 9.7 还支持哈希分区、范围分区等分区方式，并对 Oracle 做出了大量兼容性增强，以使 Oracle 数据库用户更容易与 DB2 一起工作。这些功能包括常用的 SQL 语法、PL/SQL 语法、脚本语法和 Oracle 的数据类型。

2009 年 10 月，IBM 发布了 DB2 pureScale，这是以大型机上的并行系统综合体（Parallel Sysplex）[1] 为基础设计的、面向开放平台的数据库集群，适用于 OLTP 工作负载。DB2 pureScale 提供了一个容错的架构和共享磁盘存储，可以扩展到多达 128 个数据库服务器，并提供连续可用性和自动负载平衡。pureScale 的架构继承了大型机上的耦合装置（Coupling Facility，CF）设计，用于全局锁管理等的实现。后来，在 pureScale 上，CF 被重新定义为缓存装置（Caching Facility）。因为 CF 的存在，在集群成员节点故障时，不需要进行全局资源目录的冻结，就能够提供更快的故障恢复，这是 pureScale 的优势所在；但是 CF 存在单点故障，需要进行高可用保护，客观上也增加了集群的复杂性。图 4.11 展示了 pureScale 的基本架构。

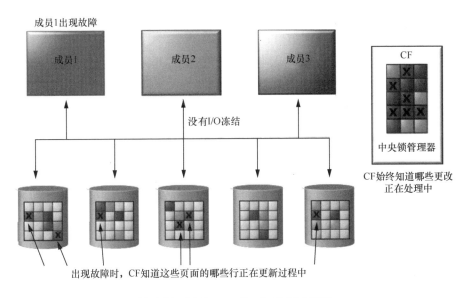

图 4.11　DB2 pureScale 的基本架构

pureScale 是 IBM 应对 Oracle RAC 技术做出的改变，但是由于进入市场太晚，这一技术并未取得像 RAC 技术那样的成功。2009 年，Oracle 推出了 Oracle 11g 的

1　并行系统综合体是 IBM 在大型机上研发的集群技术，这项技术支持由最多 32 个系统作为一个系统镜像运行。在一个合理部署的 Parallel Sysplex 系统上，即使一个独立系统遭受了毁灭性损失，整个系统也不会受太大影响，而且不会导致任何工作的损失。受损系统的工作可以自动地在剩下的系统上重新开始。另外，一台或多台系统可以从整个系统中移出以进行硬件或软件的维护工作。当维护工作完成后，系统又会重新加入综合体系统中继续工作。

第二个发布版本,这是一个非常重要的版本,RAC 技术已经相当成熟,并且这一年 Sun 公司被 Oracle 收入囊中。

在 2012 年初,IBM 发布了 DB2 的下一个版本——DB2 10.1(代号 Galileo),其中包含了许多新的数据管理功能,包括行和列访问控制、对数据库安全的细粒度控制,以及数据分层管理(根据数据的冷热访问频率进行存储转移以优化成本)。IBM 还在这一版本中引入了"自适应压缩"功能,以通过自动化的方式来实现空间节约。

2019 年 6 月 27 日,IBM 发布了 DB2 11.5,这是基于 AI 技术的新一代数据库版本,重点增加了 AI 功能,以提高查询性能,并促进 AI 应用开发的效率。这一版本中增加的一个高级事务日志空间管理(Advanced Log Space Management)功能,就是一个智能化的演进。过去,当遭遇大事务时,DB2 中经常遇到日志空间满的问题。通过这一功能,数据库能够主动侦测可能引起日志空间满问题的长事务,并将其日志从活动日志文件中抽取出来单独管理。这样一来,原来的活动日志文件可以被归档,数据库也就可以继续创建新的日志文件了。

2022 年 5 月 31 日,IBM 发布了 DB2 13 for z/OS,DB2 的故事仍在继续。

4.2 桌面数据库王者——dBASE

前面我们讨论过的数据库,都是搭载在大型机和小型机上的,在 PC 机桌面系统中,王者却属于安信达(Ashton-Tate)公司的 dBASE。

4.2.1 偶然而生

20 世纪 60 年代末,喷气推进实验室(Jet Propulsion Laboratory,JPL)的弗雷德·汤普森(Fred Thompson)使用一个名为 RETRIEVE 的产品来管理电子计算器的数据库,这些计算器在当时是非常昂贵的产品。1971 年,汤普森与喷气推进实验室的程序员杰克·哈特菲尔德(Jack Hatfield)合作,编写了 RETRIEVE 的增强版,成为 JPL 显示信息系统(J L. Display Information System, JPLDIS)项目。JPLDIS 是在 UNIVAC 1108 主机上用 FORTRAN 语言编写的,并在 1973 年公开展示。当汤普森于 1974 年离开实验室之后,杰布·朗(Jeb Long)接替了他的工作。

此后,在 JPL 以外包身份工作时,韦恩·拉特利夫(Wayne Ratliff)参加了办公室的足球赛事预测游戏 Football Pool。他对足球比赛本身并不感兴趣,但认为可以通过处理报纸上的赛后统计数据来赢得赌注。为了做到这一点,韦恩把注意力转向了数据库系统，并在一次偶然的机会中发现了 JPLDIS 的文档。他以 JPLDIS 为基础，将其移植到 IMSAI 8080 微机的 PTDOS 操作系统中，并将新系统称为 Vulcan（以《星际迷航》中的 Spock 先生命名）。韦恩在 1979 年至 1980 年间，自己销售这个产品。

4.2.2 慧眼识珠

1980 年，乔治·塔特（George Tate）和哈尔·拉什利（Hal Lashlee）偶然了解到 Vulcan，并敏锐地察觉到了其中的商业机会。他们此前已经建立了两家成功的创业公司——折扣软件（Discount Software）和软件分销商（Software Distributors）。折扣软件是最早通过邮件向消费者销售个人计算机软件程序的公司之一；而软件分销商是世界上最早的个人计算机软件批发分销商之一。

他们和韦恩·拉特利夫达成协议，拿到了 Vulcan 的授权，并专门为此成立了安信达公司（Ashton-Tate，Ashton 是一只金刚鹦鹉，是公司的非官方吉祥物）来销售产品。杰布也成为了安信达的创始人之一，在那里工作了 8 年。他是 dBASE 语言（dBASE Language）的设计师，并负责 dBASE III 和 dBASE IV 所有版本的组件，被称为安信达的 dBASE 产品的大师。韦恩也作为新技术副总裁加入公司。

韦恩将 Vulcan 从 PTDOS 移植到 CP/M[1] 系统，负责新生公司市场营销的哈尔·帕夫卢克（Hal Pawluk）决定将产品名称改为更具商业性的 "dBASE"，他使用小写的 "d" 和大写的 "BASE" 来创造一个独特的名字，并建议将新产品称为第 2 版（"II"），以表明它比最初的版本错误更少。最终，dBASE II、WordStar 和 SuperCalc 一起成为 CP/M 的标准应用程序。

作为一个单机版的数据库，dBASE 有一个数据库引擎、一个查询引擎、一个报表引擎和一个编程语言。dBASE 当时采用的是解释执行方式，应用程序的开发和调试非常方便，另外，dBASE 的编程语言非常简单易学，用户只需要通过手册学习就能编出功能强大的应用程序。dBASE 的这两个特点深受用户欢迎，很多个

---

1 CP/M 是世界上最早的微型计算机操作系统，由 Digital Research 公司于 1974 年开发，可以运行在 8 位 Intel 8080 和 Zilog Z80 微处理器上。CP/M 是 20 世纪 80 年代之前最有影响力的 PC 操作系统，有将近 3000 种软件支持 CP/M，由此成为操作系统的事实标准。随着微软携 DOS 进入操作系统领域，CP/M 节节败退，直至退出市场。

人和企业的开发者蜂拥而至。有人评论说，**正是由于 dBASE 的编程语言非常容易学习，数百万人在不知情的情况下成为了 dBASE 程序员**。本质上，dBASE 让大众有了编程能力。

1981 年，IBM PC 机发布的时候，安信达很快就把这个非常受欢迎的 dBASE 程序移植到了 DOS 上来。没过多久 dBASE 就成了 IBM PC 机上最受欢迎的程序之一。

1983 年，安信达又发布了 dBASE Ⅱ 运行时（Runtime）产品。这个产品允许开发者开发出 dBASE 的应用程序以后，可以把应用程序和运行时一起发售给他们的客户，而不是像之前那样，客户必须同时购买 dBASE 和应用程序。

这个运行时产品的发布，让安信达的 dBASE 销售业绩又上了新的高峰。在 1983 年，dBASE 已经成为名副其实的桌面数据库的统治者。这一年的销售业绩，也让安信达顺利地在年底正式上市。

乔治·塔特于 1983 年 8 月 10 日去世，享年 40 岁。他见证了公司的成功，并且没有看到公司在对福克斯软件（Fox Software）公司的自杀性版权诉讼中倒下。对他来说，这也是一种幸运吧。

1984 年，安信达发布了 dBASE Ⅲ。和 Oracle 的选择相似，从这一版本，开发语言从汇编语言转变为 C 语言。为了加速迁移，他们使用了一个工具把汇编语言代码直接翻译成 C 语言代码，然后再继续开发。了解程序设计的人都会知道，**直接的转换会带来严重的程序可读性、可维护性和性能问题，短期的工期节约一定会带来需要长期偿付的技术债务**。

惯性使然，dBASE Ⅲ 依旧是一个大卖的产品。安信达在个人计算机的数据库市场的地位越发稳固。到 1984 年，有 1000 多家公司提供与 dBASE 有关的应用开发、附加功能开发、咨询、培训等服务。dBASE Ⅲ 被移植到更多的平台，比如 UNIX 和 VMS。到 20 世纪 80 年代中期，dBASE 成为了商业软件市场上的三大明星产品之一，其他两个是 Lotus 1-2-3 报表软件、WordPerfect 文字处理软件。

4.2.3 戛然而止

1986 年，安信达发布了 dBASE Ⅲ+。这个版本增加了菜单功能，用户可以更方便地使用 dBASE。然而，此时数据库市场已经发生了很多改变，Oracle 和 DB2 尝试了很多技术创新，用户也希望 dBASE 可以提供更丰富的功能（例如自定义函数），并且希望提供编译器，以提高性能。于是，安信达许诺在下一个版本里会自带编译器。

dBASE 的竞争对手也纷纷登场了，其中就有人们熟悉的 FoxBase 和 FoxPro（笔者在大学时，计算机等级考试中数据库就是考的 FoxBase）。Fox Software 在成立后的第二年（1984 年）便推出了与 dBASE 全兼容的 FoxBASE，其速度比 dBASE 快许多，并且引入了编译器。1986 年，与 dBASE Ⅲ + 兼容的 FoxBASE+ 推出后不久，FoxPro/LAN 也投入市场，一时间引起轰动。1987 年之后，Fox Software 相继推出了 FoxBASE+ 2.0

和 FoxBASE+2.10。这两个产品不仅速度上超越其前期产品，而且还扩充了对开发者极其有用的语言，提供了良好的界面和较为丰富的工具，因此成为 dBASE 最大的竞争对手。

1987 年，安信达的销售收入达到了 3 亿美元。1988 年，安信达发布了 dBASE Ⅳ，截至这一年，其 5 年销售复合增长率达到了 76.2%，超过了微软的 63.8% 和莲花软件（Lotus）的 54.6%。但是 dBASE Ⅳ也成为了终结者，由于过去迁移到 C 语言的代码混乱，在上面开发一个编译器很困难，所以原定的编译器无法达成。此外，这个版本和前面版本的兼容性差，执行效率不但比竞争对手差，比自己的第 3 版也要差很多。

1989 年下半年，FoxPro 1.0 正式推出，它首次引入了基于 DOS 环境的窗口技术，支持鼠标操作，是一个与 dBASE、FoxBASE 全兼容的编译型集成环境式的数据库系统。

无数的安信达客户开始投奔其竞争对手。1989 年，安信达的市场占有率从 63% 掉到 43%，并开始大规模裁员。等到稳定版的 dBASE Ⅳ 1.1 在 1990 年发布时，安信达已经回天乏力了。

4.2.4　致命诉讼

安信达曾经秘密地和 Fox Software 商谈收购事宜，谈判破裂后安信达决定起诉 Fox Software 侵权，这一诉讼后来被称为一场自杀性诉讼。当安信达于 1988 年 11 月对 Fox Software 和 SCO 提起版权侵权诉讼时，它绝对料想不到最后的结局。

诉讼称，FoxBASE 系列程序侵犯了安信达在 dBASE 的版权，dBASE 程序的"组织、结构和顺序"反映了安信达原创的表达形式，Fox 和 SCO 非法复制了程序的"独特外观和感觉"，包括"命令、菜单和文本"。

1990 年 12 月 11 日，法官宣布安信达在其 dBASE 系列程序中的版权无效，法院认定其在提交 dBASE 程序版权注册时有意欺骗美国版权局，没有披露其程序来自于 JPLDIS 的事实。

法院在裁决中应用了"不洁之手"（Unclean Hands）原则。在版权诉讼中，如果原告对有关作品采取了非常不公平的行为，被告可以提出"不洁之手"的辩护。法官罕见地采用了这一原则，他认为安信达没有披露其程序的背景是故意的。

如果该裁决在安信达的上诉中得到支持，其后果将是剥夺安信达在 dBASE 中的版权权利，并允许任何公司复制该程序的用户界面。

有了法律上的支持，1991 年 7 月，FoxPro 2.0 正式推出，这是一个真正的 32 位产品。由于使用了查询优化技术 Rushmore、先进的关系查询与报表技术以及整套第四代语言工具，FoxPro 2.0 的性能大幅度地提高了。这一版本还增加了 100 多条全新的命令与函数，从而使得 FoxPro 的程序设计语言逐步成为 Xbase 语言的标准。在与 dBASE IV、Paradox、Clipper 等同时期其他竞品一起参加的基准测试中，FoxPro 的执行速度是其他竞争者的 100 多倍。因此，该公司常用的广告用语为"Nothing Runs Like The Fox"（没有东西跑得像狐狸那么快），FoxPro 也荣获多项当年诸多杂志所评选的优秀成果奖。

这里还有一个小插曲，哈尔•帕夫卢克（也就是为 dBASE 命名的人）在为安信达工作时，是通过自己的广告公司（Pawluk Advertising Inc.）负责市场工作的。而在 1990 年 12 月至 1992 年间，他加入了 Fox Software 公司，担任执行副总裁，同样负责市场工作。在此期间，他的履历上增加了如下 4 条。

（1）通过快速有效地制定和实施新战略，在一年内将分销商的销售份额从不足 7% 提高到 22%。

（2）重新定位了产品终端用户市场，一年内将门店销售份额从 6% 提高到了 24%，并且打败了一个拥有 75% 初始市场份额的竞争对手。

（3）在不到一年的时间里，在商业市场上，将企业初始购买意愿率提高到 60% 以上。

（4）提供营销方向、领导力和后续服务，并帮助公司成为计算机行业的巨头，使公司在一年左右的时间里增加了 1 亿美元的价值（被微软收购）。

这是一位懂技术的营销大师，他制定的市场传播计划和编写的广告获得了最佳展示奖（Business Professional Advertising Association, BPAA）和纽约 One-Show 奖，并获得了各种表彰销售效果的奖项。他还编写了一款软件程序，发行了超过 25 万份。

1991 年秋天，宝兰（Borland）[1] 公司以 4.39 亿美元收购了安信达，当时的宝兰也正被莲花软件以类似的理由提起侵权诉讼，这使得宝兰在同一问题上处于诉讼的两方。由于担心宝兰在数据库市场上形成垄断，美国司法部批准收购的条件是它要快速解决诉讼问题。宝兰在美国司法部的压力下撤销了对 Fox 的诉讼，并承诺在 10 年内不提起类似的诉讼。

没有人想到，这一决策反而成就了微软的数据库战略。

20 世纪 90 年代初，微软还没有自己的桌面数据库产品，而 1990 年春天发布的 Windows 3.0 已经一夜成名。一方面，微软在内部正在开发桌面数据库，代号为 Cirrus；另一方面，微软为了收购 Fox，已经进行了三年的谈判，但直到宝兰解除了对 Fox 的威胁性诉讼后，谈判才取得实质性进展。**1992 年 3 月，微软斥资 1.73 亿美元收购了 Fox Software 公司**，当时，后者是市场上排名第二的数据库制造商。现在 FoxPro 这个明星产品已经成为了微软的囊中之物，后来成为大家熟悉的 Microsoft Visual FoxPro.

虽然成功收购了 FOX Software，微软还是于 1992 年 11 月 13 日发布了 Access 1.0 版本。据统计，在发布后一年，Access 就销售了 50 多万份。自此，Windows 时代的数据库进入微软时代。

据说，宝兰刚完成对安信达的收购就开始后悔[2]。在收购安信达之前，宝兰也有一款数据库产品 Paradox，在收购安信达后，宝兰计划把 dBASE 作为高端数据库，将其带入 Windows 时代。但微软推出 Access 数据库，并收购了 Fox Software 后，彻底改变了桌面数据库市场的格局，MS-DOS 时代的强者未能成功迈入 Windows 时代。

---

1 宝兰公司成立于 1983 年，创立者是菲利普・卡恩（Philippe Kahn），该公司的灵魂人物是天才程序员安德斯・海尔斯伯格（Anders Hejlsberg）。安德斯是 Turbo Pascal 编译器的主要作者，Delphi、C# 和 TypeScript 之父，微软 .NET 创立者。1996 年，在比尔・盖茨的亲自邀请下，他加入微软。

2 收购安信达花费的大额资金支出使得宝兰财务紧张，其创始人 Kahn 于 1995 年 1 月辞任董事长、CEO，并于年底被驱逐。安德斯加入微软后，宝兰失去了最好的发展时机。2009 年 5 月 6 日，宝兰公司被 Micro Focus 以 7500 万美元收购。

最终，宝兰的两个产品在内部的争斗愈演愈烈，一起失败了，dBASE 从此退出了桌面数据库的历史舞台。

4.3 无冕之王——Ingres

在数据库的历史上，Ingres 项目是当之无愧的无冕之王。由于最初采用的是 BSD 许可协议，无数的创业创新项目在此基础之上生根发芽，并展示出百花齐放的繁荣生态。图 4-12 概括了由 Ingres 开启的不同数据库产品发展历程。

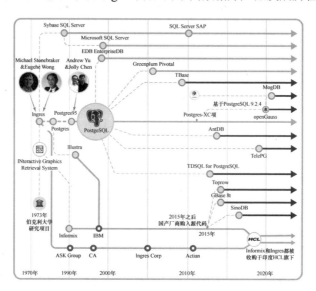

图 4.12 Ingres 生态图谱

4.3.1 Ingres 公司

最早尝试将 Ingres 项目商业化的团队是斯通布雷克、王佑曾以及劳伦斯·罗（Lawrence A. Rowe）教授，他们离开校园，在 1980 年创立了 RTI（Relational Technology，Inc.），从公司命名中就彰显出关系型数据库技术。

RTI 首先将 Ingres 代码移植到 DEC 系统，还开发了一系列前端工具和应用开发工具，快速赢得了市场。随着时间的推移，许多源代码被重写，以增加功能和提高性能。因为 Ingres 产品取得了极大的成功，1989 年 RTI 更名为 Ingres。

但是此时 Oracle 已经快速崛起，随着 IBM DB2 推出而带来的 SQL 流行，Ingres 的查询语言 QUEL 彻底落败，Ingres 在竞争中败下阵来。

Ingres 失利的原因非常复杂。在很长时间里，Ingres 和 Oracle 的规模非常接近，如果要总结一下，可能有以下几个因素。

（1）**QUEL 不敌 SQL**。SQL 成为标准，是 Ingres 落败的关键原因。Ingres 为此不得不花了数年时间去做一个像样的 SQL，同时还需要重新架构其他一切。Ingres 和 Oracle 在重新架构第 6 版本产品时都遇到了生存问题，而 Ingres 没有成功。

（2）**跨越鸿沟**。事实上，Oracle 率先跨越了死亡鸿沟，其更为雄厚的财力帮助他们赢得了和 Ingres 的这场军备竞赛。从技术上来说，除了多版本并发读之外，Ingres 一直都运行得更好，问题也更少。

（3）**并行技术**。Ingres 在技术上没有抓住并行架构的赛点。事实上，Ingres 曾在波特兰与 Sequent 公司联合开发产品，以实现其并行化版本。后来由于费用问题，Ingres 退出了，Informix 介入了该项目，这就是 Informix 可以在并行处理方面与 Oracle 竞争的原因，而在这一领域缺乏竞争力则注定了 Sybase 和 Ingres 的命运。

其实，在商业竞争中，公司的生死往往就在一线之间。

在与 Ingres 的竞争中，Oracle 公司的股价在 1990 年 10 月 31 日跌到每股 5.25 美元，并在次日下挫至每股 4.88 美元的空前低点。埃里森的个人财富也从春季的 9.54 亿美元，跌至 11 月 1 日的 1.64 亿美元。

此前，即使采取了裁员和降低成本等措施，Oracle 仍然存在严重的现金流问题。到 10 月底，Oracle 已向国际银团组织借款 1.7 亿美元，但该组织明确拒绝继续提供信贷，公司已处于生死攸关的时刻。到 1991 年中期，日本钢铁公司同意向 Oracle 贷款 2 亿美元，换取其债务证券。埃里森同意这次谈判达成的协议，却从未将其付诸实施。到这一年中期，Oracle 的情况不再像上一年秋季那样严峻，公司开始转向盈利，经济出现了反弹。Oracle 公司的股价再次向上攀升。

而 Ingres 却没有撑过那个秋天，公司于 1990 年 11 月被 ASK 公司收购，Ingres 的创始人在接下来的几个月里先后离开了公司。

1994 年，ASK 中的 Ingres 又被 CA 公司收购，这一次大批员工离职，其中很多人加入了 Oracle。他们说，他们已经厌倦了一直为失败者工作。

2004 年，CA 公司以开放源码许可的方式发布了 Ingres 第 3 版。该代码包括 DBMS 服务器和实用程序，以及基于

字符的前端和应用开发工具。2005年11月，私募股权公司将 Ingres 从 CA 公司剥离出来，成立了 ACTIAN 公司，并于 2018 年被印度 HCL[1] 等多家公司以 3.3 亿美元收购，至 2021 年该公司被 HCL 独自持有（见图 4.13）。

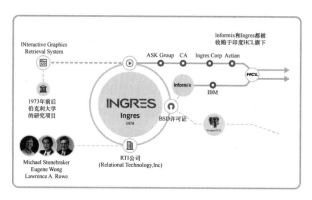

图 4.13　Ingres 的归宿

Ingres 虽然功败垂成，但是 Postgres 最终将上演王者归来。

4.3.2　QUEL 与 SQL 的战争

Ingres 的落败，很大程度上是因为 QUEL 败给了 SQL。在 IBM、Ingres、Oracle 的"三角战争"中，Oracle 成为了最后的赢家。可是在 1984 年，一切还尚未明朗。

当年，Oracle 的销售额翻了一番，达到了 1270 万美元，而声名鹊起的 Ingres 销售额则翻了三倍，达到了 900 万美元。埃里森甚至说："他们真的在踢我们的屁股，他们追赶得很快。"

这一阶段，正是 Oracle 用 C 语言重写代码，发布 Oracle 第 3 版的时期，Bug 的确很多，但是随后推出的 Oracle 第 4 版挽回了局面。面向 Ingres 的机遇一闪即逝。

可是 Oracle 成功的决胜因素并不在此，而是因为 IBM 的强大助攻，也因为斯通布雷克犯了一个错误。

经过 IBM 和 Oracle 几个月的不断游说，1986 年，美国国家标准协会（ANSI）宣布将 SQL 作为标准关系型数据库语言。在《软件战争》一书中，作者马修·西

1　HCL（Hindustan Computers Limited）是一家印度的跨国公司，由希夫·纳达尔（Shiv Nadar）创立于 1976 年的 Microcomp 分拆演进而来。HCL 公司早期业务以硬件为主，后通过 HCL Technologies 扩展到软件和技术服务。该公司于 1999 年上市，目前拥有约 22 万员工，市值约 540 亿美元。2022 年 HCL Technologies 更名为 HCLTech。

蒙兹（Matthew Symonds）写道：

> 面对坚不可摧的 Oracle 4 和 Oracle 日益咄咄逼人的销售团队，Ingres 很
> 难保持其势头，但真正的威胁却来自由 IBM 支持的美国国家标准协会决定将
> SQL 作为标准关系型数据库语言。斯通布雷克甚至不屑于出席协会会议，在他的
> 意识里，他反对制定任何技术标准。这是一种傲慢的学者行为，而非一个为保护
> 自己公司利益而谨小慎微的商人的行为。

斯通布雷克一直认为制订标准会扼杀创新，是人为地干预创新产品迈向市场。
埃里森却说："也许 QUEL 比 SQL 更好，也许法语比英语更好？但这些并不重要，
英语和 SQL 都将会胜出。"

在 1985 年，也就是 QUEL 和 Ingres 被打败的那一年，数据库专家**克里斯托弗·
戴特写了一篇论文，他在论文中提到 QUEL 是这两种语言中最好的。**

SQL 所基于的关系模型是绝对可组合的，但 **SQL 不具有可组合性，而 QUEL
更接近科德的关系演算模型，具备灵活的可组合性。**QUEL 是一种精心设计的语言，
而 SQL 是由工程师开发的，更关注的是功能可用和数据库性能，而不是语言设计，
而且他们从未期望自己发明的接口能够成功并成为标准。图 4.14 展示了 QUEL 和
SQL 语言的对比。

QUEL	SQL

`create student(name = c10, age`
`= i4, sex = c1, state = c2)`
 	
`range of s is student`
`append to s (name = "philip",`
`age = 17, sex = "m", state =`
`"FL")`
 	
`retrieve (s.all) where s.state`
`= "FL"`
 	
`replace s (age=s.age+1)`
 	
`retrieve (s.all)`
 	
`delete s where s.name="philip"`
	`create table student(name char(10),`
	`age int, sex char(1), state char(2));`
	
	`insert into student (name, age, sex,`
	`state) values ("philip", 17, "m",`
	`"FL");`
	
	`select * from student where state =`
	`"FL";`
	
	`update student set age=age+1;`
	
	`select * from student;`
	
	`delete from student where`
	`name="philip";`

图 4.14　QUEL 和 SQL 语言的对比

埃里森说："斯通布雷克发明了 QUEL，并像一位自豪的父亲一样坚持使用它，
而 IBM 和 Oracle 支持 SQL。不支持 SQL 严重损害了 Ingres，同时，Ingres 的性能
也远远落后，缺乏可移植性和读取一致性。所有这一切合在一起，扼杀了 Ingres 作

为数据库市场竞争者的潜质。"

4.3.3　Postgres 和 Illustra

1984 年，商业化的 Ingres 已经发展了 4 年，代码质量和功能已经远远超过了学院版的 Ingres。于是，斯通布雷克教授做了一个痛苦的决定：抛弃所有的 Ingres 代码，重新设计并实现一个新的数据库系统——Postgres。

Postgres 增加了许多现有关系型系统所缺乏的功能，包括支持完整性约束、复杂的"对象关系"数据类型、数据同步复制、触发器等。**Postgres 在面向对象上的尝试，将面向对象数据库（OODBMS）和关系型数据库（RDBMS）结合起来，形成了面向对象关系型数据库（ORDBMS），这一创新后来被其他数据库广泛采纳。**

到 1991 年，Ingres 公司被收购。对斯通布雷克的竞业限制结束后，他立即决定成立一个商业公司来对 Postgres 进行商业化。当时的计划是把查询语言从 QUEL 转化为当时的标准查询语言 SQL，并优化代码以及提升性能。

新公司的第一位员工 Wei Hong 来自中国——在后来斯通布雷克的图灵奖获奖演说中，他亲切地称其为"EMP1"。Wei Hong 是 Ingres 团队率先加入新公司的两位明星之一。他的数据库生涯受到开源的深刻影响。据 Wei Hong 回忆，1985 年，他在清华大学第一次接触到了 Ingres 代码打印件，他们通过将一行行代码手动输入计算机，最终使其正常运行，从而展开了对数据库技术的研究。1989 年的夏天，Wei Hong 加入了斯通布雷克在伯克利大学的研究小组，并在那里获得了博士学位。

1993 年，斯通布雷克最终把这家新公司命名为 Illustra。Illustra 成功地吸引了几个初始用户并融到了更多资金，斯通布雷克组建了一个真正的管理团队，公司走上了正轨。Illustra 在技术上提出了一个构想——数据刀片（DataBlade），其核心思想是将数据库的某些特定功能封装成独立的模块，这些模块可以动态地添加到数据库系统中，从而提供对新数据类型的支持。通过这种方式，数据库厂商和第三方都可以用数据刀片来扩展数据库产品，Illustra 为音频、视频、空间和时序数据类型提供了一套核心数据刀片。数据刀片的概念受到了行业分析师的热烈拥护，最终，对象和可扩展性成为所有数据库产品的必备功能。然而 1994 年，Illustra 遇到了第一个严重危机：用户开拓受阻，融资遇到困境。斯通布雷克花了 3 个月的时间处理股东关系，然后终于获得了一笔融资，使得 Illustra 渡过了难关。

1995 年，奇迹突然出现。互联网蓬勃发展，网络公司受到大家的热烈追捧。此时，Illustra 不再仅仅是一个拥有扩展数据类型的数据库，而是一个真正意义上的面向对象的互联网数据库，可以存储互联网上所有类型的东西，例如文本、图像和音频。当时一个互联网巨擘考虑采用 Illustra 产品，但是他们并不关心产品检索文本或者地理信息的性能，而是关注事务处理的性能，这不是 Illustra 所擅长的。如果要大幅度提升事务处理的性能，Illustra 需要重写大部分的代码，宝贵的机遇由此错失。

在岌岌可危的关口，1996 年 2 月，又一个奇迹出现。Illustra 的一个竞争对手对其提出约 4 亿美元的收购要约。这直接解决了前面的两个问题——用户拓展和事务处理引擎。Illustra 被收购之后，其很多特性被成功地移植到了这家大公司的系统中。

这家大公司就是大名鼎鼎的 Informix。

4.3.4　Informix

1980 年关系型数据库系统（Relational Database Systems）公司由罗杰•西普尔（Roger Sippl，如图 4.15 所示）创建，这也是一段传奇历程。**他的求职曾经被乔布斯和埃里森分别拒绝，堪称神级待遇。**

罗杰在大学时被诊断出患有 IIIB 期霍奇金病，存活概率只有 20%，在 1974 年到 1975 年间，经过 13 个月的放射治疗、手术和联合化疗，他逐渐从疾病中恢复过来。**在生死边缘徘徊之后，罗杰养成了从事任何工作都抱**

图 4.15　罗杰•西普尔

有"背水一战"的决绝，不成功就成仁，也正是这样的经历和意志使他最终通过 Informix 取得了事业的杰出成就。**

1978 年，在一次求职经历中，罗杰第一次面对了乔布斯的提问。当他穿着西装、打着领带坐在乔布斯对面时，他感觉浑身不自然，事后他认为是这身装扮引发了乔布斯的反感。

当乔布斯提问**"你想为苹果公司做什么"**时，罗杰说，他希望**把个人计算机带入商业世界，建立比小型机和大型机更容易使用的数据库管理系统**。这一思想和乔布斯"个人计算机"的发展理念不符，他失去了进入苹果公司的机会。

此后，罗杰加入了克罗门克（Cromemco）公司[1]，**负责开发了一个名为数据率**

1　克罗门克是由两位斯坦福大学的博士生哈里•加兰（Harry Garland）和罗杰•梅伦（Roger Melen）于 1974 年合伙开始的，公司以他们在斯坦福大学的宿舍 Crothers Memorial（为工程专业研究生预留的宿舍）命名。Cromemco 于 1976 年发布 Cromemco Cyclops 数码相机和 Cromemco Dazzler 显卡，在当时都具有划时代的意义，之后他们开始生产计算机系统。

报表器（Data Base Reporter，DBR）的报告编写软件（使用 C 语言开发），底层包含了一个基于 ISAM 技术 [1] 的小型关系型数据库，这就是 1981 年发布的 Informix 数据库的前身。所以 Informix 早期的一个突出特点就是包含一个报告生成器，用于简易地从数据库中提取数据并以可视化的方式呈现给用户。在克罗门克公司，罗杰还结识了罗伊·哈灵顿（Roy Harrington），一位留着大胡子的天才程序员。

当罗杰离职开始创业时，罗杰·梅伦慷慨地允许他将工作期间的创造用于新的冒险。罗杰的贵人是他的前女友和罗伊·哈灵顿，他用 10% 的股权从前女友那里换到了 2 万美元；哈灵顿则算是带资入场，从他继承的一笔遗产中先后投资了数万美元给罗杰。

哈灵顿的投资挽救了罗杰公司。在那之前，罗杰已经去 Oracle 公司面试，并且通过了鲍勃·迈纳那一关，他已经准备放弃自己的公司，开始一段新的职业历程。最后是劳伦斯·埃里森的一个问题，使 Oracle 公司拒绝了一个杰出的天才，同时成就了一个难缠的对手。

埃里森问："**如果你能为自己的公司融资，你是愿意自己干，还是愿意在我这工作？**"

罗杰非常诚实："我更愿意拥有自己的公司，但我正在用 Visa 卡支付工资，它的额度已经用完了。"

埃里森果断地拒绝了他。

随后，奇迹出现了。罗伊·哈灵顿打电话告诉罗杰，他要带着投资加入公司。哈灵顿担任了研发副总裁，带领团队完成了一个真正可以销售的产品。随后，罗杰将产品带到了亚特兰大的一个大会参展，第一次把 Informix 的序列号卖给了英国的 Keene Computing 公司。转折点来临。罗杰甚至在玩二十一点时赢了 1 万美元，在那之后他说"我们再也没有遇到任何现金问题"。

先后被乔布斯和埃里森拒绝，又成就了自身的传奇经历，这可谓是"山重水复疑无路，柳暗花明又一村"。

Informix 版本 1、2 和 3 是关系模型的实现，但并非基于 SQL。1984 年左右的 Informix 3.3 是最后一个非 SQL Informix 版本。1985 年，Informix-SQL 产品中引入了一个新的基于 SQL 的查询引擎，**遵从了 DB2 和 Oracle 主张的 SQL 标准，并使得数据库的访问代码得以解耦分离到一个引擎进程中**，从而为客户端 / 服务器计算

1　ISAM 是索引顺序访问方法（Indexed Sequential Access Method）的缩写，是一种创建、维护和操作计算机数据文件的方法，可以通过一个或多个键顺序或随机检索记录。

创造了条件。在这一版本中，底层存储进化到著名的 C-ISAM。

在 20 世纪 80 年代初，关系型数据库系统公司仍然是一个小公司，但随着 20 世纪 80 年代中期 UNIX 和 SQL 的普及，他们的命运发生了变化，**1986 年公司更名为 Informix，并成功上市**。Informix 取自 Information 和 UNIX 的结合，顾名思义，公司的目的是为 UNIX 等开放操作系统提供专业的关系型数据库产品。

在 20 世纪 90 年代初，OLTP 成为关系型数据库越来越主要的应用，同时，客户端 / 服务器架构日渐兴起。Informix 在其产品中引入了客户端 / 服务器的概念，将客户端和服务器分割开来，推出了 Informix OnLine。该版本的一个特点是数据管理发生重大改变，即数据表不再是单个的文件，而是数据库空间和逻辑设备。逻辑设备不仅可以建立在文件系统之上，还可以建立在硬盘的分区和裸设备上，由此提高了数据管理的安全性。**Informix OnLine 的 5.0 版本在 1990 年底发布，包括对两阶段提交和存储过程的全面分布式事务支持，随后支持了触发器**。

Informix 的 C-ISAM 版本后来演进为 InformixSE（其中，SE 指的是 Standard Engine），其特点是简单、轻便、适应性强。它的装机量非常之大，尤其是在当时的微机 UNIX 环境下，成为主要的数据库产品。

1993 年，为了克服多进程系统性能的局限性，Informix 使用多线程机制重新改写数据库核心，**次年初，推出了采用被称为动态可伸缩结构（Dynamic Scalable Structure，DSA）的动态服务器（Informix Dynamic Server），持续赢得了当时性能基准测试的第 1 名**。DSA 涉及对产品核心引擎的重大改造，支持水平并行和垂直并行，并以多线程核心为基础，使得该产品在 OLTP 和数据仓库方面都能达到市场领先的伸缩性水平。

在这一时期，Informix 经历了一些并不顺利的并购，创始人罗杰身心疲惫，在选择了新的职业经理人之后，他在 1993 年离开了公司。

随后，在动态服务器版本成功的基础上，Informix 将其核心数据库的开发投资分成了两项工作。其中一项工作最初被称为 XMP（eXtended Multi-Processing），后来成为第 8 版产品系列，也被称为 XPS（eXtended Parallel Server）。这项工作的重点是增强数据仓库和高端平台的并行性。

到 20 世纪 90 年代后期，随着互联网的兴起，电子文档、图片、视频、空间信息、网页等应用潮水般涌入 IT 行业，而关系型数据库所管理的数据类型仍停留在数字、字符串、日期等 20 世纪六七十年代的水平上，其处理能力便显得力不从心了。此时，**斯通布雷克教授于 1992 年提出的对象关系型数据库模型有了用武之地**，为互联网多样化数据的处理找到了解决之道。

1995 年，Informix 的收入创纪录地达到近 7.09 亿美元，比 1994 年增长了51%，收益为 1.05 亿美元，增长了 59%，发展形势非常好，股价在当时屡创新高。**1995 年 12 月，该公司通过了收购 Illustra 公司的协议，迈克尔·斯通布雷克由此担任 Informix CTO**，从此开创了通用数据库（Universal Database）的时代。

斯通布雷克及其研发组织加入了 Informix，使之在数据库发展方向上有了一个新的突破。Informix 将自己的关系型数据库和 Illustra 程序合并后推出通用数据选件，通用服务器（Universal Server）成为第一个可以存储任何种类信息的数据库，包括图形和视频。Informix 开始销售通用服务器，到 1996 年年底，它在行业中的地位已经上升到第二位，仅次于 Oracle，股价达到了约 36 美元的历史最高点。

除了 Informix UDB 9.0，IBM 的 DB2 也进行了重大的改写，并改名为 DB2 UDB，同样在扩展性上吸取了迈克尔·斯通布雷克的对象关系型数据库理论。

由于对公司的新方向不满意，XPS 首席架构师加里·凯利（Gary Kelley）突然辞职，并在 1997 年初加入了公司的宿敌 Oracle，同时带走了 11 名开发人员。Informix 最终起诉了 Oracle，以防止商业机密的流失。两家公司后来协商达成了和解，Informix 发表声明，撤回了对前雇员的指控，该解决方案的细节至今没有公开。

Informix 的两个新版本——V8（XPS）和 V9（IUS）于 1996 年出现在市场上，使 Informix 成为"三大"数据库公司（其他两家公司是 Oracle 和 Sybase）中第一个提供内置对象关系支持的公司，这使得其他供应商趋之若鹜。 Oracle 在 1997 年推出了一个"嫁接"的时间序列支持包，而 Sybase 则转向第三方的外部包。

1997 年，Informix 在加州红木城 Oracle 总部对面的州际公路上购买了一块广告牌（图 4.16）。广告牌上写着"CAUTION DINOSAUR CROSSING"，这是对 Oracle 在行业中所谓的落后状态的嘲讽。

图 4.16　Informix 的广告（1）

在一段路之后，还有下一张广告牌，上面写着"You've just passed Redwood Shores. So did we"（你刚刚路过红木海岸，我们也是），如图 4.17 所示。Informix 对超越 Oracle 满怀信心。

图 4.17　Informix 的广告（2）

在另外一则广告上，Oracle 出现在后视镜中，Informix 宣称他们才是最好、最快的数据库产品，如图 4.18 所示。

图 4.18　Informix 的广告（3）

这一时期，Informix 在技术上的成功和广告传播的确让 Oracle 紧张了一阵子，然而 Informix 在市场和管理上的不当，最终抹杀了 Informix 所有技术上的成功。在 1997 年愚人节那天，Informix 宣布第一个季度的收入比预期少了 1 亿美元。公司 CEO 把收入降低归咎于在对象关系技术上的过度投入。紧接着，大量的营业损失和裁员相继而来。Informix 重审了 1994 年到 1996 年的利润，证实其中的虚假销售致使公司产生了超过 2 亿美元的业绩泡沫。这一切彻底击垮了 Informix。

2001 年，IBM 以 10 亿美元收购 Informix。2015 年以来，IBM 开始向中国公司销售 Informix 源代码，与 IBM 签订源代码授权的公司有华胜天成、南大通用和星瑞格。这三个公司成为以引进 Informix 源代码来发展中国数据库的代表。

2017 年 5 月，IBM 把整个 Informix 业务卖给了印度公司 HCL。

4.3.5 Sybase 之 ASE

Sybase 公司[1]**成立于 1984 年**，其创始人之一鲍勃·爱泼斯坦（Bob Epstein）是 Ingres 大学版的主要设计人员、第三任经理。最初，Sybase 公司的名字是 Systemware，后来在 1991 年更名为 Sybase，取自 System 和 database 相结合的含义。

Sybase 于 1986 推出了第一个测试版本的产品，并于 1987 年 5 月正式推出了运行在 Sun 工作站上的数据库 Sybase SQL Serrer，这个产品由数据服务器（Data Server）和数据工具集（DataToolset）两部分组成，前者允许整个计算机网络同时访问数据库，后者为开发应用、编写报告和执行查询提供了工具集。Sybase SQL Serrer 是一个可用于在线应用的高性能数据库管理系统，为人类基因组计划提供了第一代客户端 / 服务器，简称 CS 架构的数据库服务，如图 4.19 所示。**Sybase 在设计中未采用大型机，而是提供了一个客户端和服务器分离的计算机架构，为用户带来新的选择，这在当时是创新和领先的。也因为这样的架构，Sybase 率先实现了存储过程和触发器等服务器端数据库功能。**Sybase 是第一个在客户端 / 服务器架构上获得成功的商业数据库。这一年的 8 月，Sybase 还完成了一轮总额为 330 万美元的融资，其中，苹果公司占据了少数股份。

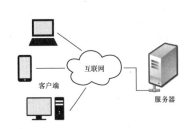

图 4.19　客户端 / 服务器架构示意图

由于 Sybase 从一开始就是为 CS 架构而设计的，最初的设计者正确地预见了网络将无处不在，Sybase 的 CS 架构使它非常节省资源，能够通过 SQL 界面处理现实世界的工作负载，其独特的 SQL 风格被称为 "Transact-SQL"，直至现在仍然如此。相比之下，其他数据库长期以来都是单一的程序，每个用户基本上都会启动一个完整的数据库副本。Oracle 是在 20 世纪 90 年代中期才推出 CS 功能的。

到 1987 年年底，Sybase 的年收入达到了 600 万美元，并且 Sybase、安信达和微软公司即将推出联合产品 SQL Server；1988 年秋天举办的第一次用户小组会议更是邀请了比尔·盖茨作为主讲人；同年 10 月，Sybase 成为了史蒂夫·乔布斯宣布的 NeXT 计算机系统的一部分。史蒂夫和爱泼斯坦达成共识，在 NeXT 计算机系统中捆绑了 Sybase 数据库，当华尔街大批购买 NeXT 计算机系统时，事实上就开

1　1984 年，鲍勃·爱泼斯坦（Robert Epstein）、马克·霍夫曼（Mark Hoffman）、简·多蒂（Jane Doughty）和汤姆·哈金（Tom Haggin）在爱泼斯坦位于加州伯克利的家中创立了 Sybase。爱泼斯坦于 1999 年离开 Sybase，是四位创始人中最后一个离开的。

始基于 Sybase 开发应用程序。

1989 年，Sybase 又和莲花软件建立合作，并接受了该公司 15% 的股权投资。莲花软件是当时红极一时的明星公司，其产品 Notes[1] 的创新数据"复制"技术后来被各种数据库产品竞相模仿。

Sybase 一时风头无两，到 1989 年，在创业第 5 年之时，Sybase 的销售额已经达到了 5600 万美元，Oracle 花了大约 10 年才达到这一规模（1986 年，Oracle 的销售额是 5540 万美元）。

在 20 世纪 90 年代初，伴随着小型机和 UNIX 的出现，Sybase 在华尔街掀起了一场风暴。Sun 公司也在这一时期崛起，而在那之前，商业应用通常是在大型机上。尽管 UNIX 服务器不能达到大型机所提供的可用性和可靠性水平，但其性能、成本优势和易用性使其具有强大的吸引力。恰好，Sybase SQL Server 在这些 UNIX 服务器上运行得非常好，因此 **Sybase 在小型机取代大型机的过程中受益匪浅**。

Sybase 在金融领域取得了显著成功，并推动了公司成为企业数据库和数据解决方案市场的领导者之一（图 4.20）。**Sybase 在华尔街站稳脚跟并不是巧合，金融公司总是站在技术的前沿，不断寻找能够使他们获得竞争优势的新技术。**Sybase SQL Server 在当时就是这样的技术。直至今日，金融领域的许多关键系统仍运行在 Sybase 之上。例如，构成世界衍生品市场的大多数交易系统，仍使用 Sybase 作为其底层的核心数据库。

Sybase 和微软的合作，在数据库历史上留下了浓墨重彩的一笔，是值得我们进一步回顾和研究的。早在 1986 年，Sybase 就开始和微软探讨合作。1988 年，Sybase、微软和安信达三方达成合作协议，面向微软操作系

图 4.20　Sybase 深受华尔街信赖

1　Lotus Notes 是一个伟大的软件产品，主要用于企业通信、协同工作和自动化办公等，其创始人是雷・奥兹（Ray Ozzie）。IBM 在 1995 年以 35 亿美元收购了莲花软件。奥兹后创立 Groove Networks 公司，2005 年被微软收购。在比尔・盖茨计划退休后，奥兹接替了他成为了微软的首席软件架构师。

统，共同开发和销售关系型数据库产品。基于这份协议，Sybase 将自己的数据库移植到微软的操作系统上，Microsoft SQL Server 随后被发布。后来在 1994 年，两家公司的合作终止，各自独立发展数据库产品。Sybase 为了与微软的产品相区分，在 1997 年发布 11.5 版本时，将自己的数据库更名叫 Sybase ASE（Adaptive Server Enterprise）。

微软在结束与 Sybase 的合作后，继续独立发展 SQL Server 产品线，并迅速成为数据库市场上的主要参与者之一。随着时间的推移，Microsoft SQL Server 已经发展成为其自有技术和功能的数据库解决方案，与 Sybase 产品明显区分开来。

由于 ASE 和 MS SQL Server 拥有共同的背景，今天的 ASE 和 MS SQL Server 的版本仍有许多相似之处。例如，两者都有 Master、model 和 Tempdb 数据库的概念，以及以"sp_"开头的系统存储过程（如 sp_who、sp_helpdb），两者也都有一个叫作"Transact-SQL"的 SQL 实现。

当然，Sybase 也出现过严重失误。在 SAP 博客网站上记录过 20 世纪 90 年代初发生的一个故事。当时，在美国还鲜为人知的 SAP 找到了 Sybase，因为他们想在 Sybase SQL Server 上运行自己的应用程序，毕竟这是最流行的金融数据库。然而，他们的应用程序在 Sybase 的数据库中引起了大量的并发锁定问题，几乎无法工作。**他们要求 Sybase 实现行级锁来解决这个问题（当时 Sybase 只支持页级和表级锁），Sybase 拒绝了这个请求**。最终除了 Sybase，SAP 运行在了所有主要的数据库上。因此，Sybase 错过了 20 世纪 90 年代 ERP 驱动的业务大潮（Sybase 最终在 11.9 版本中实现了行级锁定）。

大约在 1994 年，Sybase 收购了一家名为 Expressway 的公司，这个公司开发了一个基于列式存储、为分析而优化的数据库引擎，最终成为 Sybase IQ（Intelligent Query，智能查询）引擎。Sybase 在 1995 年以 IQ Accelerator 的名义重新推出该产品，随后又将其更名为 Sybase IQ，并赋予其 11.0 的版本号。虽然面向列的数据库在近几年里风靡一时，但在那个年代，它还远不是一个常见的数据库概念。**Sybase 最早认识到了分析型需求的市场潜力，Sybase IQ 也成为了第一个商业化的列存数据库**。

列式数据库的基本思想是，**分析型查询很少触及表的所有列，这样一来，通过将某一列的所有值存储在一起，各种优化就成为可能**，这有助于进一步提高数据库性能。列值可以用少量的比特进行编码，用一个查找表来保存实际值，例如颜色值，使用这种编码可以节省空间，从而提高磁盘 I/O 和内存的使用效率。Sybase 与 Sun 在当时合作实现的世界最大数据仓库的世界纪录，PB 的原始数据被加载到 IQ

中，只占用了 260 TB 的实际存储，实现了 400% 的压缩比率。

1995 年初，Sybase 与 Powersoft 公司合并，后者是当时领先的客户端 / 服务器工具供应商，其 Powerbuilder 和 PowerDesigner 产品曾经流行一时。这次合并创造了当时世界第六大独立软件公司。**到 1996 年，Sybase 公司的年销售额突破了 10 亿美元大关，实现了 10.1 亿美元的收入，跨越了一个重要的里程碑，这是 Sybase 的高光时刻。**随后，并购后的整合不畅、内部冲突让公司元气大伤。自此，Sybase 开始走了下坡路。

很多公司的失败源自巨大成功，公司的管理能力是否匹配规模成为了关键的挑战。1996 年，Sybase 的创始人马克·霍夫曼下台，Powersoft 的 CEO 由米切尔·克尔茨曼（Mitchell Kertzman）接任。虽然几年间 Sybase 的销售额维持在 10 亿美元左右，但是公司经营一直亏损。**1998 年，Sybase 聘请了程守宗（John Chen）担任 CEO，他以力挽狂澜拯救企业于危亡而著称。**面对 Oracle 和 DB2 的竞争，程守宗大刀阔斧地裁汰冗员、招募新人，聚焦关键客户，专注于移动数据、数据仓库和分析解决方案。到 1998 年中期，该公司结束了连续亏损的季度，第二季度实现了收支平衡，然后在第三季度实现了盈利。在 21 世纪初期经历了一段困难时期后，Sybase 逐渐恢复了元气。

2010 年，Sybase 公司被德国软件巨头 SAP 以 58 亿美元收购；2014 年，SAP 停止使用 Sybase 这个名字。

虽然 Sybase 这个名字消失了，但是直至本书成稿时，中国和印度的全国性铁路票务系统仍然运行在 Sybase ASE 之上。

目前，这个产品的名称是 SAP ASE，版本号是 15，在此之前 SAP ASE 的主要版本是 12.5 版本。由于众所周知的原因，很多软件都没有 13 和 14 版。

在 20 世纪 90 年代中期，Sybase 也经历过一次跳号，将 4.9 版本跳到了 10 版本。据说，当时一些大客户在 Oracle 和 Sybase 之间选择时，经常觉得 Oracle 的版本号是 6，代表了先进性，而 Sybase 的版本号只有 4.9，于是 Sybase SQL Server 的下一个版本号随后被移到了 "10"。目前，很多数据库软件开始选择年份计量法，例如 2023 年发布的软件，就是 23 版。

这也可以说是可预测的非理性！

4.3.6　微软之 SQL Server

　　1986 年，Systemware 公司和微软讨论合作，共同建立和销售基于 Sybase 产品的数据库管理系统。**这一合作的一个直接影响是为数据库领域带来了又一个重量级产品——Microsoft SQL Server。**

　　微软之所以踏入数据库领域，是源自 IBM 带来的压力。众所周知，正是因为 IBM 将个人计算机的操作系统开发外包给微软公司，才触发了一个软件帝国的构建。在最初的 DOS 合作之后，1985 年，微软和 IBM 开始了下一代产品——OS/2 的合作。新产品于 1987 年 4 月正式发布，并在年底前发货（1987 年 12 月 16 日，OS/2 1.0 版正式推出）。IBM 为了增强 OS/2 的吸引力，宣布在其基础上整合了 IBM 的产品，推出高端版本——OS/2 扩展版，其中包含的一个核心软件就是数据库——OS/2 数据库管理器，这是 IBM 为新操作系统开发的 DB2 兼容性版本。

　　现在问题来到了微软这一边，如果 IBM 能够提供更完整的 OS/2 操作系统，谁还会购买微软的 OS/2 呢？很显然，微软需要为这个问题找到答案。当然，答案也是显而易见的，微软需要一款同类的数据库产品，并且需要尽快推出。

　　微软找到了数据库领域的后起之秀 Sybase 公司，合作共识很快达成了。两家公司之间的交易是双赢的。微软将获得 DataServer 产品在 OS/2 和所有其他微软开发的操作系统中的独家使用权；而除了从微软获得版税外，Sybase 还将从微软对其技术的认可中获得声誉。更重要的是，Sybase 将在运行新 OS/2 操作系统的大量个人计算机中抢占先机。

　　由于 OS/2 操作系统运行在个人计算机上，其上承载数据库的事务处理吞吐量不会很高，Sybase 可以利用这些系统为将来在更强大的 UNIX 平台上销售数据库播下市场种子。微软在 OS/2 上的数据库销售将有助于 Sybase 在 UNIX 和 VMS 平台上赢得更多业务。1987 年 3 月 27 日，微软总裁乔恩·雪莉（Jon Shirley）和 Sybase 联合创始人兼总裁马克·霍夫曼（Mark Hoffman）签署了协议。

　　当时，在 PC 数据库领域，安信达的 dBASE 仍然享有盛誉并占据了大部分市场份额，dBASE 的优势在于查询引擎和编程语言，而 Sybase 的优势在于数据服务器，为了让新推出的数据库获得更多认可，微软希望结合安信达和 Sybase 的长处。所以微软继续联合了安信达为产品背书，并与安信达达成了协议。

　　1988 年，安信达、微软和 Sybase 共同合作，在 OS/2 上推出了 SQL Server。

最初产品的名称有点笨拙，叫 Ashton-Tate/Microsoft SQL Server。虽然产品名称中没有出现 Sybase，但在产品的附带信息中，Sybase 却赫然在目。

在这个合作中，Sybase 是真正的主角。根据计划，微软和安信达在 Sybase 的帮助下于 1989 年 5 月发布 Ashton-Tate/Microsoft SQL Server 的第 1 版（基于 Sybase SQL Server 3.0 的 vnix 和 VMS 版本移植）。在分工上，安信达计划为微软提供前端的开发工具，Systemware 提供服务器端产品。但是由于安信达的 dBASE IV 自身陷入了产品泥潭，后来退出了这一计划。于是，微软和安信达解除了合作关系，产品的命名被简化为 Microsoft SQL Server（以下简称 SQL Server）。

此后，微软继续改进 SQL Server。在 1990 年发布的 SQL Server 1.1 中加入了对 Windows 平台的支持。这是一个关键的变革。很长时间内，数据库在微软被作为操作系统的附属品，根本不是利润的来源，但是随着 Windows 的成功，大量应用程序开始使用 SQL Server，情况发生了改变。

在 SQL Server 1.1 版本中，数据库的核心开发工作仍由 Sybase 完成，微软只负责测试、项目管理和一些次要的开发，这一阶段，微软仍然无法获得源代码。微软任何的更改请求，甚至是错误修复，都必须向 Sybase 提出。到了 1991 年，为了修正产品中的缺陷，微软的团队才得以被允许修改 SQL Server 的代码。**微软和 Sybase 第一个真正意义上的合作版本是 1992 年发布的 4.2 版**，微软的代码首次像 Sybase 的代码一样被用于该版本。

此后，微软着手于 SQL Server 32 位版本的开发，Sybase 则展开了在 System 10 平台上的研发。此时，OS/2 平台的竞争力疲态尽显，而微软已完成了贝塔版的 Windows NT 并且只有 32 位的版本，所以微软决定在稳定的 SQL Server 4.2 版本代码的基础上建立 Windows NT 平台上的分支，而 Sybase 继续为 System 10 平台开发。

至此，微软和 Sybase 的合作开始失去了它的价值。Sybase 希望保持平台中立性，而微软希望完全投入于 Windows NT 平台。另外，受限于协议，微软必须得到 Sybase 批准后才能为 SQL Server 添加新特性。微软和 Sybase 展开了新的谈判，**双方的合作在 1994 年终止，Sybase 第一次被允许在 OS/2 和 Windows 平台上发行自己的产品，微软则可以将产品带向自己想要的方向。**

在短短 18 个月内，微软在原先 Windows NT 平台 SQL Server 代码的基础上，发布了 SQL Server 6.0 和 6.5。这些版本重写了现存的代码并添加了新的代码。也正是在这个时候，**微软成功地拥有了 SQL Server 的相关权利和代码**，并使之显著区别于原先 OS/2 平台上的 Sybase 代码。

全面开始一个数据库的研发，需要做很多准备工作，挑战极大，但是微软的决策果断而坚决。微软聘请了行业中最富经验的专家，并从全球招募数据库专业的硕士和博士，新人和微软原团队中的灵魂人物，如罗恩·绍库普（Ron Soukup，如图4.21所示）以及一些内部人员聚集在一起，迅速地组建了一个具有豪华阵容的团队。

图 4.21　罗恩·绍库普

罗恩被认为是 SQL Server 的真正发明者，他被大家亲切地称为"SQL Server 先生""SQL Server 之父"。 罗恩最初在美国联合航空的一家子公司工作，为机场和旅行社提供阿波罗预订系统和相关服务。他在开发系统的过程中，被微软的 SQL Server 所吸引，认为这是一个具备巨大潜力的产品。1989年底，罗恩接受了微软在华盛顿州雷德蒙德的 SQL Server 部门的职位。几个月后，他担任了 SQL Server 的总经理，负责管理规模虽小，但才华横溢、兢兢业业的 SQL Server 开发团队。

为了宏大的数据库事业，罗恩的团队极速扩大。在 3.6 节提到，Oracle 收购了 DEC 的 Rdb 产品，但是人才几乎被微软囊括，其中包括哈尔·贝伦森（Hal Berenson）[1]、彼得·斯皮罗（Peter Spiro）、大卫·坎贝尔（David Campbell）等人。此外，新招募的精英还包括来自 IBM 的詹姆斯·汉密尔顿（James Hamilton）、卢博尔·科拉（Lubor Kollar）等人，来自 Oracle 的比尔·贝克（Bill Baker）、佩德罗·塞利斯（Pedro Celis）和 Tandem 的帕特·海伦（Pat Hellan）。微软还为研发团队配备了最好的研究人员，包括吉姆·格雷、菲尔·伯恩斯坦（Philip Bernstein）[2]等。

团队中的小部分人致力于 SQL Server 6.0/6.5，而大部分人则进行代号为 Sphinx（即 SQL Server 7.0）的研发。

Sphinx 的目标很明确：建立一套新的标准以简化完整的数据管理。 这意味着在未来的几年中要建立一个可扩展的平台，并从先前各 SQL Server 版本和其他数据库平台中吸取教训。为此必须重写数据库引擎，采用新的查询处理器、新的存储

1　哈尔·贝伦森在 DEC 担任过多个高级工程职位，包括数据库、事务处理和系统管理的技术总监，领导团队将 Rdb/VMS 重新设计为高性能 OLTP 数据库引擎。在微软，他管理多个 SQL Server 项目，领导"Quests"企业技术战略。此后，贝伦森还担任过亚马逊数据库部门的副总裁。2022 年，贝伦森加入 MariaDB 董事会，目标是借助 MariaDB SkySQL，使 Xpand 分布式数据库获得成功。

2　菲尔·伯恩斯坦是微软研究院数据库组的计算机科学家。他经常担任 VLDB 和 SIGMOD 等会议的委员会成员或主席，于 1994 年获得 SIGMOD Edgar F.Codd 创新奖，并于 2011 年获得 VLDB 10 年最佳论文奖。伯恩斯坦因对事务处理和数据库系统的贡献而当选为美国国家工程院院士。

引擎和一套新的数据访问 API。

尽管 SQL Server 以关系型数据库管理系统闻名，但微软希望在 SQL Server 7.0 中提供一个完整的数据解决方案。其通过 OLAP 服务添加对联机分析处理的支持（这部分的代码来自于对以色列 Plato 公司的收购），通过 DTS 集成了数据提取、转换和加载（这部分的代码由微软内部的 Starfighter/Tools 团队开发）。

SQL Server 7.0 的发布版于 1998 年 11 月公开，并在 1999 年 1 月发布了正式版。至此，**Microsoft SQL Server 彻底获得了重生**。

毫无疑问，自此之后，Microsoft SQL Server 成为了 Windows 平台上的数据库王者。

Microsoft SQL Server 是通过收购 Sybase 的数据库源代码起步的，但是其后续发展青出于蓝而胜于蓝。Microsoft SQL Server 的成功道路特别值得后来者分析和借鉴。

4.4　开源传奇——MySQL

MySQL 在数据库领域是一个当之无愧的传奇，这不仅是因为它长期位居数据库流行度排行榜的第二位，而且因为它是在强者环伺的数据库成熟时代蓬勃生长起来的。MySQL 的成功告诉我们，**只要能够洞察用户需求，打造真正具有创新力的产品，任何时候在市场上都有机遇**。

4.4.1　MySQL 之前

米凯尔·维德纽斯［Michael Widenius，昵称为蒙提（Monty），如图 4.22 所示］于 1962 年 3 月出生在芬兰赫尔辛基。1978 年，他用暑假铺沥青挣来的钱买下自己的第一台个人计算机。

到 1980 年，17 岁的蒙提痴迷编程已经无法自拔。当别人跑去聚会的时候，他宁愿在家里编程。事实证明，他是一位编程天才。到 **19 岁的时候，蒙提从赫尔辛基理工大学辍学**，开始全职工作，他认为在计算机方面，大学已经没有什么东西可以教他了。

蒙提后来说："学校并不理解编程不是像语言或者历史这样的东西，它不是靠学就能学来的，所以在

图 4.22　米凯尔·维德纽斯

学校学习是不够的。**顶尖的黑客是万里挑一，他们奉献了所有能用的时间，10 小时、16 小时、每一天，年复一年，周而复始。大多数人都不愿意做这样的事情，黑客是与众不同的。**"

4.4.2　MySQL 的诞生

当蒙提需要把计算机内存从 8KB 扩到 16KB 时，由于芬兰没有商店卖他想要的东西，于是他乘船到瑞典阿兰·拉松（Allan Larsson）的计算机商店。通过阿兰，蒙提结识了戴维·阿克斯马克（David Axmark）。

后来蒙提和阿兰合伙开了一家名为 TcX 的咨询公司，用 BASIC 开发报表工具，使其可以在主频为 4MHz 和内存为 16KB 的计算机上运行。随后，他又用 C 语言重写代码，将其移植到 UNIX 平台上。当时，这只是一个很底层且仅面向报表的存储引擎，名叫 UNIREG，其界面如图 4.23 所示。

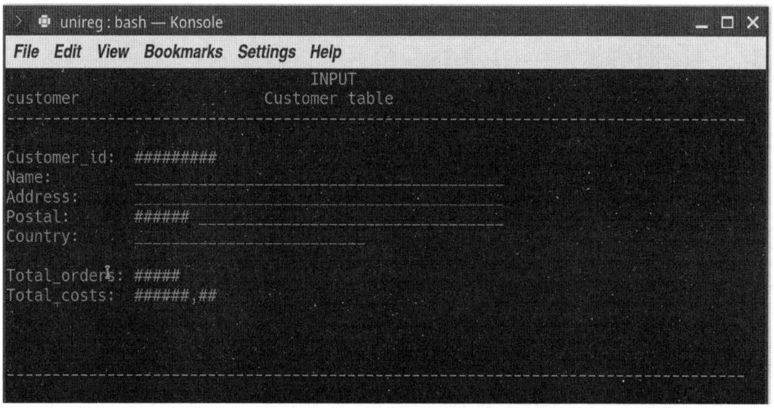

图 4.23　UNIREG 的界面

1983 年，戴维加入进来，合作运营 TcX。蒙提负责技术，戴维负责管理。

1990 年，蒙提接到了一个项目，客户需要为 UNIREG 提供更加通用的 SQL 接口。当时有人提议直接使用商用数据库，但是蒙提觉得商用数据库的速度难以令人满意，于是他找到了戴维·休斯（David Hughes）——mSQL 的发明人商讨合作事宜。蒙提想将 mSQL 的代码集成到自己的存储引擎中。然而令人失望的是，在经过一番测试后，他发现 mSQL 的速度并不尽如人意。

蒙提决心自己重写一个支持 SQL 和索引的数据库。**从此 MySQL 就诞生了。**

回顾前文，从一个报表工具，到一个数据库引擎，MySQL 的诞生和 Informix 极其相似。

1995 年，蒙提、戴维和阿兰一起成立了 MySQL AB[1]。1995 年 5 月 23 日，MySQL 的第一个内部版本发行了。

1996 年 10 月，MySQL 3.11.1 发布（MySQL 没有版本 2）。第一个 MySQL 正式版只能运行在 Sun Solaris 操作系统上，一个月后，Linux 版本出现了。

1996 年是一个什么样的年代呢？让我们横向来看一看初生的 MySQL 所处的环境。

在 1996 年，Oracle 7.3 版本已经发布，这是 Oracle 数据库历史上最为经典的版本之一，帮助 Oracle 确立了不可撼动的市场地位。

同样是 1996 年，增加了 SQL 支持的 Postgres95 更名为 PostgreSQL，版本号已经是 6.0。

无论是商业还是开源数据库，市场上看似都已经有了最好的选择，MySQL 何以成功？

我想当年蒙提肯定没有问过这个问题，他对于技术的追求还是只有两个字：**痴迷**。

正是因为他为 MySQL 奉献了所有的时间，不断围绕着用户需求快速发布新版本，带领开源社区不断向前，最终成就了一个互联网时代的数据库神话。而彼时，1996 年，斯通布雷克正在忙于将 Postgres 商业化，并带领 Illustra 团队加入 Informix。

在第一个公开版本发布后的两年里，MySQL 被依次移植到各个平台，同时加入了大量新特性。为了让用户更好地使用 MySQL，蒙提还制订了 15 分钟原则，即让用户在下载 MySQL 之后，15 分钟内就能运行起来。在产品发布的最初 5 年内，蒙提本人就回复了 30000 多封邮件来解决用户的问题。**MySQL 快速、可靠并且易学**，蒙提总是能够废寝忘食、疾风骤雨般地不断把真实客户的反馈变成产品特性，MySQL 因而受到了广泛的欢迎。

从报表需求出发，MySQL 的初衷是存储和管理大数据。当我们使用报表工具管理数据时，都会有同样的体验，即随着数据量的增多，查询就会越来越慢。面对这个痛点，MySQL 的目标是要存储更大量的数据，并极其迅速地呈现搜索结果。

---

1 MySQL AB 中的 AB，是瑞典语 aktiebolag 的缩写，即"股份公司"。

MySQL 的设计思想和源自报表工具的基因有关，但也正是**其敏捷快速地呈现搜索结果的出发点，让 MySQL 赢得了用户。**

4.4.3 开源

对 MySQL 开源的决定源自蒙提 1995 年为了出席一场开源大会的一次芬兰到瑞典的乘船旅行中，开源的决定就是在这次会议上作出的。

蒙提后来回忆说："讨论没花多少分钟。**我们都希望回馈给开源社区一点东西。**哪怕有人想复制或者偷盗我们的代码，我们认为能挣的钱也不会比现在少。"

开源项目能收集到世界各地的意见，使得开发者社区能够通过协同把软件做得更好，共同来发现和解决问题，甚至是处理那些匪夷所思、靠个体根本想象不到的问题，**软件因此变得完美。**

但从商业角度来看，盈利就要困难多了。MySQL 允许免费使用，但是蒙提补充了一个条款：不能将 MySQL 与自己的产品绑定在一起发布。如果想一起发布，就必须使用特殊许可。也就是说，如果任何企业用 MySQL 来赚钱的话，那么就需要一定的付费授权。

这是一个君子协定，MySQL 代码里没有进行任何实质上的限制，但就是靠这一协定，MySQL 实现了扩张并开始赚钱。

蒙提说："我认为开源是开发软件的更好方式。但你仍然需要赚够钱来招聘员工，成立公司去跟闭源公司竞争。MySQL 是第一款做到这一点的产品。"

在 2000 年的时候，MySQL 做出了一个重大的决定，将开源协议改换成了GPL[1] 许可模式，也就是说商业用户无须再购买许可证，但必须把他们的源码公开。虽然 MySQL AB 因此在收入上遭受了巨大的打击，损失了比上一年将近 80% 的收入，但他们依然坚持了 GPL 许可模式。

回顾历史，如果 MySQL 不开源，那它可能永远没法像现在这么成功，特别是在 Oracle 和微软主导的数据库市场上。**当时每个人都说，没必要再额外开发数据库了，但他们没想到，开源改变了这一切。**

---

1 GPL 协议于 1989 年推出。该协议是美国自由软件运动的倡导人理查德·马修·斯托曼（Richard Mattew Stallman）与一群律师共同起草的世界上第一个开源软件协议，协议序言传达出如下"Copyleft"（著作权）思想：一是承认软件的著作权；二是提供许可协议来获得复制、发布、修改的法律许可。用户可以获得权利人通过许可证放弃的权利，但也必须遵守许可证的规定才能行使权利，如果不遵守开源软件规定，便是侵犯了开源软件著作权，著作权人有权要求对方停止相关行为。

在 MySQL 和其他开源数据库出现之前，那些巨头企业可以随意提高数据库的价格，而单靠商业数据库根本支撑不起现在的互联网，因为小公司负担不起这些数据库，也就无法建立网站或者其他互联网资产。

这一切要归功于**自由免费软件，它们让互联网成为了可能**，同时也改变了商业数据库的美好市场，所以 Oracle 最终千方百计地将一系列开源软件纳入囊中，包括 MySQL。

MySQL 的成功是与时代背景分不开的。当互联网得到广泛认可时，每个人都需要数据库，用以创建网站后台。其实只要意识到需求的存在，其他的就都好办了。从 1994 年 MySQL 开始正式编写到最终发布，通过短短两年时间塑造的产品，快速成为了当时的新兴支撑性产品。

蒙提自始至终都坚信，软件应该是自由的，开源才是软件开发的最佳方式。

通过开源，软件才永远不会走向独裁。

4.4.4　改变世界

1998 年，MySQL 3.22 也发布了。这一版本仍然存在很多问题，例如不支持事务操作、子查询、外键、存储过程和视图等功能。正因为这些缺陷，当时许多 Oracle 和 SQL Server 的用户对 MySQL 根本不屑一顾。

但是随着互联网的兴起，MySQL 一跃成为 IT 世界里的"明星"。人们将 MySQL 和 Linux、Apache、PHP 一起并称为"LAMP"（开源软件四大天王），尊称蒙提为"MySQL 之父"。几乎所有的互联网站点都在使用 MySQL，从 Google 到亚马逊，从 Facebook 到阿里巴巴，从苹果到维基百科……MySQL 成为了互联网的基石。

2000 年 4 月，MySQL 对 ISAM 存储引擎进行了增强，将其命名为 MyISAM。2001 年，海基·图里（Heikki Tuuri）向 MySQL 提出建议，希望能集成它的存储引擎 InnoDB，这个引擎支持事务处理，还支持行级锁，该引擎此后成为了最成功的 MySQL 事务存储引擎。2001 年，支持 InnoDB 的 MySQL 4.0 Alpha 版本推出。

支持多存储引擎正是 MySQL 设计的巧妙之处，插件式表存储引擎为 MySQL 的生态繁荣奠定了基础。MySQL 提供了标准的 SQL 引擎，允许用户根据自身的业务特性需要，选择不同的存储引擎。图 4.24 是 MySQL 数据库的体系架构图，在 Pluggable Storage Engines（可插拔存储引擎层）部分列举了常见的存储引擎。

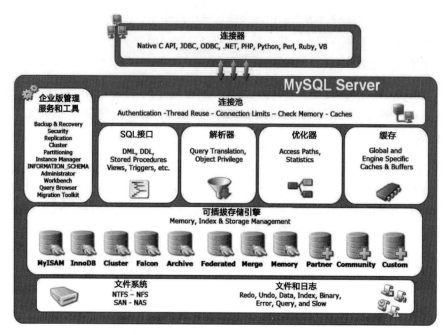

图 4.24　MySQL 数据库的体系架构图

经过两年的公开测试和应用，到了 2003 年，包含 InnoDB 的 MySQL 已经变得非常稳定了。随即在同一年，MySQL 推出 4.1 版，第一次使得 MySQL 支持子查询，支持 Unicode 和预编译 SQL 等功能。

2003 年，MySQL AB 公司还从索尼·爱立信公司手中收购了 NDB 数据库，并建立了 NDB Cluster 存储引擎，推出了产品 MySQL Cluster，通过无共享架构实现了类似于 Oracle RAC 的集群数据库模式。

MySQL 4.1 还在推 Alpha 版时，MySQL AB 公司已决定并行开发 5.0 版，以更快的研发速度满足日益苛刻的市场需求。**这个新版本体现了有史以来 MySQL 最大的变化**，添加了视图、存储过程、游标、触发器、查询优化，以及分布式事务等特性，基本补齐了一个常规数据库应具备的全部功能。

2005 年 10 月，MySQL 5.0 版本发布，这个版本成为了 MySQL 历史上最重要的版本之一。在紧接着发布的 MySQL 5.1 中，分区表和分析函数等高级特性也被引入进来，MySQL 越来越成熟了。

但是一个不幸的消息传来，同样是在 2005 年 10 月，Oracle 收购了芬兰的 Innobase 公司，**InnoDB 成为 Oracle 公司的产品**。在收购之后，Oracle 公司的一份新闻稿提到，Innobase 公司的软件提供给 MySQL AB 的合同将在 2006 年到期。随后，在 2006 年 4 月的 MySQL 用户大会期间，MySQL AB 发布了一份新闻稿，证实 Innobase 同意将其许可协议延长多年。

Oracle 的进攻还远未停止。2006 年 2 月，Oracle 公司收购了 Sleepycat 软件公司（Berkeley DB 的开发商）。Berkeley DB 是另一个 MySQL 存储引擎的基础。不过该引擎没有被广泛使用，这一引擎随后被放弃了。

可是 MySQL AB 的危机已经深埋。同样是 2006 年，MySQL 团队的两位专家彼得·扎伊采夫（Peter Zaitsev）和瓦迪姆·特卡琴科（Vadim Tkachenko）"出走"创立了 Percona 公司，并推出了 Percona Serverfor MySQL 发行版，这是一个 MySQL 领域影响深远的分支。

Percona 的创始人认为 MySQL 引入了投资之后，偏离了技术方向。**MySQL 没有做用户需要的事情，而是持续帮助 InnoDB 变得更强大**，而当 InnoDB 被收购后，他们又只是试图淡化存储引擎对于 MySQL 的重要意义，而事实上，"做用户需要的事情"是 MySQL 最重要的价值主张之一。本来 Falcon[1] 有机会远远超越 InnoDB，但是这一执行并不坚决。为了展示更好的一面给投资者，MySQL 不再能够专注于客户的真正需求。

最终，Percona 践行了他们的判断，他们最为人熟知的事情是在他们的版本中将 InnoDB 改造成了 XtraDB[2]，这也是 Percona 对 MySQL 增强的根源所在。

4.4.5　Sun 和 Oracle 时代

2008 年 1 月，MySQL AB 公司被 Sun 公司以 10 亿美元收购，MySQL 数据库进入 Sun 时代。在 Sun 时代，Sun 公司对其进行了大量的推广、优化、Bug 修复等工作。

2008 年 11 月，MySQL 5.1 发布，它提供了分区、事件管理，以及基于行的复制和基于磁盘的 NDB 集群系统，同时修复了大量的 Bug。

1　2006 年，斯塔基创立的 Netfrastructure 被 MySQL AB 收购，基于 Netfrastructure 开发的 Falcon 存储引擎成为了 MySQL 的引擎之一。2008 年 6 月，在 Sun 收购 MySQL AB 几个月后，斯塔基离开了 MySQL，Falcon 就此夭折。

2　XtraDB 是 Percona 公司于 2008 年底发布的一款存储引擎产品，该产品是基于 InnoDB 存储引擎增强研发而来的。

2009 年 2 月，蒙提宣布离开 Sun 公司创立自己的新公司。

2009 年 4 月 20 日，Oracle 公司宣布以 74 亿美元收购 Sun 公司。如果 MySQL 被 Oracle 控制，那么全球最流行的商业数据库和开源数据库将被同一家公司持有，而 Oracle 公司一直将 MySQL 视为眼中钉。

2009 年 12 月，蒙提发起了一场"拯救 MySQL"的运动，反对 Oracle 收购 MySQL AB，50000 多名开发者和用户呼吁欧盟委员会阻止收购。欧盟的反垄断部门一直在"施压"，要求 Sun 剥离 MySQL，作为批准合并的条件。但是，后来解密文件披露，美国司法部应 Oracle 的要求向欧盟"施压"，要求无条件批准合并。欧盟委员会最终于 2010 年 1 月 21 日无条件批准了 Oracle 对 MySQL AB 的收购。

2010 年 12 月，MySQL 5.5 发布，**InnoDB 存储引擎终于成为 MySQL 的默认存储引擎**。Oracle 公司承诺 MySQL 5.5 和未来版本仍是采用 GPL 授权的开源产品。2013 年 6 月 18 日，Oracle 公司修改 MySQL 授权协议，移除了 GPL，但随后发布消息称这是一个误操作。

这个故事是这样的，有用户声称在 MySQL 5.5.31 手册中，原有的 GPL 被移除了。

> The man pages of Community Server should be GPL, but since 5.5.31, packages have contained man pages with a different license.

官方声明这是一个 Bug，构建服务器错误地、悄无声息地用一个错误的版权头信息构建了手册。

> Thank you for the report. This is **indeed a bug,** where the build system erroneously and silently started pulling in man pages with the wrong set of copyright headers.

无论如何，当 Oracle 公司持有了 MySQL 之后，关于开源的担忧从未改变。

2015 年 10 月，Oracle 宣布公开提供 MySQL 5.7，在这一版本中，MySQL 开始支持原生的 JSON 数据类型。

2018 年 4 月，Oracle 宣布普遍提供 MySQL 8.0，这一版本包括了 NoSQL 文档存储、JSON 扩展语法、JSON 表函数等特性。早前，MySQL 8.0.0 这一里程碑版本于 2016 年 9 月 12 日公布。

2019 年，MySQL 被 DB-Engines 评选为"2019 年度 DBMS"。

2020 年 12 月，Oracle 推出了 MySQL HeatWave 云服务，这是一个由 HeatWave

内存查询加速器提供支持的全托管数据库云服务，可以将事务处理、机器学习以及跨数据仓库和数据湖的实时分析整合到一个 MySQL 数据库中，消除了 ETL（Extract-Transform-Load，抽取、清洗、加载）复制的复杂性、延迟、风险和成本，数据采用内存中列式表示形式，便于向量化处理，具备高效的海量数据处理性能。

4.4.6　MySQL 的蒙提情节

蒙提有一个女儿，名叫 My Widenius，因此他将自己开发的数据库命名为 MySQL。蒙提还有一个儿子，名为 Max，在 2003 年，他又将与 SAP 合作开发的数据库命名为 MaxDB；蒙提与第二位妻子还生了一个小女儿，名字是 Maria，MariaDB 的名字就来自于此（图 4.25）。

图 4.25　蒙提和他的两个女儿

MySQL 标志的小海豚还有一个名字叫"Sakila"，这是 MySQL AB 的创始人从"海豚命名"竞赛中选出的。Sakila 来自一种叫 SiSwati 的非洲斯威士兰方言，是坦桑尼亚一个小镇的名字。这个小镇靠近 Ambrose 的家乡乌干达。

MySQL 被 Sun 收购掌握之后，蒙提离开了 MySQL，并打造了 MariaDB 作为 MySQL 的一个分支，随后发起设立了 MariaDB 公司。MariaDB 采用 GPL 授权许可，第 1 个版本于 2009 年 10 月 29 日发布，目的是完全兼容 MySQL，避免因为收购而对开源带来的潜在风险。在存储引擎方面，MariaDB 使用 XtraDB 作为数据库的默认存储引擎[1]来代替 MySQL 的 InnoDB。MariaDB 的标志采用了海狮的图案，和

1　自 MariaDB 10.2 版本开始，InnoDB 成为了 MariaDB 的默认存储引擎。

MySQL 相对。

在提及 MariaDB 的命名时，蒙提解释说："我得感谢我女儿，在**我们俩一直在家的时候，她也不会来打扰我编程。所以以她的名字命名也有这一层关系。另外，这样的命名也让我觉得跟 MariaDB 更亲近。"**

这是一个非常好的理由，60 多岁的蒙提现在仍在写代码，每周保持 60 个小时的高工作强度。他说，**等到 80 岁时，才会考虑将工作缩短到每周 35 个小时。**编程这事儿，他还要干一辈子。

蒙提对开发的热爱是无与伦比的，对于他来说，写代码"基本上就像是在阅读一本真的非常非常好的书，或者像在玩视频游戏。你知道开始玩游戏时那种'嘣'一声，3 小时的时间就过去了的那种感觉吗？写代码对我来说就是这种感觉。"

在蒙提眼里，**好的代码是写过一次就永远不需要再碰的那种。从性能角度来看，它已经是最优化了，你可以不断增强，但永远都不需要重写。**这段话所表达的意思用一个中文成语来翻译就是：**文不加点。**

MariaDB 的初心就是要取代 MySQL，MariaDB 承诺其稳定和永久开源，而在 Oracle 的旗下，已经没有人能够为 MySQL 做出这样的承诺。

2022 年 2 月，MariaDB 公司在 D 轮融资中筹集到 1.04 亿美元，估值达到 6.72 亿美元。当年 12 月，MariaDB 公司通过借壳方式在纽约证券交易所上市，最高市值一度达到 9.67 亿美元。但是 MariaDB 公司在收入上的挑战一直未能解决，到 2023 年 10 月，公司市值降至 2600 万美元左右，并展开了大规模裁员和产品裁剪。

2023 年 12 月，MariaDB 宣布 SkySQL 剥离成为专注于云数据库的独立公司。SkySQL 是一款云数据库产品，包含和继承了此前 MariaDB 宣布放弃的 MaxScale 和 Xpand 技术。其中，MaxScale 是一种数据库中间件，Xpand 是 MariaDB 的分布式 SQL 数据库技术。

2024 年 2 月 19 日，MariaDB 发布公告称正在积极寻求被收购，并已确认收到了来自美国的 K1 投资管理公司的临时收购要约。

虽然面临着困境，但是蒙提的决心不容小觑，因此 MariaDB 变革之后的命运仍然引人瞩目。数据库专家安迪·帕夫洛（Andy Pavlo）[1] 在回顾 2023 年数据库领域大事件时幽默地指出："MariaDB 不能失败，因为据我所知，蒙提没有更多的子

---

1 安迪·帕夫洛是卡内基·梅隆大学计算机科学系数据库学无限期副教授。研究方向是数据库管理系统，他也是 OtterTune 的联合创始人兼首席执行官。2024 年 6 月 15 日，安迪·帕夫洛宣布 OtterTune 停止运营。

女来命名数据库了。"

MySQL 作为一个开源的数据库产品，除了支撑无数的应用运行，还衍生了许多基于 MySQL 迭代开发的数据库产品，形成了丰富繁荣的数据库生态。在中国，基于 MySQL 的数据库品牌就包括腾讯的 TDSQL、中兴的 GoldenDB、万里开源的 GreatDB、热璞科技的 HotDB 等。

4.5　总结

在数据库技术 60 年的发展历史中，创新产品不断涌现出来，也有很多产品渐渐消失在历史的长河中。但是正如斯通布雷克教授曾经表达的那样，回顾历史可以让我们避免重复犯错误，也可以避免重复"造轮子"。吉姆·格雷也曾告诫我们，树立远见目光，去做那些真正创新的事，改变世界，让自己引以为豪。

数据库的世界，丰富优美，艰难险阻，挑战重重。然而，每当一座又一座山峰被征服，人类的信息技术每每跃上新的台阶。

这正是数据库技术的迷人所在！

第 5 章　中国数据库的早期探索

在中国数据库的历史上，最早期的探索可以用"一个人""一张照片""一本书"来概括：一个人是指萨师煊；一张照片来自首届中国数据库学术会议；一本书自然就是《数据库系统概论》。

5.1　先知——萨师煊

图 5.1　萨师煊

萨师煊（图 5.1）于 1922 年 12 月 27 日出生于福建省福州市，是著名的雁门萨氏家族成员。1941 年 9 月，萨师煊考入厦门大学数理系，大学毕业后，先后任福州英华中学教师、中山大学数学系讲师。

在新中国成立前夕，萨师煊追求革命，跋涉千里来到解放区，于 1949 年 12 月进入华北大学政治研究所，开始了为人民教育事业奉献一生的伟大历程。1950 年，中国人民大学（以下简称人民大学）成立，萨师煊随华北大学的全体教员一起成为人民大学教师。

20 世纪 60 年代，萨师煊等学者在校内成立**经济数学研讨会**，并且预见到了数学和计算机在未来经济管理中的应用前景，由此展开了相关研究。1974 年，萨师煊等又利用在中国人民银行和国家计划委员会（以下简称国家计委）工作的机会，在计算机上进行实际操作研究。

20 世纪 70 年代末，我国国民经济建设开始恢复正常，首届中国数据库学术会议于 1977 年 11 月在黄山举行，此后，人民大学也于 1978 年复校。萨师煊等学者最早引入"信息"一词作为专业名称，创建了人民大学**经济信息管理系**，萨师煊是第一任系主任。这是中国高校探讨信息技术在经济管理领域中应用的首创，开了学科教育之先河。同时，以萨师煊为代表的老一辈科学家以强烈的责任心和敏锐的学术洞察力，**率先在国内开展了数据库技术的教学与研究工作。**

1979 年，萨师煊将自己的讲稿汇集成《数据库系统简介》和《数据库方法》，在当时的《电子计算机参考资料》上发表。这是国内最早的关于数据库的学术论文，对我国数据库研究和普及起到了启蒙的作用。

1980 年，人民大学开设了国内第一门数据库系统课程。**萨师煊与弟子王珊合著《数据库系统概论》，并于 1983 年出版。**该书也是国内第一部系统阐明数据库原理和技术的教材，一直被大多数院校计算机专业和信息专业采用，为推动我国数据库技术和教育的发展，以及培养数据库人才作出了开创性的贡献。

在首届中国数据库学术会议之后，萨师煊还担任了中国计算机学会（China Computer Federation，CCF）软件专业委员会数据库学组组长。自 1982 年起，在他的领导下，学组几乎**每年都要举办一次中国数据库学术会议**，为数据库工作者交流学术成就和开发经验、检阅工作成果提供了舞台。学组形成了一个"**团结、执着、和谐、潇洒**"的优良组织文化，为推动我国数据库技术的持续发展打下了基础。

在 1984 年举行的第三届中国数据库学术会议上，萨师煊提议设立"优秀研究生论文奖"以鼓励青年学生的研究成果，并个人出资奖励了 6 位获奖研究生。萨师煊的这一无私行动是我国数据库界的佳话，是数据库前辈对后来者鼓励提拔的榜样。"优秀研究生论文奖"已成为中国数据库界的最高学生荣誉奖项。

1991 年，萨师煊领衔主持了国家"七五"科技攻关项目——"**国家经济信息系统分布式查询系统**"的研制，凭借该项目获得了国家计委"杰出贡献奖"。

萨师煊具备高远的国际视野，他非常支持学生到国外学习考察，了解行业前沿动态，激发创新成果。在他的支持下，王珊于 1984 年至 1986 年，受邀到美国马里兰大学做访问学者，也因此参与了可扩展关系型数据库系统（XDB）的研发。这些经历激发了王珊创立数据库技术研究所的愿望。

萨师煊一贯倡导国际学术交流，将 VLDB[1] 国际会议引入中国是他的夙愿之一。经过他的不懈努力，1990 年的 VLDB 国际会议确定在北京举办，但是大会最后因故未能如愿召开，这成为了萨师煊久久不能抹去的遗憾。1991 年，萨师煊罹患帕金森病，并因为一过性失忆住院。据王珊回忆，萨师煊在病床上什么都忘记了，却唯独还在问"**你们看看 VLDB 大会的横幅是否挂好了**"。

1　VLDB（Very Large Data Base）国际会议于 1975 年在美国的弗雷明翰成立，由美国 VLDB 基金会赞助。VLDB 和另外两大数据库会议（SIGMOD、ICDE）构成了数据库领域的三个顶级会议，已成为数据库研究人员、供应商、应用开发者，以及用户一年一度不容错过的主要国际论坛。

萨师煊的一句座右铭是他一生真实的写照："如果把人们认为你有多大'价值'作为分子，你自认为你有多大'价值'作为分母，这个分数应该是大于 1 的分数；同样地，把你对于社会的实际贡献作为分子，社会要求你的贡献作为分母，这也应该是大于 1 的分数，而且越大越好。"

回首在中国数据库的启蒙阶段，萨师煊以他高尚无私的人格魅力和渊博开阔的学术视野，团结了全国数据库工作者，成为了我国数据库界有口皆碑的倡导者和领导人，是公认的中国数据库学科奠基人。**桃李满天下，不言自成蹊**。2001 年 12 月，中国数据库发展研讨会暨萨师煊教授 80 华诞庆典在中国人民大学举行，当时，来自全国各地的学者和萨师煊的学生近 500 人济济一堂，见证了先生一生的杰出成就。

2008 年，在第 25 届中国数据库学术会议上，"优秀研究生论文奖"正式更名为"萨师煊优秀学生论文奖"。

2009 年，中国人民大学设立"萨师煊精英基金"，奖励在学科竞赛、学习科研、社会实践中获得优异成绩的中国人民大学信息学院在校本科生、研究生。

2010 年 7 月 11 日，萨师煊在北京去世。

5.2 先声——黄山会议

首届中国数据库学术会议于 1977 年 11 月 9 日至 23 日在黄山召开。会议是在国家计委的支持下由中国科技大学主办的，目的是实现国家计委研究苏联的自动化管理系统[1]和在国内建立自有经济信息系统的目标。

当时国内只有少数几所高校的老师和研究所的专家对数据库有初步的了解，与会者包括萨师煊、罗晓沛、张作民、周龙骧、秦秀萌、王行刚、程惟宁、张季生、夏道衷、管纪文、岳丽华等 50 余位代表。因为当时尚未完成恢复高考后的考试和招生，这次会议没有学生参加。**会议收录了 7 篇论文，堪称中国数据库界的"星星之火"**。这次会议后来被"追认"为第一届中国数据库学术会议（National Database Conference，NDBC），当时珍贵的合影（图 5.2）和大会一起载入了中国数据库的史册。

会议主题围绕着信息系统建设中所涉及的数据库技术和理论、DBMS 的设计

---

1 苏联的自动化管理系统是立足于计算机系统，采用经济学方法，辅以其他数据收集，记录，传输设备和通信设备而建立起来的人机系统。该系统是苏联维克多·格卢什科夫（Victor Glushkov）提出来的。

与实现，以及数据库的应用等展开。中国科学院（以下简称中科院）计算所报告了其所提出的 DBMS 设计方案；萨师煊发表了论文，并和吉林大学的管纪文作了关于关系型数据模型的报告；周龙骧作了有关在国产晶体管计算机 DJS-21[1] 上实现 SKGX 层次型数据库的研制报告；罗晓沛作了关于计算机应用的报告。

图 5.2　首届中国数据库学术会议合影

　　我国数据库理论和技术的发展，是从学习和消化 CODASYL 系统的 DBTG 报告开始的。DBTG 报告的 1974 年版本曾由中科院计算所翻译，并在《计算机工程与应用》上刊载，首届中国数据库学术会议上中科院计算所提出的 DBMS 的设计方案就是基于 DBTG 报告制定的。

　　萨师煊于 1987 年 10 月在其文章《十年的回顾与前瞻》中写道："会上也只作了 DBTG 方案、关系型数据模型、数据语言的实现与应用等几篇报告。尽管如此，这个会议还是在全国范围内播下了种子，对宣传和推广数据库起了开创作用。"

5.3　先见——数据库专委会

　　同声相应，同气相求。学术上的发展，自然形成了组织上的聚集。根据萨师煊的回忆，**数据库学组**在 1982 年前就已设立，属于中国计算机学会软件专业委员会的下属分支机构，虽然只是一个三级组织，但是已经具备了专业的组织形态。

　　第二届中国数据库学术会议于 1982 年 8 月 24 日至 29 日在浙江宁波举行，参加会议的代表共有 142 人，来自全国 16 个省市的 89 个单位。大会收到投稿论文

96 篇，经会议程序委员们的审核和讨论，录取 68 篇在会议上宣读。与 1977 年的首届会议相比，本届会议已经有了长足的发展。

数据库学组在 1982 年至 1998 年这 16 年间，先后组织了 14 次中国数据库学术会议，这在当时的政治和经济大环境下，实属不易。**学组的工作会议一般每年有 2 次，一次是审稿会，讨论确定大会报告的内容和人选；一次是数据库大会期间，讨论学组工作以及下届会议的负责人和地点。这一惯例一直延续到今天。**

随着数据库产业的高速发展，数据库从业群体也不断增加，数据库学组独立发展被提上日程。1998 年，时任计算机学会理事长的张效祥，在认真听取了大家的意见后建议民主表决，最终大家投票同意数据库学组从软件专业委员会中独立出来，成立**数据库专业委员会（以下简称数据库专委会）**。

1998 年 10 月 16 日，第 15 届中国数据库学术会议，在南京举行期间，成立了数据库专委会筹备组。筹备组由 6 人组成，分别是王珊、罗晓沛、施伯乐、周立柱、李建中和唐常杰，王珊为数据库专委会筹备组召集人。

1999 年 4 月 5 日，数据库专委会筹备工作会议在昆明理工大学召开了。会议由筹备组组长王珊主持，选举了主任委员和副主任委员。**主任委员由王珊担任**，副主任委员包括罗晓沛、施伯乐、李建中、唐常杰、周立柱、唐世渭、王能斌、周龙骧。孟小峰担任秘书长，萨师煊当选为名誉主任委员。

图 5.3　2011 年 3 月 26 日，和王珊在中韩数据库技术交流会上

行文至此，不禁感慨人生道路的偶然与曲折。当这个会议举办之时，笔者正就读于昆明理工大学，那时绝未想到，数据库会成为自己为之奋斗不息的事业，更未想到，当时笔者曾经有机会在校园里和中国数据库领域的精英泰斗擦肩而过，也不会预料到，在未来将有机会和这些老师同框汇报交流（图 5.3）。

1999 年 8 月 24 日，在兰州大学召开的第十六届中国数据库学术会议上，**数据库专委会**宣布成立，王珊正式担任数据库专委会主任，数据库学组的发展步入了新阶段。在这个阶段中，数据库专委会提出了**"让世界了解中国（数据库界），让中国（数据库研究）走向世界"**的工作目标，并为之奋斗不息。

2008 年，数据库专委会换届，何新贵院士被推选为 2008—2011 年的专委会主任。何院士提出了办好数据库专委会的十六字方针——"**交流学术、联络感情、团结同行、服务国家**"，并一直按照这个要求开展活动。2012 年数据库专委会换届选举在复旦大学举行，清华大学周立柱当选主任，任期为 2012—2015 年。此后，人民大学杜小勇当选为 2016—2019 年数据库专委会主任，西北工业大学李战怀当选为 2020—2023 年数据库专委会主任。在 2023 年 10 月 14 日举行的专委会换届选举工作中，华东师范大学的周傲英当选为下一任数据库专委会主任。

2022 年 8 月 19 日至 22 日，第 39 届 CCF 中国数据库学术会议在威海举行。大会由 5 个大会特邀报告、研究生学术辅导班、企业之夜、6 个分论坛、4 个大会论文分组报告、DEMO 演示等活动组成，来自国内各大高校、科研机构、公司企业的 635 人注册会议，线下参会人员超过 600 人。2023 年 10 月 13 至 15 日，第 40 届中国数据库学术会议在贵州举办，会议注册参会人数超过了 800 人，规模空前。

在 2023 年 10 月 15 日的第 40 届中国数据库学术会议纪念活动上，周立柱对数据库专委会提出了"**学术为本、为国分忧、团结奋进、走向前列**"的 16 字期待，他特别指出，要把 DSE 期刊[1]办好，"十年磨一剑"，等到 2026 年办刊届满 10 年时，要能够做到"剑出天下知"。周立柱同时提醒大家，不能忘记历史，"忘记历史就等于背叛"，只有了解过去探索的艰辛，才能够珍惜当下的宝贵，才能肩负创造未来的使命。李建中也勉励大家，做研究就要做出留下历史痕迹的研究，做系统要做出真正领先行业的系统。

作为"少壮派"的两任数据库专委会主任，杜小勇和李战怀也先后发言，对中国数据库学术会议的历史进行了回顾。

杜小勇特别回顾了 2017 年举办"**中国数据库四十年**"的纪念活动，重申了"一辈子做一次，做一次（被铭记）一辈子"的投入和执着，正是有了这么多执着认真的全力以赴，才让中国数据库学术会议一次又一次攀上巅峰。

李战怀回顾了早期主办西安中国数据库学术会议的艰辛，历数了本届专委会的创新成就，包括彭智勇主持的企业之夜专题、李国良主持的战略研讨会、崔斌主持的 DSE 期刊。李战怀还强调了专委会和华为达成的"胡杨林基金"计划的战略意义，通过基金资助的课题研究，真正有效地推动了产学研的长期合作。

---

1 *Data Science and Engineering*（*DSE*）创立于 2016 年，是由中国计算机学会主办，数据库专业委员会承办，*Springer Nature*《施普林格·自然》出版的开放获取（Open Access）期刊。*DSE* 致力于发表与数据科学与工程领域相关的关键科学问题与前沿研究热点，以大数据为研究重点，建设国际学术交流的重要平台，推动学术界和企业界的深度融合。现任主编为北京大学的崔斌和希腊雅典娜研究中心的 Timos Sellis，现任执行主编为李战怀。

新当选数据库专委会主任的周傲英也再次表达了对于历史的关注，他说："我们是不是真正地了解了数据库的历史，决定了我们是否能够洞察数据库的未来。"

也正是在这一届大会上，云和恩墨以本原数据的名义签约数据库专委会，成为该会的常年赞助者。云和恩墨希望通过产学研的合作，和学术界共同探讨数据库的技术发展与未来。

回顾历史，由初心发起的1977年首届中国数据库学术会议，到今天的规模盛大，济济一堂，中国数据库产业真正进入了万象更新的新时代。

5.4　先育——学科设立

1982年，由教育部有关部门主持，在中国人民大学召开了第一次"数据库系统概论"课程教学大纲研讨会，起草了国内第一门计算机专业本科"数据库系统概论"课程的教学大纲，为国内刚刚开始的数据库教学工作发挥了重要的指导作用。

1983年，教育部高等学校计算机软件专业教学方案中，"数据库系统概论"被列为四年制本科的必修课程。

1983年，萨师煊和王珊按照"数据库系统概论"教学大纲的要求，编著出版了我国第一本《数据库系统概论》教材，该教材成为国内本科生数据库课程采用的主要教材，并于1988年获国家级优秀教材奖。

与此同时，国内其他从事数据库教学与研究的数据库工作者也相继出版了有关教材，较有影响的有冯玉才著的《数据库系统基础》、姚卿达编著的《数据库设计》、张作民译著的《数据库系统原理》、漆永新等译著的《数据库系统实现方法》以及郑若忠和王鸿武编著的《数据库原理与方法》等。

1991年，萨师煊和王珊编著的《数据库系统概论（第2版）》出版，该书第3版于2000年出版，并获全国普通高等学校优秀教材一等奖，随后该书第4版于2006年出版，第5版（图5.4）于2014年出版，并被列入"十二五"普通高等教育本科国家级规划教材，成为我

图5.4　《数据库系统概论（第5版）》封面

国影响最大的数据库教材。第 5 版还分别以藏文和繁体字印行。

2023 年 3 月，《数据库系统概论（第 6 版）》出版。至此，全书累计印刷约 400 万册，40 年间，在几十所大学被选作本科生专业课教材，几乎成为了每一个中国计算机学子的启蒙教材，铸就了当之无愧的经典。《数据库系统概论》由此成为延续至今的国内本科数据库主要统编教材。

在计算机界，人民大学的数据库是一面旗帜，王珊的志向就是接好这面旗帜，她说："萨老师开创的数据库学科的领先地位，我们有责任将它保持下去，这也是一种传承。"（图 5.5）

图 5.5　王珊和萨师煊

以《数据库系统概论》教材为例，王珊说，从新版图书出版之日起，就开始为下一版的出版做准备。现在《数据库系统概论》不再只是一本纸质教材，而是一套"资源"，包括课件、慕课、课程网站、实践平台、扩展阅读、学习参考的二维码、知识点讲解微视频以及配套的《习题解析和实验指导》教辅用书等，是立体化的了……

勇于担当，一往无前，这就是矢志不移！这就是薪火相传！

2023 年 2 月 18 日，王珊荣获中国计算机学会"CCF 最高科学技术奖"。

5.5　先行——产品原型

中国数据库在 40 多年的发展过程中，经历了三个阶段：从**学术研究奠定基础开始，到全面发展提高壮大，再到当下数据库水平整体逼近国际水平，在细分领域实现领先**。在起步和发展阶段，高校和科研院所发挥着举足轻重的作用，它们通过跟踪学习国际数据库技术，消化吸收后自主创新，自主研制出多种数据库管理系统，实现了国产数据库从无到有的突破。

1976 年夏至 1980 年间，在由陆汝钤院士主持、全国 28 个研究单位和高校参与的系列软件计划支持下，**周龙骧设计并主持研发了我国第一个层次型数据库管理系统 SKGX 及其管理语言 SKGY**，该系列软件获中国科学院重大成果一等奖，并最终由中国计算机软件和服务总公司转化成产品。周龙骧在黄山会议上所作的关于 SKGX 的报告，是会上唯一的自主研发数据库的科研报告。

周龙骧在中国计算机软件和服务总公司的支持下，与龚育昌和岳丽华合作，在国产微机上设计开发了**数据库管理系统 CDB**。CDB 的目标是达到当时 dBASE IV 的技术水平。最终，研发成果 CDB 获北京地区优秀软件一等奖，并卖出了几百份副本。在 1991 年至 1996 年间，他还以 CDB 为基础，设计和开发了微机多媒体数据库管理 CDB/M 系统。在此期间，周龙骧还参与了国家"七五"科技攻关项目"分布式数据库管理系统 C-POREL"的研发，成果获得了中国科学院科技进步二等奖。

1987 年，王珊创办了人民大学数据与知识工程研究所，后来又成立了数据仓库与商务智能联合实验室。"九五"计划期间，在国家高技术研究发展计划的支持下，人民大学研制了并行数据库系统。基于人民大学在数据库领域深厚的技术底蕴和人才积累，王珊于 1999 年创立人大金仓公司（以下简称"人大金仓"），并担任董事长和首席科学家。在产业报国精神的感召下，杜小勇也毅然放弃教职从日本归国加入公司。三年之后，王珊的研究生任永杰在香港中文大学获得博士学位后加入人大金仓。这些孜孜以求、开拓创新的先驱者，铸就了人大金仓的精神内核。人大金仓的目标是将人民大学科研成果 PBASE 产品化，由此开始研发自主可控的通用关系型数据库。现在，由 PBASE 演化而来的 **KingBase 数据库**已经成为国内数据库产品中的一支关键力量。太极股份先后于 2011 年、2017 年、2020 年三次战略投资人大金仓，持股比例从 33.28% 上升至 51%，成为了控股股东。

1988 年，华中科技大学的冯玉才成功研制出数据库原型 CRDS。1989 年，冯玉才担任华中科技大学数据库与多媒体技术研究所所长，开始探索技术的市场化。"八五"计划和"九五"计划期间，在国家有关部门的大力支持下，冯玉才进一步开展了数据库与人工智能、地理信息、分布式、多媒体等领域的交叉研究，开发出各具特色的专用 DBMS，并在电力、公安、商业、交通等行业得到了一定的应用。2000 年，冯玉才与研究所的一批骨干组建了**武汉达梦数据库有限公司（以下简称"武汉达梦"）**。而今，武汉达梦已经成为中国数据库产业的中坚力量。2023 年 12 月 20 日，武汉达梦公司在科创板的上市申请正式获得了证监会批准。2024 年 6 月 12 日，达梦数据股票公开交易，当日盘中最高市值达 238 亿。

20 世纪 90 年代初，原航天 710 所 CAD/CAM 软件开发与培训中心联合浙江大学，投入大量技术力量跟踪数据库技术，启动了数据库的预研和开发，在 90 年代末成功研制出原型系统。之后，北京神舟航天软件技术股份有限公司（以下简称"航天软件"）在科技部重大软件专项、发展和改革委员会及航天科技集团的支持下成功研制**神舟 OSCAR 数据库系统**。2008 年 11 月，航天软件成立子公司天津神舟通用数据技术有限公司（以下简称"神舟通用"），并将神舟 OSCAR 数据库系统更名为"神通数据库"。

2022 年 11 月 7 日，北京神舟航天软件技术股份有限公司通过了科创板上市审批。

哈尔滨工业大学的李建中从 20 世纪 90 年代起，在国家 863 计划[1]、重大产业化项目支持下，进行计算机机群并行数据库的基础研究、软硬件系统的研制和产品化。1997 年，**机群并行数据库系统 HPDB** 完成了设计与实现，后由哈尔滨工业大学八达集团实现了产品化，曾被销售到多个省区，应用于银行的金融投资决策分析系统、审计领域以及部分省区的地税系统。

东北大学刘积仁和张霞于 20 世纪 90 年代初，通过创办东软集团推出了商业**数据库管理系统 OpenBASE**。OpenBASE 在国家 863 计划"数据库管理系统及其应用"专项的支持下，由东软集团完成产品化，被应用于办公自动化、医院、房地产、多媒体教学、电子商务、信息安全等数十个领域。

在"八五"和"九五"计划期间，国家计委科技攻关计划设立了专题"数据库管理系统开发"，目标是开发自主版权的**关系型数据库管理系统，该系统命名为COBASE**。专题由北京大学牵头，人民大学、中软总公司、华中理工大学共同承担，唐世渭任组长，王珊等任副组长。攻关历时 7 年，最终，COBASE 用 C 语言完成，源代码约 20 万行，实现了完全的自主研发。**像 COBASE 这样由国家科技攻关计划立项，多组织集中力量协同开发数据库管理系统，这在国内还是首次。**

成立于 2004 年的南大通用数据技术股份有限公司，也是早期国产数据库领域的领军企业之一，GBase 是其自主品牌，其系列数据库产品包括事务型数据库、分析型数据库和内存数据库等。

中国数据库的早期探索者和探索项目，为数据库产业培养了人才，培育了市

1　863 计划，即国家高技术研究发展计划，是中华人民共和国于 1986 年 3 月提出并批准的一项高新科技发展计划。

场，准备了条件，推动了行业不断向前发展演进，为我国数据库产业的崛起和腾飞贡献了不可估量的价值。

5.6　Oracle 引进中国

20 世纪 80 年代初，随着改革开放的步伐不断加快，IBM 大型机、DEC VAX 系列小型机都已引入中国。大型机上运行的数据库主要是 IMS 和 SQL/DS。当时，关系型数据库 DB2 属于高科技新产品，受"巴统"[1]组织的进出口条例和美国"301 条款"限制，不能出口中国。

彼时的中国正处于蓬勃发展的时代。到 1985 年，中国开始制造自己的个人计算机，并使用微软公司提供的 MS/DOS 汉化版。可是由于缺乏应用，这些个人计算机大多处于闲置状态；同时，各大部委信息中心的行业数据分析、国家信息中心的全国人口普查数据汇总，以及机械行业的统计数据处理等，都急需引进一款能够在"中大型机"上使用的关系型数据库。

这一时期，Oracle 数据库的 PC 版本已经相当成熟，当时，在中国香港等地可以买到盗版的 Oracle 数据库，但劳伦斯·埃里森并不太在意。事实上，这被看作免费广告，这种策略为 Oracle 在 20 世纪 80 年代末占据中国市场的主导地位发挥了关键作用。

1986 年上半年，Oracle 的"免费广告"生效了，各大部委开始考虑在内地引入 Oracle 数据库。它们通过北京市科学技术委员会协调，由外事部门的魏中朝牵头，找到了 Oracle 在中国香港的分公司。国家机械工业部提供了第一个应用场景，Oracle 香港的负责人带队在机械部信息中心机房，经过反复验证最终取得了成功。随后机械部通过自己的进出口部门签署了购买协议，成为国内首家 Oracle 数据库产品的正式用户。

1986 年底，Oracle 在北京西苑饭店成立办事处，1987 年上半年，美国 Oracle 中国有限公司北京办事处正式对外公布。办事处总经理由魏中朝担任，是他带队引进了 Oracle，并"下海"组建了 Oracle 在中国的第一个办事处。

办事处的技术支持团队对外称为 Oracle 中国有限公司的技术团队，但其中一

1　多边出口控制统筹委员会（Coordinating Committee on Mutilateral Export Control，COCOM），即著名的"巴黎统筹委员会"（简称"巴统"）。这个组织成立于 1949 年，是西方对苏联为首的社会主义国家推行技术封锁政策的核心机构，同时它也成为统帅冷战时期美国技术出口管制政策的主要标准之一。"巴统"于 1994 年 3 月 31 日正式宣布解散，它所制定的禁运物品列表后来被"瓦森纳协定"所继承。

些人员还是归属于机械部、交通部、商务部等各大部委的信息中心，他们以"外派"的形式在这个机构工作。Oracle 在中国就这样起步了。得益于中国政府、各大部委的主动引进，以及技术支持团队的委派培养，Oracle 数据库在中国的各大部委就毫无阻力地率先推广开了。

1987 年 3 月，Oracle 与国内数据库专家合作编译出版了《SQL——静悄的革命》一书（如图 5.6 所示），正式展开了在中国数据库市场的推广工作。马应章是华北计算技术研究所的数据库专家，是该书的主要译者，为 Oracle 的早期宣传作出了很大的贡献。1989 年，中国人民大学数据工程与知识工程研究所也对 Oracle 数据库进行了全面分析，编写了一本 Oracle DBMS 分析手册。这本分析手册在相当长的时间内，对高校数据库的教学和国产数据库的实现影响甚广。

1987 年 10 月，第 6 届中国数据库学术会议由复旦大学、苏州计算机厂和苏州大学联合举办。Oracle中国办事处派代表参加，并为大会赞助。

同年，Oracle 的研发专家安迪·门德尔松到访中国，主办"SQL 讲习班"（图 5.7）。在随后的 30 多年中，安迪多次到访中国，进行客户需求调研和交流。他也逐渐成长为 Oracle 数据库的当代掌门人。

图 5.6　早期的 Oracle 图书

图 5.7　Oracle 公司在中国举办讲习班

1989 年末，魏中朝与 Oracle 总部由于就营销目标、前景方向未能达成一致，因而离职。Oracle 亚太区负责人王义派印度尼西亚的销售经理冯星君来到中国。冯星君在燕山大酒店建立了新的办事处，这也是 Oracle 官方将 1989 年作为进入中国的第一年的原因，Oracle 也因此成为了第一家进入中国的世界软件巨头。

王义也在 1990 年下半年，因与公司业务分歧而离职，转而加入 Informix，带领 Informix 进军中国市场。魏中朝的团队后来在 1992 年将 Sybase 数据库引入中国，由此开启了与 Oracle 竞争的局面。

1991 年，北京 Oracle 软件系统有限公司正式成立。

5.7　数据库标准

在数据库的发展历程中，标准发挥了重要的作用。如前文所述，在 1986 年，美国国家标准协会宣布将 SQL 作为标准关系型数据库语言后，SQL 迅速战胜了 QUEL，赢得了市场的广泛采纳，IBM 和 Oracle 从中获益良多。

1986 年，SQL 标准最初命名为 SQL-86。次年，ISO 将其列为国际标准并囊括在 ISO/IEC JTC 1[1] 的信息技术版块中，其标准号为 ISO/IEC 9075。**自此，SQL 语言正式被列为数据库的国际标准。**

此后，SQL 语言标准历经了从 SQL-86 到 SQL:2023 等版本的迭代。从 SQL-86 到 SQL:2023 的 11 个系列标准（图 5.8）说明，SQL 语言在不断丰富和完善。

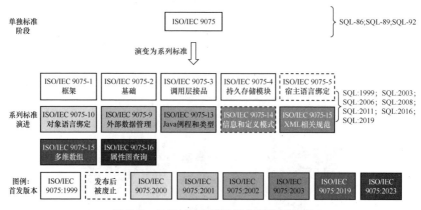

图 5.8　SQL 语言标准的主要演进历程

1　ISO/IEC JTC 1 是国际标准化组织（ISO）和国际电工委员会（IEC）共同成立的第一联合技术委员会（JTC 1），是全球信息技术领域规模最大、成员国最多的国际标准化组织。其宗旨是制定、维护和推广信息和通信技术（ICT）领域的标准。ISO/IEC JTC 1 是在原 ISO/TC 97（信息技术委员会）、IEC/TC47/SC47B（微处理机分委员会）和 IEC/TC83（信息技术设备）的基础上，于 1987 年合并组建而成的。JTC 1 包括 23 个分委员会（SC），分别负责 23 个不同技术领域。SQL 标准由 SC 32（数据管理和交换）分委会负责。

在 1991 年，我国由机电十五所对 ISO/IEC 9075:1989（SQL-89）进行了采标，编撰了 GB/T 12991—1991《信息处理系统数据库语言 SQL》标准，该标准在 2008 年进行了第一次更新，替换为 GB/T 12991.1—2008《信息技术 数据库语言 SQL 第 1 部分：框架》。我国数据库安全方面的标准在 2006 年首次制定，标准为 GB/T 20273—2006《信息安全技术 数据库管理系统安全技术要求》。

近年，中国通信标准化协会（CCSA）[1] 大数据技术标准推进委员会 TC601 紧跟国家战略，围绕数据库领域标准化工作，设立了数据库与存储工作组（WG4）。该工作组自 2015 年起，共推出 30 多项标准，逐步构建以数据库产品、服务和应用为目标的标准体系。图 5.9 是 TC601 截至 2023 年底的标准建设情况。

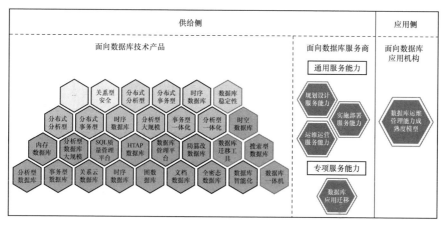

图 5.9　TC601 的标准建设情况

中国通信标准化协会大数据技术标准推进委员会联合国内主流厂商，在产品能力方面，从关系型和非关系型角度出发，构建了基础能力、性能和稳定性的技术标准；在服务能力方面，围绕规划设计、实施部署和运维运营，推出国内首个面向数据库服务的团体标准《数据库服务能力成熟度模型》，围绕数据库应用迁移和 SQL 质量管理平台，推出能力分级标准，其中《数据库应用迁移服务能力分级要求》入选工业和信息化部 2022 年百项团体标准应用示范项目；在行业应用方面，面向数据库应用方内部运维管理团队，推出《数据库运维管理能力成熟度模型》。以上标准工作，极大地推动了数据库行业有序发展和生态成熟。

图 5.10 列出了截至 2022 年 12 月份，国内已发布的主要数据库标准分类（关系型）及归口组织。

---

1 中国通信标准化协会是全国通信标准化技术委员会的全资子机构，经原信息产业部和国家标准化管理委员会批准，于 2002 年 12 月 18 日设立，负责通信行业标准的制定、发布、维护和推广。

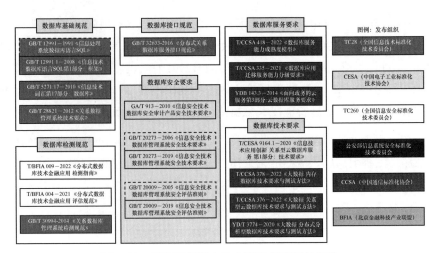

图 5.10　我国已经发布的主要数据库相关标准

在第 1 章，我们曾经提到生僻字对生活的影响。这一问题也正在相关标准的努力之下不断改善。以下是和字符集有关的重要标准和文件的整理表。

表　字符集有关的重要标准和文件整理表

年份	国家标准—文件名称	汉字数量（含部首）
1980	GB/T 2312—1980《信息交换用汉字编码字符集 基本集》	6 763
1995	《汉字扩展内码规范（GBK）》	21 003
2000	GB 18030—2000《信息技术 信息交换用汉字编码字符集 基本集的扩充》	27 533
2005	GB 18030—2005《信息技术 中文编码字符集》	70 244
2022	GB 18030—2022《信息技术 中文编码字符集》	88 115

自 2022 年 8 月 1 日起，GB 18031—2022 标准已经开始强制执行。这一新版本的汉字数量（含部首）已经达到 88 115 个，能够解决一系列和生僻字有关的难题。

国内数据库相关标准的建设虽然在不断加速，但是总体上仍然呈现出三个主要问题：第一，基础标准时效性不足，更新和修订频率较低；第二，标准耦合性较高，各个团体编制的标准存在大量重复要求；第三，配套标准较少，在数据库标准之外，还需要对数据库的访问、同步、迁移等进行配套标准制定。

面向未来，在中国数据库产品快速发展、品类日益丰富的新时代，我国数据库标准也将加快发展和完善，为行业规范和产业繁荣助力。

5.8　863 和核高基计划

数据库作为基础软件，是关系国计民生的重大基础设施型产品，几乎在每一个重大科研工程项目里，数据库都是国家重点支持的对象。比如863计划设立了"数据库重大专项"，"核高基"[1]重大科研专项中的基础软件也包括了数据库。

科技部在863计划软件重大专项下，设立了"**数据库管理系统及其应用**"专项。2002年3月19日，科技部在北京召开了专项可行性报告论证会，确定专项的总体目标是：**突破DBMS核心实现技术，开发具有自主知识产权的、能够与国外主流产品相抗衡的数据库管理系统，最终实现国产数据库产业化**。该专项总投资约人民币两亿元。

2002年6月16日，数据库重大专项专家组正式成立，中国人民大学的杜小勇担任组长，成员包括清华大学的王建民、西北工业大学的李源、华中科技大学的阳富民，以及东软集团的张霞。

2003年4月15日至5月31日，在专家组的领导下，**中国软件评测中心独立完成了对国产数据库的第一次评测任务**。根据评测结果，科技部择优并有区别地支持了4家企业承担各自的任务：**武汉达梦**承担"通用数据库管理系统DM4的研究开发及其应用"，**人大金仓**承担"通用数据库管理系统KingbaseES V2.0的研发"，**航天科技**承担"对象关系型数据库管理系统OSCAR V4.0的研制及其应用"，以及**东软**承担"通用数据库管理系统OpenBASE 5.0的研发及其应用"。2005年，科技部继续择优支持人大金仓、神舟通用以及武汉达梦的产品研发。

2006年，国务院发布了《国家中长期科学和技术发展规划纲要（2006—2020年）》，其中，核高基与载人航天、探月工程并列为16个重大科技专项之一。

核高基重大专项（图5.11）持续至2020年，中央财政为此安排了328亿元的预算，加上地方财政以及其他配套资金，总投入超过1000亿元。

经过20多年的发展，国产基础软件的发展形势已经呈现出欣欣向荣的局面，核高基重大专项的出现犹如助推器，给了基础软件更强劲的发展支持力量。在此计划下，数据库专项于2008年正式立项，由当时的信息产业部负责牵头组织实施。

图5.11 科技部"核高基"重大专项

---

1 核高基是"核心电子器件、高端通用芯片及基础软件产品"的简称，基础软件是对操作系统、数据库和中间件的统称。

第5章 中国数据库的早期探索

201

2008 年 11 月 10 日，国家核高基重大专项实施管理办公室发布了 2009 年课题申报指南，其中包含**"大型通用数据库管理系统与套件研发及产业化"**和**"非结构化数据管理系统"**两大课题。

2009 年 2 月，经过复审答辩，第一个课题的牵头单位为**神舟通用、人大金仓**和**武汉达梦**；第二个课题的牵头单位分别是**北京航空航天大学、清华大学**和**浙江大学**。课题执行期限为 2010 年 1 月至 2012 年 12 月。

2011 年 4 月 1 日，国家核高基重大专项**非结构化数据管理系统**项目研讨会召开，清华大学王建民和人民大学杜小勇分别主持会议。项目组与世界知名数据库专家拉古·罗摩克里希（Raghu Ramakrishnan）就非结构化数据管理系统项目进展进行了深入的交流。2016 年 6 月，由清华大学牵头研制的非结构化数据管理系统（LaUDMS）参加了"十二五"国家科技创新成就展。LaUDMS 作为中国天气预报主要业务系统 MICAPS 4.0 的近实时数据环境，已在中央气象台及多个省市气象部门实现业务化，成功应用于全国和省市三级天气预报业务。

2012 年 9 月 27 日，由王珊担任总负责人的核高基专项项目**"大型通用数据库管理系统及套件研发及产业化"**课题内部验收会议在北京召开。该核高基课题包括 3 项分课题，其中**"国产数据库高性能高安全关键技术研究"**分课题由中国人民大学承担，经费 665 万元，该分课题负责人为陈红教授，王珊、石文昌、李翠平、张孝、梁斌、赵素云、张延松、杜小勇、周烜、覃雄派等老师以及数十名研究生作为课题组成员参与了分课题的研究，共完成 8 个原型系统，申请 9 项发明专利，获得 3 个软件著作权，发表 50 篇论文。

从 863 计划到核高基重大专项，国家产业部门持续对数据库给予关注和支持，为中国数据库技术的发展进步指明了方向，补充了动力，最终促成了丰硕的成果。在这一阶段不断成长的企业，渐渐都成为了数据库行业的中坚力量。

5.9　先河——产学研用探究

学术界和工业界的交流和碰撞，总是会相辅相成。在 2006 年，中国计算机报、CSDN、北京计算机学会、上海市计算机学会联合举办了**"首届中国杰出数据库工程师"**评选活动。该活动由 IBM 赞助，在 DBA 领域产生了深远影响，可以说是由学术界、工业界、产业界共襄盛举，燃点起 DBA 领域的星星之火。

这次评选活动历时 3 个月，分为报名初选、网络复选、面试终选 3 个评选阶段。整个评选过程流程规范、评审严格、过程严谨，为行业做出了良好的示范。活动公布之后，共有 2000 余名来自全国各地不同行业的数据库工程师报名参赛。通过一个多月的初选，评委会评选出了 90 名优秀数据库工程师；再经过一个月左右的复选，评委会正式确定了进入终选的 30 名工程师；最后，在 8 月 1 日至 8 月 22 日，由国内著名数据库专家**陈冲、王珊、周立柱、周龙骧、罗晓沛、唐世渭、施伯乐、冯玉才、乐嘉锦**组成的评委会，与进入终选阶段的 30 名数据库工程师进行面对面交流，最终确定排名顺序。

在复选阶段，90 名参赛工程师先后向主办方提交其项目经验与创新应用论文，并在网站上为全国各地数据库工程师在线答疑，解决他们在项目中遭遇的疑难。这一举措获得了业内的广泛好评，同时呈现出参赛工程师丰富多彩的技术风格和对技术的理解。活动期间，共形成了 3000 多次有效回答，极大地丰富了行业知识和最佳实践。

活动评委、清华大学周立柱在活动中表示，作为首届评选，活动比预期的效果更好，整个活动围绕着"凝聚数据库精英力量，共赢信息化创新未来"的主旨有效进行，真正达到了积累数据库应用经验，促进中国数据库事业发展的初衷。

活动赞助方的评委是 IBM 院士王云先生，他在 DB2 的研发过程中做出过突出的贡献，是华人在数据库领域的杰出代表。他对活动的评价是，通过收集整理优秀数据库工程师的项目经验与创新应用论文，通过活动平台与广大从事数据库应用的工程师进行分享交流，能够有效促进中国数据库应用技术水平的提高。

主办方最后决定取消原定的前三名的设计（图 5.12），并且将杰出工程师扩展至 10 位。最后大会评选出的 2006 年度**十大杰出数据库工程师**分别是邢海捷、万正勇、盖国强、段云峰、齐红胤、冯春培、汪海、牛新庄、李强、王明胜。

获评 2006 年度**十大中国优秀数据库工程师**的是胡波、王晓刚、王宏志、张黎敏、王翔、董国兴、朱健彦、王作敬、常红平、袁春光。

图 5.12　大赛评委意见表

获评 2006 年度**十大中国优秀数据库工程师入围奖**的有丁思非、冯昕、甘荃、胡晶玉、倪泳智、庞恒志、钱彦云、王涛、王忠海、邹建。

该评选活动遴选出的 30 位工程师，一定程度上代表了国内数据库的应用水平，并且这些工程师在各自行业、岗位上不断进取，为中国数据库产业的发展起到了相

图 5.13 盖国强获杰出数据库工程师奖

当的推动和促进作用。18 年转瞬即逝，至今这些工程师中很多人仍然在数据库领域耕耘不止。当年这次活动，无疑是对数据库产业发展的一次莫大的鼓舞和催化。

当时作为评委向笔者提问的老师是周龙骧、罗晓沛、唐世渭。最后为笔者颁奖的是唐世渭老师（图 5.13）。

当年的获奖者后来都成为了笔者生活中的好朋友，大家一起互相鼓励，继续奋斗在数据库事业的征程上！

5.10 ITPUB 技术社区

随着数据库技术的广泛应用，数据库管理员开始成为一股重要的技术力量。这一群体的学习和成长同样需要一个体系、方法和组织，ITPUB 技术社区正是在这样的背景下诞生的。

在数据库技术在国内刚刚兴起时，互联网也在慢慢普及，那时候互联网上最流行的是网络论坛 BBS，各种各样的小组讨论不同的话题。2000 年 5 月 1 日，Smiling 网站上就诞生了一个讨论 Oracle 的小组（图 5.14）。tidycc 是小组的创始人，随后 tigerfish、索马里等加入，小组极速成长，成为了 Smiling 网站上的第三大小组，并最终超越了 BBS 最高 1.5GB 存储容量的限制。Smiling 网站拒绝为小组扩充资源，于是大家只能选择搬家。

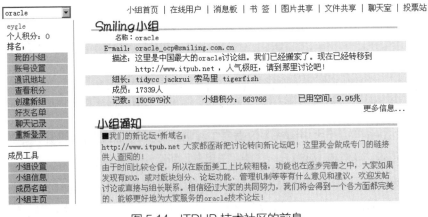

图 5.14 ITPUB 技术社区的前身

2001 年 9 月，ITPUB 技术社区试运行，并于 9 月 26 日注册生效了 ITPUB.NET 域名。最终，所有小组的成员都迁移到了新社区，ITPUB 技术社区获得了高速发展，注册会员数最后超过了 360 万。

社区是讨论问题、分享知识的最佳形态，在当时极大地推动了数据库技术爱好者、用户之间的交流与分享。笔者当时是 Smiling 小组的成员，也随着小组的搬迁转向 ITPUB 技术社区，成为了其中的第 764 个会员，当时注册使用的用户名 eygle 也成为了朋友们最为熟知的笔者的称谓。在社区中，笔者最初担任了微软技术版的版主，并组建了一系列和微软技术相关的板块。后来转向 Oracle 数据库研究，转任成为 Oracle 管理版的版主，最后担任了论坛的超级版主。

在 ITPUB 技术社区的成长过程中，我们通过培训为行业培养了大量的人才，通过出版著作分享知识和经验，推动了行业的发展和进步。2004 年，我们组织出版了社区第一本书，书名是《Oracle 数据库 DBA 专题技术精粹》，如图 5.15 所示，受到了行业的广泛关注。次年，我们出版了第二本著作——《Oracle 数据库性能优化》，这本书以性能优化为主题，获得了很大的成功。在 2006 年，笔者出版了第一本个人著作，命名为《深入浅出 Oracle》，随后出版了《循序渐进 Oracle》，这两本书完整地体现了笔者个人的技术理解与风格，通过由浅入深地讲解，深入探索技术的本质，实现了对于技术本原的探究。

图 5.15 《Oracle 数据库 DBA 专题技术精粹》封面

社区汇聚和成长起一大批的技术专家。在 Oracle 数据库领域的知名专家包括冯春培（biti_rainy）、杨廷琨（yangtingkun）、冯大辉（Fenng）、陈吉平（Piner）、张乐奕（Kamus）、李轶楠（Ora-600）等。此外，还有物流供应链专家黄刚、罗辉林等。

ITPUB 技术社区是基于互联网的技术社区，从线上到线下是社区发展的必然阶段。从 2002 年左右开始，ITPUB 技术社区通过技术培训获得一定的收入，保证了社区基本服务器和带宽的投入，维持了社区的持续运营。但是随着用户的增长，流量不断增加，因为社区缺乏良好的营收模式，其发展仍然举步维艰。从 2005 年开始，ITPUB 技术社区开始和几个意向投资方商谈注资和收购事宜，最终被皓辰传媒（IT168 的母公司）收购。

2006 年，ITPUB 技术社区被 IT168 收购之后，社区的管理层逐渐退出，技术社区的时代也随着微信时代的到来慢慢远去了。

关于 ITPUB 技术社区的故事到此结束，但是关于 ACOUG 和墨天轮的故事掀开了新的篇章。

5.11　ACOUG

在国外，用户组（User Group）是一种非常常见的技术社区组织形式，通过用户组可以聚集最终用户、开发者、技术专家、原厂商，形成开放的技术交流氛围和生态环境。

在 2010 年，笔者和张乐奕共同发起成立了中国 Oracle 用户组（All China Oracle User Group，ACOUG），希望通过免费、公益、开放的线下活动，促进技术的交流和理解。ACOUG 的名字受到了印度 Oracle 用户组（AIOUG）的启发，后来，笔者和 AIOUG 的主席在旧金山相会，聊起用户组的发起趣事，笔者向他介绍了 ACOUG 名字的渊源。

从 2010 年开始，ACOUG 每年都会在国内举办 10 多场技术交流和分享活动，由此获得了技术爱好者和用户的广泛欢迎，ACOUG 也快速成为国内规模最大、影响力最广的 Oracle 用户组，并受到了 Oracle 的关注，2010 年就被纳入到 Oracle 的全球用户组织。

那是一个充满激情的年代，每次活动几乎都有数百人参加，借用的会议室随时都会爆满，交流开放而自由，没有权威、没有层级，有的只是无拘无束、畅所欲言，技术爱好者们展现了对于技术的真挚热爱。ACOUG 花费了大量的时间和精力去运营一个没有直接收入的社区，乐知乐享、乐在其中。在 ACOUG 的努力下，社区和全球技术专家建立了广泛的连接，邀请了一系列国际技术专家来到中国，进行知识分享和交流，其中包括托马斯·凯特（Thomas Kyte）[1]（图 5.16）、乔纳森·刘易斯（Jonathan Lewis）[2] 等。

1　托马斯·凯特是国际知名的 Oracle 数据库专家，其代表作 *Expert One-on-One Oracle* 对 Oracle 技术的普及起到了全球性的深远作用，其个人站点 AskTom 更是在线帮助了很多全球技术爱好者和用户，富有洞见地解答了数以千计的问题。

2　乔纳森·刘易斯是世界级的 Oracle 专家，主要从事自由咨询顾问工作，因其在 Oracle 数据库引擎方面的培训课程和研讨会而闻名于世。乔纳森曾担任 UKOUG（UK Oracle User Group）的负责人，并且撰写过多本与 Oracle 相关的畅销书籍。

ACOUG 还为 Oracle 数据库精心绘制了一张呈现数据库蓝图和相关特性的体系架构图，并发送给技术爱好者们。据统计，该架构图从 Oracle 12c 到 Oracle 23c 持续更新，累计印刷量超过了 5 万张。

图 5.16　盖国强和托马斯·凯特

Oracle 数据库的掌门人安迪·门德尔松也多次参与和支持 ACOUG 的活动（见图 5.17），并对 ACOUG 的工作给出了高度的赞誉。

图 5.17　盖国强和安迪·门德尔松

2011 年，ACOUG 邀请了一大批国际知名的 Oracle 专家来到中国，举办了第一届"Oracle 技术嘉年华"大会，总计有 50 多位技术专家和 500 多位技术爱好者参加。缘之所起，一发不可收，从 Oracle 技术嘉年华大会到数据技术嘉年华大会，这个会议已经发展成为每年参会人数 2000 人左右的数据库技术盛会。

一切只是因为对于技术的热爱。

5.12　信息技术应用创新

2016 年 3 月，中国电子工业标准化技
术协会发起并成立了**信息技术应用创新工**
作委员会（信创工委会），这标志着中国信创产业的新步伐正式开始迈进。

信创工委会是**由从事软硬件关键技术研究、应用和服务的单位发起建立的非**
营利性社会组织，其宗旨在于发挥产业组织和行业自律（市场规范运作、有序竞
争）方面的作用，为应用推广工作提供技术、标准、人才等方面的支撑服务；促进
企业间按市场规则开展合作，实现优势互补、资源共享、协同推进，共同营造产业
良好生态环境，带动产业链协同发展。

信创产业上下游产业链大致分为以下四大部分。

- **基础硬件**：包括 CPU 芯片、传感器、终端设备、存储设备等。

- **基础软件**：包括操作系统和数据库、云计算平台等平台软件。

- **应用软件**：包括面向党政机关、各行业的应用软件，以及各类常用软
  件等。

- **信息安全**：包括安全管理、安全技术、安全标准等。

信创产业的发展，本质上是要**形成体系化的软硬件产品的稳定供给，保障国**
计民生应用系统的安全稳定运行，这对于中国数字经济的发展是必不可少的要素。
如同 5.6 节提到的，在 20 世纪 80 年代初，受到"巴统"的限制，美国的数据库软
件 DB2、Oracle 等都不能出口到中国，这极大地限制和制约了中国经济的发展。

"巴统"以及之后的"瓦森纳协定"都不是西方对华高科技出口管制的终点。

近些年，美国逐步实施了日趋严格的对华技术出口管制政策，并建立出口管
制实体名单，先后将 600 余家中国高科技企业列入其中。

事实再次雄辩地证明，"核心技术是国之重器……不掌握核心技术，我们就会
被'卡脖子'……而真正的核心技术是花钱买不来、市场换不到的"。这就要求我
们必须实现科技自立自强。信创产业也正是在这一大时代背景下的产物。

在信创产业的发展中，国内科技企业在供给侧逐渐打造出了从"可用"到"好
用"的软硬件设施，支持了需求侧广泛的生产需求，从而为国民经济的健康安全发
展提供了有力的支撑。数据库处于基础软件的核心位置，是信创产业的重点攻关方
向之一。

2023 年 12 月 26 日，中国信息安全测评中心、国家保密科技测评中心根据《安全可靠测评工作指南（试行）》要求，公布了第一批通过安全可靠测评的企业和产品名单，其中包括 11 个率先通过评测、获得一级安全可靠等级的数据库产品。

2023 年 12 月 28 日，财政部、工业和信息化部联合印发了《数据库政府采购需求标准（2023 年版）》，正式公开了政府采购的数据库产品需求。

从测评的公开到需求的明确，中国数据库的产品能力和应用场景都在加速发展，这标志着中国数据库产业即将进入爆发期。

纵观历史，很多重大技术的突破都来自宏大的历史事件，如本书第 2 章讲到，数据库的诞生是阿波罗计划推动的，而中国信创产业在全面推进中华民族伟大复兴这样一个宏大的历史背景下，正在推动数据库爆发出蓬勃的生命力和创造力。

5.13　墨天轮和数据库时代

ITPUB 技术社区是我国在互联网时代早期发起的一个技术社区。在那之后，技术交流和分享方式经历了博客、微博以及微信生态的崛起，最终几乎是微信生态赢得了一切。然而笔者始终在思考，微信并不是一种最佳的技术问题讨论场所，基于微信的碎片化交流难以像社区那样将知识沉淀积累下来，我们需要一种新的模式。

于是在 2018 年，墨天轮社区诞生了。墨天轮社区希望能够通过整合多种形态的资源，**为中国数据库时代打造一个一体化的生态共同体，继续支持数据库从业群体的职业成长**，社区的愿景是**乐知乐享，同心共济**。

从 ITPUB 技术社区到墨天轮社区，正好对应了数据库的两个时代：前者是 Oracle 商业数据库时代；后者是中国数据库时代。

在两个时代的探索过程中，笔者发起设立过中国最大的数据库用户组——ACOUG，中国 DBA 联盟——ACDU，以及举办每年一届的数据技术嘉年华大会，并持续通过写作出版图书和培训为中国数据库行业培养人才。现在，所有这些能力和积累完全融入了墨天轮社区，通过丰富的内容，在新的数据库时代，为中国数据库产业发展作出贡献。

2019 年 6 月，墨天轮推出了中国数据库流行度排行榜（如图 5.18 所示），通过多角度的积分排行，展示中国数据库产品的流行度，其目的是希望能够为产品信息传播和用户选型做出一定的指引。这一榜单因其全面真实的数据采集和客观中立的排名，受到了用户的关注与信任，被各类媒体持续引用，为中国数据库产业的正向发展作出了积极的贡献。

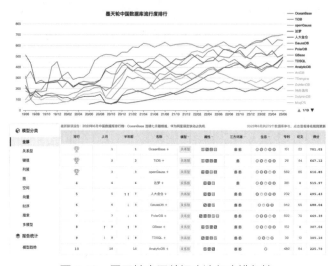

图 5.18　墨天轮中国数据库流行度排行榜

在 2024 年 4 月 12 日至 13 日举行的"数据技术嘉年华"大会上，墨天轮社区进一步刷新了愿景，在原来"乐知乐享，同心共济"的服务个体使命上，增加了"知行合一，不负所托"的企业级服务理念。墨天轮社区希望通过遍布全国的服务网络，全量支持各具特色的数据库产品，帮助中国数据库更好的推广和应用。

从服务个体到服务企业，从线上到线下，墨天轮社区希望为中国数据库产业打造一个共享的技术社区和服务平台，和中国数据库产业共同成长繁荣。

中国数据库的故事，正在发生……

5.14　总结

总结一下，中国数据库的探索，虽然受限于种种客观因素，但是前进的步伐从未停止。我国老一辈的科学家以强烈的使命感和责任感，披荆斩棘，营造了活跃的学术研究和产品实践氛围，推动了我国数据库产业界的早期发展。

进入 21 世纪之后，业界对国际经验的学习借鉴、应用实践探索都进入了成熟期，国产数据库之路在数字化时代开始蓬勃发展，迎来了百花齐放的产业格局。

数据库作为基础软件技术，要想取得良好的发展，离不开生态系统的完善和健全。当下，我国数据库产业从学术研究到工业实践，从示例原型到产品研发，从用户组织到互联网社区，均已呈现出齐头并进、生机勃勃的新局面，中国数据库产业界正在迎来最好的发展时机。

第6章　互联网和云的新篇章

随着互联网的兴起，数据库迎来了新的挑战，在极致高并发、海量大数据、全球广分布的业务需求挑战下，**数据库创新的焦点逐渐转向了互联网**。在这一时期，Google、亚马逊、阿里巴巴、腾讯成为了应对数据新挑战的代表企业。这 4 者中，Google 和腾讯是更纯粹的互联网企业，亚马逊和阿里巴巴是从电子商务领域发展起来的，所以在应对数据挑战的过程中，各自呈现出不同的发展路径和演进格局。

此后，一系列的新兴创业公司也开始跟上互联网和云计算的步伐，展开了数据库产品创新，PingCAP、Snowflake 等就是其中的典型代表。

根据高德纳（Gartner）在 2023 年发布的 2011 年至 2022 年全球数据库市场份额报告 [1]，2020 年，Oracle 市占率首次下降至第二名，微软则升至第一名；到 2022 年，全球市场份额的前三名分别是 AWS、微软和 Oracle。中国厂商的前三名分别是阿里云、华为和腾讯，在排行榜上分别位列第七名、第八名和第十二名。

云计算已经彻底改写了数据库领域的市场格局。

6.1　Google——从互联网到云计算

Google 从互联网公司发展到提供云计算服务，在数据库领域经历了两个不同的发展阶段：第一阶段是解决自身应用问题；第二阶段则是解决客户的数据库应用问题。两个阶段面临的问题不同，创造的产品也自然各不相同。

6.1.1　需求驱动创新

Google 作为一个搜索引擎公司，**需要抓取所有网站的网页数据并保存下来，因而在数据存储层面遇到了空前的挑战。网页存储之后，还要通过网页之间的反向**

1　参考 *Gartner DBMS Market Share Ranks：2011-2022*。

链接关系，进行多轮迭代计算，确认页面排序，这就带来了计算上的挑战。

海量数据存储和计算的需求推动 Google 不断进行技术创新，求解现实中的难题。科技成为了第一生产力，胜则扬名天下，登顶王座，成为浪潮之巅的引领者。负则跌落谷底，黯然离场，沦为时代变革的牺牲品。

搜索引擎的独特用户需求。即**虽然对数据存在海量存储、海量计算和海量并发的高需求，但是却不要求严格的一致性**，第一次对数据库技术产生了颠覆性的影响。这在传统数据库技术之外，展开了波澜壮阔的新版图。具体而言，分布在世界两端的用户，他们可能无法接受搜索引擎超过 1 秒的响应，但绝不会因为搜索同一个信息产生的不同结果而影响其体验。这些需求在技术实现中，体现为对**扩展性的极致需求**。Google 为了解决这一问题，尽可能对各层进行解耦，最终创造了三项革命性技术：GFS、MapReduce 和 Bigtable。这就是鼎鼎大名的 Google 的"三驾马车"。

6.1.2　Google 的"三驾马车"

为了解耦，GFS 仅负责数据存储；Bigtable 作为数据库，向上层服务提供基于内容的各种功能；MapReduce 提供数据处理和计算能力。在这样的设计下，GFS 能充分利用多个服务器的硬盘，并向上掩盖分布式系统的细节；Bigtable 对数据内容进行识别和存储，向上提供类似数据库的各种功能；MapReduce 则使用 Bigtable 中的数据进行运算，再提供给具体的业务使用。

2003 年 10 月，Google 在第 19 届 ACM 操作系统原理研讨会上发表了论文 *The Google File System*（《Google 文件系统》），系统地介绍了面向大规模数据密集型应用的可伸缩分布式文件系统，目标是**解决数据的存储问题**。

GFS 可在廉价的硬件上运行，能够将上千台服务器、上万块硬盘封装成一个整体，用于海量数据存储，从而对应用进行简化。应用不需要关心存储的容量、可用性、安全性等问题，就像使用本地硬盘一样。因此，分布式存储的复杂性被 GFS 解决和屏蔽。

数据存储之后就是计算。2004 年 12 月 5 日，Google 在美国旧金山召开的第 6 届操作系统设计与实现研讨会上发表了论文 *MapReduce：Simplified Data Processing on Large Clusters*（《MapReduce：大型集群上的简化数据处理》），用以解决计算问题。

MapReduce 的设计思想和 GFS 一样，就是要让使用者意识不到"分布式"的存在。Google 利用 Map 和 Reduce 两个函数，采用经典的模板方法模式（Template Method Pattern），对海量数据计算过程做了一次抽象，通过一个个分离操作单元把数据处理流程串接起来。这就让处理数据的人，不再需要深入掌握分布式系统的开发，从而实现了简化目标。

Google 典型的 PageRank 算法，就是通过多轮的 MapReduce 迭代进行实现的。基于 MapReduce 编写的程序，可以在大量普通 PC 机上并行分布式执行，将所有处理器联合起来计算保存在 GFS 中的海量数据并得到想要的结果。

PageRank 算法是 Google 的创始人谢尔盖·布林（Sergey Brin）和拉里·佩奇（Larry Page）于 1998 年提出的。谢尔盖的导师杰弗里·戴维·乌尔曼（Jeffrey David Ullman）[1] 是 2020 年图灵奖得主，在他的著作 *Mining of Massive Datasets*（《海量数据集的挖掘》）中，就详细地介绍了 PageRank 和 MapReduce 算法。

GFS 和 MapReduce 虽然解决了存储和计算问题，但主要针对的是顺序读写，高并发下的一致性高效随机读写仍然是一个挑战。2006 年 11 月，Google 发表了论文 *Bigtable：A Distributed Storage System for Structured Data*（《Bigtable：结构化数据的分布式存储系统》），分析了分布式结构化数据存储系统 Bigtable 的工作原理。Bigtable 重点解决的问题包括如何支撑每秒十万、百万级别的随机读写请求。Bigtable 最终实现了一种压缩的、高性能的、高可扩展的、基于 GFS 的数据存储系统。

到这里，提出了 GFS、MapReduce 和 Bigtable 这"三驾马车"的论文悉数登场，完成了分布式存储、分布式计算、分布式数据存储这 3 个核心架构的设计。

3 篇重量级论文的发表，不仅使大家理解了 Google 搜索引擎背后强大的技术支撑，而且对云计算中的核心分布式技术作出了启蒙。随后，"克隆"这 3 项技术的开源产品如雨后春笋般涌现，Hadoop 就是其中的一个。

除此之外，Google 的影响还产生了一个意外的副作用。当 Google 开始提供 Bigtable 云服务时，由于用户已经习惯了 HBase，尽管 Bigtable 可能技术更优，但是应者寥寥，最后 Google 不得不开发出一套兼容 HBase 的 API。Google 曾经抱怨，与"三驾马车"相关的论文的发布，Google 只是赚到了名声。在 AI 领域，同样的事情再次发生。在热点技术 GPT 中，T 就是指 Google 于 2017 年在论文 *Attention is All you Need* 中提出的 Transformer 模型。OpenAI 借助 ChatGPT 联合微软，对 Google 造成了巨大的威胁，并且导致 Google 一度不再开放技术。Google 的杰夫·

1　杰弗里·戴维·乌尔曼，生于 1942 年 11 月 22 日，是一位计算机科学家，斯坦福大学教授，现已退休。他编写的关于编译器的教科书（各种版本非常流行，被称为"龙书"）、关于计算理论的书（被称为"灰姑娘书"），以及数据结构和数据库的相关书籍都被视为业界的规范。

迪恩（Jeff Dean）在 2023 年 5 月对内部员工宣布，以后将推迟向外界分享自己的工作成果。

6.1.3　NewSQL 的诞生

从数据库的角度来看，为了实现扩展性，Bigtable 牺牲了易用性，这对应用开发带来了巨大的挑战，革命显然尚未成功。最初 Bigtable 放弃了关系模型，也不支持 SQL 语言，同时为了简化事务处理，不支持跨行事务，只支持单行事务。为了实现更广泛的应用，Bigtable 必须继续进化。

这些核心问题随后在新的研究中得到解决。2011 年，关于 Megastore 的论文提出，在 Bigtable 之上实现类 SQL 接口、提供 Schema，以及简单的跨行事务。异地多活和跨数据中心问题在 2012 年发表的论文 *Spanner：Google's Globally-Distributed Database*（《Spanner：Google 的全球分布式数据库》）中得到解决，Spanner 采用 Paxos 支持多副本的数据同步与故障转移，实现了全局一致性。2013 年，论文 *F1：A Distributed SQL Database That Scales*（《F1：可扩展的分布式 SQL 数据库》）进一步地描述了分布式查询、事务一致的二级索引、异步模式更改、优化事务等设计。F1 团队后来在 VLDB 2018 上发布了论文 *F1 Query：Declarative Querying at Scale*（《F1 查询：大规模声明式查询》），针对不同的数据规模和响应时间要求，定义了单机执行、分布式执行和批处理执行 3 种查询执行模式。F1 系统的架构图，如图 6.1 所示。

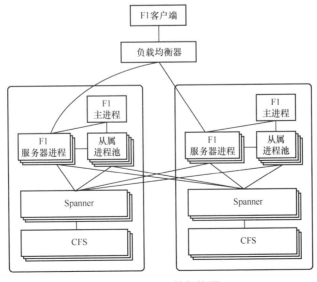

图 6.1　F1 系统架构图

至此，万事俱备。**起源于 Google 广告系统的 F1 查询和底层的 Spanner 结合，最终开启了分布式关系型数据库——NewSQL 的新时代**。分层分布式、存算分离、分布式共识一致性，成为了分布式数据库的标配。

6.1.4　Google 云的数据库

2022 年 5 月 12 日，在 Google I/O 开发者大会上，Google 云平台（Google Cloud Platform，GCP）推出 AlloyDB for PostgreSQL（其中，Alloy 意为"合金"），这是一个全托管的、与 PostgreSQL 兼容的数据库服务。AlloyDB 在行存之外还提供了列存储引擎（如图 6.2 所示），能够同时满足企业级事务和分析工作负载，在 Google 的性能测试中，AlloyDB 在事务工作负载上的速度比标准 PostgreSQL 快 4 倍以上，分析查询速度快 100 倍。

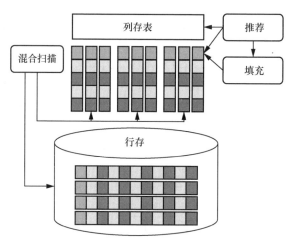

图 6.2　AlloyDB 的行列架构示意图

AlloyDB 自动在行格式和列格式之间组织数据，根据工作负载选择正确的列和表，并自动将其转换为列格式，数据最初加载到内存后，AlloyDB 会监控数据的变化并确保数据自动刷新。AlloyDB 能根据数据更改以及正在执行的查询操作，智能选择基于列、基于行，或是基于行列混合的查询。

一个有意思的故事是，于 2019 年被任命为 Google 云 CEO 的托马斯·库里安（Thomas Kurian，如图 6.3 所示）此前 22 年内任职于

图 6.3　托马斯·库里安

Oracle 公司，是技术负责人，曾被认为是劳伦斯·埃里森的继承人，而后传闻在与埃里森就云策略发生冲突后离开了 Oracle。而 AlloyDB 的设计和实现几乎与 Oracle 数据库的 In-Memory Option 完全一致。

Oracle 12c 版本引入的行列混存新特性，被命名为 In-Memory Option，如图 6.4 所示。在这个特性中，数据在磁盘中是以行模式存储的，当数据库启动后，设定为列存的数据会自动加载到独立的内存区域，以列式压缩存储。然后，分析型应用就可以利用列式存储进行计算加速。

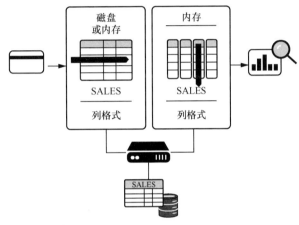

图 6.4　Oracle 数据库的 In-Memory Option 选件特性示意图

注意，这个特性的好处是：列存数据不会存储到磁盘上（在后续版本中，可以将列存数据存储到闪存设备上，以在数据库重启后快速加载），从而能够基于内存，在运行时高效率地保证行存数据和列存数据的一致性。

当然，Oracle 推出这一特性是为了应对 SAP HANA 的挑战，关于 HANA 的故事将在后面的章节讲述。

6.2　亚马逊——从电子商务到云计算

亚马逊公司成立于 1995 年，一开始只经营图书在线销售业务，后来推出了 AWS 云服务。截至本书完稿时，亚马逊已成为全球商品品种最多的网上零售商、全球第二大互联网企业和全球第一大云服务提供商。

亚马逊率先在云上推出了关系型数据库服务（Relational Database Service，RDS），旨在通过简化数据库的供给和管理，让应用软件使用数据库更简单。**亚马**

逊 RDS 带动了数据库大踏步迈入了云时代。

亚马逊 RDS 于 2009 年 10 月 22 日首次发布，最初只支持 MySQL 数据库。随后，亚马逊 RDS 于 2011 年 6 月支持 Oracle 数据库（标准版），于 2012 年 5 月支持 Microsoft SQL Server，于 2013 年 11 月支持 PostgreSQL，于 2015 年 10 月支持 MariaDB，逐步形成了广泛的数据库支持。

当亚马逊作为一家电子商务公司时，其数据库主要依赖 Oracle。但是随着 AWS（Amazon Web Services）云服务的推出，面向客户的 RDS 成为基本需求，亚马逊基于开源数据库提供了各种数据库在线服务，进而不断创新，推出了多种数据库产品，包括 OLTP 数据库 Aurora、OLAP 数据库 Redshift 等。

在 2022 年 Gartner 发布的云数据库管理系统魔力象限中，AWS 已经多年位于领导者象限的第一位，紧随其后的是微软、Oracle 和 Google。

6.2.1　亚马逊的 Redshift

亚马逊的 Redshift 是一个数据仓库产品，建立在 MPP 数据仓库公司 ParAccel 的技术之上，专为 OLAP 和业务智能（BI）应用程序设计。亚马逊在 2011 年投资了 ParAccel 公司，该公司在 2013 年 4 月被 Actian 收购。

Redshift 基于 PostgreSQL 8.0.2 版本进行了改进，**采用列式存储，能够处理大数据集的分析工作负载**，允许一个集群上有多达 16PB 的数据。2012 年 11 月，Redshift 发布了预览版，2013 年 2 月 15 日正式发布。Redshift 使用并行处理和压缩来加速执行，这使得 Redshift 可以一次性对数十亿行数据进行操作。Redshift 名称中的 "Red" 暗指 Oracle（Oracle 的标志色是红色，被私下称为 "Big Red"），用户将数据库从 Oracle 转移到 Redshift，就是从 "Red" 中 "Shifting" 出来。

从 Redshift 的命名中，也可以看到 Oracle 和亚马逊的紧张关系。在每年 OracleOpenWorld 大会上，讥讽和挪揄亚马逊也是埃里森的例行名场面（图 6.5 为埃里森演讲中 Oracle 和亚马逊的对比）。在 2017 年的 Oracle OpenWorld 大会上，埃里森说："你们把在 Redshift 的数据迁移过来，在 Oracle 的云上跑。同样的查询，不但会更快，而且还会更便宜。我可以写进合同里去，每个月 Oracle 给你们的账单不会高于亚马逊的 50%。"当时笔者正在大会现场，这段话之后，是一片笑声和掌声响起。

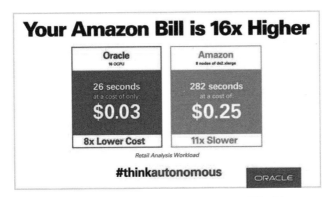

图 6.5　埃里森演讲中 Oracle 和亚马逊的对比

6.2.2　亚马逊的 Aurora

亚马逊在 2017 年的 SIGMOD 大会上发表了论文 *Amazon Aurora：Design Considerations for High Throughput Cloud-Native Relational Databases*（《Amazon Aurora：高吞吐云原生关系型数据库的设计考量》），介绍了 Aurora 的设计和实现。这篇论文在全球范围内，深刻地影响了云原生数据库的走向。

Aurora 的设计源自这样一个理念，即**在云环境下，数据库的最大瓶颈不再是计算或者存储资源，而是网络**。因此，Aurora 基于存储计算分离架构，创造性地提出**"日志即数据库"**（The log is the database）的设计理念，将日志处理下推到分布式存储层，通过架构上的优化来解决网络瓶颈。在 Aurora 中，一个写节点和多个读副本（最多 15 个）都可以挂载到同一个共享存储。

"日志即数据库"这一理念可以说是在传统关系型数据库"山重水复疑无路"的前进方向上，"柳暗花明又一村"地开拓出一个创新方向。那么，什么是日志，"日志即数据库"又是什么含义呢？

在数据库中，重做（Redo）日志是确保数据一致性、可靠性的核心组件。事务执行过程中会生成日志，**日志在事务提交时必须同步写入存储，确保在发生突发断电等异常时，可以通过日志重新执行事务操作，恢复数据**。有了日志的顺序写出，数据本身的修改写出就可以延后，通过批量操作提升性能。

在图 6.6 所示的以 MySQL 为例的传统主备库环境中，5 种箭头（粗细代表写入量的大小）分别表示为维持数据安全和持久化需要执行的数据写操作，最重要的数据写操作包括日志写、数据写等。

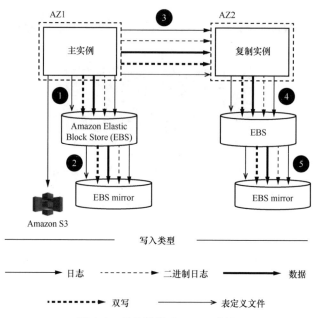

写入类型

——————→ 日志　　- - - - →二进制日志　　━━━━━→数据

■■■■■■■➤双写　　————→表定义文件

图 6.6　传统数据库 I/O 示意图

  Aurora 在实现上以"日志即数据库"为指导思想，既然日志优先写入磁盘，就可以通过日志在存储上的应用中重演数据，从而不再需要变更数据的落盘写入。这就大大降低了因数据写入而带来的网络吞吐。Aurora 的架构示意图如图 6.7 所示。

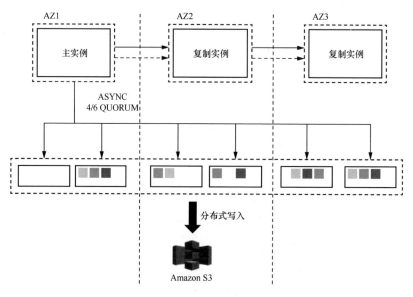

图 6.7　Aurora 的架构示意图

  Aurora 架构下的数据库实例仍然包含了大部分核心功能，例如查询处理、事务、锁、缓存管理、访问接口和 Undo 日志管理等，但重做日志相关的功能已经下推到存储层，包括日志处理、故障恢复和备份还原等。

由此，Aurora 建立起云原生数据库的三大优势：第一，底层数据库存储由分布式存储服务提供，可以实现完整的高可用保障；第二，数据库实例向存储层只写入重做日志，网络压力大大降低，带来了数据库性能的提升；第三，将部分核心功能下推到存储层，这些功能对应的任务可以在后台不间断地异步执行，不影响前台任务。

Aurora 一写多读架构的下一步演进是多写多读，也就是多个计算节点同时读写数据库，实现类似 Oracle RAC 的集群模式。这一版本被称为 Aurora Multi-Master，于 2019 年 8 月正式发布，初始只支持 2 个计算节点，如图 6.8 所示。Aurora Multi-Master 使用全对等复制，**当修改操作成功地写入 6 个存储节点后，再使用低延迟复制协议将日志复制到集群中的其他写节点**，这些写节点在收到更改信息后，会将其应用于各自内存中的数据缓存，以提供读一致性。

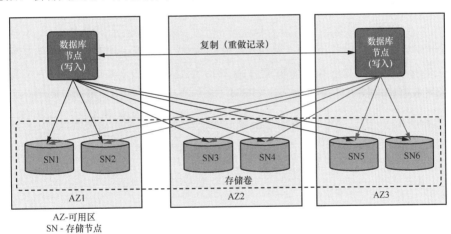

图 6.8　Aurora Multi-Master 架构图

在互联网的快速发展下，Aurora 架构仍然在不断演进。通过 Aurora 的成功实践，亚马逊向业界展示了这样一个事实：**实践出真知。只要在实践中不断探索，就能够在看似不可能之处，做出卓越的技术创新。**

6.2.3　亚马逊的"去 O"运动

在亚马逊电子商务发展期，Oracle 数据库起到了核心业务的支撑作用。图 6.9 是亚马逊的一个基于 Oracle 系统的案例。整个系统由 16 个计算节点、8 个光纤交换机、128 个磁盘阵列（包含 1920 块 72GB 的磁盘）组成，通过 Oracle RAC 集群提供服务，能够提供高达 16GB 每秒的 I/O 处理能力。该系统于 2002 年中期测试验证，2003 年大规模部署，到 2004 年全面替代了原来运行于 Unix 上的数据仓库系统。这套系统是当时 Linux 上全球规模最大的 Oracce RAC 集群系统之一。

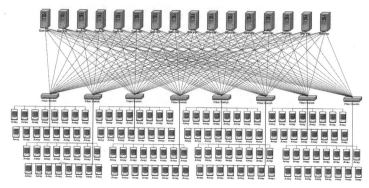

图 6.9　亚马逊早期基于 Oracle 系统的案例

而当 AWS 云服务获得成功之后，亚马逊开始了数据库替代工作。在 2018 年11 月，AWS 首席执行官安迪·贾西（Andy Jassy）在接受采访时说："在数据库方面，我们实际上已经脱离 Oracle 了，到 2019 年底或 2019 年中期我们将完成替代Oracle 数据库的整个过程"。

2019 年 3 月底，AWS 就迎来了一个里程碑时刻。亚马逊首席技术官维尔纳·福格尔斯（Werner Vogels）向亚马逊物流（Amazon Fulfillment）团队表示祝贺，恭喜他们完成了该团队最后一个 Oracle 数据库的迁移。

维尔纳在社交媒体的推文中说："恭喜亚马逊物流团队完成从 Oracle 数据库到100％的 AWS 数据库环境迁移，数据库自由了。"

亚马逊执行倒计时任务的专家敲击下了 "Shutdown Abort" 命令的回车键，强制终结了亚马逊物流团队的最后一个 Oracle 数据库。

在 Oracle 数据库中，Abort 属于强制中断命令，类似断电引起的软件中断，用来切断所有会话，中断所有事务，下次启动时需要进行恢复。以这种方式关闭数据库，说明这个数据库已经不再承载业务了。这只是一个具有象征意义的时刻——经此一击，不再相见。这个数据库迁移到了亚马逊的 Aurora for PostgreSQL 和DynamoDB 上。

2019 年 10 月 16 日，AWS 实现了自己的目标——彻底替换 Oracle 数据库。最后的"决战"时刻，由 AWS 首席布道师杰夫·巴尔（Jeff Barr）发布了官方报道，随着亚马逊消费者业务正式完成了迁移工作，最后的 Oracle 数据库关闭了。

亚马逊消费者业务的"去 Oracle"工作共有 100 多个团队参与，涉及的系统包括消费者付款、客户退货、目录系统、交付体验、数字设备、外部付款、财务、信息安全、市场、订购和零售系统。

整个迁移工作将存储在近 7500 个 Oracle 数据库中的 75PB 内部数据迁移到多个 AWS 数据库服务（见图 6.10）。其中，低延迟服务迁移到 DynamoDB[1] 和其他高度可扩展的非关系型数据库，例如亚马逊 ElastiCache；具有高数据一致性要求的事务性关系工作负载已移至 Aurora 和 RDS；分析工作负载已迁移到云数据仓库 Redshift。

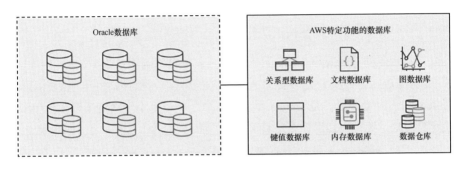

图 6.10　AWS 替换 Oracle 数据库的示意图

在 AWS 发布的声明中，笔者特别留意了以下一段描述。

多年来，我们意识到**花了太多时间来管理和扩展数千个固有的 Oracle 数据库**。我们的 **DBA 不再专注于高价值的差异化工作，而是花费大量时间应对事务率上升和存储数据总量不断增加带来的挑战**。这包括花费大量时间来处理复杂且效率低下的硬件配置问题、许可证管理问题和许多其他问题，而**这些问题现在最好由现代的托管数据库服务来处理**。

这里表达了一层核心的意思是 DBA 无法专注于高价值的工作。常规的事务性技术工作，如扩容、优化，甚至数据库的授权管理，消耗了 DBA 太多的时间。而这些工作可以通过现代技术解决掉，让 DBA 能够投身更有价值、具有创造性的工作上。

杰夫·巴尔还在报道中盛赞团队：

工程团队的同事们**永远不满足于独自保持良好状态**。他们定期重新评估每个

1　DynamoDB 是 AWS 推出的一种全托管 NoSQL 数据库服务，支持 KV 和文档存储。其设计思想来源于亚马逊 2007 年发表的一篇论文 *Dynamo：Amazon's Highly Available Key-value Store*。在这篇论文里，亚马逊介绍了如何使用通用硬件来打造高可用、高弹性的数据存储。

内部系统，以确保其尽可能地可扩展、高效、高性能和安全。当找到改进的途径时，他们将使用所学对系统的体系结构和工程实现进行彻底地更新，通常甚至将现有系统拆散并在必要时从头开始重构。

在"去O"的道路上，很多企业对于系统重构顾虑重重，然而这段描述给出了另外一个示范：**系统重构是不满足现状，是期望进一步解决问题以实现系统进化的不懈努力，是不断循环上升的技术使命**。通过重构让系统持续进化正是一个优秀团队的核心品质所在。

在 AWS 的本次迁移中，还涉及了一个财务分类账数据库，该数据库总计120TB 的数据被顺利迁移到 DynamoDB，迁移后的应用响应延迟降低了 40%，成本降低了 70%。根据一位参与过此项目的技术专家透露，服务应用重构了，所以数据层就被替换掉了。应用重构正是数据库变革的最佳时机。

几乎在每年的 Oracle OpenWorld 大会上，埃里森都有固定的一个梗（图 6.11），他说："亚马逊在号召用户迁移使用 AWS 的云数据库，然而，每年他们自己都在向 Oracle 购买大量授权，是 Oracle 最大的用户之一，上个年度就采购了价值 6000万美元的授权。亚马逊知道什么是真正的好产品。"

图 6.11　埃里森在 Oracle OpenWorld 大会上的演讲

现在，这个故事终于终结了。

6.3　阿里巴巴——从电子商务到云计算

和 AWS 处境类似的阿里巴巴，同样拥有云时代的前瞻性和战略领先优势。阿里巴巴更是早在 2009 年就正式开始了"去 IOE"。

在谈到"去 IOE"之前，我们先看看阿里巴巴的数据库应用历程。

6.3.1 数据库应用历程

淘宝网是阿里巴巴的数据库应用的一个典型的代表。

2003 年 4 月 7 日，阿里巴巴开始酝酿推出 C2C 交易平台，这个平台在同年 5 月 10 日上线，就是后来的淘宝网。为了快速推出，淘宝网在建站之初，采用了一个名为 PHPAuction 的商业网站系统，该系统基于 PHP 开发，采用 LAMP 架构，使用的后台数据库是 MySQL。其数据库在部署上采用一个主库、两个从库，读写分离架构。

淘宝网创建时，中国正处于非典（SARS）肆虐时期，人员流动的受限给了电子商务蓬勃发展的机遇。在这一领域，国内的先行者是易趣公司，但是，eBay 于 2002 年开始入资逐步收购了易趣公司[1]。特殊的时期、领先者的动荡，淘宝就是在这样的背景下极速成长的。到 2003 年年底，淘宝注册用户达 23 万，成交额累计达到了 3371 万元。

随着访问量和数据量的飞速上涨，到 2003 年年底，淘宝网的数据库首先遭遇瓶颈。当时 MySQL 是第 4 版，默认存储引擎 MyISAM 存在很多缺陷。可选的替代方案并不多，而企业级应用里最为成熟的就是 Java 结合 Oracle 数据库的企业级架构。从淘宝网面临的挑战来看，应用系统垂直扩展能够解决问题。当然，选择 IOE 架构的另外一个关键因素是 eBay 在使用这套架构。

在 2003 年左右，笔者的一群老朋友——Oracle 技术专家，先后加入阿里巴巴。根据阿里巴巴的企业文化，他们每个人都获得了一个显赫的花名，其中包括冯春培（孔丘）、汪海（七公）、冯大辉（西毒）、陈吉平（拖雷）等。Oracle 数据库的应用进入黄金时代，这也是中国 Oracle 在阿里巴巴的数据库应用的黄金时代，一大批专业的 DBA 在这一时代得到极速成长。

淘宝网的数据库从 MySQL 迁移到 Oracle，需要经历一个学习和摸索的过程。新的数据库带来了技术和架构的革新，这给阿里巴巴当时的团队带来了全新的挑战。在开始阶段，阿里巴巴的技术能力和架构能力都是偏弱的，亟待提升。

首先获得提升的是技术能力。因为当时淘宝网的业务飞速上涨，Oracle 数据库永远是在最高处理容量上顶峰运行，出现的各种问题非常多。在严苛的环境里，阿里巴巴的一大批数据库专家的技术能力突飞猛进。

随后获得提升的是架构能力。随着业务的超速发展，Oracle 的优化不足以承

1　2002 年 3 月，eBay 以 3000 万美元收购了易趣公司 33% 的股份，后于 2003 年 6 月以 1.5 亿美元收购了易趣公司剩余 67% 的股份。

载业务的发展，于是阿里巴巴开始拆分数据库。由于数据库的改变影响到应用全局，架构便开始受到重视。从 2007 年到 2009 年，阿里巴巴涌现出大量架构师。

在数据库中，如果单表的数据量过大，从而影响了访问效率，那么，就可以通过水平拆分进行分表。这是一种常见的优化方案，进一步地，又可以将这些分表转移到独立的数据库中形成分库。这就是分表分库的基本演进过程。

淘宝网很早就对数据进行过分库的处理。分库之后，上层系统就遇到了连接多个数据库的复杂性。一个名为 DBRoute 的数据库路由工具出现了。DBRoute 可以对数据进行多库修改、查询整合，让上层系统像操作一个数据库一样操作多个数据库，从而实现对数据访问的简化。早期的朴素分表分库思想很简单，例如通过商品 ID 的第一个字符来进行拆分（例如商品 ID 的第一个字符是 0 ~ 7，就将表中的这部分数据分表拆分到数据库 1 中；如果商品 ID 的第一个字符是 8 ~ f，就将表中的这部分数据分表拆分到数据库 2 中，依此类推），因此，DBRoute 的访问逻辑也非常简单，如果访问商品 ID 的第一个字符是 0 ~ 7 中之一，DBRoute 就指向数据库 1；如果是 8 ~ f 中之一，DBRoute 就指向数据库 2。同时，用户也可以访问指定的数据库。

但是随着数据量的增长，数据库对于分表有了更高的要求。当成百上千的分库、成千上万的分表出现时，查询就成为了一个关键挑战。是时候让一个独立的中间件来承担重任了，淘宝分布式数据层（Taobao Distributed Data Layer，TDDL）应运而生，其架构如图 6.12 所示。

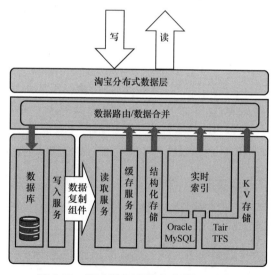

图 6.12　淘宝数据库分布式数据层架构

TDDL 实现了 3 个主要的特性：数据访问路由——将针对数据的读写请求发送到最合适的地方；数据的多向非对称复制——一次写入，多点读取；数据存储的自由扩展——不再受限于单台机器的容量与性能瓶颈，可以实现平滑迁移。

阿里巴巴从 2006 年开始考虑 Oracle 的单一依赖问题，准备回归 MySQL，实现多数据库应用计划。这一次的主动回归和当年的被动选择完全不同，阿里巴巴内部从培养新人开始做起，制订了三年计划，以获得从一种数据库自由迁移到另外一种数据库的能力。

先行的目标应用是"收藏夹"，这是一个很简单的服务，每个用户都可以收藏成百上千条感兴趣的商品到收藏夹中，其中的商品信息变化需要及时更新，以便用户掌握商品动态。每次用户打开收藏夹，后台系统都需要对数据库进行成百上千次查询。数据量巨大，需要密集访问数据库，然而，这并不是核心的订单交易。收藏夹表中的 16 亿记录，最终拆分到了 16 个 MySQL 数据库的 1024 个数据表中，分库分表和异构数据库的数据复制率先得以实现和验证。

随着使用 TDDL 的业务越来越多，阿里巴巴 DBA 对于使用 MySQL 以及数据切分也积累了比较多的经验，于是，阿里巴巴决定开始调整核心应用了。"评价"是第一个核心应用，然后是"商品"。在此期间，与数据库相应的工具也得到了发展，"愚公"数据迁移平台、"精卫"数据增量复制平台，为 TDDL 补齐了很多重要能力。

从 2011 年到 2015 年，TDDL 成为阿里巴巴数据库系统的统一接入标准，开始面向所有业务提供分布式数据库服务，为约 30 万套的阿里巴巴运行实例提供了支持，业务覆盖支付、资金、即时通信、媒体等十余大类。

6.3.2 "去 IOE"运动

2013 年 5 月 17 日，阿里巴巴最后一台 IBM 小型机在支付宝下线，这是自 2009 年"去 IOE"以来重要的一个节点。当年 7 月 10 日，淘宝网重中之重的广告系统使用的 Oracle 数据库下线，也是淘宝网最后一个 Oracle 数据库。图 6.13 成为了一个标志，王坚博士带领的团队在中国创造了"去 IOE"这个盛极一时的标志性词汇。据说在 Oracle 内部，"去 IOE"的译文是 De-IOE，Oracle 专门制定了 Anti-De-IOE 策略。

那么，什么是"去 IOE"呢？

图 6.13 阿里巴巴"去 IOE"化里程碑

- "去 IOE"中的 I 是指 IBM,"去 I"是指去掉以 IBM 为代表的小型机硬件设备,采用开放式 X86 硬件平台。

- "去 IOE"中的 O 是指 Oracle,"去 O"是指去掉 Oracle 数据库,以自主研发的数据库、开源数据库替代 Oracle、DB2 等为代表的商业数据库。

- "去 IOE"中的 E 是指 EMC,"去 E"是指去掉 EMC、HP 等公司提供的中高端存储设备,采用基于 X86 主机的本地存储。

总而言之,"去 IOE"是指在企业级 IT 系统架构中,去掉传统的封闭的"IOE"技术体系,代之以开放、自研、开源的技术架构和产品,从而实现架构上的敏捷与迭代上的自由。

"去 IOE"项目实施前,阿里巴巴内部大量使用 IBM 的小型机,存储设备主要是 EMC 的产品,数据库全部是 Oracle。IBM 小型机、Oracle 数据库和 EMC 存储设备,一度是数据中心的黄金组合。随着阿里巴巴提出要在 IT 架构层面换掉这些产品,以在开源软件基础上开发的系统取而代之,"去 IOE"这一概念也开始走进大众视野。

王坚这样概括"去 IOE":"去 IOE"的本质是分布化,让随处可以买到的通用 PC 架构成为可能,是云计算能够落地的首要条件。这个过程彻底改变了阿里巴巴 IT 架构的基础,是阿里拥抱云计算,提供计算服务的基础。

这就非常清晰地呈现了阿里巴巴摆脱 Oracle 的根本驱动力,即只有摆脱了传统 IOE 的束缚(事实上是摆脱了传统 IT 的商业模式),才能够扩大云的服务边界,实现快速、敏捷、批量、经济的环境供给。而在这个过程中,既磨炼了团队,又积累了服务云客户的经验。

6.3.3 阿里云 PolarDB 数据库

当阿里云走上云计算的历史舞台后，数据库就成为了一个必备组件，阿里云数据库开始蓬勃发展。经历了从 RDS 到云原生数据库的研发过程，并最终铸就了自主研发的云原生关系型数据库 PolarDB。PolarDB 也是阿里云瑶池数据库家族最核心的产品。

1. 阿里云 RDS

阿里云 RDS 是一种稳定可靠、可弹性伸缩的在线数据库服务，基于阿里云分布式文件系统和固态盘（Solid State Drive，SSD）高性能存储实现。

阿里云 RDS 支持 MySQL、SQL Server、PostgreSQL 和 MariaDB 数据库，并且提供了集容灾、备份、恢复、监控、迁移等功能于一体的全套解决方案。阿里云 RDS 实例还提供基础版、高可用版、集群版等多个版本，如图 6.14 所示。RDS 产品本质上针对的是传统数据库，在云资源上提供了不同规格环境的按需供应和运维管理上的便利，解决了中小微企业在技术能力上的不足。

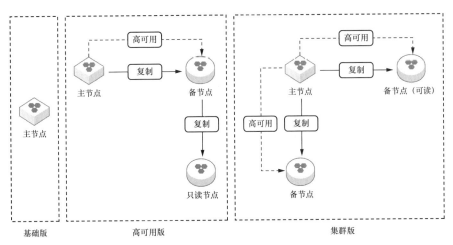

图 6.14 阿里云 RDS 架构示意图

2. AliSQL

AliSQL 是阿里云基于 MySQL 社区版深度定制的一个分支，应用于阿里巴巴集团业务以及阿里云数据库服务，RDS MySQL 使用的就是 AliSQL。

AliSQL 在 MySQL 社区版的基础上做了大量的性能与功能的优化改进，既吸收了其他开源分支的精华，也沉淀了阿里巴巴多年在 MySQL 领域积累的经验和解决方案，强度和广度上都经历了极大的考验。除了社区版的所有功能外，AliSQL 还提供了类似于 MySQL 企业版的诸多功能，如企业级备份恢复、线程池、并行查询等。在通用基准测试场景下，AliSQL 与 MySQL 社区版相比，性能提升了 70%。在"秒杀"[1] 场景下，性能提升 100 倍，被广泛应用在阿里巴巴内部诸多业务系统中。

RDS MySQL 支持 InnoDB 和 X-Engine 两种存储引擎。X-Engine 是阿里云自研的 OLTP 数据库存储引擎，具有**极高的并发事务处理能力和超大规模的数据存储**能力，能够根据数据访问特征将数据划分为多个层次，并针对每个层次数据的访问特点，设计对应的存储结构，将数据写入合适的存储设备。

AliSQL 支撑了阿里巴巴电商业务十余年，其稳定性、安全性和高性能经过了极其严苛的实践检验。到 2013 年，阿里的"双 11"就已经完全靠 AliSQL 来支撑了。

2016 年 8 月 9 日，AliSQL 在云栖大会北京峰会上正式开源。

3. PolarDB

随着阿里云业务的快速发展，越来越多的云上客户对数据库提出了新的要求，希望可以支持更大的存储，并且在弹性扩缩容上更灵活、更简单。

2014 年 10 月，亚马逊 Aurora 发布，其计算与存储相分离的设计引起了行业关注。阿里开始基于 AliSQL 进行计算存储分离架构的产品研发探索。2016 年，第一个技术难点被攻破，阿里云基于 AlisSQL 以物理复制的方式实现了数据库的一写多读。此后，研发开始加速。

这款数据库产品最终定名为 PolarDB，以 PolarDB 为名代表着阿里云数据库团队打造卓越产品的愿景。"Polar"有极地之意。地球上公认有三极——南极、北极和珠穆朗玛峰，这三个地方代表着最艰难但也是人类不断探索的极地和高峰。

2017 年 10 月，PolarDB 正式上线公测。

PolarDB 作为阿里云的新一代云原生数据库，采用计算存储分离架构，完全兼容 MySQL。 PolarDB 本质上是基于 AliSQL 的集中式数据库，高可用和读写分离通过主备库形式实现，主节点和只读节点之间采用双活的失效转移（Failover）模式，如图 6.15 所示。在计算存储分离架构下，利用软硬件结合的优势，PolarDB 单库容

---

1 "秒杀"是电子商务兴起后出现的一种新型网络销售方式。其形式是商家通过网店平台推出一些低于市场价格的商品，限制一定的数量，用户要在特定的时间内以最快的速度点击出手，才能"抢购"到该商品。由于，"秒杀"商品价格较低，往往一上架就被抢购一空，有时甚至用不到一秒钟，因此被称为"秒杀"。

量可以扩展至上百 TB，计算和存储资源能够实现秒级扩展，可为用户提供极致弹性、高性能、海量存储、安全可靠的数据库服务。

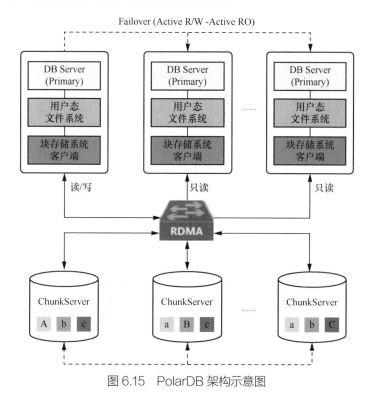

图 6.15　PolarDB 架构示意图

PolarDB 是在 PolarFS 分布式文件系统的基础上实现的。PolarFS 包括文件系统层和存储层。文件系统层主要是 libpfs，这是一个轻量级的用户态文件系统，这个文件系统和 PolarDB 实例耦合在一起，实现对存储组块（Chunk）的读写处理；存储层主要由块存储系统客户端（Polar Store Client, 即 PolarSwitch）和块存储系统服务器端（Polar Store Server, 即 ChunkSever）两部分组成，前者位于计算节点，后者位于存储节点。PolarFS 收到读写请求后，会通过共享内存的方式把数据发送给 PolarSwitch。PolarSwitch 是一个计算节点的后台守护进程，负责接收主机上的读写块存储的请求，经过简单的聚合和统计后分发给相应的存储节点上的守护进程；ChunkServer 负责接收和处理对数据块的操作请求，其内部采用多副本确保数据的可靠性，并通过 ParallelRaft 协议保证数据的一致性。**ParallelRaft 是阿里云开发的基于 Raft 的增强型共识协议**，允许无序日志确认、提交和应用，使 PolarFS 的并行 I/O 性能得到了显著提高（图 6.16）。

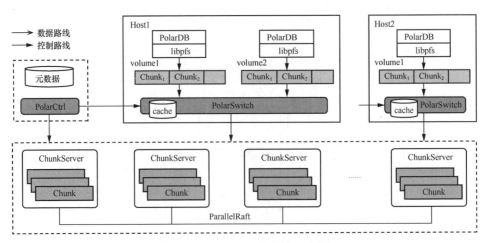

图 6.16　PolarDB 数据流示意图

和 Aurora 不同的是，**PolarDB 的计算节点和存储节点之间、存储节点和存储节点之间的通信采用了 RDMA（Remote Direct Memory Access，远程直接内存访问）技术**，极大地提高了节点之间的通信能力。

PolarDB 于 2018 年 3 月开始商用，陆续推出 3 个引擎，分别为 PolarDB MySQL 版、PolarDB PostgreSQL 版 和 PolarDB 分 布 式 版。2021 年 5 月，阿里云开源了 PolarDB PostgreSQL 版。在生态上，PolarDB 100% 兼容 MySQL、PostgreSQL，并提供高度兼容 Oracle 语法的能力。在技术上，PolarDB 采用独创的三层解耦架构，具有多活容灾、HTAP、Serverless 等特性，其交易性能最高可达开源数据库的 6 倍，分析加速性能最高可达开源数据库的 400 倍，TCO 低于传统自建数据库 50%。

为解决高并发场景的客户需求，PolarDB MySQL 版还推出多主集群。如图 6.17 所示，集群中所有的数据文件都存放在共享分布式存储中，每个计算节点负责一部分数据库的读写操作。计算节点通过分布式文件系统 PolarFS 共享底层存储中的数据文件。用户可以通过集群地址访问整个集群，数据库代理会自动转发 SQL 到正确的读写节点。多主集群可以支持最多 32 个计算节点的数据库并发写入，极大提升了系统的整体并发读写能力。该架构中还可以设置一个全局只读节点，来读取所有读写节点上的数据，以方便处理汇聚库请求。

2021 年 5 月，阿里云开源了 PolarDB PostgreSQL 版。

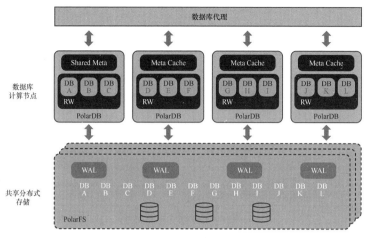

6.17 PolarDB 多主集群架构图

4．PolarDB-X

TDDL 的商业版本被命名为 DRDS，其英文全称为 Distributed Relational Database Service，于 2016 年在公有云发布，并迅速积累了一批用户。DRDS 商业化的成功，标志着阿里巴巴分布式数据库技术完成了从内部孵化到市场化运营的阶段性转变，以及从分布式数据库中间件到分布式数据库系统实质性跨越。

2018 年至 2019 年，DRDS 凭借优异的稳定性、超高的性能以及丰富的企业特性，承接了许多政企行业的国计民生项目，并于 2019 年进行品牌升级，命名为 PolarDB-X，"X"取音"Extreme"，意为"极致"，如图 6.18 所示。

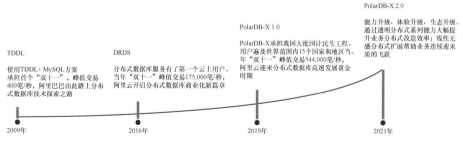

图 6.18 PolarDB-X 演进历程

PolarDB-X 1.0 的核心仍然是 DRDS，其本质是搭建在标准 MySQL 上的分库分表架构的中间件分布式数据库。PolarDB-X 2.0 则是做出了大量改进，其架构图如图 6.19 所示。PolarDB-X 2.0 成为了一款真正的云原生分布式数据库，具有一体化的数据库体验，其存储节点是经过高度定制的 MySQL，具有大量中间件无法提供的能力，实现了全局 MVCC 的强一致的分布式事务。

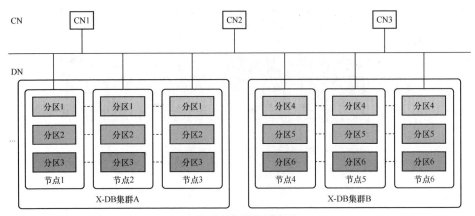

PolarDB-X 2.0使用X-DB作为DN

图 6.19 PolarDB-X 2.0 架构图

最初，阿里巴巴内部所使用的 MySQL 是传统的主备模式，每一个 MySQL 实例由两个节点组成，本质上是集中式数据库的架构。PolarDB-X 2.0 的数据节点（DN）采用了阿里巴巴的 X-DB 作为底层存储，基于其自研的 X-Paxos 基础库，实现了 MySQL 集群，再叠加顶层协调节点的分布式能力，最终实现了大规模的分布式集群架构。

在 2021 年 10 月的云栖大会上，阿里云正式开源了云原生分布式数据库 PolarDB-X。

5. 李飞飞的选择

图 6.20 李飞飞

在阿里云数据库蓬勃发展的过程中，无论是从理论还是实践上，都迫切地需要找到明确的方向，实现独特的创新价值。2018 年，李飞飞（见图 6.20）博士受邀加入阿里云数据库，成为阿里云数据库的掌门人，带领阿里云数据库走上了发展的快车道。

在加入阿里云之前，李飞飞是美国犹他大学计算机系终身教授。李飞飞从清华附中国家教委理科实验班保送到清华大学，再到美国波士顿大学攻读数据库与大数据系统，他的数据之路由此展开。李飞飞博士毕业之后，先后在佛罗里达州立大学和犹他大学计算机系任教，从助理教授到副教授，再到终身教授，在学术界一干就是 10 年。

这 10 年，李飞飞在数据库领域获得的成就等身。他曾获 ACM 与 IEEE 颁发的多个奖项，包括 ACM SoCC 2019 最佳论文 Runner up 奖、IEEE ICDE 2014 的 10 年最有影响力论文奖、ACM SIGMOD 2016 最佳论文奖、ACM SIGMOD 2015 最佳系统演示奖、IEEE ICDE 2004 最佳论文奖。

2018 年，李飞飞被阿里云总裁张建锋说的"技术创造新商业"的愿景所打动，正式加入阿里云，**致力于云原生分布式数据库系统的研发和商业化。**

2021 年 4 月 17 日，在第十五届中国电子信息技术年会上 2020 年中国电子学会科学技术奖正式颁发，阿里云自研的"云原生分布式关系型数据库 PolarDB"项目获得科技进步奖一等奖。

2022 年 1 月，李飞飞当选国际计算机学会 2021 年度 ACM 会士，ACM 官方表示："**李飞飞在数据库查询处理和优化以及云数据库系统方面作出了卓越贡献。**"在那之前，他已被授予 2022 年 IEEE 会士。这意味着李飞飞同时成为 ACM、IEEE 两大国际顶级学会的会士。

李飞飞认为，近年云原生数据库领域已经发生了深刻变革，**云原生化、平台化、一体化和智能化成为了数据库发展的核心趋势。**阿里云数据库拥抱"四化"趋势，提出"四做"策略，**将"做深基础、做强核心、做好体验和做精场景"作为阿里云数据库的指导思想。**

2022 年 11 月 3 日，在云栖大会上，李飞飞发布了阿里云新的数据库独立品牌"瑶池"，将云原生关系型数据库 PolarDB、云原生数据仓库 AnalyticDB、云原生多模数据库 Lindorm 等产品统一归属到全新品牌"瑶池"中。"瑶池"寓意蕴含着无尽的数据宝藏，也寓指阿里云通过一站式数据管理与服务，为企业提供覆盖实时处理与存储、分析和发现、数据开发与治理的整体解决方案。

2023 年 8 月 30 日，在第 49 届 VLDB 大会上，李飞飞在主旨演讲中提出，**随着云计算基础设施的完善和 AI 技术的发展，未来云数据库要像乐高积木一样易用、好用。**他表示："在云时代，如何让用户像堆叠乐高积木一样更简易、更高效地使用数据库，是新一代云原生数据库所努力的方向。PolarDB 通过存储、内存、计算三层解耦实现极致 Serverless 能力，并支持客户以乐高积木的形式**按需增加行级多主多写、HTAP、密态计算等核心能力**，如图 6.21 所示。同时，AI 技术的发展为云原生数据库注入了新的智能化潜力，可为数据库提供更高的灵活性、可靠性和自适应能力，更好地满足用户多样化的新需求。"

从开源到云原生，李飞飞带领下的阿里云数据库正在赢得令人瞩目的国际成就。2024 年 1 月，在 Gartner 公布的 2023 年度全球《云数据库管理系统魔力象限》

报告中，阿里云连续 4 年跻身"领导者"象限，是 2023 年亚太地区唯一入选的科技公司。

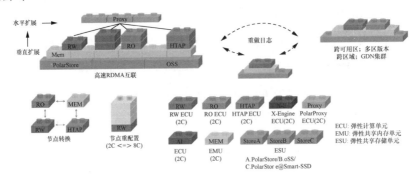

图 6.21　PolarDB 乐高式组装示意图

6.3.4　OceanBase

OceanBase 是阿里巴巴研发的一款分布式数据库，最初于淘宝内部孵化，后来在支付宝得到了广泛应用，从而和金融业务紧密连接在一起。OceanBase 的起点，和一个人密不可分，那就是阳振坤。

1. 阳振坤的转身

图 6.22　阳振坤

阳振坤（见图 6.22）出生于 1965 年，1984 年考入北京大学数学系。在本科和硕士期间，阳振坤不仅钻研数学，也学习计算机的基础课程。博士期间，他选择了计算机方向。阳振坤硕士师从张恭庆院士，博士师从计算机系的王选院士。

博士期间，阳振坤担任栅格图像研究室的主任，领导一批青年科研骨干，于 1993 年完成了国内第一个支持 PostScript Level 2 的栅格图像处理器[1]。基于该成果的产品很快推出，并在海内外大量销售，取得了巨大的社会和经济效益。该项成果是获得 1995 年度国家科技进步奖一等奖和 1995 年全国十大科技成就之首的"北大方正电子出版系统"的重要组成部分。

1　栅格图像处理器（Raster Image Processor，RIP）是将计算机排好的图文页面输出到不同介质时的一个中间"翻译器"。RIP 接收从计算机传送来的数据（通常是以标准 PostScript 语言描述的页面图文信息），将其翻译成输出设备（打印机、照排机都称为光栅设备）所需的光栅数据，然后再控制设备进行输出。RIP 分为硬件 RIP 和软件 RIP 两大类。随着计算机运算速度的提高，软件 RIP 已成为主流。

阳振坤于 1993 年获博士学位并留校任教，同年破格晋升为副教授，并于 1997 年破格晋升为教授。1999 年，年仅 34 岁的他受聘为北大"长江学者奖励计划"特聘教授。此后，阳振坤选择离开学术界，进入产业界，先后任职于联想研究院、微软亚洲研究院、百度等。在阿里巴巴合伙人刘振飞的邀请下，阳振坤于 2010 年 5 月 12 日加盟淘宝。

早在微软亚洲研究院工作时，阳振坤便结识了后来成为阿里云创始人的王坚，并接触了分布式系统，二人都非常看好这一方向。**淘宝的数据库历程经历了集中式数据库捉襟见肘的时代，已经选择了"分库分表 + 中间件"的解决方案。阳振坤认为在这两个步骤之后，原生分布式才是彻底的解决方案。**

加入淘宝，阳振坤意识到"机会来了！"于是立项。但是，尽管"方向和目标是明确的"，如何行动依然是问题。

对于数据库基础软件的研发而言，尤其是新型的分布式数据库，绝不是闭门造车就能成功的，**一定是要从一个个具体的业务需求开始，理解和满足真实世界的需要。**

这一思考，后来成为了 OceanBase 的初心和坚守。

2．初试啼声

在业务需求方面，OceanBase 也从淘宝收藏夹找到了试手的机会。当时的淘宝收藏夹的记录数已达到 65 亿，日访问量 1.2 亿次。

"我们做了一个比较特殊的架构，后来发现这个架构有非常大的价值。"阳振坤欣喜地说道。简单来讲，商品信息修改不会直接写进磁盘，而是暂存在内存中，每次用户查看收藏夹的时候，只需要从内存中获得修改后的商品信息。相当于将收藏夹原来的成百上千次 I/O 变成了一次 I/O，原计划需要扩容至数百台机器，现在也只需 20 多台机器就能解决问题。

OceanBase 的生存价值在淘宝收藏夹中得到了初步的证明。然而，在 2011 年淘宝收藏夹上线之后，整个 2012 年都没有找到第二个价值如此显著的业务。阳振坤找到时任阿里巴巴首席架构师的王坚，经王坚推荐，在 2012 年 11 月 15 日，OceanBase 团队从淘宝调到支付宝。

时任支付宝技术负责人的程立，对新技术持鼓励、支持的态度。恰逢 2013 年七、八月份的时候，支付宝开始讨论"去 O"。金融业务对于数据库的需求和淘宝具有很大的差别，但是阳振坤胸有成竹地说："我们有办法解决这个事。"这个办法就是如今被广泛应用的数据三副本，即每一笔事务在 3 个节点或者 5 个节点上同时执行，超过半数节点执行成功即认为成功。通过在关系型数据库中首次引入 Paxos 分布式一致性协议并采用数据三副本，OceanBase 解决了替换 Oracle 的核心问题，即放弃共享存储之后数据损坏、丢失的问题，首次在关系型数据库系统上做到了单机 / 单机房故障不丢数据（RPO=0s）、不停服务（RTO<30s）[1]。OceanBase 0.5 版本也由此诞生，从提出解决方案到正式发布，OceanBase 0.5 版本只用了 7 个月左右的时间。

然而，业务团队却很难立即接受 OceanBase，他们从稳定性和三中心上提出了异议。最后，还是程立出面说服业务团队，便有了 OceanBase 分流 1% 业务的机会。在 2014 年"双 11"前，业务团队开始为"双 11"的支撑做压力测试，由于流量非常大，超出了 Oracle 数据库的预定容量，于是 OceanBase 获得了 10% 的流量。结果业务运行很顺利，这一战确定了 OceanBase 在支付宝的地位。

一战成名后，OceanBase 开始捷报频传。2015 年，OceanBase 0.5 版本上线网商银行，成为全球首个应用在金融核心业务系统的分布式关系型数据库；2016 年，OceanBase 1.0 版本发布，实现了多节点写入，由半分布式数据库升级为真正的分布式数据库，并于同年替换 Oracle 数据库支撑支付宝的核心账务系统和支付系统，完美通过"双 11""100% 交易流量、100% 支付流量的大考，创造了支撑 12 万笔 / 秒的支付峰值和 17.5 万笔 / 秒的交易峰值。

3. 迈向市场

2017 年，OceanBase 开始走出蚂蚁集团，对外商用。南京银行成为了第一家运行在 OceanBase 上的外部客户，随后天津银行、西安银行等客户也选择了 OceanBase。OceanBase 的发展历程如图 6.23 所示。

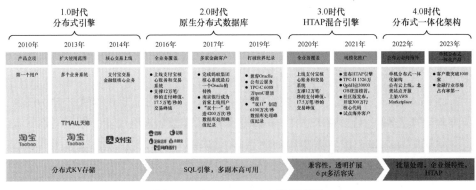

图 6.23　OceanBase 发展历程

1　RPO（Recovery Point Objective，恢复点目标）指当灾难或紧急事件发生时，数据可以恢复到的时间点，用以衡量业务系统所能容忍的数据丢失量。RTO（Recovery Time Objective，恢复时间目标）主要指的是所能容忍的业务停止服务的最长时间，也就是从灾难发生到业务系统恢复服务功能所需要的最短时间。

2019 年，OceanBase 数据库打破 Oracle 数据库保持了 9 年的 TPC-C 纪录，成为首个登顶该榜单的中国数据库产品。2020 年，OceanBase 数据库再次以 7.07 亿 tpmC 的成绩打破 TPC-C 的性能纪录，突破了此前自己创造的世界纪录。图 6.24 是 2020 年这一次打榜的具体数据，OceanBase 共使用 1554 个数据节点，总系统成本 28.14 亿元人民币（含 3 年软硬件和维护成本，其中 3 年数据库服务器的成本为 6.45 亿元，数据库软件许可的成本为 10.34 亿元），每 tpmC 的成本为 3.98 元，平均每个数据节点提供了 45.5 万 tpmC。

ANT FINANCIAL	Alibaba Cloud Elastic Compute Service Cluster (with 1554 OceanBase DataNodes)		TPC-C 5.11.0 TPC-Pricing 2.5.0
			Report Date May 15,2020
Total System Cost	TPC-C Throughput	Price/Performance	Availability Date
CNY 2,814,509,552.00	707,351,007 tpmC	CNY 3.98/tpmC	June 08,2020
Database Server Processors/Cores/Threads	Database Manager	Operating System	Other Software / Number of Users
Intel Xeon Platinum 8163(Skylake)2.5GHz 130,788 vCPU	OceanBase v2.2 Enterprise Edition with Partitioning, Horizontal Scalability and Advanced Compression	Aliyun Linux 2	Nginx 1.15.8 / 559,440,000

图 6.24　OceanBase 的 TPC-C 记录

2020 年，在蚂蚁集团的支持下，北京奥星贝斯科技有限公司成立，致力于 OceanBase 的研发和应用。OceanBase 从最擅长的金融核心系统到更多行业的关键系统，厚积薄发 10 年之后的商业化大步向前迈进，并于 2021 年再次开源。

早在 2011 年，OceanBase 0.2 版本就已开源，但在 OceanBase 0.4 版本后，OceanBase 开源中断了更新。到 2021 年，摆脱所有顾虑的 OceanBase 更加坚定地拥抱开源，将存储引擎、SQL 引擎、分布式引擎、分布式事务、多副本等核心技术及代码对外开源分享。在开源两年多的时间里，OceanBase 社区版收获了 2000 多家概念验证（Proof of Concept，PoC）客户和 500 多家用在实际生产系统中的客户。

2022 年 11 月 14 日，2022 年度"CCF 王选奖"公布，OceanBase 首席科学家阳振坤博士入选。师出王选，于数据技术回归，这份荣誉于阳振坤而言，是最宝贵的认可。

4.　技术架构

OceanBase 在架构上采用了无共享模式，各个节点之间完全对等，整体运行在由普通 PC 服务器组成的集群上。每个节点都运行自己的 SQL 引擎、存储引擎和事务引擎等。

OceanBase 数据库的一个集群由若干个节点组成，各个节点之间相互独立。每个节点属于一个可用区，通过连接彼此的网络设备进行协调，共同作为一个整体对外提供服务。

在 OceanBase 数据库中，一个表的数据可以按照某种划分规则水平拆分为多个分片，每个分片叫作一个表分区，简称分区（Partition）。分区的规则由用户在建表的时候指定。一个表的若干个分区可以分布在一个可用区内的多个节点上。图 6.25 中的 Server 可以看作逻辑服务器，在一台物理节点上可以部署一个或者多个 Server。

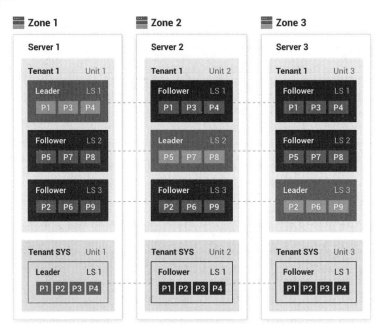

图 6.25　OceanBase 分布式架构示意图

为了能够保护数据，并在节点发生故障的时候不中断服务，每个分区有多个副本。一般来说，一个分区的多个副本分散在多个不同的可用区里。多个副本中有且只有一个副本接受修改操作，叫作主副本（Leader），其他副本叫作从副本（Follower）。主从副本之间通过基于 Multi-Paxos 的分布式共识协议实现了数据的一致性。当主副本所在节点发生故障的时候，一个从节点会被选举为新的主节点并继续提供服务。

由于 OceanBase 最初是从 OLTP 视角进行的产品研发，所以选择了对等节点架构，主副本单写模式，为 NewSQL 的探索作出了高价值创新。

在 2022 年 8 月，OceanBase 4.0 版本进一步革新架构，推出了业内首个“**单机分布式一体化**”的产品架构，可以在单机和分布式之间动态转换，目标是满足不同体量和场景下的用户需求，同时该版本还实现了 RPO=0s，RTO<8s 的突破。

在 2023 年 11 月，OceanBase 对外宣布，将持续践行"一体化"产品战略，为关键业务负载打造一体化数据库（图 6.26）。一直以来，OceanBase 专注 OLTP 场景，在单机分布式一体化架构之上，进一步搭建一体化引擎，包括存储、SQL、存算分离，再进一步搭建一体化产品，逐步实现 TP/AP 一体化、云上云下一体化、单机分布式一体化。**"坚持长期主义，让海量数据管理和使用更简单"**，这是 OceanBase 不懈追求的理想和目标。

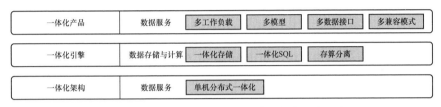

图 6.26　OceanBase 一体化数据库的设计思路

6.4　腾讯——从互联网到云计算

腾讯数据库也经历了从自用到云计算的发展历程，在这个过程中，不同数据库的命名不断变化，呈现出当下产品和命名的格局。

6.4.1　TXSQL

TXSQL 是 TengXun MySQL（即 Tencent MySQL）的简称，是由腾讯基础架构部数据库内核团队，在近 10 年发展过程中衍生出来的 MySQL 深度定制项目。

TXSQL 最早用于腾讯的**内部业务**，如腾讯游戏。然后受业务驱动，TXSQL 被用于互联网**金融支付业务**，支付业务对数据库提出了更高的要求，尤其是在性能和稳定性方面。再后来，运营推动 TXSQL 发展，针对外部需求加上更多功能，并通过 RDS 提供**云服务**。

TXSQL 自 2015 年 5 月立项，在 MySQL 的读写性能、强同步、大并发量访问和稳定性等方面做了大量工作，其性能获得了显著提升。TXSQL 内核最早的 5.1 版本是基于 MySQL 5.1 版本的增强，做了一些简单的 Bug 修复。到 5.5 和 5.6 版本，开始适配云平台，开发了很多运维支撑工具，还包括读写优化。再到 5.7 版本，研发了审计、透明数据加密、动态线程池、加密函数、压缩、并行查询等企业特性，是腾讯云数据库服务用量最大的一个版本。TXSQL 8.0 开始引入列存引擎，同时针对持久化内存等新硬件进行了优化。

6.4.2　腾讯云数据库

当腾讯云推出之后，腾讯云上的数据库自然也成为了一个必选项，此时腾讯内部应用的数据库就逐步走上云平台。

1. RDS

腾讯 CDB（Cloud Relational Database Service）是腾讯云关系型数据库服务，也就是**腾讯云 RDS**。腾讯云 RDS 数据库包括云数据库 MySQL TencentDB for MySQL、云数据库 MariaDB TencentDB for MariaDB、云数据库 PostgreSQL TencentDB for PostgreSQL、云数据库 SQL Server 等。

腾讯云 RDS 最早推出的 RDS MySQL，其底层就是 TXSQL 产品，因此 **TXSQL 内核也被称为 CDB 内核**。云数据库通过云上服务集成的一整套解决方案，包括用户上云、数据迁移、备份、恢复、升级等操作，让用户在云上可以便利地使用数据库产品。

2. TDSQL

TDSQL 是腾讯云的云原生数据库的统一品牌，其中包含了多个产品版本。

（1）分布式数据库 TDSQL

腾讯企业级分布式数据库 TDSQL 分为两个分支，分别是 TDSQL MySQL 版和 TDSQL PostgreSQL 版。

- **TDSQL MySQL 版**

TDSQL MySQL 版是腾讯推出的兼容 MySQL 的分布式数据库产品，最早可以追溯到 2002 年，是腾讯计费平台部的一个数据库服务。当时腾讯的业务处于爆发式增长期，MySQL 越来越难以支撑业务，于是腾讯投入分布式数据库的研发，从服务计费业务、增值业务开始，到支撑 Q 币业务，逐步在交易场景、金融服务中积累了成功的经验。通常缺省提到的 TDSQL 就是指 TDSQL MySQL 版。

从 2012 年起，TDSQL 在腾讯内部已经比较成熟，成为了一个知名的产品。**2014 年微众银行的成立，为 TDSQL 带来了一个机遇**。微众银行做数据库选型的时候关注到了 TDSQL，经过反复测试验证，发现 TDSQL 完全能够满足金融业务对数据可用性和一致性的要求。最终，TDSQL 在微众银行成功投产，成为微众银行唯一的数据库，覆盖了微众银行的全部核心业务。

从微众银行开始，TDSQL 开始重点拓展金融客户，经历了从周边系统到核心系统、从小银行到大银行逐步递进的过程。2018 年，张家港农商银行将核心系统数据库从 Sybase 替换为 TDSQL；2020 年，平安银行信用卡系统从 IBM 大型机下移到 TDSQL。这些都成为了 TDSQL 应用推广的关键案例。

在整体架构上，TDSQL 是由决策调度集群、全局事务管理器（GTM）、SQL引擎、数据存储层等核心部件组成的，如图 6.27 所示。

在技术上，TDSQL 由调度（Scheduler）、代理（Agent）、网关（Gateway）3个模块组成：调度模块负责集群的管理调度；代理模块负责监控本机 MySQL 实例的运行情况；网关模块基于 MySQL Proxy 开发，负责连接管理、SQL 解析、路由等工作。

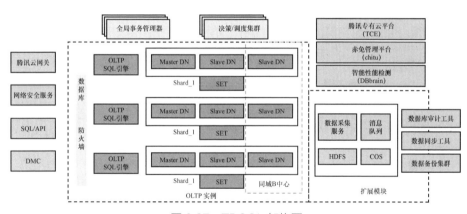

图 6.27　TDSQL 架构图

TDSQL 支持两种主要的存储部署形态，一种是 Noshard 数据库，一种是分布式数据库（即 TDSQL Shard 版）。Noshard 数据库就是一个单机版的 TDSQL，在 MySQL 基础上做了一系列的改造和改良，支持 TDSQL 的一系列特性，包括高可用、数据强一致、自动故障切换等。第二种是分布式数据库，各模块都基于分布式架构设计，可以实现快速扩展、无缝切换、实时故障恢复等。

根据 2023 年 3 月 28 日 TPC 组织公布的报告，腾讯云数据库 TDSQL 以 8.14 亿的纪录登顶 TPC-C 性能排行榜首，每 tpmC 成本人民币 1.27 元。打榜成绩来自 1650 节点的计算机集群，平均每个数据节点提供了 49.3 万的 tpmC。

图 6.28 是 TDSQL 的 TPC-C 纪录，全系统总成本约人民币 10 亿元（含 3 年的软硬件和维护服务成本）。

	Tencent Database Dedicated Cluster (with 1650 TDSQL Data Nodes)		TPC-C 5.11.0 TPC-Pricing 2.8.0	
TENCENT Cloud			Report Date March 28,2023	
Total System Cost	TPC-C Throughput	Price/Performance	Availability Date	
1,031,746,953 CNY	814,854,791 tpmC	1.27 CNY/tpmC	June 18,2023	
Database Server Processors/Cores/Threads	Database Manager	Operating System	Other Software	Number of Users
Intel Xeon Platinum 8255C (2.50GHz) 3,300/79,200/158,400	Tencent TDSQL v10.3 Enterprise Pro Edition with Partitioning and Physical Replication	Tencent tlinux 2.2	Nginx 1.16.1	640,035,000

图 6.28　TDSQL 的 TPC-C 记录

图 6.29 是 TDSQL 打榜更详细的系统配置清单，整体上使用了 1650 个数据节点、3 个管理节点、495 个客户端节点完成评测。

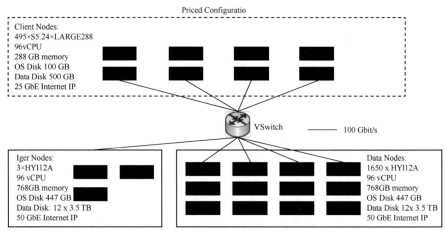

System Component	1,650 Data Nodes		3 Manager Nodes		495 Client Nodes		Total
Processors /Cores/Threads	2/48/96	Intel Xeon Platinum 8255C (2.50GHz)	2/48/96	Intel Xeon Platinum 8255C (2.50GHz)	2/48/96	Intel Xeon Platinum 8361HC 206,208	4,296/103,104/ 206,208
Memory	1	768 GB	1	768 GB	1	768 GB	1,412,064 GB
OS Disk	1	447 GB	1	447 GB	1	100 GB	788,391 GB
Data Disk	1	12x 3.5 TB NVMe SSD	1	12x 3.5 TB NVMe SSD	1	500 GB	69,673,500 GB
Total Disk Storage	1	70,037,550 GB	1	127,341 GB	1	297,000 GB	70,461,891 GB

图 6.29　TDSQL 打榜 TPC-C 的资源投入

这一成绩超越了此前由 OceanBase 在 2020 年创造的世界纪录。

● **TDSQL PostgreSQL 版**

TDSQL PostgreSQL 版（原 TBase）是腾讯基于 PostgreSQL 研发的分布式数据库系统，其起步时间可以追溯到 2009 年，当时是用 PostgreSQL 来作为腾讯内部数仓的补充，支撑小数据量分析场景。2014 年，开发了 TBase 第一个版本，内部开始使用；2015 年，TBase 在微信支付商户集群上线；2018 年，腾讯发布了 TBase 第 2 版，开始服务外部用户；2023 年，腾讯发布了 5.21 融合版，拥有内核级的 Oracle 语法兼容能力，可以帮助用户更好地实现 Oracle 业务的平滑迁移，并且提供了 HTAP 能力，以满足海量数据混合负载处理场景的应用需求。

TDSQL PostgreSQL 版是基于开源的 Postgres-XC 项目演进而来的，其整体架构（图 6.30）主要包括 3 个部分：全局**事务管理器**主要是提供全局事务信息，管理全局对象；**协调节点**提供业务访问入口，各节点之间是对等的；**数据节点**实际存储数据，每个数据节点会存储一份本地元数据，同时还有本地的数据分片。最后，集群数据交互总线把整个数据库集群连接到了一起。

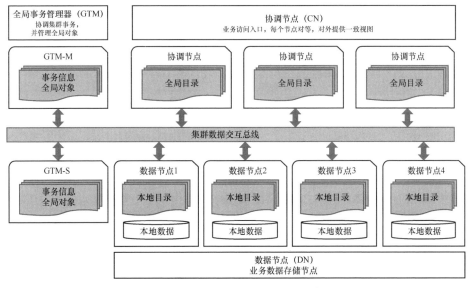

图 6.30　TDSQL PostgreSQL 版架构

2019 年腾讯宣布将 TBase 开源，源代码托管于 GitHub；2023 年 9 月，腾讯将 TDSQL PostgreSQL 版重新命名为 openTenBase，上架至开放原子开源基金会官网，并于 2023 年 12 月在"2023 开放原子开发者大会"上正式将其捐赠给开放原子开源基金会，重新开始了开源社区化探索。

（2）云原生数据库 TDSQL-C

TDSQL-C 分为 MySQL 和 PostgreSQL 两个版本，两个版本都实现了存算分离、日志即数据库的云原生架构。

TDSQL-C MySQL 版（如图 6.31 所示，为该数据库架构），是腾讯在 TXSQL 5.7 版本之后研发的云原生关系型数据库，之前曾用名 CynosDB，又称 NewCDB。Cynos 源于拉丁语中的 Cynosura（古希腊神话中北极星的名字，现意为焦点，引人注目的人或物）。

CynosDB 参考了 AWS Aurora 路线，由腾讯云和 TEG 基础架构部数据库技术团队联合打造，**其计算引擎基于 TXSQL 实现，存储引擎基于腾讯自研的统一存储平台 Tencent Storage（TXStore）实现。**

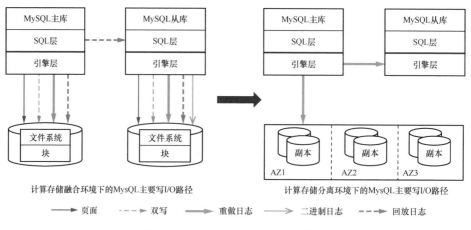

图 6.31　TDSQL-C MySQL 版架构

和 Aurora 一样，TDSQL-C MySQL 采用了极简的 I/O 思路来传递事务日志，以提高计算引擎和存储引擎之间的网络传输效率，由存储引擎自行完成日志到记录的转换。此外，由于存储引擎本身是多副本的，通过共享存储，存储引擎能够快速地进行计算节点的扩容。

TXStore 是腾讯自研的统一存储引擎，针对云上环境，在高可靠、极致性能和企业级特性上进行了大量创新设计，为腾讯云硬盘、云文件和云数据库提供底层存储服务。TXStore 在数据库多副本、多可用区分布的技术基础上，通过基于数据多版本的秒级快照技术，结合连续数据保护（Continuous Data Protection，CDP）技术，满足数据存储的高可靠要求。在性能上，TXStore 通过软硬一体化技术，充分利用新型存储介质和 RDMA 网络等硬件，提供单客户端百万级 IOPS 和亚毫秒响应能力。同时，利用 AI 深度学习技术，实现了存储节点磁盘故障预测、I/O 预取和缓存等能力。

TDSQL-C MySQL 在存储引擎上完成日志转换为记录以及数据页的存储。存储引擎收到日志后，会进行日志强一致的存储，完成存储后即可响应计算引擎，将事务提交响应时间降到最短。为了提高效率，日志到数据页面的落地是通过异步方式、批量并行处理完成的，由存储引擎对日志进行排序等预处理，然后将事务日志中的内容批量应用到数据页。

3. VectorDB

2023 年 7 月，腾讯云发布了向量数据库 VectorDB，目标是将其应用于大模型的训练、推理和知识库补充等场景。**VectorDB 最高支持 10 亿级向量检索规模，延迟可以控制在毫秒级**，具备每秒百万级的查询峰值处理能力。向量数据库用于存储和查询向量数据，是企业数据和大模型之间的桥梁，能够解决大模型预训练成本高、没有"长期记忆"、知识更新不足、提示词工程复杂等问题。

在 AI 原生时代，数据的使用范式（比如处理大段 PDF 文件）如图 6.32 所示，会先经过分割，把文本分解成小段文本，然后在计算层，其会向量化为浮点数组，再调用向量数据接口，将数据存放到存储层数据库。

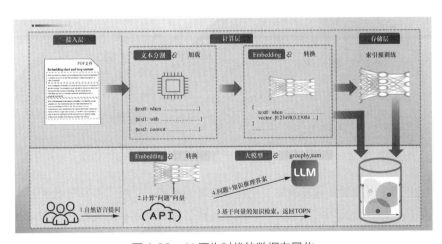

图 6.32 AI 原生时代的数据向量化

当用户通过自然语言提出问题后，应用后台会计算"问题"向量，进行基于"问题"向量的知识检索，找到与其最相关的片段，整理后推给大模型，让大模型给出最终答案。

VectorDB 基于腾讯分布式向量数据库引擎 Olama（原名 ElasticFaiss）构建。Olama 从 2019 年开始孵化，已接入腾讯视频、QQ 浏览器、QQ 音乐等产品，广泛应用于大语言模型、推荐搜索广告系统、音视频和图片审核，以及去重等技术领域。在向量数据库的帮助下，QQ 音乐的人均听歌时长提升 3.2%、腾讯视频的有效曝光人均时长提升 1.74%、QQ 浏览器的成本降低 37.9%。以下是向量数据库在腾讯的几个应用场景。

（1）**腾讯游戏知几**。这是一个游戏智能客服应用，能够针对玩家的个性化问题给出答案（图 6.33）。在游戏领域，可以先把所有游戏问题和答案建成标准问答库，然后通过深度学习技术把问答库变成一个个向量，并存储到 Olama。当用户输入问题，把这个问题变成向量进行做检索，检索后就可以得到标准的答案，然后把标准答案做一层排序，将分数最高的答案推荐给用户。

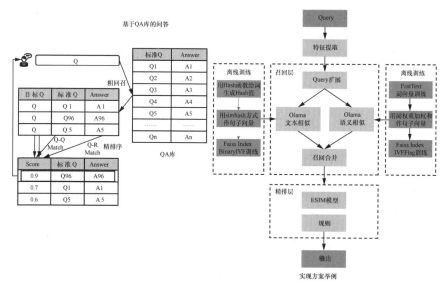

图 6.33　基于向量数据库的问答系统

（2）**QQ 浏览器信息流推荐**。推荐系统里的新闻、视频，以及待推荐物品等待推荐信息，都会被输入到大模型层，通过大模型将待推荐信息变成一个个向量，存储到 Olama。推荐系统可以根据用户过去看过的文字、图片和视频等信息，将用户相关行为变成向量，到数据库进行检索，把检索结果合并，最终推荐出用户感兴趣的新闻和视频等。

（3）**腾讯视频的视频关系中台**。Olama 能应用在视频判重和音频判重。具体做法是把一个个视频库里的视频变成图片帧、音频抽出成音频帧，或者把音频转化成文本，通过深度学习技术将其变成音频向量或文本向量。当用户输入视频时，就能将视频向量、音频向量、文本向量进行召回聚合，然后输出结果，告诉用户视频的相似关系，如图 6.34 所示。

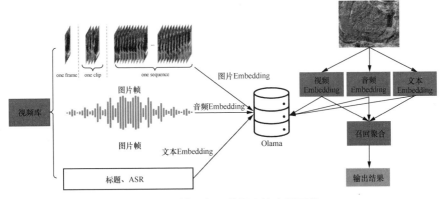

图 6.34　基于向量数据库的查重系统

　　向量数据库能够帮助企业更高效、便捷地使用大模型，更充分地释放数据价值。随着大模型的不断发展和普及，向量数据库、大模型和数据 3 者将产生"飞轮效应"，共同助力企业步入 AI 原生时代。

6.5　PingCAP 的 TiDB

　　TiDB 是 PingCAP 公司在 2015 年受 Google Spanner/F1 的论文启发而设计的**开源分布式 HTAP 数据库**。作为 NewSQL 路线的代表产品，TiDB 融合 RDBMS 的事务处理能力和 NoSQL 的弹性伸缩能力，兼容 MySQL，支持水平扩展，具备强一致性和高可用性。

6.5.1　创业起点

　　TiDB 的三位创始人黄东旭、刘奇和崔秋（见图 6.35）相遇于豌豆荚[1]，虽无桃园三结义，却有豆荚共相知。

　　在豌豆荚工作时，为了解决应用缓存上的一些问题，黄东旭与刘奇一起完成了一个名为 Codis 的项目，并且选择了开源。这个项目帮助很多公司解决了分布式缓存问题，在互联网行业应用很广泛。黄东旭和刘奇第一次亲身见证了开源的力量。

　　Codis 虽然解决了豌豆荚缓存的问题，但是在底层关系型数据库的扩展问题上

1　豌豆荚创立于 2009 年 12 月，是一款在 PC 上使用的 Android 手机管理软件，专注于移动内容搜索创新，可以让用户搜索千万量级的不重复应用。豌豆荚于 2016 年 7 月被阿里巴巴收购。

仍然无能为力。在豌豆荚的整体技术架构中，上层用 Codis 支撑分布式缓存，底层数据库是 MySQL 和一部分 HBase。其中，MySQL 采用分库分表架构，大概有 16 个分片。

图 6.35　PingCAP 三剑客，左起黄东旭、刘奇和崔秋

后来黄东旭回忆说："扩容不仅要把主节点拆分，还同时要在业务层上做拆分；而且在业务层有很多的工作，比如说语句的所有请求必须带着分片键，不能做跨分片的事务或者稍微复杂的查询。当时大家很希望有办法解决这些问题。"

黄东旭和刘奇开始研究很多论文，希望能够从中找到灵感。Google 在 2012 年和 2013 年发表的两篇关于 Spanner 和 F1 的论文，让他们看到了曙光。在那么一个瞬间，未来数据库的雏形映入他们的脑海，打造一个 NewSQL 系统的想法一旦萌生，就不可遏止。

2015 年，黄东旭、刘奇和崔秋离开豌豆荚，开始基于 Spanner+F1 的理念开发新一代分布式数据库 TiDB，并创立了 PingCAP（即平凯星辰（北京）科技有限公司）。

产品名中的"Ti"表示的是元素周期表中的钛元素，取"用途广泛"之意。此外，刘奇早期在豌豆荚的团队归属 Technical Infra 部门，Ti 也是这个部门的缩写。

公司名是 PingCAP。Ping 是一个 UNIX 命令，用于测试机器的连通性和访问性能。CAP 则是分布式系统的核心概念，详情见第 1 章。

PingCAP 公司名字的寓意就是高效可扩展的分布式系统，取义深远。

据黄东旭回忆，2015 年 4 月，当时他们在一个周五决定创业，第二周的周二就拿到了经纬创投天使轮投资。他们在周二下午 5 点见了投资人，通过 3 个小时的交谈，当天晚上 8 点就签了投资协议（没有商业计划书）。

解决了后顾之忧，PingCAP 迅速进入发展正轨。随着 TiDB 项目的不断优化迭代，PingCAP 不断吸引着资本市场的青睐。2016 年 9 月，PingCAP 获 A 轮 700 万美元融资；2017 年 6 月，PingCAP 获 B 轮 1500 万美元融资；2018 年 9 月，PingCAP 获 C 轮 5000 万美元融资；2020 年 11 月，PingCAP 获 D 轮 2.7 亿美元融资，创下当时全球数据库公司融资纪录。

6.5.2　技术架构

在内核设计上，TiDB 分布式数据库将整体架构拆分成了多个模块，主要包括计算层（TiDB）、存储层（TiKV 和 TiFlash）和管理层（PD Server）。对应的架构图如图 6.36 所示。

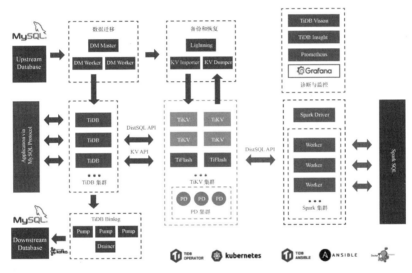

图 6.36　TiDB 的架构示意图

TiDB 的计算层负责接受客户端的连接，执行 SQL 解析和优化，最终生成分布式执行计划。计算层本身是无状态的，不存储数据。实践中可以启动多个 TiDB 实例构成集群，通过负载均衡组件对外提供统一的接入地址。

TiDB 的存储层包含两个存储引擎，分别是 TiKV 和 TiFlash，如图 6.37 所示。TiKV 是一个提供事务的分布式存储引擎，以 Key-Value 形式存储数据。TiKV 存储数据的基本单位是 Region，每个 Region 负责存储一个 Key Range（从 StartKey 到 EndKey 的左闭右开区间）的数据。TiDB 的计算层做完 SQL 解析后，会将 SQL 的执行计划转换为对 TiKV API 的实际调用。TiKV 中的数据都会自动维护多副本（默认为三副本），支持高可用和自动故障转移。TiFlash 是列存引擎，是主引擎数据的转换存储，用于加速分析查询。

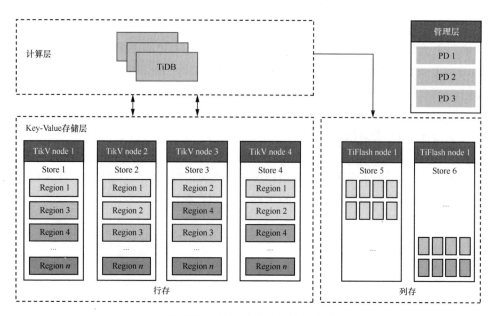

图 6.37　TiDB 的存储架构示意图

TiDB 的管理层是整个 TiDB 集群的元信息管理模块，负责存储每个 TiKV 节点实时的数据分布情况和集群的整体拓扑结构，并为分布式事务分配事务 ID。管理层不仅存储元信息，同时还会根据 TiKV 节点实时上报的数据分布状态，下发数据调度命令给具体的 TiKV 节点，是整个集群的"大脑"。此外，管理层本身由至少 3 个节点构成，拥有高可用的能力。

TiKV 的数据存储采用了开源的 RocksDB，具体的数据落地由 RocksDB 负责。每个 TiKV 实例中有两个 RocksDB 实例，其中，raftdb 用于存储 Raft 日志，kvdb 用于存储用户数据以及 MVCC 信息。

TiKV 选择 RocksDB 作为存储的原因是，开发一个单机存储引擎的工作量很大，特别是要做一个高性能的单机引擎，需要做各种细致的优化，而 RocksDB 是由 Facebook 开源的一个优秀单机 KV 存储引擎，可以满足 TiKV 对单机存储引擎的各种要求。

TiKV 选择了 Raft 算法来实现数据的分布式一致性，如图 6.38 所示。TiKV 利用 Raft 算法来做数据复制，每个数据的变更都会落地为一条 Raft 日志。通过 Raft 日志复制功能，可将数据安全可靠地同步到复制组的每一个节点中。不过在实际写入中，根据 Raft 算法的协议，只需要同步复制到多数节点，即可认为数据安全地被写入成功。

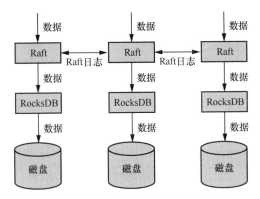

图 6.38　TiKV 的分布式一致性示意图

通过单机的 RocksDB，TiKV 可以将数据快速地存储在磁盘上；通过 Raft 日志将数据复制到多台机器上，可以防单机失效。数据的写入是通过 Raft 这一层的接口写入的，而不是直接写入 RocksDB。通过 Raft 算法的工程实现，TiKV 变成了一个分布式的 Key-Value 存储，即使少数几台机器宕机，也能通过原生的 Raft 协议自动把副本补全，而且可以做到对业务无感知。

6.5.3　技术优势

TiDB 一开始就受到 Google Spanner 和 F1 的影响，目标是构建一个分布式、支持 ACID 事务能力，以及具有超强的高可用能力的关系型数据库。

Google 存储系统的设计有个典型的优点，那就是模块边界划分清晰。例如 F1 是无状态的 SQL 层，Spanner 是分布式存储层。根据 Google 相关论文的描述，Spanner 在早期是一个和 Bigtable 类似的表格系统（类似 KV 的接口，虽然在后来 Spanner 本身也加入 SQL 的支持）。

TiDB 借鉴了 Google 的设计思路，TiKV 其实就是类似 Spanner 和 F1 的组合中的 Spanner 部分，TiKV 最大的特点和 Spanner 一样，支持透明的分布式事务。传统的 NoSQL 几乎都没有支持跨行事务的能力，但是对于构建一个关系型数据库的 TiDB 来说，事务能力是至关重要的。

TiKV 使用了 Raft 算法进行内部数据分片的多副本复制，**比起传统的主从复制，基于 Raft 或者 Paxos 分布式共识算法能给数据库带来更好的可用性**。TiKV 支持持久化和强一致性，同时默认多副本。TiDB 采用和 Spanner 类似的无共享设计，这意味着对于读写来说，其性能都能很好的水平拓展。

TiDB 提供标准的 SQL，兼容 MySQL 协议，会让应用开发变得很简单。应用开发者不需要关心分布式系统复杂的细节，不需要关心数据分片，也不需要关心高可用性，这些能力都是 TiDB 内置的。**TiDB 提供的存储引擎 TiFlash 能够实现列式存储，复杂 SQL 查询可以通过列存加速，提供实时分析能力。**

6.5.4　演进策略

在 TiDB 发展的过程中，PingCAP **在稳定性、高可用性、易用性、工具生态的提升等方面付出了巨大努力。但 PingCAP 认为这件事光努力还不够，还需要有一个非常好的演进策略以及分层的架构设计。**

在内部，PingCAP 有一个名为 **API First 的文化**，即产品各个模块之间优先设计 API，有了 API，各模块就很容易与其他业务系统集成。举例来说，各大型用户都有自己内部的运维平台，通过 TiDB 提供的 API 能更好地融合到用户的平台里。曾有用户提到，过去他们需要花几天时间才能完成新版本的集成，在有了 API 之后只要花几分钟就能做到。

TiDB 整个系统除了**模块化的切分，也做了很好的纵向切割**，从上到下分成 3 层，顶层是交互层、中层是计算层、底层是存储层（见图 6.39）。比如，2023 年发布的自动化 SQL 生成工具 Chat2Query 就在最上面的交互层，这层会更关注整个系统的**交互性、易用性**，以及如何让系统更加自动化、更加智能；计算层主要关注如何提升系统稳定性，让数据库变得更加智能，例如优化器如何更智能地选择使用行存还是列存，或者行列兼用；最下面是存储层，它和所有产品一样，最关注的是**高可用性、高性能**。

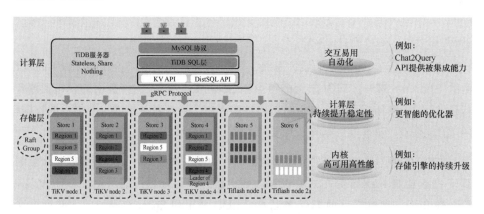

图 6.39　TiDB 的设计与演进策略

经过多年发展，TiDB 目前已经拥有三大产品家族（图 6.40）：一是**面向企业级市场的 TiDB 企业版**，服务于企业级关键业务场景；二是**全托管的 TiDB Cloud**，提供云端一栈式 HTAP 服务，已经成为欧洲、北美、亚太地区众多数字原生企业的选择；三是在 2023 年 7 月正式商用的 **TiDB Cloud Serverless**，这是一个 AI Ready（AI 就绪）的数据库，以极简架构、极致体验和超低门槛的特点为云上开发者、创业公司提供低至零成本的选择。

图 6.40　TiDB 的产品家族协同演进

TiDB 所有这些版本都是基于共同的根基——"TiDB Open Core"适应不同的客户和不同的使用场景而产生的。从开源走向云原生和多云，这是 TiDB 从 NewSQL 持续演进的方向，而这些方向的演进都是靠**场景驱动、价值驱动**的。

PingCAP 希望 TiDB 提供的价值是"**可持续、可扩展、可整合**"，如图 6.41 所示。比如很多企业广泛使用的 MySQL 5.7，面临生命周期终止的风险，通过迁移到 TiDB，数据库的未来发展变得可持续；TiDB 的分布式扩展性带来了单机版不具备的可扩展能力；TiDB 提供了资源共享的多租户能力，可以把更多的 MySQL 实例整合到一个或者多个 TiDB 集群，极大提升资源利用率，降低硬件成本和管理成本。

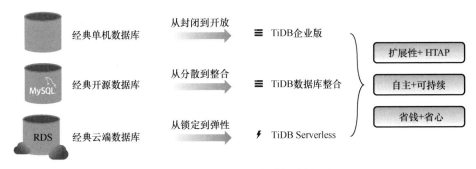

图 6.41　TiDB 支持经典数据库的跃迁

TiDB Cloud 面向全球用户提供全托管的 DBaaS 服务，支持用户在其上运行关键业务交易和实时分析任务，帮助用户在多云环境下快速构建云原生的关键应用。TiDB Cloud 具备 TiDB 分布式数据库的所有能力，并针对云端的托管模式提供了很多新的企业级特性。企业用户可以用更低的基础设施成本、更简化的方式来处理其复杂的业务。**TiDB Cloud 屏蔽了 TiDB 数据库部署、运维和性能调优的复杂性**（设置只需要几分钟），大大简化了开发人员和 DBA 的工作任务，同时降低了企业的整体成本。

在过去几年里，TiDB Cloud 得到了全球客户的认可，代表客户包括欧洲最大的移动出行公司 Bolt、北美新锐的 SaaS 公司 Catalyst、印度最大的电商 Flipkart、日本著名的游戏公司 CAPCOM，等等。

TiDB Serverless 于 2023 年 7 月正式商用。**在几个月的时间里，TiDB Serverless Beta 版已经拥有超过 1 万个活跃的集群**。TiDB Serverless 给用户带来了戏剧性的成本降低和灵活性提升。**通过 TiDB Serverless 的创新，用户永远只为正在使用的资源付费**。举个例子，用户现在假设有 10TB 的数据跑在 TiDB Serverless 上，若没有任何访问，那么所有的计算节点都会被自动关闭，但用户可以在百毫秒内启动节点，提供服务。**TiDB Serverless 能够做到比 RDS 和云上部署的社区版还要便宜。**

TiDB 源于中国，很多关键特性也来自于中国复杂的用户场景，随着 TiDB 逐步进入中国用户的核心场景以及 TiDB 的规模化进入了国产化生态，2023 年 7 月，PingCAP 面向中国企业级用户正式发布了 TiDB 的中国版本——平凯数据库。**平凯数据库包含了 TiDB Open Core 的稳定内核和满足中国企业用户的增强级企业功能。**

6.5.5 学术和行业影响

TiDB 数据库是 NewSQL 理论在全球的首次完整工程实现，通过打破 RDBMS 和 NoSQL 之间的边界，融合 OLTP 和 OLAP 的应用场景，在全球率先实现工程落地。

PingCAP 研发了兼具海量数据实时存储和分析的 HTAP 产品，成功地解决了以往困扰 HTAP 架构的隔离性、一致性和性能之间的矛盾，推动数据库技术创新，获得了业界普遍认可。PingCAP 于 2020 年发表的学术论文 ***TiDB：A Raft-based HTAP Database***（《TiDB：基于 Raft 协议的 HTAP 数据库》），被 *VLDB* 收录，是业界第一篇关于实时 HTAP 分布式数据库工业实现的顶级论文。

TiDB 在流行度上同样获得了出色的表现，长期位居 "DB-Engines 关系型数据库排行榜"中国数据库第一位；在墨天轮中国数据库流行度排行榜上，有 35 个月位居榜首。此外，PingCAP 作为唯一中国数据库厂商入选 2022 年 Gartner 云数据库"客户之声"报告，获评"卓越表现者"最高分；还成为中国唯一入选 Forrester Wave 数据库厂商，被评为卓越表现者。在 2022 年日本最大数据库展会"未来最想使用的数据库"评选中，排名第一，超过亚马逊、Google、Oracle 等全球巨头。

TiDB 是全球知名的开源数据库项目，活跃度位列全球第 3，中国第 1。在 2020 年 GitHub 十大最活跃中国开源项目中，PingCAP 公司产品占据 4 席，其中 TiDB 排名第一。

PingCAP 从成立之初就把开源作为长期战略，运营了全球最活跃的开源社区之一——TiDB 开源社区。截至本书写作时，TiDB 开源社区已覆盖全球 45 个国家和地区，共 418 个公司及组织参与到 TiDB 数据库的研发中，拥有 2000 多位外部代码贡献者和 30000 名活跃注册用户。

2021 年，中国信通院发布的《中国开源社区成熟度研究报告》中指出，TiDB 开源社区处于结晶期，在全球数据库领域处于领先水平。

认知决定未来。黄东旭对于数据库未来趋势的理解是，以一种简单而强大的数据库，让**应用开发者使用起来越来越简单，让用户处理数据像呼吸一样自然**。

所有数据处理中的复杂问题都应该由数据库解决，而不是将其转嫁给开发者。高学习门槛的技术，如分库分表、行列混存、性能调优、故障诊断、索引优化……都会在未来的数据库中变得很简单！

6.6　总结

在互联网和云计算时代，数据库的技术创新由数据库企业转向了互联网和云计算企业，这在本质上是由需求驱动的技术变革。互联网让海量数据聚集，云计算需要提供数据库服务，前者促进了分布式技术的发展，后者推动了敏捷弹性的技术实现。

在这一数据库技术变革中，开源技术起到了核心推动作用，开源开放的互联网精神，让所有企业都可以在同一个起点上齐头并进，MySQL 和 PostgreSQL 使得数据库产业得以持续积累、不断创新。中国数据库企业第一次可以和海外企业同台竞技，并且呈现出创新引领的新格局。

这一切，最终永远地改变了数据库产业。

第 7 章　开源根社区的崛起

随着中国数据库应用的深入发展和进化，越来越多的技术力量不断加入到数据库产品的创新中，其中，既包括头部的 ICT 企业，如华为、中兴等，也包括创业企业云和恩墨等。**不同的技术力量不断丰富着产业生态，推动着中国数据库产业蓬勃发展。**

2022 年，"俄乌冲突"发生之后，主流数据库厂商纷纷断供俄罗斯，甚至开源社区也不再允许俄罗斯访问。这为信息技术的发展带来了警示，供应链安全因而获得空前关注。由此，扎根国内的根技术[1]、根社区和根生态获得广泛关注并开始蓬勃发展。**在数据库领域，华为通过 openGauss 率先倡议打造植根国内的数据库根社区，云和恩墨公司也作为初始成员加入共建。**

7.1　华为数据库

有的企业去"IOE"是主动为之，而华为的去"IOE"则是被动而为，不得不为。

2019 年 5 月 15 日，美国商务部及其下属机关工业与安全局将华为列入"实体清单"（Entity List），根据《美国出口管理条例》（EAR），美国公司向实体清单公司销售产品，需得到美国商务部批准。

GaussDB　　　　　　在这种情况下，华为推出了自有数据库品牌——GaussDB，开始进行数据库替代。GaussDB 的名称是为了致

1　根技术是指那些能够衍生出并支撑着一个或多个技术簇的技术。2022 年 1 月，中国软件行业协会在《中国软件根技术发展白皮书（基础软件册）》中首次提出根技术的概念。根技术包括 3 个主要特征：一是初创期的隐蔽性，通常根技术难以被分辨出；二是成长期的增殖性，根技术一旦突破，整个技术树将可能焕然一新。三是成熟期的丰润性，根技术附加值越高，对衍生产业支配力越强。数据库技术是重要的根技术之一。

敬数学家高斯[1]，华为后续推出的品牌也遵循这一命名逻辑——EulerOS（欧拉操作系统，致敬欧拉）、LooKengEngine（罗庚数据虚拟化引擎，致敬华罗庚）。这三者开源之后对应的开源品牌分别是 openGauss、openEuler 和 openLookeng。

7.1.1　内部孵化

华为最初对于数据库的投入，是为了支持自身的软件应用，历史可追溯到2001 年。 当时，华为中央研究院为了支撑华为电信产品（交换机、路由器等），启动了内存数据存储组件 DopraDB 的研发，这是华为在数据库研发上的首次尝试。

2005 年，华为的通信产品需要一个以内存处理为中心的数据库，在评估了当时的内存数据库软件之后，发现其性能和特性无法满足业务诉求，便启动了 SMDB（Simple Memory Database）的开发。2007 年，为了解决在电信计费领域遇到的技术挑战，华为开始着手自研分布式通用内存数据库 GMDB（General Memory Database），这被当作华为自研数据库的开始。在这一年，后来成为华为 GaussDB T[2] 首席架构师的朱仲楚为 GaussDB T 敲下了第一行代码。

2008 年，华为核心网产品线需要在产品中使用一款轻量级、小型化的磁盘数据库，于是，华为基于 PostgreSQL 开发了 ProtonDB。**这是华为与开源 PostgreSQL数据库的第一次亲密接触。**

2010 年，华为数据库研发团队开始对 2007 年开发的 GMDB 进行全面重构，并且向通用关系型数据库转变。在 GMDB 的重构过程中，开始融入大量非内存数据库的特性。

2011 年底，华为成立了总研究组织"2012 实验室"。据称，该研究组织的名字来自于任正非观看《2012》电影后的畅想，他认为未来信息爆炸会像数字洪水一样，**华为要想在未来生存发展，就得构造自己的"诺亚方舟"。**

"2012 实验室"的主要研究方向有新一代通信、云计算、音频视频分析、数据

1　约翰·卡尔·弗里德里希·高斯（Gauss），德国著名数学家、物理学家、天文学家、几何学家、大地测量学家。高斯被认为是世界上最重要的数学家之一，享有"数学王子"的美誉。他在 19 岁时就证明了可以用尺规画出正十七边形。高斯在数论、非欧几何、微分几何、超几何级数、复变函数论、椭圆函数论等方面都有开创性的贡献。他独立地发现了数论中的二次互反律、质数分布定理等重要定理，并对代数、几何学的若干基本定理作出了严格证明。此外，他还开辟了偏微分方程的领域，解决了拉普拉斯方程、波动方程、非线性方程等一系列复杂的数学问题。

2　GaussDB T 是 Gauss DB 100 对外的正式发布名称，其中的 T 代表 OLTP，即在线事务处理数据库。后来 GaussDB T 的研发被暂停，相关的技术和人员部分转入了其他内部组织。

挖掘、机器学习等（未来 5—10 年的发展方向）。**实验室的二级部门包括中央硬件工程学院、海思、研发能力中心、中央软件院等。其中，中央软件院下设高斯部。**

高斯部在成立后，结合电信软件在 GMDB 长期使用中面临的开发效率低、数据一致性弱等关键痛点，立项开发了高斯部的第一款产品——GMDB 第 2 版。这是一款支持 SQL 和具备 ACID 能力的全功能内存数据库，于 2012 年起在融合计费系统中成功商用；到 2018 年，其在线业务支撑的海内外用户数已经超过 20 亿。与此同时，高斯部面向前瞻性的数据库技术展开探索，开始研发磁盘数据库 GaussDB。在探索过程中，GaussDB 在内部形成了 3 个研发序列，分别是 GaussDB 100、GaussDB 200 和 GaussDB 300。其中，GaussDB 100 面向 OLTP 方向研发；GaussDB 200 面向 OLAP 向研发，最初的研发代号为 PteroDB（羽龙）；GaussDB 300 面向 HTAP 方向研发。

在研发过程中，GaussDB 的 OLTP、OLAP 和 HTAP 数据库等多个品类和不同的客户展开了联合创新和产品验证，早期的案例有下面这些。

- 2015 年，华为与中国工商银行一起联合创新，GaussDB 从一开始的十几个节点到单个集群超过 200 个节点，成为国内数据仓库中最大规模的应用案例之一。

- 2017 年，华为与招商银行进行联合创新；2018 年 3 月，GaussDB 开始在招商银行综合支付交易系统上线投产，顺利承接招商银行"手机银行"和"掌上生活"两大 App 的交易流量。

- 2018 年，GaussDB 在中国工商银行、中国民生银行、陕西省财政厅进行了验证和应用。

正是因为有了实践场景的考验，GaussDB 从内部到外部快速地成熟起来，展开了商业市场的推广。

7.1.2 对外输出

2019 年 5 月 15 日，华为正式向业界推出 GaussDB 品牌，揭开了 GaussDB 产业化的帷幕。GaussDB 定位于 **AI-Native 数据库**，期望通过发挥多样性算力优势，持续推进华为 AI 战略。

在对外发布的过程中，华为 GaussDB 的命名作出调整。GaussDB 100 被命名为 GaussDB T，GaussDB 200 被命名为 GaussDB A。但是，这两个命名存在的时间很短，很快就被放弃使用了。

虽然经历了产品命名和研发上的许多波折，但是华为 GaussDB 的品牌却从未动摇。

2020 年，华为针对数据库商业化、产业化进行战略升级，通过两个维度展开数据库战略。**第一，从生态维度**，华为通过开源中国的数据库根社区和根生态，推出了 openGauss 开源数据库，由**计算产品线**主导开源社区的运营。openGauss 作为鲲鹏处理器生态的组成部分，由华为联合社区伙伴进行商业发行版的线下输出。**第二，从商业维度，由华为云**主导进行基于华为云的 GaussDB 云数据库服务的推广和应用。

GaussDB 开源的 openGauss 是单机主备版本，其分布式版本通过华为云在公有云、混合云上提供云数据库服务，被称为 GaussDB for openGauss（现简称为 GaussDB）。而 GaussDB 数据仓库版本对外以 DWS 为名，提供数据仓库产品服务和解决方案。

openGauss 聚焦核心场景与客户联合创新，在多行业获得广泛商用，到开源 3 周年时，已累计部署超过 3 万套。在金融行业，openGauss 已在中国邮政储蓄银行（后文简称邮储银行）、民生银行的核心系统中规模商用；在电信行业，中国移动不但选择使用 openGauss 实现了分钟级割接，提升了整体性能，同时还推出了基于 openGauss 的磐维数据库。

尤其值得重点关注的是邮储银行。**从 2019 年 3 月，邮储银行开始立项，进行新核心系统建设，并在 2020 年 11 月确定使用 openGauss 作为新核心系统的数据库，在经过 3 年的开发与建设后，于 2022 年成功地将原核心业务和用户全量平滑迁移到基于 openGauss 的新个人核心交易系统上。**邮储银行是全球首家基于通用硬件和开源数据库开发个人核心交易系统的大型商业银行。新核心系统的性能与体验大幅提升，柜面交易时间下降了 50%，有效支撑了 6.5 亿用户、18 亿账户、4 万个网点的业务运行。

7.1.3 全面"去 O"

从 2019 年开始，GaussDB 就在华为内部逐步替代了核心系统中的 Oracle，包括终端云、ERP 系统和运营商设备中的数据库，**彻底"解锁"美国产品，获得了发展的自由。**

在终端云上，实现了 6 个 PB 数据量的全面替代和上线，分布式节点达到 6000 个；在 ERP 系统上，下线了 600 多套 Oracle 数据库；在运营商设备上，累计替代和上线超过 30 万套数据库。

在数据库替换的过程中，最复杂的莫过于替换 ERP 系统中的数据库，华为内部最初使用的都是 Oracle 的 ERP 系统。2019 年，面对外部环境的压力和自身业务的挑战，华为决定替换旧有的 ERP 系统，由此开启了研发自主可控的 MetaERP 系统的进程。

MetaERP 系统研发是华为有史以来牵涉面最广、复杂性最高的项目，华为花费了 3 年时间，累计投入数千人，联合产业伙伴和生态伙伴攻坚克难，最终研发出这个超大规模云原生的系统，成功完成了对旧有 ERP 系统的替换。**2023 年 4 月 20 日，华为为 MetaERP 系统研发团队举行了表彰会**（见图 7.1），**标志着彻底完成 ERP 的替换。**

图 7.1 华为 MetaERP 表彰大会

华为的 ERP 系统每年支撑数千亿元合同额的订单，同时处理来自 170 多个国家的订单发货需求，成为企业数据库应用中最复杂和最具挑战性的场景之一。华为自 1996 年引入 MRP II [1] 后，不断迭代系统，**数十年累积了约 7 亿行 Oracle 脚本、3200 多亿行数据、最大单表 160 亿行记录**，给数据库的迁移带来了巨大的挑战。GaussDB 最终经受住了挑战，实现了数据库的平滑替换。

7.1.4 openGauss 社区

在 2019 年 9 月 19 日华为举行的全联接大会上，华为宣布将开源其数据库产品，

---

1 MRP II（MRP 即 Manufacture Resource Plan）即制造资源计划，是一种生产管理的计划与控制模式，因其效益显著而被制造业当成标准管理工具普遍采用。MRP II 实现了物流与资金流的信息集成，是企业资源计划 ERP 的核心主体，是解决企业管理问题，提高企业运作水平的有效工具。

并将其命名为 openGauss。**2020 年 6 月 30 日，openGauss 源代码正式开放**，随后，云和恩墨、海量数据、神舟通用等企业加入 openGauss 社区，共同进行代码研发、生态建设，**推动中国的开源根社区的发展。**

openGauss 是一款开源关系型数据库管理系统，采用木兰宽松许可证[1]第 2 版发行，具备高可靠、高性能、高安全和易运维 4 大核心特性，在架构、事务、存储引擎、优化器和鲲鹏芯片优化上进行了深度创新研发。至 2024 年 3 月 30 日，openGauss 已经发布了 6.0 版本，得到了飞速发展。

在 openGauss 内核建设的同时，openGauss 社区组织也在加速发展健全。2020 年 7 月，开源社区技术委员会成立，第一任技术委员会主席为李国良；2021 年 9 月 25 日，openGauss 社区理事会成立，第一任理事长为江大勇；2023 年 8 月 30 日，胡正策正式当选为社区第二任理事长。技术委员会和社区理事会的先后建立，标志着 openGauss 社区的开放治理不断走向成熟。

openGauss 社区是业界首个既面向乙方单位，如数据库厂商（Database Vendor, DBV）、独立软件开发商（Independent Software Vendors，ISV）等，又面向甲方单位，如金融、运营商等行业客户的联合社区。当前，三大运营商、七大头部银行、头部央国企都已加入社区理事会，旨在实现产业链合力**共建、共享、共治 openGauss 社区。**

通过 openGauss 社区，华为积极参与构建中国数据库生态，与鲲鹏计算产业形成互补，推动国内数据库产业整体向更高质量发展。

openGauss 社区可以为用户提供 3 种产品形态。

（1）商用发行版。由行业知名 DBV 基于 openGauss 社区版二次开发。DBV 将各自长期积累的实践经验融入自己的发行版产品中，形成差异化的数据库产品，从而为行业用户提供多样性选择。

（2）用户自用版。对于有能力且需要敏捷地支持自身业务的用户，可基于社区版研发适合自身业务需求的数据库版本，可以与自身的业务深度融合，以高效支撑业务发展和达成商业目标。

（3）社区发行版。对于只关注数据库性能、安全、可用性等基础能力的用户，

---

1 木兰许可证是由北京大学牵头，联合国内产学研各界等推出的开源许可证。许可证分为木兰宽松许可证木兰公共许可证和木兰开放作品许可协议。木兰宽松许可证的主要授予条款是：每个"贡献者"根据本许可证授予您永久性的、全球的、免费的、非独占的、不可撤销的版权许可。

可以结合自身运维团队和能力，选择社区完全免费的发行版。该类用户还可以结合第三方 DBV 的服务，在成本可控的情况下，获得强大的数据库能力。

openGauss 第一个版本的总代码量为 137 万行，其中内核代码有 124 万行，并保留了 PostgreSQL 的接口和公共函数（共 25 万行代码），修改和新增的内核代码占比 80%。到 2023 年 6 月 30 日 openGauss 开源三周年之际，其代码总行数已经超过 1500 万行，内核代码行数超过 250 万行，社区开发者超过 5000 人，在全球 100 多个国家的下载量超过 200 万，充分验证了开源的蓬勃生命力和繁荣生态的创造性。

在 2023 年 12 月 28 日的 openGauss 峰会上，根据沙利文的分析数据显示，"2023 年，openGauss 系"产品在中国线下集中式数据库市场的新增装机份额达到了 21.9%。openGauss 正式跨越生态拐点，进入了生态发展期。

图 7.2　openGauss 获得 CCF 科技进步特等奖

在 openGauss 开源之后的 3 年多时间里，openGauss 项目还依托"智能基座计划"，联合教育部辐射全国 2000 家高校，进课堂，进实验室，成为了高校研究创新的新动力。同时，**openGauss 被纳入教育部的全国计算机等级考试**，高校学生不但能够学习 openGauss，还可以获得资格认证。openGauss 还与云和恩墨、中国软件行业协会合作，建立起完整的职业培训认证体系，为企业培养高质量的数据库人才。

在 2022 年底，openGauss 项目获得了由 CCF 颁发的"科技进步特等奖"，如图 7.2 所示。该项目的申报完成单位包括华为、清华大学、中国移动；主要完成人包括李国良、王江、陈国、李士福、周平高、张建勋。

CCF 评委对该项目的评价是，openGauss 项目面向企业核心应用场景，**在 NUMA-Aware 事务处理方法、主备共享存储技术、AI 算子加速等数据库核心技术方面取得了突破性进展**，在金融、电信、政务、制造等 10 个民生领域的核心系统中得到了规模化应用。由 140 余家企业和机构加入共建的 openGauss 社区，**为数据库国产化提供了企业级开源选择**。

7.1.5　社区技术委员会主席——李国良

在 openGauss 技术社区的蓬勃发展中，离不开一位学术界的领军人物——李国良（见图 7.3）。从 openGauss 开源起，他就担任了社区技术委员会主席，主导了 openGauss 的技术方向和产品化演进历程。

李国良是清华大学计算机系长聘教授、计算机系副主任、国家杰青、青年长江学者，还是 CCF 数据库专委会副主任。李国良的主要研究方向为数据库和大数据管理。他在数据库领域的顶级会议和期刊上发表论文 200 余篇，其论文他引 15000 余次。他还入选爱思唯尔 2014—2022 年中国高被引学者榜单。

图 7.3　李国良

李国良在 AI4DB 和 DB4AI 领域的研究成果斐然，通过 openGauss 的开源，他的学术成果得以快速应用到实际，其中的一个重要成果就是 DBMind（openGauss 中一个具有 AI 特性的子模块）。DBMind 是数据库的智能大脑，它赋予了 openGauss 自主运维能力。通过 DBMind，用户可以快速识别数据库中发生的种种问题并快速定位根因、做出调节。DBMind 提供的智能的数据库问题诊断、根因分析、智能调参等能力是行业领先的。

李国良在数据库领域获得了众多引人瞩目的奖项，包括 VLDB 2017 青年贡献奖（亚洲首位获得者）、IEEE 数据工程领域杰出新人奖（亚洲首位获得者）。他还担任 *VLDB Journal*、*IEEE TKDE* 等期刊编委，曾担任 SIGMOD 2021 大会主席、VLDB 2021 Demo 主席，ICDE 2022 工业界主席等职务。

李国良还曾经主持国家杰出青年科学基金、优秀青年科学基金、青年 973、自然基金等重点项目，并获国家科技进步奖二等奖（2018 年）、江苏省科技进步奖一等奖（2019 年）、电子学会科技进步奖一等奖（2022 年）、计算机学会科技进步特等奖（2022 年）等。

2023 年 10 月 19 日至 20 日，由麻省理工学院主办的波士顿数据库会议[1] 成功举办，45 位全球数据库研究人员在麻省理工学院集思广益，共同探讨数据库的发

1　自 1988 年开始，来自全球学术界的数据库资深研究人员，每 5 年相聚一次，进行头脑风暴，因此，该会议被视为数据库领域的长老会。

展未来。李国良教授参加了本次大会,是首位受邀参加该会议的中国学者。

在李国良的带领下,openGauss 的学术研究和工程实践紧密结合,其创新成果不断展现出来。

7.1.6　openGauss 的技术创新

openGauss 开源之初以高性能、高可用、高安全等企业级能力被市场广泛认可。openGauss 开源的三年中,又在智能化上做出了大量前沿创新,形成了**高性能、高可用、高智能、高安全**的 4 大核心竞争力。以下通过 openGauss 的几个技术要点呈现一下其产品特性。

1. 事务号和原位更新

openGauss 中非常值得一提的第一个重要特性是,将**事务号升级为 64 位**。事务号是对数据库中执行的任务赋予的一个编号,PostgreSQL 使用了 32 位事务号[1]来标识事务。虽然事务号可以循环使用,定期回收,但是在业务非常繁忙的数据库中,可能就会存在事务号不足的情况。**当事务号用尽,数据库就会拒绝连接,强制全库回收事务号。**

然而,在 openGauss 的第 1 版中,这个问题就被彻底解决了。通过使用 64 位事务号,事务号循环回卷的问题就再也不会困扰数据库了。

第二个重要特性是**原位更新**(In-Place Update),这一特性曾经是 Oracle 和 PostgreSQL 最大的差异所在。在修改数据时,Oracle 在原位置更改原记录,为保持事务一致和记录回退的信息,Oracle 修改前将原记录复制到独立的回退日志中;而 PostgreSQL 则是追加写入一条记录,将原记录标记为过期,后续再定期回收空间。

这两种设计各有优劣,但是 PostgreSQL 的追加更新模式会导致短期的空间膨胀。如果数据库对于数据的修改特别频繁,则空间耗用可能急剧上升。

openGauss 引入了原位更新这一特性,实现了 Oracle 数据库的更新模式,将 PostgreSQL 中存在的空间耗用问题彻底解决。

1　32 位事务号机制中可以将事务号理解为一个可循环重用的序列串。在 32 位事务号的机制中,对其中的任一事务来说,都有 20 亿个相对它来说过去的事务和 20 亿个未来的事务。可以看出同一个数据库中存在的最旧和最新两个事务之间的年龄最多是 2^{31}。在 64 位事务号的机制中,可用的序列号扩展为 2^{64},保留了足够的序号空间。

图 7.4 展示了 PostgreSQL 的追加更新和 openGauss 原位更新的原理。如图 7.4 的左图所示，当 Tuple2 被更新时，会在块内追加一条新纪录 Tuple2'；而在 openGauss 的原位更新引擎中，则是直接修改 Tuple2 为 Tuple2'，如图 7.4 的右图所示。至于修改前的数据，则通过引入回滚段来进行存储，以满足回滚的需要。

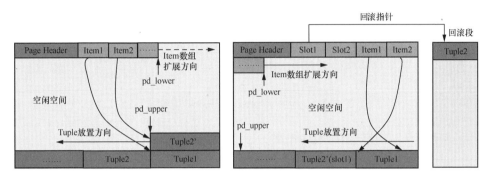

图 7.4　PostgreSQL 的追加更新和 openGauss 原位更新原理

2. 资源池化架构

回顾数据库架构的演进历程可以看到，传统数据库厂商和互联网厂商因为"基因"不同，各自从不同的起点出发，共同探索数据库的未来形态。

● **传统数据库厂商**。沿着从**数据库内核向分布式存储**发展的道路向前迈进（如 Oracle 的 RAC 集群），标志着其**从数据库内核向分布式存储和分布式内存**迈出了第一步。

● **互联网厂商**。沿着从**分布式存储向数据库内核**发展的道路向前迈进。Google 在 2012 年发表的关于 Spanner 分布式数据库的论文，其发表的基础正是 2006 年发表的关于 Bigtable 分布式存储的论文。

面向未来，这两条道路将走向融合，以共同应对大规模数据库在可靠性、可扩展性等方面的挑战。这就是资源池化架构，数据库内核将和计算层、内存层、存储层深度协同，形成你中有我，我中有你的有机整体。openGauss 的资源池化架构，由计算池化层、内存池化层、存储池化层组成，如图 7.5 所示。三者围绕着数据库的"企业级内核"进行协同，提供全新的数据库服务。

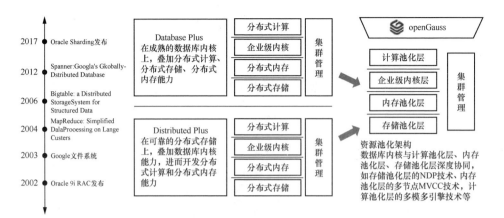

图 7.5　openGauss 资源池化架构图

资源池化架构每层的功能划分如下。

- **计算池化层**。支持多样性算力，基于 X86、鲲鹏等算力，为应用提供 TP 行存加速、AP 列存加速、AI 训练推理、向量数据库等全方位的数据服务，实现多模融合。该层使用最佳的引擎满足不同业务处理诉求。

- **内存池化层**。实现计算节点间内存的互联，通过同步事务信息和数据库缓存，实现多节点下的多版本快照一致性读能力；结合 RoCE[1] 协议和 SCM[2] 等硬件，实现极致的 Commit 加速和大容量内存访问等能力。

- **存储池化层**。支持多种存储，如分布式存储、企业存储、对象存储，实现一份数据服务于多种计算；通过高效裸设备访问、元数据共享，实现数据库原生的文件系统；通过 SQL 算子卸载的 NDP[3] 技术，大幅提升了 SQL 处理效率，消减了网络 I/O 流量。

通过三层池化架构（见图 7.6）的整体设计和实现，openGauss 可以实现灵活的架构组合，并在单机、集群和分布式上形成解决方案，满足用户多样化的业务需求。

1　RoCE（RDMA over Converged Ethernet）协议是一种集群网络通信协议，可以实现在以太网上进行远程直接内存访问。作为 TCP/IP 协议的特色功能，该协议将数据包的发射 / 接收任务转移到网络适配器上，改变了系统进入内核模式的需求。因此，它减少了与复制、封装和解封装相关的开销，很大程度上减少了以太网通信的延迟。

2　SCM（Storage Class Memory，存储级内存）有时也被称作 Persistent Memory（持久内存）或 Non-Volatile Memory（非易失性内存）。SCM 是一种拥有近似于磁盘的持久性，又如内存般高速的存储介质。

3　NDP（Near Data Processing，近数据处理）在数据库系统中，计算引擎可以将部分查询处理操作下推至靠近数据的分布式存储系统执行，以利用多存储节点的总带宽提升性能。NDP 允许部分查询处理以大规模并行的方式在存储节点执行，并显著的减少网络 I/O。

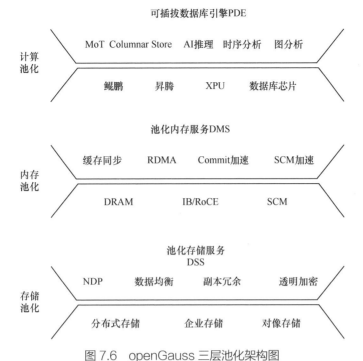

可插拔数据库引擎PDE

计算
池化

| MoT Columnar Store | AI推理 | 时序分析 | 图分析 |

| 鲲鹏 | 昇腾 | XPU | 数据库芯片 |

池化内存服务DMS

内存
池化

| 缓存同步 | RDMA | Commit加速 | SCM加速 |

| DRAM | IB/RoCE | SCM |

池化存储服务
DSS

存储
池化

| NDP | 数据均衡 | 副本冗余 | 透明加密 |

| 分布式存储 | 企业存储 | 对象存储 |

图 7.6　openGauss 三层池化架构图

3．智能化

在前瞻性的技术方向上，openGauss 对于智能化进行了大量的创新和增强，在一定程度上实现了行业的超越和引领。AI 在 openGauss 中的应用大致可分为 AI4DB、DB4AI 和 ABO（AI-Based Optimizer）3 个方面。

- AI4DB 是指用 AI 技术优化数据库的性能，从而获得更好的执行表现，以及实现数据库的自治和免运维等。AI4DB 方向主要包括**自调优、自诊断、自安全、自运维、故障自愈**等功能。

- DB4AI 是指打通数据库到 AI 应用的端到端流程，通过数据库来驱动 AI 任务，统一 AI 技术栈，达到开箱即用、高性能、节约成本等目的。例如，通过类 SQL 语法提供 PREDICT、MODEL 等关键字，支持数据库内的模型存储、AI 训练和预测推理等，这样既可以充分发挥数据库的高并行、列存储等性能优势，又可以避免因信息分散而造成的数据泄露风险。

- ABO 是指通过 AI 技术指导优化器做出更优化的执行计划选择，使数据库拥有更佳的性能。ABO 实现了智能基数估计、自适应计划选择等功能。

4．全密态

全密态数据库旨在**解决数据全生命周期的隐私保护问题**，使得系统无论在何种业务场景和环境下，**数据在传输、运算，以及存储的各个环节始终都处于密文状态，如图 7.7 所示**。当数据拥有者在客户端完成数据加密并发送给服务端后，即使攻击者借助系统脆弱点窃取到用户数据，在全密态数据库的保护下，攻击者仍然无法获得有效的信息，从而起到保护用户数据隐私的作用。

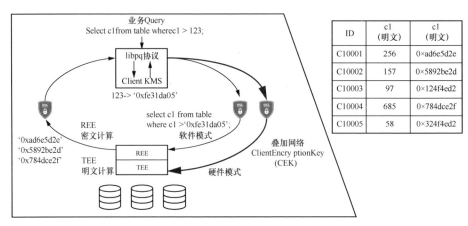

图 7.7　openGauss 全密态加密等值数据示意图

由于整个业务数据流在数据处理过程中都是以密文形态存在，因此通过全密态数据库可以实现以下价值。

- 保护数据在云上全生命周期的隐私安全。无论数据处于何种状态，攻击者都无法从数据库服务端获取有效信息。

- 帮助云服务提供商获取第三方信任。由于用户通过将密钥掌握在自己手上，无论是企业服务场景下的业务管理员、运维管理员，还是消费者云业务下的应用开发者，都无法获取数据有效信息。

- 让云数据库服务更好地遵守个人隐私保护方面的法律法规。

7.1.7　openGauss 的计算愿景

随着产业数字化的高速发展，图、时序、空间和向量空间等多种类型的海量数据聚集，计算架构正从通用 CPU 向 GPU、NPU 等多样性算力演进。在多模数据和多样性算力的双轮驱动下，**数据库架构需要与时俱进，有效利用多样性算力**进行资源的集约化管理和调度，实现多模数据的高效处理和数据价值挖掘。

面向未来，openGauss 提出了**数据库组件化架构模型，以满足社区化灵活开发、自由拼装实现多场景支持等核心目标**。组件化架构模型由一个标准、三个引擎、一个平台及存储层组成，如图 7.8 所示。

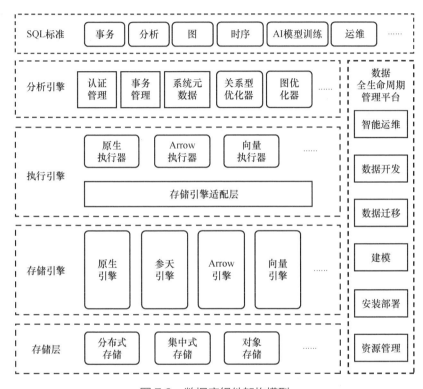

图 7.8　数据库组件架构模型

- **SQL 标准**：定义全场景 SQL 标准，包括事务语法、分析语法、图语法、时序语法、AI 模型训练推理语法、数据库运维语法等。

- **分析引擎**：实现对应用接入的第一层处理，提供认证管理、事务管理、系统元数据等数据库公共设施，并解析语句，生成执行计划。

- **执行引擎**：接收来自分析引擎的执行计划，调度节点资源进行处理，实现高效率的 SQL 执行。

- **存储引擎**：以单机形态或集群形态存在，实现对多模数据的存储和查询，支持结构化、半结构化、parquet、向量等多种数据格式。

- **存储层**：以存算融合或存算分离的形态存在，支持分布式、集中式和对象存储等功能。

- **数据全生命周期管理平台**：实现数据的全生命周期管理，包括资源管理、安全部署、数据建模、数据迁移、数据开发、智能运维等特性。该管理平台基于插件化架构设计，每个特性可独立开发和部署。

数据库组件化架构模型在每一层都提供了扩展接口，以支持多样性 SQL、多模优化器、多模执行器、多模存储引擎等。**组件化架构模型具有灵活的部署形态，既支持存算融合架构下的单机模式，也支持存算分离架构下的多集群协同模式**。

具体而言，部署形态取决于存储层是否和存储引擎分离部署、存储引擎是否和执行引擎分离部署、执行引擎是否和分析引擎分离部署。

数据库组件化架构模型支持 5 种部署形态，如图 7.9 所示。

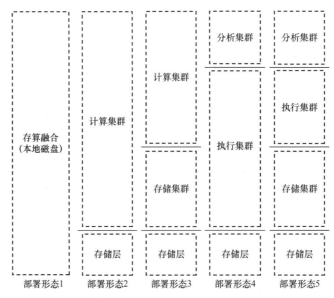

图 7.9 数据库组件架构模型的 5 种部署形态

- **部署形态 1**：单机本地磁盘部署，分析、执行、存储引擎合一，这是最基本的部署形态。

- **部署形态 2**：存算分离架构，分析、执行、存储引擎合一，共节点部署，多个节点形成集群；集群节点间通过内存池化、存储池化等资源池化技术实现跨节点的数据实时一致性。

- **部署形态 3**：在部署形态 2 的基础上，存储引擎独立部署，并形成存储集群；计算集群和存储集群间可独立弹性伸缩。

- **部署形态 4**：在部署形态 2 的基础上，分析引擎独立部署，并形成分析集群；分析集群和存储集群间可独立弹性伸缩。

- **部署形态 5**：在部署形态 2 的基础上，分析引擎、执行引擎、存储引擎各自独立部署，并形成分析集群、执行集群、存储集群，3 个集群可独立弹性伸缩。

综上所述，数据库组件化架构模型定义了不同数据库组件的分层协作关系。通过发挥不同组件各自优势，可以有效满足行业数智化、多样性算力发展、多模数据处理等诉求。openGauss 通过资源池化架构对资源进行解耦，能够为组件化架构模型的不同形态提供参考实现，通过软硬协同和全栈优化，openGauss 全新打造了一个高性能、高可靠和高安全的数智融合处理平台。

7.1.8　原生分布式 GaussDB

在 openGauss 背后，GaussDB 在云原生和分布式方向一直在进行持续的探索和创新，是中国数据库产业在该方向上的一支关键力量。

GaussDB 采用一套内核，既支持集中式又支持分布式，创新性地承载了华为的数据库开源和云战略。GaussDB 的分布式采用了无共享架构，在**分布式查询优化、分布式高可用、云原生计算存储分离、智能优化、数据库多方位安全**等方面做出了创新成果。因此，GaussDB 具有如下突出成就。

- 采用分布式查询优化和事务处理技术，支持近数据计算的分布式查询优化、全链路并行编译执行、大规模分布式事务处理，大幅度地提升了分布式查询性能。

- 支持分布式数据库多层级高可用容灾、故障自感知的副本间高可用，实现节点级、机房级、数据中心级、城市级等多层级的高可用。

- **支持云原生计算存储分离与弹性伸缩**，实现了资源的精细化、共享化管理；通过基于哈希桶聚簇的弹性伸缩方法，实现了秒级的存储节点扩缩容和业务无感的计算节点弹性伸缩。

- **支持分布式数据库的智能优化，实现 ABO 优化器**，支持数据库智能代价估计与智能计划选择；实现数据库内 AI 模型训练与推理，性能超越 MADlib10 倍；提供数据库自治运维平台，降低数据库内核的调优难度。

- **支持分布式数据库多方位安全**，实现了全密态和防算改数据处理、自治安全管控技术，构筑了全栈国密算法体系，多方位、全生命周期保护数据安全，**是中国唯一获得全球最高等级的安全认证 CC EAL4+ 的产品**。安全技术由纯软全密态升级为软硬结合全密态，实现了创新引领。

图 7.10 是 GaussDB 的分布式架构图，除了**协调节点（CN）**、**数据节点（DN）**外，整体架构中还包含**运维管理器（Operation Manger，OM）**、**集群管理器（Cluster Manager，CM）**、**全局事务管理器（Global Transaction Manager，GTM）**等组件。

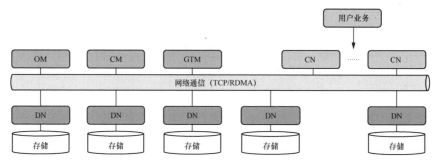

图 7.10　GaussDB 的分布式的架构图

在该架构中，CN 负责接收用户访问请求，分解任务，调度 DN 计算结果，并返回给用户；DN 负责数据的管理和查询任务的执行；CM 管理和监控系统中各个功能单元和物理资源的运行情况，确保整个系统的稳定运行；OM 提供数据库日常运维、配置管理等；GTM 负责生成和维护全局事务 ID、事务快照、时间戳、序列信息等全局唯一信息。

GaussDB 从服务华为内部，到支持云上应用，再到支持外部客户，已经在分布式的方向上探索出了成功道路，正在被越来越多的企业级客户所采用。GaussDB 的典型应用案例包括在与中国工商银行的联合创新中首创同城双集群强一致架构，该成果有力地支撑了 5A 级应用的商用；GaussDB 还在中国人民银行跨行清算、大额实时支付系统中上线，支撑全国 9 亿个人征信的查询等。

根据 IDC《2022 年上半年中国关系型数据库软件市场跟踪报告》，**在本地部署模式市场中，华为凭借 GaussDB 以 16.59% 的份额排名国内第一**。

2023 年，GaussDB 荣获中国电子学会科学技术奖科技进步奖一等奖（见图 7.11）。由多名院士组成的专家组一致认为："GaussDB 在云原生、分布式、智能化、安全性等方面取得了多项数据库核心技术创新成果，技术复杂度高，研制难度大，创新性强，系统整体达到国际先进水平。其中，**分布式并行查询优化和执行机制、计算存储分离的弹性伸缩机制、智能查询优化和数据库内置训练推理、安全可验证的全密态数据处理等核心技术达到国际领先水平。**"

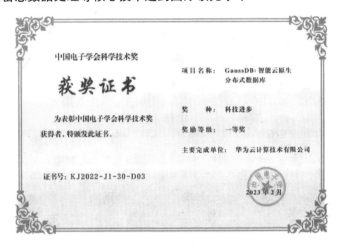

图 7.11　GaussDB 获得中国电子学会科学技术奖

7.2　云和恩墨数据库

云和恩墨在中国数据库领域是一家独特的公司，早期业务以数据库服务为主，通过为客户解决在使用数据库中遇到的问题而创造价值。此后，云和恩墨通过积累经验、抽象方法、研发软件、构建社区，推出了一系列的数据库生态软件，包括数据库一体机、数据库云管平台等。

openGauss 开源后，云和恩墨加入了 openGauss 开源社区，通过参与根社区共建，推出了基于 openGauss 的企业级关系型数据库 MogDB。

7.2.1　云和恩墨的发展路径

云和恩墨成立于 2011 年，公司主要的技术合伙人是来自 ITPUB 技术社区的一群技术专家，包括在 Oracle 时代成长起来的、国内主要的一批 Oracle ACE 和 ACE 总监。**因为自身的互联网和社区基因，云和恩墨在 2018 年发起创立了墨天轮社区，再次将社区形态带到中国数据库时代。**

云和恩墨的初心就是数据库，但是在发展历程中通过 3 个阶段走过了一条逆向发展之路（见图 7.12）。第一阶段是**数据库管理服务阶段**，通过针对 Oracle、

DB2、MySQL 等产品的服务，积累客户资源、识别客户需求、洞察行业发展；第二阶段是**数据库管理软件阶段**，云和恩墨通过经验积累和抽象，开始投入产品研发，围绕数据库打造了一系列的生态产品，为多元异构的数据库提供运行管理平台，其中包括数据库分布式存储软件产品 zStorage（**基于 zStorage 推出数据库一体机 zData X**），以及能够提供多数据库支持的**数据库云管平台产品 zCloud**；第三阶段是**数据库基础软件阶段**，云和恩墨正式投入基础软件研发，推出数据库产品 MogDB。

图 7.12　云和恩墨的公司发展历程

通常数据库企业从数据库产品研发开始，再建设管理软件和服务体系；云和恩墨则是先建立了管理软件和服务体系，随后展开了数据库基础软件研发，这即前文所提到的云和恩墨的逆向发展战略。之所以如此，是因为如果一家中国创业公司从一开始就进入内核研发，面临的挑战和压力极大，而且已经有很多先行的公司做过尝试，但多以失败告终。所以云和恩墨选择先从服务入手，从最优秀的数据库开始，结合用户的核心场景，了解用户需求、积累行业经验；而后，通过数据库管理软件的研发，推出一系列数据库运行必不可少的生态产品。通过这两个阶段 10 年经验的积累之后，云和恩墨建立了覆盖全国的服务网络，直达用户的业务体系，拥有久经考验的服务和产品能力，与华为 openGauss 的开源开放恰逢其会。

有了数据库管理服务和数据库管理软件两个方向，以及数千家客户的成功实践，云和恩墨才更有信心在数据库基础软件领域做出突破，而 10 年积累所建立的覆盖全国的服务网络、工程师团队，则成为数据库事业不可或缺的坚实基础。

至本书成稿时，云和恩墨已经形成了"基于领先洞察，打造领先产品"的良性循环体系（见图 7.13），进入了数据库产品发展的快车道。"领先洞察"是指云和恩墨通过服务上千家客户，打造拥有数百万月活用户的墨天轮社区，能够源源不断地获得客户需求洞察；通过和领先客户一起应用领先厂商的数据库产品，获得数据库领域的领先产品洞察；通过云和恩墨自身的内核专家、数据库顾问识别关键技术，实现前沿技术洞察。云和恩墨基于这些领先洞察，进行抽象转化，赋能产品，从而实现其产品的领先性和持续进化。

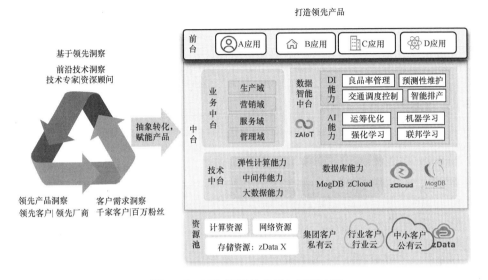

图 7.13　云和恩墨的产品力循环体系

7.2.2　为什么选择 openGauss

从数据库行业来看，中国数据库在过去 40 多年的发展中，长期处于跟随和追赶的位置，从世界获取的经验多，为行业贡献的技术回馈少。尤其是在开源领域，中国数据库从 MySQL 社区和 PostgreSQL 社区获得了技术灵感与技术基础，但是对于开源世界的回馈并不多。

由华为发起的 openGauss，体现了华为的技术积累与创新。该数据库以开源的形式与数据库世界共享，也体现了华为的气魄与胸襟。openGauss 以中国根社区为起点，志在打造长期投入、不断创新、融入世界、回馈产业的产品，值得每一位数据库技术爱好者共同参与、共同创造，共同向世界展示中国数据库的技术成果。

在商业数据库时代，云和恩墨通过服务客户、优化产品，积累了大量的行业需求理解和最佳实践场景，**通过将这些宝贵的经验贡献开源社区、融入 openGauss 内核，云和恩墨和华为得以优势互补，以开源的方式将积累回馈给整个社区，助力中国用户的数字化转型升级**，这个价值不可估量。这是云和恩墨选择

openGauss 社区的根本原因。

从合作伙伴的视角出发，云和恩墨认为**通过开源和商业版本的双向促进，openGauss 具备长期良性发展的基础**。一方面，通过 openGauss 的开源能够联合多方力量共同参与研发，建设社区生态，培养内核开发人才；另一方面，通过 DBV 商业版本的落地，不断地在真实的客户场景上去做改进、增强并回馈到社区，可以形成良好的正向循环。

openGauss 社区是一个开放、透明的社区，能够促使社区伙伴积极地参与到社区的共建、共享、共治中。云和恩墨作为社区的首批发起成员和理事单位，加入了社区的 14 个 SIG 组，并主导 IoT SIG 组。由云和恩墨在 Docker 官方平台发布和维护的 openGauss 容器版（见图 7.14），在开放 3 周年时，全球下载量已经超过了 50 万次，这再一次验证了开源和创新的力量。

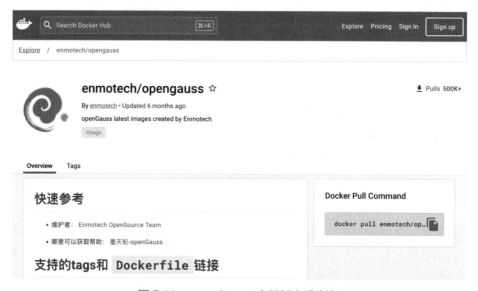

图 7.14　openGauss 容器版广受欢迎

截至 2024 年 1 月，云和恩墨在 openGauss 社区里有 1 位社区理事、1 位维护者（Maintainer）、22 位提交者（Committer）、42 个代码贡献者，提交合入 1100 多个拉取请求（Pull Request，PR），总体贡献在数据库发行版厂商中排名第一（见图 7.15）。

作壁上观，不如躬行实践，云和恩墨亲身入局，为中国数据库产业繁荣贡献力量。

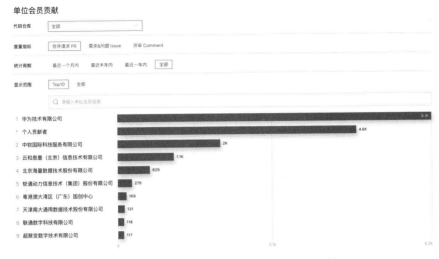

单位会员贡献

代码仓库	全部
度量指标	合并请求 PR　需求&问题 Issue　评审 Comment
统计周期	最近一个月内　最近半年内　最近一年内　全部
显示范围	Top10　全部

1 华为技术有限公司 — 8.1K
* 个人贡献者 — 4.6K
2 中软国际科技服务有限公司 — 2K
3 云和恩墨（北京）信息技术有限公司 — 1.1K
4 北京海量数据技术股份有限公司 — 629
5 软通动力信息技术（集团）股份有限公司 — 279
6 粤港澳大湾区（广东）国创中心 — 169
7 天津南大通用数据技术股份有限公司 — 131
8 联通数字科技有限公司 — 118
9 超聚变数字技术有限公司 — 117

图 7.15　云和恩墨在 openGauss 社区贡献

7.2.3　MogDB 的价值主张

MogDB 的定位是为用户提供一款"安稳易用"的企业级数据库产品。云和恩墨通过**将其在商业数据库上的积累带入 openGauss 社区**，为扎根中国的数据库根社区贡献力量。

"安稳易用"是 MogDB 的价值主张，其中，"安"是指高安全可靠，只有具备了安全可靠的运行基础，才能确保产品持续运行；"稳"强调高性能，卓越且稳定的性能是支撑用户业务系统稳健运行的关键，是实现成本优化的价值所在；"易"意味着高兼容，产品要方便异构数据库迁移，降低迁移复杂性；"用"则是要满足多模多态不同场景应用的多样化需求。

MogDB 在实现上继承了 openGauss 高性能、高可用、高安全、高智能的"四高"竞争力，并在此基础上进行企业级增强，在可用性、性能、可观测性、多模多态上进行了重点研发。

1．可用性增强

计算机系统的任何部件都会面对失效的挑战，因此，只有面向故障设计产品，才能确保系统持续运行。在数据库的应用过程中，高可用性就是确保业务连续运行的一项关键能力。**MogDB 在高可用性方面通过秒级切换、并发读写等技术，结合云和恩墨自研的分布式存储软件 zStorage，推出了 MogDB 数据库一体机。**

MogDB 的秒级切换技术是指在 MogDB 的主备高可用架构中（见图 7.16），在主数据库超 70 万 tpmC 的处理负载下，主备切换时间小于 10s（即在发生主备切换指令后的 10s 内，备机接管业务）。在实际部署中，为了保证极致数据安全，用户还可以通过多个主备库级联的形式，实现极致的可用性。在图 7.16 所示的架构示意图中，用户通过对主库配置 2 个同步备库、3 个异步备库和 1 个异地级联备库，充分保障了数据安全。MogDB 的 MogHA 组件可以实现自动的故障侦测和满足条件下的自动切换。

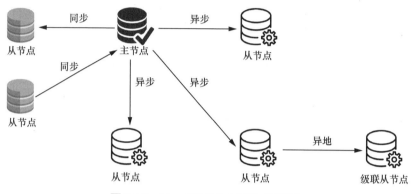

图 7.16　MogDB 的主备架构示意图

MogDB 的并发读写技术是指基于存算分离实现共享存储的数据库集群架构，多节点可以并行接受读写请求，其中读操作由多节点执行，写操作由主节点负责，备节点接收到的写请求会自动转发到主节点。该技术既实现了用户透明，又可以在主节点故障时无缝切换到备节点接管主库操作，实现高可用性。基于这一架构的两节点 MogDB 数据库一体机（见图 7.17），可以实现超过 300 万 tpmC 的处理能力，兼具高性能和高可用性。

MogDB 正是基于大量用户的生产实践，紧紧围绕高可用的核心生产诉求，不断增强产品，让数据库的生产运行更加可靠。

图 7.17　MogDB 数据库一体机

2. 性能增强

IBM 的院士布鲁斯·林赛（Bruce Lindsay）有一个著名的论断。他说，对于数据库最重要的三件事情就是**性能、性能、性能**。性能是技术人对于本职工作的永恒追求，而现实中，为了降低用户在数据库上的 TCO，云和恩墨在性能方面对标领先产品，通过大量内核上的创新优化，使 MogDB 实现了更优秀的性能输出。

熟悉 Oracle 数据库的人都知道，事务提交后的处理是一个常见的性能瓶颈。数据库必须确保日志写出成功，才能最终回复确认信息，在早期的 Oracle 数据库中，这是一个串行操作。Oracle 通过单一的 LGWR 进程来实现重做日志写出，这成为了一个关键的性能瓶颈点。解决这一问题的方向有两个：第一是通过多进程来并行写出重做日志；第二是通过异步事务提交。Oracle 在 12c 版本中实现了多 LGWR 的并行日志写出；通过 COMMIT_WAIT 设置可以指定提交之后不等待直接返回，但是在数据库异常关闭时可能影响 ACID 语义。

openGauss 中已经实现了日志的并行写和异步提交特性，但是在异步提交中，openGauss 存在和 Oracle 同样的问题，所以 MogDB 重点增强了异步提交，实现了**自治异步事务提交**特性，在异步事务的安全性和性能上进行增强。

MogDB 的**自治异步事务提交**特性（见图 7.18）是通过将事务执行的线程模型从 Run-to-Completion 模型改造为 Pipeline 模型（增加 TPLcommiter 线程，接管提交 I/O 过程控制），在日志落盘及保证事务 ACID 语义的前提下，进一步提升了资源利用率和端到端的性能。基于 TPC-C 模型启用安全的自治异步事务提交，最高可以比同步提交获得约 20% 的性能提升。

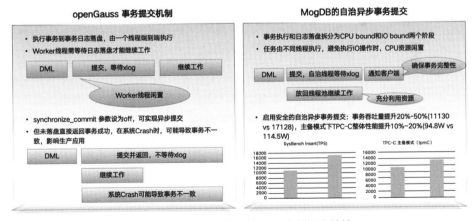

图 7.18　MogDB 的自治异步事务提交特性

除此之外，MogDB 在性能方面的改进还包括如下内容，如图 7.19 所示。

动态分区裁剪　　　　　并行索引扫描　　　　　并行查询优化　　　　　COPY导入优化

增量排序优化　　　　　行级压缩　　　　　B+Tree索引压缩

图 7.19　MogDB 的企业级创新特性

- **动态分区裁剪**：在分区表下使用 PBE（Parse Bind Execute）或相关子查询的场景下，分区过滤条件在执行阶段才能明确。MogDB 在执行阶段进一步增强分区裁剪能力，有效避免了不相关分区的扫描。在大数据量情况下，MogDB 动态分区裁剪生效后，分区扫描可以获得 10 倍的查询性能提升。

- **并行优化**：通过**并行索引扫描**技术进行了并行优化，在简单查询场景下，索引扫描提升 2 ～ 7 倍的性能，仅索引扫描提升 1.5 ～ 3.5 倍的性能。同时还针对排序合并连接和哈希聚合算子进行了**并行查询优化**，分别带来 200% 和 20% 的性能提升。另外，在数据导入场景下，还使用 SIMD[1] 指令集进行了并行的 **COPY 导入优化**，和优化之前比可以提升 10% ～ 20% 的数据导入性能。

- **增量排序优化**：查询时利用索引或子查询结果的有序性进行增量排序，减少排序处理的数据量，提升排序性能。结合 Limit 场景，增量排序优化生效后，可以获得 10 倍以上的性能提升。

- **行级压缩**：支持以行为粒度的数据压缩解压，一方面，数据没有解压放大；另一方面，在内存中压缩数据，提高了缓存命中率。在典型场景下可以获得 2 倍的压缩率，并且性能几乎无损。

- **B+Tree 索引压缩**：通过将重复键值的索引合并压缩到一起，获得大约 2 倍的压缩率。另外，压缩还能减少索引的磁盘 I/O 读取，使索引扫描操作性能提升 20%。

经过云和恩墨的持续性能优化，**MogDB 在第三方评测机构的测评结果中，实现 2 路鲲鹏服务器 156 万 tpmC、4 路鲲鹏服务器 256 万 tpmC 的极致性能。**

1　SIMD（Single Instruction Multiple Data，单指令流多数据流）是一种计算机处理器的执行方式，它允许同时对多个数据执行相同的操作。这种技术可以提高程序的运算速度，特别是在处理可以并行化的任务时，如图形渲染、科学计算和数据分析等领域。

3．可观测性增强

数据库可观测性指的是数据库在运行的过程中，可提供数据库的运行指标、当前运行状态、当前资源使用情况、内部执行步骤等信息；并提供接口允许用户访问底层文件结构、底层进程状态等信息。从而让数据库使用者更清晰地了解数据库的当前运行状态、性能状况等，只有这样才能在出现故障时更准确地定位故障的根因，及时修复和消除问题。

可观测性的概念是由美籍匈牙利工程师鲁道夫·埃米尔·卡尔曼（Rudolf Emil Kalman）提出的，最初用于线性动力系统。在控制理论中，它是通过了解系统外部输出以推断系统内部状态的一种度量。管理学大师彼得·德鲁克（Peter Drucker）曾经说过："你如果无法度量它，就无法管理它。"这句话在数据库领域同样有效，**"你如果无法观测它，就无法修复它"**。数据库在应用过程中，其充分披露运行信息的能力，对于监控、诊断和跟踪十分重要。

在此回顾一下 Oracle 可观测性演进之路，以说明 MogDB 为什么如此重视这一方向。Oracle 在第 5 版和第 6 版中提供的可观测性指标还十分有限，版本 7 开始对其进行了大幅增强，并推出了 Oracle 等待接口（Oracle Wait Interface，OWI）功能，提供了基于等待事件的性能分析方法。OWI 在最初版本中仅提供了 100 多个等待事件，到 Oracle 23c 时，这个等待事件数已经增加到 2100 多个。Oracle 的等待事件是通过一系列的动态性能视图来实时展现的。伴随可观测性的增强，Oracle 还提供了用于分析观测数据的手段，并经历了从脚本时代、工具时代到产品时代的漫长演进。

- **脚本时代**：在 Oracle 8i 之前，常用于诊断的是两个脚本 UTLBSTAT.SQL 和 UTLESTAT.SQL。通过运行 UTLBSTAT 脚本可以获得数据库部分动态性能视图的快照，在一定的时间间隔后运行 UTLESTAT 脚本，可以将数据库当前状态和先前的快照比较生成一个报告，通过这个报告就能够对数据库运行状况进行分析和诊断。

- **工具时代**：Oracle 8.1.6 引入 Statspack 工具，可以定时收集关于数据库性能的数据，并持久化存储，能够实现更佳的趋势分析；Statspack 工具通过采样数据可以在任意两个采样点之间生成分析报告，辅助分析和判断。Statspack 推出之后，被广泛采用，成为 Oracle 专家用来诊断数据库性能问题的强有力工具。

- **产品时代**：Oracle 10g 开始推出自动负载信息库（Automatic Workload Repository，AWR）。AWR 以固定的时间间隔（默认为每小时一次）为所有重要等待事件和统计信息执行一次快照，并将这些快照存储在数据库中。这些信息会在 AWR 中保留一段时间（默认为一周），然后自动清除。AWR 中调用的某些功能是收费的，Oracle 的可观测性工具自此进入了产品时代。

图 7.20 所示信息是来自最早期的 UTLBSTAT.SQL 脚本的注释，事实上，从 Oracle 第 6 版就开始应用 OTLBSTAT.SQL 脚本了。这个脚本的第一行注释创建者是 Jloaiza，时间是 1989 年 2 月。

```
rem $Header: utlbstat.sql,v 1.6 1995/10/14 13:45:09 jloaiza Exp $ bstat.sql
rem
Rem Copyright (c) 1988 by Oracle Corporation
Rem NAME
REM    UTLBSTAT.SQL
Rem FUNCTION
Rem NOTES
Rem MODIFIED
Rem    jloaiza    10/14/95 - add tablespace size
Rem    jloaiza    09/19/95 - add waitstat
Rem    jloaiza    09/04/95 - add per second and background waits
...
Rem    jloaiza    01/07/92 - rework for version 7
Rem    mroberts   08/16/91 -           fix view for v7
Rem    rlim       04/29/91 -           change char to varchar2
Rem    Laursen    01/01/91 - V6 to V7 merge
Rem    Loaiza     04/04/89 - fix run dates to minutes instead of months
Rem    Martin     02/22/89 - Creation
Rem    Jloaiza    02/23/89 - changed table names, added dates, added param dump
```

图 7.20　Oracle 数据库的脚本摘要

Jloaiza 的全名是胡安·洛艾萨（Juan Loaiza，如图 7.21 所示），1988 年，于麻省理工学院硕士毕业，随后加入 Oracle 公司。他在 Oracle 公司内部以勇于创新而著称，截至稿件成稿时，其担任执行副总裁，领导关键任务数据库技术（Mission-Critical Database Technologies）部门，是 Oracle 数据库的掌舵人之一，直接向劳伦斯·埃里森汇报。

图 7.21　胡安·洛艾萨

从 Oracle 性能分析手段的沿革，可以清晰地看到一个简单的想法发展为工具甚至产品的过程。很多数据库监控、优化工具产品的发展过程莫不与此类同。具体比较起来，Statspack 需要由用户自行安装、调度，并且其收集的信息较为有限；而自 Oracle 10g 开始的 AWR 默认自动调度、采集和清理数据，收集的信息量也大大增加，这为 DBA 诊断和优化数据库提供了极大的支持。

由于 AWR 收集的信息十分完备，并且可以持续累积存储数据库的性能数据，所以经常被称为"数据库的数据仓库"。在 Oracle 12c 中，加入了一个基于 OEM 的新功能 AWR Warehouse，可以采集企业级环境中多套数据库的 AWR 信息，并集中持久存储，由此真正地实现了"数据仓库"的功能。

但是，**不管是 Statspack 还是 AWR，其本质都是相同的，都是通过持续不断地收集数据库或者系统的性能信息来提炼有意义的报告**，作为性能分析的基础。实际上，深入了解 Oracle 的各种性能指标、统计数据、等待事件仍然是了解 Oracle 数据库的基础。

从 Statspack 第一个版本的说明文件中可以看到，这个工具有两个核心人物，分别是作者 Connie Dialeris Green 和贡献作者 Graham Wood。

康妮·迪亚莱里斯·格林（Connie Dialeris Green）自 1995 年至 2009 年服务于 Oracle 公司，她这样回忆这个工具的起因："我开发 Statspack 工具，最初是为了供内部使用。由于后来在客户中广为流传、深受欢迎，所以这一工具在 Oracle 8 中正式对外发布。我设计、开发并维护了自 Statspack 首次发布以来的所有功能。"

时至今日，在 12c 版本的说明文档中，康妮仍然是排在第一位的作者，而最初追随她的格雷厄姆·伍德（Graham Wood，见图 7.22）后来成为了 AWR 之父，是 Oracle RWP（Real-World Performance）团队的主要领导者之一。格雷厄姆作为 Oracle 可管理性团队的架构师，致力于简化数据库的调优过程，并由此开发了 AWR、ASH[1] 和 ADDM[2]。2019 年，他从 Oracle 退休。在笔者组织 ACOUG 的活动历程中，曾经多次邀请格雷·厄姆来到中国，和数据库爱好者分享数据库优化的种种技巧和演进历程。

关于 Statspack 的采样和分析方法，最后形成了一个著名的专利（见图 7.23）：*Automatic Performance Statistical Comparison Between Two Periods*。其核心思想就是通过连续的快照采样收集统计数据，从而通过分析、比较数据，呈现出系统变化，察知问题的根因。

1　ASH（Active Session History，活动会话历史记录）是从 Oracle 10g 开始提供的一个特性，是数据库每秒钟自动对活动会话进行一次采样的等待事件。ASH 信息首先在内存中滚动存储，数据库系统定期将其中十分之一的内容写入磁盘。ASH 对解决定位数据库问题非常有效，是 Oracle 数据库提供的核心诊断功能之一。

2　ADDM（Automatic Database Diagnostic Monitor，自动数据库诊断监视器）是 Oracle 数据库的一个自诊断监视引擎。ADDM 通过分析 AWR 采样获取的数据来判断 Oracle 数据库中可能存在的问题，并给出诊断结果，提供解决方案。

图 7.22　作者和 Oracle 专家，右一为格雷厄姆·伍德

(12) **United States Patent**
Ramacher et al.

(10) **Patent No.:** US 7,526,409 B2
(45) **Date of Patent:** Apr. 28, 2009

(54) **AUTOMATIC PERFORMANCE STATISTICAL
COMPARISON BETWEEN TWO PERIODS**

(75) Inventors: **Mark C. Ramacher**, San Carlos, CA
(US); **Cecilia Gervasio Grant**, Belmont,
CA (US); **Graham Stephen Wood**, El
Granada, CA (US); **Konstantina
Dialeris Green**, San Carlos, CA (US);
Russell John Green, San Carlos, CA
(US)

(73) Assignee: **Oracle International Corporation**,
Redwood Shores, CA (US)

FOREIGN PATENT DOCUMENTS

EP　　0 750 256　A2　6/1996

(Continued)

OTHER PUBLICATIONS

Chase, Jeffrey S. et al., "Dynamic Virtual Clusters in a Grid Site
Manager," Proceedings of the 12th IEEE International Symposium on
High Performance Distributed Computing (HPDC'03), 2003, IEEE,
pp. 90-100.

100

收集统计信息的第一个快照　102

收集统计信息的第二个快照　104

收集统计信息的第三个快照　106

收集统计信息的第四个快照　108

分别计算第一个阶段和第二个阶段之间的差异　110

归一化差异　112

自动生成性能报告　114

图 7.23　Oracle 的数据库诊断专利

　　康妮在 2022 年回到 Oracle 公司，重操旧业，再度负责性能诊断相关的工作。她提出，从性能角度评估关键功能时，应该以了解用户如何使用产品作为设计测试计划的起点。然后，通过确定所需捕获的统计数据、最佳工作负载、

运行工作负载，与内核研发团队一起分析结果，缩小范围，定位根因，从而解决问题。

基于对可观测性的应用理解和实现探究，MogDB 在可用性、可维护性方面也做了大量的工程改进，重点增强实现了活动会话监测、SQL 执行观测、SQL 动态转储、轻量级锁导出分析等核心特性。通过这些能力的不断增强，提升数据库的性能问题分析和异常诊断能力，**确保用户能够用好 MogDB，也确保 MogDB 的好用**。

深度的数据库用户都会对 SQL 运行状态观测、跟踪和转储能力体会深刻，这些能力能够**辅助定位根因，提升问题诊断效率，在数据库的生产应用中必不可少**。

云和恩墨通过对 gstrace 的增强，极大地改善了 MogDB 数据库的运行可观测性。gstrace 是用来跟踪内核代码执行路径、记录内核数据结构、分析代码性能的工具，允许用户指定一个或多个模块和函数进行追踪。

gstrace 具备在生产环境下进行追踪观测的能力，可以帮助用户导出 SQL 执行细节，并支持追踪分析各种模块。通过使用 gstrace，用户可以全面了解系统的性能瓶颈和潜在问题，从而优化 SQL 代码性能，提升系统稳定性。

图 7.24 展示了一个会话跟踪的结果。通过跟踪文件，可清晰地呈现会话的内部工作，包括 SQL 的 Parse、Rewrite、Optimizer、Exec 全过程，有助于在数据库运行时，对数据库的工作情况和实际问题进行全方位的观测和诊断分析。

```
=====SQL TRACE START=====
(MogDB 5.0.4 build 070c88a0) compiled at 2023-11-25 12:57:08 commit 0 last mr 1804  on aarch64-unknown-linux-gnu, compiled by g++ (GCC) 7.3.0, 64-bit
MogDB home: /data/sqd/mogdb/app
Unix process pid: 69783
Timestamp: Thu Jan 25 17:19:34 2024 MicroSecond: 252722

    SQL QUERY #70561023513936
        SELECT SESSIONID, TEMPID, TIMELINEID FROM PG_DATABASE D, PG_STAT_GET_ACTIVITY_FOR_TEMPTABLE() AS S WHERE S.DATID = D.OID AND D.DATNAME = 'postgres'
    END OF SQL QUERY
    RAW PARSE #70561023513936 time=1706174432995249 elapsed_time=23 cpu_cycles=2378
    ANALYZE #70561023513936 time=1706174432995278 elapsed_time=171 cpu_cycles=17193
    REWRITE #70561023513936 time=1706174432995451 elapsed_time=2 cpu_cycles=357
    OPTIMIZER #70561023513936 time=1706174432995456 elapsed_time=265 cpu_cycles=26683
    SQL QUERY #70561023513936 #3178336105
        SELECT SESSIONID, TEMPID, TIMELINEID FROM PG_DATABASE D, PG_STAT_GET_ACTIVITY_FOR_TEMPTABLE() AS S WHERE S.DATID = D.OID AND D.DATNAME = 'postgres'
    END OF SQL QUERY
    EXEC START #70561023513936 #3178336105
    Hash Join  (cost=8.28..9.54 rows=1 p-time=0 p-rows=0 distinct=[100, 1] width=16) (actual time=0.920..0.926 rows=11 loops=1)
        Output: s.sessionid, s.tempid, s.timelineid
        Hash Cond: (s.datid = d.oid)
        (Buffers: shared hit=5)
        (CPU: ex c/r=7109500169539, ex row=29, ex cyc=2061778465916653, inc cyc=1374518977300688)
        -> Function Scan on pg_catalog.pg_stat_get_activity_for_temptable s  (cost=0.00..1.00 rows=100 p-time=0 p-rows=0 width=20) (actual time=0.829..0.830 rows=28 loops=1)
            Output: s.datid, s.timelineid, s.tempid, s.sessionid
            Function Call: pg_stat_get_activity_for_temptable()
            (CPU: ex c/r=118634878396817, ex row=28, ex cyc=3321754195110900, inc cyc=3321754195110900)
        -> Hash  (cost=8.27..8.27 rows=1 p-time=0 p-rows=0 width=4) (actual time=0.018..0.018 rows=1 loops=1)
            Output: d.oid
            Buckets: 32768  Batches: 1  Memory Usage: 257kB
            (Buffers: shared hit=2)
            (CPU: ex c/r=114543248105947, ex row=1, ex cyc=114543248105947, inc cyc=114543248106441)
            -> Index Scan using pg_database_datname_index on pg_catalog.pg_database d  (cost=0.00..8.27 rows=1 p-time=0 p-rows=0 width=4) (actual time=0.013..0.013 rows=1 loops=1)
                Output: d.oid
                Index Cond: (d.datname = 'postgres'::name)
                (Buffers: shared hit=2)
                (CPU: ex c/r=229086496212388, ex row=1, ex cyc=229086496212388, inc cyc=229086496212388)
    END OF EXEC
    EXEC #70561023513936 #3178336105 time=1706174432995730 elapsed_time=1072
    WAIT STATUS name=wait cmd time=1706174432996891 elapsed_time=42
```

图 7.24 MogDB 的会话跟踪的结果

此外，MogDB 还提供了专用的 SQL 追踪高级功能，旨在提供对数据库中 SQL 运行动态的导出和观测能力，从而让故障诊断更加便捷。

MogDB 中的 zCloud 管理工具基于数据库的可观测能力，实现了可视化的性能跟踪和诊断功能。zCloud 通过对活动会话的监测，可以实时展示数据库等待事件、资源占用等信息，并支持深度下钻，以洞察数据库问题的根因，如图 7.25 所示。

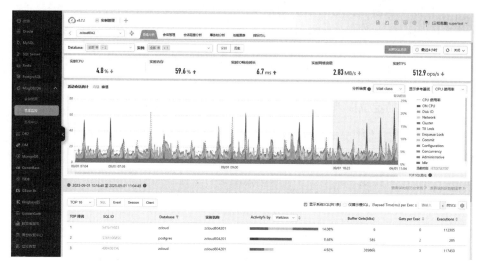

图 7.25　zCloud 实现的 MogDB 观测性

MogDB 还支持对采样数据进行可视化对比，通过选取先后不同的采样时段生成对比报告进行分析，以识别数据库的负载变化，定位问题根因。

通过基于商业数据库应用的积累，云和恩墨以 zCloud 实现了对 MogDB 的全方位自动化运维能力的增强，其中包括监控预警、智能巡检、自动诊断等功能。云和恩墨相信，只有单一的优秀内核还不够，还必须具备行业领先的数据库管理思想，才能够真正地在实践中帮助用户管好、用好一个数据库产品。zCloud 就是数据库的最佳伴侣之一。

4. 多模多态增强

为满足不同业务场景的应用需求，MogDB 在多模多态方向上进行了功能拓展，通过 Uqbar 组件**在关系模型基础上增加了时序数据模型支持，形成了"时序 + 关系"的超融合数据库架构。**

"时序 + 关系"的超融合数据库架构支持跨时序数据和关系型数据的关联查询，能够将业务层的复杂逻辑表达为关联查询的 SQL 语句，并卸载（offload）到数据库中执行，极大简化了分析平台的业务复杂度（见图 7.26）。MogDB 的多模多态扩展使得仅使用一套数据库就能够满足物联网场景下对多样化数据的管理需求，还能够避免使用多种数据库带来的维护成本的增加。

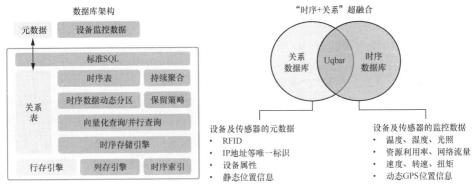

图 7.26　使用 Uqbar 组件实现"时序 + 关系"的超融合数据库架构

在写入性能方面，通过多核 NUMA 并行、智能数据分区、数据页面快速扩展、日志批量写入、查询计划模糊匹配及复用等技术，Uqbar 组件的单节点写入性能最高可以达到 800 万点 / 秒（见图 7.27），远超行业标杆 TimescaleDB 的性能，能够满足绝大部分场景的写入需求。

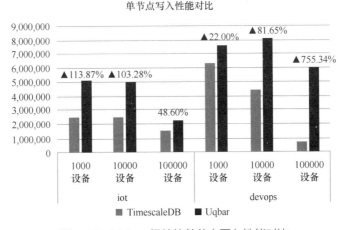

图 7.27　Uqbar 组件的单节点写入性能对比

在查询方面，Uqbar 组件通过支持列式存储引擎、向量化查询引擎及并行查询，可以提供海量时序数据的高性能查询能力；另外，通过对倒排索引的支持，

Uqbar 组件可以支持高维标签的任意组合查询（见图 7.28）。

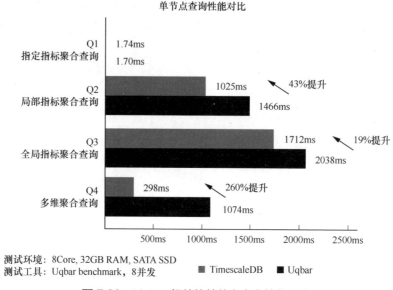

图 7.28　Uqbar 组件的单节点查询性能对比

MogDB 在 openGauss 的基础之上，持续增强企业级特性，围绕"安稳易用"的产品价值主张不断创新。此外，云和恩墨基于自身积累，将服务能力转化为自研数据库的产品能力，并在全国提供本地化交付——**懂得用户需求、产品能力卓越、服务能力领先，这是云和恩墨 MogDB 的整体优势。**

7.2.4　回归本原

数据库的终极未来应该是什么？在怎样的方向上探索才有益于数据库产业多元创新发展？云和恩墨一直在思考。

1. 回顾过去

为了探索未来，需要先回顾一下历史（见图 7.29），再回到当下。**在数据库技术发展的历程中，始终伴随着资源进化和用户需求演进两大重要事件。资源进化主要体现在新型硬件和云资源供给方面，需求演进主要体现在 HTAP 混合负载应用方面。**

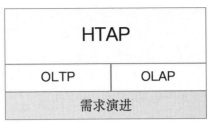

图 7.29　数据库技术的历史回顾

第一点，新型硬件革新推动着软件重构。 当下硬件能力相较于传统数据库内核成型期已经发生巨大飞跃，如 NUMA 众核提升高性能并行计算能力；SSD 替代了机械硬盘，为主存和磁盘之间的交换能力带来了质的飞跃。但**数据库内核资源利用效率并未得到同步优化，尚有数量级提升的巨大进步空间。**

第二点，云资源供给成为重要发展趋势。 云提供了新的资源供给方式，如何在云环境下利用好新的资源供给能力和弹性伸缩能力，并进一步优化数据库跨地域高可用能力，以及以"日志即数据库"理念对传统数据库内核改造，从而实现云原生的关系型数据库服务，是当下数据库必须思考的问题。

第三点，HTAP 混合负载需求日益普遍。 在用户实践场景中，需要对在线交易数据就近实时分析，将数据对客户的价值及时发掘出来。因此，在 OLTP 系统中实现一定的 OLAP 分析成为普遍的用户需求。

大道至简，回归本原。 不论数据库在哪里运行，线下还是云上，私有云还是公有云，分布式还是集中式，终归都需要一个内核。也就是说，**内核的能力与效率的提升是技术创新的起点，是数据库技术的本原。**

在经历了 40 多年的发展后，数据库技术形成了相对成熟完整的体系。除了提供数据存储的功能外，数据库还要满足越来越多数据类型的管理需求。乱花迷人，歧路亡羊。在纷繁复杂的功能开发之外，**数据库的核心能力探索，也远远不能止步，回归数据库技术本原，还应该聚焦内核效率提升。**

衡量一项技术在数据库内核中是否被成功地运用，有一个非常简单的标准：**在固定的数据计算负载前提下，能够为客户提供最低成本的方案，就是最成功的技术运用。**

在数据库系统中，通过对成本投入和事务容量进行计算，云和恩墨在数据库领域引入了"**事务成本**[1]"的概念：**在确定成本投入的前提下，获得更高事务处理能力，达成更高业务容量，就会实现更低的事务成本。**单位事务成本大幅度降低了，用户的产品利润才可能更高，数据库提供方与用户之间才更容易找到共赢的最佳平衡点。因此，从全生命周期角度度量方案的事务成本，可以更有效地度量数据库技术为用户带来的价值。这也是无论工业界还是学术界提升数据库性能时，最重要的考量因素。

所以，能不能真正实现内核效率的数量级提升，进而跨越式地为用户降低事务成本，就成了要回答的重点问题

2．着眼当下

为此，需要重新审视**软件的本质属性，即通过更优的智能化算法提升数据库软件能力，以匹配硬件进步，同时兼顾云化资源模型带来的生产力提升，促进数据库技术更好地利用生产力改善生产关系。**

从当下服务器硬件趋势来看，主要从以下 3 个方面进行提升，如图 7.30 所示。

众核：NUMA架构，单机总核数达到10² 数量级
* 鲲鹏920支持最多64核
* Intel Xeon Platinum支持最多60核
* Intel Xeon Gold支持最多32核

大内存：单机内存容量达到TB数量级
高速磁盘：单SSD I/O能力达到GB每秒数量级
* PCIe多通道
* SSD内并行

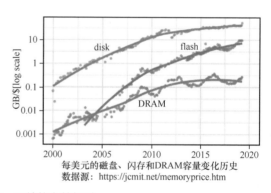

每美元的磁盘、闪存和DRAM容量变化历史
数据源：https://jcmit.net/memoryprice.htm

图 7.30　硬件能力的提升

（1）**众核**。当下单核算力难以大幅提升，但是核心数量在突飞猛进，一台服务器可以得到超过 100 核的算力。传统数据库内核并没有针对大规模并行计算充分优化，集中式数据结构的竞争热点、CPU 高速缓存利用率低、CPU 和主存间性能瓶颈严重等问题限制了众核并行性能的发挥。

1　彼得·德鲁克在《成果管理》一书中提出了管理学中事务处理概念，并对事务成本进行了阐述。德鲁克把企业定义为一个事务系统。这里的"事务"是指一个产品或服务在交付过程中所需要投入的企业资源（人力或设备资源等）。企业出产商品的成本取决于生产每种商品所需要的事务量，在事务成本确定的情况下，事务量越大则成本越高。本书讨论的数据库事务成本则是致力于降低单位事务成本，以提升企业利润。

（2）**大内存**。当前单服务器的主存可以达到 TB 级，甚至 10TB 的主存已经可以将一个交易型业务系统中频繁使用的热数据完全驻留在内存中，这意味着数据库内核设计和实现思想需要发生转变：**把主存中的业务数据作为数据计算和优化核心**，去思考如何有效地使用它，而不是放在磁盘中的数据。这样，**以优化频繁发生的慢速 I/O 为主要目的的传统数据库内核思想，可以转变为以优化 CPU 和主存间性能瓶颈为主要目的的新数据库内核思想**。

（3）**高速磁盘**。当前通过 PCIe[1] 接口的 SSD 等新型存储设备，单盘就能够提供每秒 GB 级的 I/O 带宽。通过快速 I/O 能力，可以高效率地移出冷数据或将冷数据交换回主存成为热数据，因此可以支撑以内存中热数据为中心的设计实现。

针对以上分析可以发现，随着硬件的进步，可以通过数据库内核的优化和重构以创造新的性能纪录，从而降低事务成本。这些优化和重构，包括以下几点。

（1）**指令效率优化**。经实验分析，在 TPC-C 的新订单事务中，真正有效用于产生数据计算的内核指令仅不到 7%，传统数据库内核着重于优化慢速和高延迟 I/O 的性能问题，针对指令的优化问题往往被忽略；而在大比重围绕主存的数据计算中，其关键路径中 93% 的无效指令，可以通过采用新的数据结构和算法实现消减或消除，这为单机性能可以达到 10 倍的提升提供了基础。

（2）**CPU 与主存性能提升**。当数据库计算更多围绕主存发生时，解决 CPU 与主存性能瓶颈，提高 CPU 计算实际效率就成为重点，该关注点也曾因传统设计思路被忽略。CPU 缓存效率成为解决该瓶颈的关键，技术优化方面包括提高 CPU 缓存命中率，减少 CPU 缓存一致性同步和亲和性不足造成的 CPU 卡顿等问题。

（3）**竞争热点消除**。传统数据库在各主要模块的内部实现中存在大量集中式访问对象，这在众核大规模并发场景下，产生严重拥塞，从而影响众核计算性能的发挥。为此需要新的技术实现以尽可能分拆并行访问间冲突，解放并行效率。

探究本原，**现代主流硬件的性能未被传统数据库内核充分发挥，使用新内核实现思路和新算法可以充分发挥现代硬件性能，同时结合在关键路径消除竞争热点和无效计算，能够达到数据库内核效率数量级提升的目标**。最终实现降本增效，为客户带来实质的业务竞争力。

---

1 PCIe（Peripheral Component Interconnect express）是一种计算机总线标准，用于计算机内部硬件设备之间的连接。PCIe 由英特尔提出并于 2003 年发布，旨在作为传统 PCI、AGP 等总线的替代者。PCIe 具有更高的数据传输速率和更简化的接口。

3．突破未来

围绕数据库技术创新的驱动要素展开分析并进一步提炼，云和恩墨定义了下
一代"10 倍效能 HTAP 原生数据库"的研发目标。云和恩墨希望通过硬件发展驱
动软件算法与架构革新，以一个数量级效率提升的 OLTP 数据库为起步，在单机支
持 100TB 存储和万级会话并发的内核上，基于云化资源实现云原生架构，原生支
持实时数据分析，加速推动编译执行、向量化、SIMD 等前沿技术和数据库的融合
（见图 7.31）。

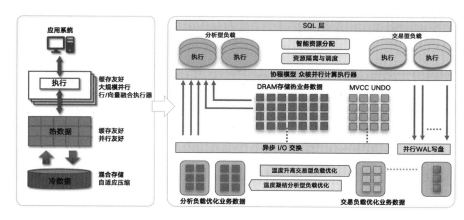

图 7.31　云和恩墨的数据库愿景

在 2024 年 4 月 12 日举行的"数据技术嘉年华"大会上，云和恩墨公布了其
下一代数据库的阶段性探索成果——使用 2 路服务器（52 物理核，50GB 内存），
在 NVMe SSD 磁盘存在 I/O 交换（30 分钟写出 782GB 数据）的场景下，服务器端
TPC-C 模型实现了 1900 万 tpmC 的成绩。云和恩墨聚焦数据库内核基础能力提升，
其创新突破成果将为企业带来更高效、更稳定、更安全的联机处理负载解决方案。

**云和恩墨高性能原生 HTAP 的数据库目标和 openGauss 的资源池化架构规划
不谋而合。云和恩墨将通过持续不断地探索和创新，和 openGauss 社区一起追寻
数据库的本原意义。** 云和恩墨也希望通过自具特色的产品研发，为中国数据库贡献
有价值的探索成果！

7.2.5　总结

云和恩墨自创立之初就设定了"数据驱动，成就未来"的公司使命，致力于
成为行业领先的"智能的数据技术提供商"，将 AI 能力和数据库深度融合，为成

就未来敏捷高效的数字世界而不懈努力（见图 7.32）。

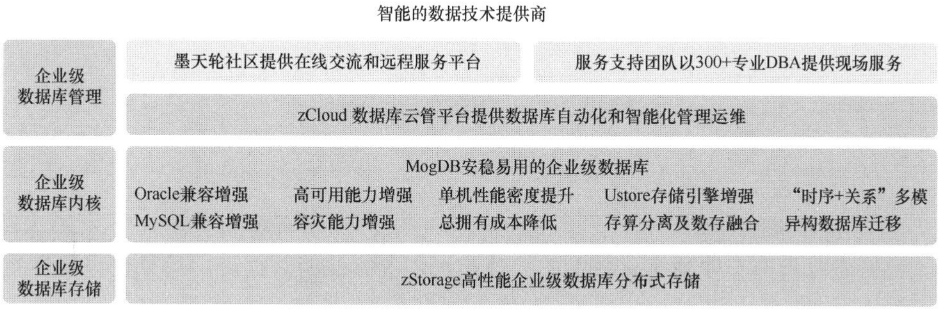

智能的数据技术提供商

企业级 数据库管理	墨天轮社区提供在线交流和远程服务平台			服务支持团队以300+专业DBA提供现场服务	
	zCloud 数据库云管平台提供数据库自动化和智能化管理运维				
企业级 数据库内核	MogDB安稳易用的企业级数据库				
	Oracle兼容增强 MySQL兼容增强	高可用能力增强 容灾能力增强	单机性能密度提升 总拥有成本降低	Ustore存储引擎增强 存算分离及数存融合	"时序+关系"多模 异构数据库迁移
企业级 数据库存储	zStorage高性能企业级数据库分布式存储				

图 7.32　云和恩墨公司的产品和业务蓝图

在云和恩墨的创业创新历程上，当数据库内核产品正式推出之后，公司的战略版图才擘画完整，过去所有的积累呈现出不可或缺的核心价值。现在，通过底层 zStorage 企业级分布式存储软件支持 MogDB 高效运行，通过 zCloud 提供数据库自动化和智能化管理运维，云和恩墨可以为企业提供完整的数据库云解决方案。再加上墨天轮在线产业区平台和遍布全国的服务支持团队，云和恩墨能够端到端的助力用户的数字化转型成功。

第 8 章　中国数据库的产业格局

伴随着我国产业数字化转型的快速推进，各行业的数据应用场景也呈现多元化趋势。多元应用源源不断产生的海量业务数据又为数据的存储、分析和利用带来了新的挑战。由于各行业核心业务数据体现出明显差异化，这也对数据库产品提出了不同的功能需求。

互联网领域对数据库的业务需求复杂性高，具有海量数据存储、高并发读写需求、高峰业务弹性需求大等典型特征；政企领域对数据关联分析能力与可用性需求高，对安全高度敏感；金融领域对信息系统高并发请求、海量数据的高性能存取及多维数据的关联分析提出了更高的要求；工业互联网领域的数据库应满足工业数据海量增长、高并发、低时延、高可靠与实时分析的需求。

为解决日益增长且差异化明显的数据存储需求，中国数据库产业界不断探索，创新突破，开始进入百花齐放、百家争鸣的蓬勃兴旺发展期。

8.1　数据库的百家争鸣

中国数据库产业始于 20 世纪末，并在 2013 年后迎来繁荣发展。截至 2023 年 6 月，我国数据库产品供应商共 150 家，共提供 238 款产品。

2018—2022 年是国内数据库企业创立的高峰期，每年企业新增数量均为 2 位数，5 年间一共有 89 家企业成立，占国内数据库企业总数比例 59.3%。2021 年是最高峰，该年新成立的数据库企业达到了 26 家，如图 8.1 所示。

在类别上，我国数据库产品呈现以关系型数据库为主、非关系型数据库为辅的格局。截至 2023 年 6 月，关系型数据库有 156 个，非关系型数据库有 82 个。非关系型数据库的前四大品类中，图数据库、时序数据库、键值数据库、列存数据库，分别有 24 个、24 个、10 个和 10 个，在非关系型数据库中依次占比 29.3%、29.3%、12.2% 和 12.2%。

中国 150 家数据库厂商总部大多集中在超一线城市。拥有数据库厂商数量最多的前 4 名城市分别是北京、杭州、上海和深圳，数量分别为 80 家、15 家、12 家和 8 家。天津、南京、广州、成都的数据库企业数量均为 4 个。其中，南京市和成都市由于高校资源丰富，成为很多数据库企业设立研发中心所青睐的地点。

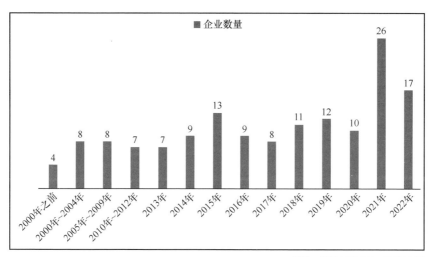

来源：CCSA TC601，2023年6月

图 8.1　中国数据库企业建立数量

8.2　国产数据库的四大流派

正如前文介绍的，我国数据库领域的学术探索，最早可以追溯到 1977 年首届中国数据库年会。在国外，Oracle 公司也正是创立于 1977 年。从学术探索到研发实践，中国的数据库产业经历了 40 多年的探索之路，呈现出了如今欣欣向荣的新局面。

国内数据库企业呈现出四大流派，分别是学院派、云和互联网派、技术派和 ICT 科技派，如图 8.2 所示。

学院派。学院派数据库企业最初源于高校或科研院所，它们在国家政策的引导和支持之下，展开产品研发探索。学院派数据库企业主要包括人大金仓、武汉达梦、神舟通用、南大通用等。时至今日，源自高等院校或科研院所的数据库企业仍然是国产数据库

图 8.2　中国数据库企业的四大流派

第 8 章　中国数据库的产业格局

297

的重要参与力量。学院派数据库企业的典型特征是起步早、生态体系丰富，但是也因为产品和国外数据库差距较大，扩展业务场景困难，发展之路举步维艰。直到2020年，国内数据库产品蓬勃发展，产业推进加速，学院派数据库企业才开始获得广阔的发展空间。

云和互联网派。随着互联网和开源技术的蓬勃发展，互联网企业以高度热情参与到数据库产品的研发中来。它们从解决自身应用问题到依托云平台，展开了云数据库的应用推广。云和互联网派数据库企业的代表产品包括阿里云的 PolarDB、蚂蚁金服的 OceanBase、华为云的 GaussDB、腾讯云的 TDSQL、天翼云的 TeleDB 等。云和互联网派数据库企业的典型特征是通过自有业务场景进行产品验证，经历了高并发、高负载的苛刻业务场景检验，再通过云模式检验，进而向更广阔的市场进行商用扩展。

技术派。由于中国的数据库产业发展令人瞩目，资本和技术开始青睐这一行业，外加大量在头部数据库公司获得磨炼成长的技术骨干开始创业，由此催生了一系列新兴数据库企业。如 PingCAP、云和恩墨、虚谷伟业、巨杉、偶数、星环、柏睿等。这些企业的典型特征是具备国际创新视野、企业聚焦技术研发、参与过充分的商业市场竞争。一些以开源为主导的技术派数据库企业，已经在应用场景和全球化方面体现出独特的竞争优势和产品能力。

ICT 科技派。在独立数据库企业和互联网企业之外，国内的头部信息与通信技术（Information and Communications Technology，ICT）企业也跨界参与到了数据库核心技术的攻关中。它们依托其强大的硬件基础设施能力，加速推动数据库产业发展。ICT 科技派数据库企业的主要产品包括华为的 openGauss、中兴的 GoldenDB、浪潮的开务数据库等，其典型特征是企业综合优势明显，具备高人才密度和高资本投入。

中国的 4 类数据库企业，通过不懈的努力，从不同角度尝试和探索中国数据库的独特发展之路，获得了可喜的产品和市场进展。

8.3　国产数据库的路线选择

从路线看，中国数据库产品的路线选择大体分为 4 类，分别是**商业衍生数据库**、**开源衍生数据库**、**自研闭源数据库**和**自研开源数据库**。

8.3.1　商业衍生数据库

商业衍生数据库是指基于商业授权开发的数据库产品。国内数据库企业通过合资、收购或购买版权许可等方式，获得了商业数据库核心组件的使用权限和开发权限。在这种情形下，第三方知识产权风险一般由授权方背书，国内企业根据许可来解决知识产权问题。典型的商业衍生数据库包括以下几种。

- **K-DB 数据库**。早在 2012 年，浪潮公司和韩国 TmaxSoft 合作，成立合资公司。引入其 Tibero 数据库产品，推出 K-DB 数据库，并结合浪潮的小型机和操作系统，进行市场开拓。浪潮进入数据库市场的主要原因是 Oracle 数据库不支持浪潮的小型机 K1，而小型机 K1 的主要场景是数据库应用。到 2017 年，浪潮和 IBM 成立合资公司（浪潮占股 51%），接管了 IBM 小型机在中国的业务，原来浪潮面临的挑战不复存在，再加之与韩国企业的合资公司进展并不顺利，K-DB 数据库的尝试最终悄无声息、不了了之。

- **Informix 数据库**。2015 年左右，IBM 对中国公司销售 Informix 源代码，与 IBM 签订源代码授权的公司有华胜天成、南大通用和福建星瑞格（创始团队来自中国台湾），这 3 家公司成为引进 Informix 源代码发展国产数据库的代表。南大通用在 Informix 源代码的基础上发布了 Gbase 8t 产品；星瑞格发布了 SinoDB 产品；华胜天成发布了 xigemaDB 产品。

- **SUNDB 数据库**。2018 年，科蓝软件通过旗下子公司，以 7300 万元现金收购韩国 SUNJE SOFT 株式会社 67.15% 股权，成为其控股股东，随后基于其内存数据库 Goldilocks 推出 SUNDB。SUNJE SOFT 由金起焕带领核心研发团队于 2010 年创立，并于 2015 年发布了 Goldilocks 的第一个商用版本。

基于商业数据库的授权或收购，中国企业面临三大挑战。

（1）商业谈判复杂和知识产权界定困难。无论是产品收购、合资公司还是公司收购，都涉及复杂的商业条款和知识产权界定，最初商业合同中的任何界定模糊和不详之处，最终都可能导致产权限制或分道扬镳。

（2）核心代码的掌控吸收，以及持续迭代和演进任务艰巨。拿到了源代码只是第一步，国外企业积累的源码往往以千万行为基础，读懂这些代码就是一个巨大挑战，读懂代码之后的开发迭代也极其挑战团队能力，而这样的能力建设往往是中国企业不可逾越的一道天堑。

（3）数据库生态难以建立。通常国外的数据库在出售时，已经进入了产品生命周期的晚期，其产品竞争力和创新力往往不足，以这样的产品在国内构建生态的压力同样巨大。

8.3.2 开源衍生数据库

开源衍生数据库是指基于开源软件开发的数据库产品。这类产品通过开源许可协议获得知识产权授权，但在使用时需要遵循开源许可协议。开源衍生数据库的典型特征是，需要持续跟踪开源软件内核版本，在自研代码和开源代码之间进行不断耦合。国内很多开源衍生数据库是基于 MySQL 或 PostgreSQL 演进而来的。典型的开源衍生数据库包括如下两个数据库。

- GoldenDB **数据库**。GoldenDB 数据库是中兴通讯面向金融领域，自主研发的一款基于 MySQL 的分布式数据库，其采用无共享全分布式架构实现计算存储分离，存储节点具备本地计算能力。GoldenDB 数据库通过引入全局事务管理器，保证分布式事务的实时一致性。中兴通讯于 2021 年成立金篆信科公司，独立运营其数据库业务。

- GreatDB **数据库**。万里开源公司的 GreatDB 数据库是基于开源数据库 MySQL 衍生而来的，产品遵循 GPL 开源协议。GreatDB 数据库在开源社区版本的基础上，深度优化内核，大幅提高了多处理器架构在硬件环境中的性能和可扩展性，并支持分布式集群架构。2019 年，创意信息收购了万里开源公司。

基于开源产品进行迭代开发，可以使数据库产品站在巨人的肩膀上，提高产品起点，但是也会面临开源协议遵从、开源社区影响力构建、后续竞争力创新等挑战。

8.3.3 自研闭源数据库

自研闭源数据库指企业通过自主研发形成产品，以闭源形式进行数据库的商业化。此类数据库产品的版权为自研企业专有。达梦数据库、虚谷数据库、巨杉数据库等都是国产闭源自研的代表性产品。

- **达梦数据库**。达梦公司成立于 2000 年，是国内数据库探索的先行者，主要产品是关系型数据库 DM（目前版本号是 DM8）。达梦通过吸收新技术思想与主流数据库产品的优点，融合分布式、弹性计算与云计算技术，对数据库的灵活性、易用性、可靠性、安全性等进行了大规模改进，并在 DM8 中实现了达梦数据库共享集群（DMDSC）技术，进一步增强了数据库的可用性和扩展性。

- **虚谷数据库**。虚谷团队成立于 2002 年，于 2006 年创办公司。并在当年发布了虚谷数据库 1.0 版本，是国内最早一批独立运营的数据库企业。虚谷选择的技术路线是原生分布式架构（即无状态的 SQL 引擎层与通用的存储引擎层相结合），目前迭代到 12.0 版本。整个产品的打造思路是围绕"实用主义"来构建的，实现了"对 Oracle 和 MySQL 兼容性强的原创分布式单机一体化数据库"。

- **巨杉数据库**。自 2011 年，巨杉数据库就开始进行文档数据库的探索，并于 2013 年发布了 SequoiaDB 第一版，原生支持 JSON 数据类型，兼容 MongoDB 的 JSON 操作。巨杉数据库之后发展成为了一个产品家族，其原生分布式存储引擎具备弹性扩展、高并发和高可用特性，支持 ACID，支持 MySQL、PostgreSQL 和 SparkSQL 等多种 SQL 访问形式，同时支持 MongoDB 引擎。

自研闭源数据库需要企业具备足够的技术积累，并能够独立发展演进数据库产品。通常需要企业在某一领域发掘合适的利基市场，站稳脚跟之后再谋求更大的发展。早期达梦数据库针对的是政务领域，虚谷数据库针对的是气象领域，巨杉数据库针对的是文档方向，这都是在独特的利基市场获得了竞争优势的情况。

8.3.4 自研开源数据库

自研开源数据库指企业**通过自主研发形成产品，并且通过开源进行社区（尤其是植根中国的根社区）运营，聚集社区力量推动产品持续演进和应用**。通常，主导企业拥有此类产品绝大部分初始代码的自主知识产权，之后将其开源，通过开源社区或技术委员会聚集广泛的开发者群体和用户，对开源项目的发展进行共治、共享。该类国产数据库的代表性产品有 openGauss、TiDB、OceanBase、TDengine 等。

- openGauss。openGauss 是华为基于 PostgreSQL 9.2 自主研发的一款关系型数据库产品。华为通过持续演进实现了全量核心代码的自主化，并于 2020 年开源，同时携手 openGauss 商业发行版合作开始构建基于国内的数据库根社区。在性能上，openGauss 实现了 2 路鲲鹏服务器 150 万 tpmC 性能。

- TiDB。TiDB 是 PingCAP 公司自主设计、研发的开源分布式关系型数据库，是一款同时支持在线事务处理与在线分析处理的融合型分布式数据库产品。其具备水平扩缩容、金融级高可用、实时 HTAP、云原生、兼容 MySQL 协议和 MySQL 生态等重要特性，支持在本地和云上部署。

- OceanBase。OceanBase 是由蚂蚁金服自主研发的原生分布式数据库，致力于为企业核心系统提供稳定可靠的数据底座。OceanBase 在阿里巴巴连续 10 年稳定支撑"双十一"，凭借高性能和高可用性真正实现应用弹性扩展和服务连续在线。OceanBase 早期版本曾开源，后闭源；OceanBase 3.0 版本于 2021 年重新开源。

- TDengine。TDengine 是涛思数据推出的一款高性能、分布式、支持 SQL 的时序数据库。涛思数据聚焦日益增长的物联网市场，专注于时序空间大数据的存储、查询、分析和计算，研发了拥有自主知识产权的产品。涛思数据采用 AGPL 许可证，将 TDengine 的内核（存储、计算引擎和集群）开源。

通过自主研发打造出数据库产品原型，进而开源构建广泛的社区影响力，这是当下非常流行的发展模式。国内数据库借助开源，能够更快地迈向全球市场，不断通过真实用户需求推动产品快速迭代，进而以创新吸引社区贡献者共同研发，实现产品成功。

8.4　借鉴 Oracle 的成功经验

探索中国数据库的发展路径，必须清晰地了解数据库的历史，借鉴他人的成功经验，进而通过广泛的用户需求分析，洞察未来。 而在数据库的发展史上，Oracle 的成功无疑是最值得分析和学习的。

Oracle 创立于 1977 年，在其创新发展的 40 多年中，技术实力不断增强，在数据库市场上获得了成功，最终成为市场上独一无二的领导者。Oracle 究竟做对了什么，才成就了今天的数据库帝国，这是很多数据库从业者一直在思考的问题。笔者对其成功的关键因素归纳以下 5 点。

（1）抓住了技术上的萌芽机遇期。 关系型数据库的理论在 1970 年诞生，Oracle 抓住了这一新技术的萌芽机遇期，率先投入，获得了领先优势。这份机遇是可遇不可求的，既需要生逢其时，也需要慧眼识珠。

（2）做对了技术路线上的关键选择。 在 Oracle 数据库的实现中，行级锁、Undo 机制、RAC 集群、在线支持模式和知识库系统，成为制胜的关键法宝。在技术路线上的关键性选择，需要人才基础和实践洞察，这是企业自身的可控因素。Oracle 的在线支持模式缓解了用户增长后的服务承接问题，知识库系统帮助大量用户自主解决问题，这些都成为了 Oracle 的核心竞争力。尽管**很多技术并不是 Oracle 的首创，但是，善于学习吸收是其成功的关键**。

（3）**技术开放性和成熟市场**。Oracle 数据库软件采用无限制地下载、传播和使用，并通过丰富的诊断跟踪接口保持易用性和开放性，从而使得 Oracle 数据库在应用上获得了巨大成功。埃里森在商业上设计了软件授权加服务费的模式，北美广阔的成熟市场为 Oracle 的产品验证、持续研发提供了基础环境，Oracle 进而在全球市场上获得了成功。

（4）**创始人文化和企业家精神**。Oracle 公司具备集中的业务方向，且创始人一直在持续地引领，使其最终赢得了与 IBM、Sybase、微软等公司一场又一场的生死之战，成为了聚焦数据库领域的关键成功者。该公司的创始人文化鲜明，并购整合成功率极高，这也是 Oracle 获得成功的关键因素之一。

（5）**逐步积累和巩固的生态优势**。截至 2023 年 11 月 30 日，Oracle 公司数据库的研发人员超过 4000 人，12 个月的营收超过 500 亿美元，全公司超过 15 万人。在数据库生态上，Oracle 还通过收购逐步控制了包括开源数据库（MySQL 等）、处理器、操作系统、开发语言、中间件等在内的领先产品。在应用软件上，Oracle 通过研发和收购其他公司打造了包括 EBS、HRMS 等关键应用在内的软件产品，其规模优势和技术壁垒明显。

8.4.1　关键性选择

在关系型数据库领域，先行者面临着技术路线的选择、探索的挑战，其中往往就伴随着挫折和失败。在 RDBMS 发展的 50 年技术长河中，很多名噪一时的品牌都渐渐消失在历史的长河中，例如 Informix、Sybase 等产品。

在很多技术方向上，Oracle 都是领先的探索者。1984 年，Oracle 在版本 4 中实现了一致性读，在版本 6 中实现了行级锁，领先性由此确立下来。

在今天的数据库世界里，你可能很难想象在历史上读可以阻塞写，锁总是加在页之上。直至今日，Oracle 的官网上还有这样的对比报告。如下页表的描述中提及：微软的 SQL Server 和 Sybase 数据库采用页级锁，当整个页中任意行被更新时，整个页面将被排他锁定，从而影响页内其他所有行。在后续的演进中，SQL Server 7.0 实现了一种形式的行级锁定，开始逐步解决过度锁定问题。

表　Oracle 数据库和 SQL Server、Sybase 数据库的特性对比

Microsoft SQL Server 或 Sybase Adaptive Server	Oracle
• Microsoft SQL Server 或 Sybase Adaptive Server 没有行级锁定功能。 • Microsoft SQL Server 或 Sybase Adaptive Server 在更新页面中的任何行时，都会应用页级锁（这实际上是对页面上的所有行进行锁定）。只要数据被 DML 语句更改，这就是一个排他性锁 • Microsoft SQL Server 7.0 实现了一种行级锁定 • Microsoft SQL Server 7.0 会自动将行级锁定升级为页面级锁定。SELECT 语句会被锁定整个页面的独占锁阻塞	• Oracle 具有行锁定功能。当 DML 语句更改记录时，只有一条记录被锁定

但是正如在所有的技术世界，关于一个技术实现的优劣，总是会开启一个又一个争端，但好在时间会说明一切。

在 1997 年，Sybase 的专家这样辩驳行级锁对于页级锁的攻击。

　　我想不出在任何应用中，适当设计的 PLL（Page Level Locking）解决方案的性能会比 RLL（Row Level Locking，行级锁）差（但是，正如我已经指出的那样，它很可能需要更多的设计来实现这些结果）。而且，事实上，我认为对于这些应用中的很大部分，使用 PLL 实际上可以提高性能。

这样的故事在今天仍不断重演，任何新的技术出现时，总会伴随着争论，然而山重水复之后你会发现，拥有正确的技术判断的公司最终会成为赢家。

8.4.2　技术开放性

Oracle 数据库为什么能在市场竞争中获胜？在众多因素中，一定有生态这重要一环。生态让产品生根发芽、茁壮成长，最后根深叶茂。

数据库领域的从业者都能深刻感受到 Oracle 生态圈的覆盖之广、影响之深。同时，我们也在思考，为什么商业数据库的第二名（DB2）、第三名（SQL Server）没有形成类似 Oracle 的强大生态圈？为什么有很多围绕 Oracle 提供产品和解决方案的服务类厂商、生态工具厂商，但却几乎没有成规模的 DB2、SQL Server 三方厂商？

其中一个关于技术方向的答案，笔者认为就是：**开放性**。

在十几年前的一次数据库大会上，某数据库企业的 CTO 曾经问过笔者一个问题，他说：**"你们为什么那么热衷 Oracle，而不喜欢我们的产品。"**

笔者给出了一个简短的答案：**Oracle 是最开放的数据库**。Oracle 又不开源，何谈开放？在《Oracle 性能优化与诊断案例精选》一书中，笔者通过一段文字解释了

这个观点：

　　"……我听到一句话印象深刻，叫"隐藏的权力感"，我想把这句话应用到数据库，表达一下我的观点。

　　Oracle 数据库虽然是一个商用数据库，不开源，但是它又是非常开放的一个产品，Oracle 几乎所有的内部操作，不管是调优的过程还是数据库的各种内部操作，都是可跟踪解析的。比如 Oracle 数据库的启动和关闭过程，全程是可跟踪的。它的启动和关闭会解析成多少个递归操作，我们全都可以跟踪出来。

　　所以我们做 Oracle DBA 的工作时，面对任何事情我们都会非常有信心。Oracle 开放了各种接口、方法和手段给我们，只要我们去分析研究，就能够把一个问题的根因找出来，接近根因就离解决问题不远了。

　　一个数据库只有更加开放接口，更加开放 Debug 能力，才能让我们在研究这个数据库的时候找到更多的乐趣。**我觉得这里面找到的乐趣就是我讲的'隐藏的权力感'。就是我不动声色，但是我知道我在处理接触这个数据库的时候，我有非常强的把控力，我能撼动和解决几乎所有的问题。我觉得这一点对于技术人员是非常重要的。**"

Oracle 通过其技术开放性，培养起丰富的人才资源。除了 Oracle 之外，DB2、SQL Server 的技术栈是非常封闭的，至今很多稍微复杂的问题，就只能依赖原厂商的二线支持，而对于 Oracle 数据库，第三方力量几乎可以应对各种异常（除了改代码修 Bug）。

　　当然，也可以认为，只有在这个领域占据了足够的市场份额，才能够培育起全面的生态市场。那么我们同样要面临一个严峻的问题：如果说生态只属于领先者，那么后来者该如何去建设共享的数据库生态，促进国产数据库的成功呢？

8.4.3　企业家精神

　　在 Oracle 数据库的成功经验中，创始人文化和企业家精神是非常重要的一点。彼得·德鲁克在 1985 年出版的《创新和企业家精神》（见图 8.3）一书中探讨，美国之所以能够跳出康波周期[1]，唯一可解释的原因就是企业家精神。企业家通过持续不

1　1926 年，俄国经济学家康德拉季耶夫发现，发达商品经济中存在的一个为期 50 年～ 60 年的经济周期（即康波周期）。在这个周期里，前 15 年是衰退期；接着 20 年是大量再投资期，新技术不断采用，经济快速发展；后 10 年是过度建设期，过度建设的结果是导致 5 年～ 10 年的混乱期，从而导致下一次大衰退。

断的创新，使得美国得以跳出经济危机的威胁，实现一次又一次的持续增长。Oracle公司的创始人就具备这样的创新和冒险精神，带领公司从传统数据库时代，穿越互联网和云时代，一次又一次地实现持续增长。

图 8.3 《创新与企业家精神》一书封面

在中国，要实现硬科技的创新和突破，需要长期坚持并进行持续的投入。技术只有通过企业才能实现落地，因此，企业家同样是解决科技问题的关键。企业是基础研究和技术研发成果转化落地的主体。科学家间接创造生产力，而企业家则直接创造生产力，因此我们也应该像尊重和重视科学家一样尊重和重视企业家。

8.5 中国数据库的发展阶段

中国数据库厂商技术路线的 4 种选择都在探索可行之路。**在商业或开源代码的基础上迭代，是站在巨人肩膀上的借鉴和发展；而自研数据库塑造全新的开始，建立架构蓝图，设计领先特性，形成超越和引领，是中国数据库成熟和自信的体现。**

中国数据库基础软件的发展，关键就在于学习积累之后的创新超越。只有越来越多的厂商能够做出独特的创新产品，才能真正提升产业界的能力，进而培养和储备数据库人才，真正地涌现出中国创造的数据库产品。

中国数据库近 40 多年的发展，经历了 3 个阶段：学术探究、产品模仿、创新引领。

8.5.1　学术探究阶段

中国的信息化建设晚于西方国家，中国数据库先行者对于数据库技术的接触是从学术研究开始的，他们通过实践应用去理解数据库、洞悉原理，进而走向了产品研发的道路。

学术探究阶段以理论研究、学术探索和实践应用为主，时间跨度上以典型的两大会议为标志：1977 年，在黄山举办的首届数据库学术年会标志着中国数据库学术探究的开端；1999 年，在兰州举办的数据库学术会议上成立专委会标志着组织体系的成熟。

高校和科研院所在这一阶段发挥了关键作用。在国家科技政策的鼓励和支持下，它们通过追踪国外研究成果，在国内普及和推广数据库相关技术，研制了多个具有自主版权的国产数据库管理系统，培养了一大批在数据库领域进行学术研究、系统开发和实践应用的领军人才。在这个过程中，中国数据库的研究水平迅速提高，一批优秀的学术成果陆续发表在国际顶级的会议和期刊上。

这一阶段国内的研究主要集中在面向对象和对象关系型数据库系统、并行数据库技术、知识库与实时数据库技术、数据仓库和数据挖掘等方面。

8.5.2　产品模仿阶段

经过学术界的研究探索，中国数据库产业界通过对先行者的产品进行研究模仿、借鉴开源代码进行研制开始了产品化研发之路。同一时期，互联网和云计算的兴起与高速发展，推动了数据库技术的创新发展，也为中国数据库的产业界注入了新生力量。

数据库产业公司以及云和互联网企业，通过持续不断地探索新技术解决实际问题，推动中国数据库创新发展，走上了百花齐放、独立自主的发展道路。

在产品模仿阶段，中国数据库产业界经历了产品原型研发、用户应用验证、产业化推广 3 个步骤。 从 2000 年到 2020 年，一方面，高校和科研院所的科研成果输出到产业公司，开始了产品化推广；另一方面，云和互联网企业开始通过开源应用解决自身的数据库问题，并通过云对外提供数据库服务，推动了数据库应用实践的深入。

在这一阶段，国家的"863"数据库重大专项等课题，支持了早期数据库产业化发展。此后，在国家"十二五"和"十三五"科技发展规划中，大数据相关技术日益成为国家战略技术，国家在数据库领域启动了"核高基"计划、基础研究发展计划、国家重点研发计划等。这些国家规划从顶层为数据库产业发展提供了支持。

在这些规划的支持下，大型通用数据库产品变得更加成熟，面向非结构化数据管理的系统开始出现，数据库的应用场景更加广泛。云和互联网企业也通过业务拓展，在公有云和私有云场景中，实现了大量的实践应用案例，开始支撑涉及国计民生的广泛业务系统。

国产数据库在 20 年间真正经历了从可用到好用的阶段。

在这一阶段，越来越多中国的研究成果在国际学术会议和期刊发表，研究实力整体逼近国际先进水平，部分方面开始国际领先。

- 现任阿里云副总裁的李飞飞曾获 ACM SIGMOD 2016 最佳论文奖、ACM SIGMOD 2015 最佳系统演示奖、IEEE ICDE 2004 最佳论文奖等。

- 清华大学的李国良曾获得 VLDB 2017 青年贡献奖，他是该奖项的首位亚洲获奖者。

- 毕业于卡内基·梅隆大学计算机系的张焕晨，曾获得 2018 SIGMOD Best Paper Award 奖，现在于清华大学姚班任职 [1]。

越来越多的年轻科学家不断成长，为中国数据库产业的新老交替、创新突破创造了条件和基础。

8.5.3　创新引领阶段

创新引领阶段是真正形成数据库创新特性研发、解决挑战性问题的阶段，是中国数据库产业界真正开始自信地提出理论观点、实现独特产品特性的开始。

自 2021 年起的下一个 10 年，国产数据库开始进入创新引领的新阶段。

中国拥有全球最大规模的数据基础设施环境，数据的高度聚合为数据库应用提供了良好的土壤。我国信创产业的发展为中国数据库打开了应用的大门，在实

1　清华姚班全称为清华学堂计算机科学实验班，是清华大学交叉信息研究院下设实验班。此班级由姚期智于 2005 年创办，致力于培养能够比肩美国麻省理工学院、普林斯顿大学等世界一流高校毕业生的顶尖计算机科技创新人才。姚期智是 2000 年图灵奖获得者，是享誉世界的计算机科学专家。2004 年，他离开普林斯顿大学，出任清华大学计算机科学专业教授，并先后创办了姚班和智班（清华学堂人工智能班）。2016 年底，他放弃外国国籍，获评中科院院士。2024 年 4 月 27 日，清华大学成立人工智能学院，姚期智出任该学院的首任院长。

际需求的推动下，中国数据库从技术到产品都进入到了引领阶段，引发全球关注。2022 年邮储银行以 openGauss 为基础的个人核心系统已经全面上线；阿里云的 PolarDB 已经能够全面支撑阿里巴巴"双 11"的峰值业务；OceanBase 数据库已经全量支持了支付宝的核心交易系统。

国产数据库在技术上的创新，我们可以举一个例子。2023 年，Oracle 发布了 Database 23c 版本，这个版本引入了一个新特性：**托管列并发控制（Escrow Column Concurrency Control）**。Escrow 的词义是"托管""代管"。也就是说，在这个特性下，数据的一致性由系统代管，脱离经典的并发控制原则。图 8.4 是一个示例，在并发地针对同一行记录的更新中，先执行的操作并未阻塞后执行的操作（正常情况下，后者需要等待前者提交才能够执行），并且在事务完成提交前是不支持读一致性的。

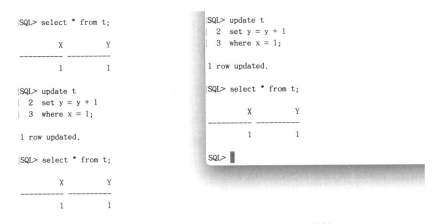

图 8.4　Oracle 数据库托管列并发控制特性

Oracle 官方的解释是，这个特性就是为了满足在电商等高并发环境下，加减库存的高频需求；并且 Escrow 特性严格限定在对数值的自身加减操作。

而高并发交易是最早阿里巴巴"双 11"面临的关键挑战，如果处理不好，就可能发生阻塞、雪崩、超卖等问题，所以在这一特性方向上，阿里巴巴的数据库是先驱者。那么，Escrow 特性在 PolarDB 中是如何实现的呢？

PolarDB 通过"水车模型"，在识别出热点 SQL 后，实现了在内核层面优化处理，相比官方 MySQL 提高了 10 倍以上的热点行扣减能力。PolarDB 利用多个数据桶构建一个逻辑上轮转的模型（类似于中国古代的水车，这也是"水车模型"的由来），并且通过控制每个数据桶的状态来协调数据处理，从而将瞬时压力归并、分解、均摊，并可以借助多节点的并行写入提高吞吐能力。

PolarDB 改进的核心思想是：针对应用层 SQL 做轻量化改造，为相关密集 SQL 加上"热点行 SQL"的标签，当"热点行 SQL"进入内核后，在内存中维护一个哈希表，将主键或唯一键相同的请求散列到一处做请求合并，一段时间（默认 100us）后统一提交，从而实现了串行处理批量化。

在锁处理中，按照时间顺序对同一数据行的更新操作进行分组，组内第一个更新操作为 Leader，它将读取目标数据行并且加锁，后续更新操作为 Follower。Follower 对目标数据行加锁时，如果发现 Leader 已经持有行锁，则不需要等待，可直接获得行锁，如图 8.5 所示。通过这个优化，能够减少行锁的加锁次数和时间开销，显著提升整个数据库系统的性能。

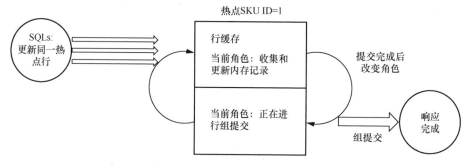

图 8.5 PolarDB 数据库的优化

在学术领域，国内学者和华人在这一阶段取得的成就更加不可胜数。

- 在 2021 年，清华大学的李国良担任 SIGMOD 2021 大会主席、VLDB 2021 Demo 主席。回顾过往，当年萨师煊念念不忘地希望将 VLDB 引入中国；而今 32 年转瞬，我国的青年学者已经能够承担 VLDB 大会主席的重任。

- 同样是 2021 年，张焕晨获得了 2021 吉姆·格雷博士论文奖，成为第一位获得该奖项的华人。随后在 2022 年，吉姆·格雷博士论文奖颁给了加利福尼亚大学伯克利分校的华人博士毕业生 Chenggang Wu。

- 2022 年，数据库管理领域的国际一流会议 EDBT（Extending Database Technology）公布 2022 年度"时间检验奖"获奖论文（Test-of-Time Award Papers），阿里云的李飞飞参与撰写的论文获奖。获奖论文 *Efficient Parallel kNN Joins for Large Data in MapReduce* 发表于 2012 年，迄今已有 12 年的历史。

- 2023 年 6 月 21 日，浙江大学的唐秀与阿里云的李飞飞等人共同完成的论文《在数据库管理系统的连接优化器中检测逻辑漏洞》，在 SIGMOD 大会上荣获最佳论文奖。该论文提出的方法较以往方案提速近 100 倍，被审稿人评价为漏洞检测新范式。这也是 SIGMOD 举办 49 年以来，第一次由中国大陆团队摘得最佳论文奖。

根据中国信通院的 2020 年～ 2022 年的数据统计，我国在全球三大数据库领域学术会议的影响力持续提升。在图 8.6 中可以看到，中国高校及企业在 ICDE 论文贡献中占比最高，3 年依次为 43.15%、44.68% 和 65.43%，中国高校及企业在三大会议中的每年贡献占比平均为 23.81%、27.17% 和 40.70%，数量呈逐年上升趋势，且 2022 年增长幅度相较前两年更为明显。

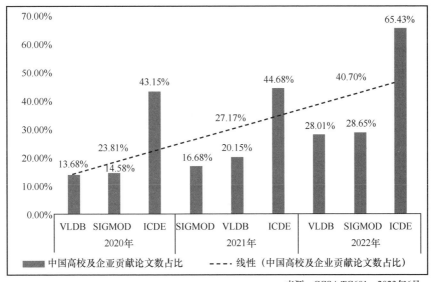

来源：CCSA TC601，2023年6月

图 8.6　中国在全球三大数据领域学术会议上发表的学术论文数量统计

2022 年，其论文入选三大顶会的企业有阿里巴巴、华为、腾讯、字节跳动、蚂蚁科技等；入选 10 篇及以上论文的高校则有清华大学、香港科技大学、北京大学、香港中文大学、浙江大学、中国人民大学、哈尔滨工业大学等。我国数据库学术论文入选三大顶会的高校数量不断扩大，学术国际影响力稳步提升。

8.6　创新引领拥抱开源

根据 DB-Engines 数据库流行度趋势，从全球看，自 2021 年 1 月开始，开源数据库排行积分已经超越了商业数据库，开源数据库的流行趋势由此确立，如图 8.7

所示。通过开源实现全球协作，快速获得用户反馈来迭代产品，已经成为数据库产品快速成长的重要方式。

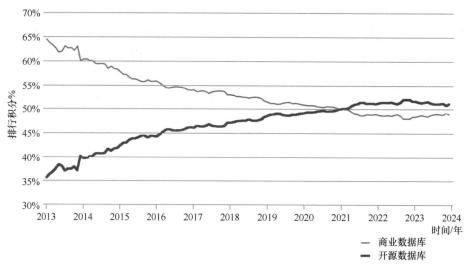

图 8.7　DB-Engines 商业和开源数据库流行度趋势变化

开源数据库产品既可以为中小企业提供免费的产品，又可以为大中型企业提供订阅服务和商业发行版本，其灵活的产品模式和多样性的服务方式，极大地促进了数据库产业的发展。很多有益的尝试证明，**中国数据库同样可以通过开源的模式加速发展并建立全球影响力。**

8.6.1　开源是正确之路

上溯至 20 世纪 50 年代，互联网的先驱阿帕网（Advanced Research Projects Agency Network，ARPANET）的缔造者们就十分推崇同行评审和开放反馈，用户组通过共享源代码来实现相互扶持、激发创新。到 20 世纪 90 年代互联网诞生时，协作、开放、创新的价值观就已植根于互联网的内核之中。

在数据库技术领域，始于 20 世纪 70 年代的 Ingres 项目使用 BSD 许可证实现分发。许多著名的数据库产品都是以 Ingres 为基础进行迭代开发的，包括 Sybase、Microsoft SQL Server、NonStop SQL、PostgreSQL 等。Ingres 通过开源成为数据库历史上最成功的项目之一。

本质上，**开源和闭源都只是一种软件分发方式**，在不同时期和场景有着各自**独特的竞争力和优势体现**。时至今日，开源软件依托其社区开发模式，能更快地实现产品迭代和用户触达，进而形成免费软件加付费服务的业务模式，并进一步通过云获得价值回报，Redis、MongoDB 等数据库都在探索这一模式。此外，从市场竞争战略来看，软件开源已经成为后来者扩大其市场影响力、追赶头部企业的重要手段。

现在数据库行业已经建立起共识——**数据库开源是未来的趋势**。同时，越来越多的中国数据库走向开源，这包括华为的 openGauss、阿里云的 PolarDB、奥星贝斯的 OceanBase、PingCAP 的 TiDB、腾讯的 TDSQL（其中的 TDSQL-A 开源）等。除了国内的开源数据库产品，还有很多国产数据库都是基于开源数据库 MySQL 和 PostgreSQL 等迭代研发的。

欲要了解开源，需要深入理解开源的许可协议。开源协议众多，图 8.8 对不同开源协议做了一个展开说明。

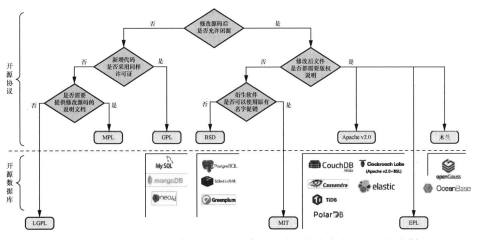

图 8.8　开源协议说明（引自信通院《开源数据库生态发展研究报告》）

在众多的开源许可协议中，有 3 个协议值得仔细了解和关注。

1. BSD 协议

BSD 是 "Berkeley Software Distribution" 的缩写，最早源自 1971 年加利福尼亚大学伯克利分校。

BSD 开源协议给予使用者很大的自由，使用者基本上可以"随心所欲，为所欲为"，包括自由地使用、修改源代码，也可以将修改后的代码作为开源或者闭源软件再发布。

PostgreSQL 是根据 PostgreSQL **许可证**发布的，该许可证是一个自由的开源许可证，类似于 BSD 许可证，该许可证的部分说明如下。

在此允许为任何目的的使用、复制、修改和分发本软件及其文档，无须付费，也无须书面协议，但上述版权声明和本段及以下两段应出现在所有副本中。

在任何情况下，加利福尼亚大学都不对任何一方因使用本软件及其文件而造成的直接、间接、特殊、偶然或间接的损害负责，包括利润损失，即使加利福尼亚大学已被告知这种损害的可能性。

加利福尼亚大学特别声明不提供任何保证，包括但不限于适销性和适用于特定目的的隐含保证。此处提供的软件是以"现状"为基础，加利福尼亚大学没有义务提供维护、支持、更新、增强或修改。

正是因为 PostgreSQL 许可证的友好性，越来越多的数据库产品在 PostgreSQL 的基础之上构建出来，极大地推动了数据库产业生态繁荣。

2．GPL

GPL 全称是 GNU General Public License，其核心是**只要在一个软件中使用**（**"使用"包括对类库引用，修改后的代码以及衍生代码**）**GPL 的产品，则该软件产品必须也采用 GPL，即必须也开源和免费**。

这就是所谓的 GPL "传染性"。对于使用 GPL 的开源代码，商业软件或者开发人员对代码进行集成以及作为类库进行二次开发，在进行再发布的时候需要伴随 GPL。

GPL 有两个属性广受关注，那就是**可自由修改**和**可盈利**。

（1）可自由修改。

如果想添加或删除某个功能，或者在别的项目中使用部分代码，均没有问题。唯一的要求是，使用了这段代码的项目也必须遵循 GPL。

（2）可盈利。

可以在分发软件的时候对客户进行收费，但在收费前，必须向客户提供该软件的 GPL，以便让他们知道，他们可以从别的渠道免费得到这份软件，以及此处需要收费的理由。

GPL 的本质是确保自由软件所倡导的"自由精神"能在复制软件及派生作品中得到延续。实质上，**软件的版权所有者可以用任何许可协议发布自己控制下的软件，例如双授权甚至多授权。软件的版权所有者可以对软件做任何事**。所有的许可证都是版权所有者自愿将部分的权利让渡他人，而不约束版权所有者。因此，Oracle 拥有 MySQL 的版权，有权利从 MySQL 的某个版本更改许可证。

GPL 不排斥商业盈利，但是商业软件如果采用了 GPL 代码也必须使用 GPL 协议提供开源和免费版本。对于某些 GPL 项目，商业软件方可以单独向版权方购买额外的授权，以避免执行 GPL。例如，MySQL 的衍生数据库，如果不开源，可以通过向 Oracle 购买单独的商业授权，因此，MySQL 本质上执行的是双授权许可模式。

3. 木兰协议

2019 年，中国开源云联盟官网上线了木兰宽松许可证（MulanPSL），这是中国首个由官方推出的开源协议，截至本书成稿时，已更新到第 2 版（MulanPSL2）。在木兰宽松许可证推出之后，中国开源云联盟还陆续推出了木兰公共许可证和木兰开放作品许可协议。openGauss 以 MulanPSL2 宽松许可证的形式开源；OceanBase 以 MulanPubL2 公共许可证的形式开源。

木兰宽松许可证较 BSD 协议更自由、更宽松，其关键条款如下。

> 每个"贡献者"根据"本许可证"授予您永久性的、全球性的、免费的、非独占的、不可撤销的版权许可，您可以复制、使用、修改、分发其"贡献"，不论修改与否。

> 每个"贡献者"根据"本许可证"授予您永久性的、全球性的、免费的、非独占的、不可撤销的（根据本条规定撤销除外）专利许可，供您制造、委托制造、使用、许诺销售、销售、进口其"贡献"或以其他方式转移其"贡献"。

开源本质上也是一种商业模式，自由分发只是其手段之一。不同时期形成的不同开源协议，以不同方式成就了开源世界，最终形成了如今开源软件的格局。

开源软件为互联网和云计算的发展提供了技术基础，同时互联网企业拥抱开源、回馈社区，让开源产业更加繁荣。

时至今日，开源已经成为了一种文化、一种价值观。开源数据库也已经成为了数据库技术发展的基石。

8.6.2 开源的成功之法

在开源技术发展的历程中，开源社区、基金组织等承担了重要的角色，并推动开源成为世界潮流。在中国开源社区的建设过程中，应当充分学习和借鉴国际社区的经验，促成社区快速地成长和成熟。

1．建设根社区和根生态

根技术[1]是指那些能够衍生出并支撑着一个或多个技术簇的技术。数据库技术是重要的根技术之一，对数字经济具有重要的支撑作用。当信息技术和国民经济发展到一定阶段时，数据库就成为必须要培育的核心技术。因此，**数据库根社区和根生态是我国数字产业不可或缺的一部分。**

开源并非简单地开放源代码，只有建立了完整的根社区组织和生态，开源产业才能够健康发展。完整的根社区组织应该包括基金会、理事会、技术委员会、用户组、SIG 组等。基于完整的根社区组织，参与研发的团队和个人共同讨论开发方向、确定任务分工、合理调整优先级，从而使产品能够不断满足用户的需求，实现更多的场景覆盖，让开源项目持续、有活力地发展演进，实现产品的共治、共享。

在开源数据库领域，中国的企业和个人几乎无法加入到主流开源数据库的治理组织中。只有通过植根中国的根社区建设，才能够让我们充分地学习和借鉴开源的组织形式和创新精髓，实现可持续发展。

在数据库根社区的建设中，开源协议是非常重要的一环，例如，GPL 和 BSD协议就是 MySQL 和 PostgreSQL 成长的保障。

MySQL 的 GPL 要求二次开发的强制开源，确保了开源生态的活跃性和广泛参与，最大程度地避免了社区的分裂，所有的智慧贡献得以全球共享。

PostgreSQL 的 BSD 协议，以自由宽松和开放，孵化了大量商业数据库产品，催生了各种形态的数据库创新，培养了大量的内核研发人才。

过去 GPL 成就了 MySQL；如今 BSD 协议则成就了 PostgreSQL。在互联网兴起的浪潮中，MySQL 以其轻、快、小等特性，赢得了互联网的机遇与青睐，获得了飞速发展；如今，当企业级市场开始拥抱开源时，PostgreSQL 的高效优化器、复杂查询支持、广泛兼容性等能力获得了企业级用户的拥护。

在从闭源走向开源的过程中，如果能将两者结合，也就是以 MySQL 生态模式发展 PostgreSQL，将是最佳选择。**而且，在"云数据库时代"，如果没有关键创新，传统的数据库在云上将无法立足。我们没有必要将前人走过的路原样重新走一遍，**

1　根技术有 3 个阶段：一是初创期的隐蔽性，通常，根技术难以被分辨出；二是成长期的增殖性，根技术一旦突破，整个技术树将可能焕然一新；三是成熟期的丰润性，根技术此时具有很高的附加值，对衍生产业支配力强。

如果不得不如此，那么唯一经济的途径就是凝心聚力、合作攻关，避免重复建设，加速完成工程量的累积，早日跨进关键创新的阶段；或者通过换道竞争、细分市场进行超越，实现真正的价值创造。

2．聚焦关键技术路线

在开源的形态上，中国数据库产品的发展可以遵从开源协议，树立中国标准和路线，聚焦关键技术路线，培育国产数据库的根生态；共同打造开源数据库基础组件，满足企业的基本应用需求；同时鼓励在前瞻技术领域进行广泛的创新突破，形成百花齐放的丰富形态和引领格局。如此，中国的数据库产业才可以跳出低层次循环、加速发展。

（1）openGauss 根生态。

当下，openGauss 开源社区的运作方式就是以 MySQL 的生态模式发展类似 PostgreSQL 的数据库体系，成就了中国的 openGauss 根社区。

openGauss 通过"木兰宽松许可证"实现了开放性和商业化许可，又通过协同大量合作伙伴共同开源，贡献社区，实现类似 GPL 的合力，加速完成关系型数据库的工程积累，**进而在前瞻性方向上形成突破**。

过去，在 PostgreSQL 的生态上，大量国产厂商投入了资源，开发了许多商用的闭源产品。闭源产品的问题在于分则力散，所有厂商都需要去**重复进行外围工具、兼容性改造、高可用组件、运维组件等的建设，有限的投入分散了，投入到内核上的力量就更少了**。

openGauss 生态获得的成功，就是典型的合则力强。通过 openGauss 社区共建，基础功能全部开源，**有效地避免了重复建设**。这是一种全新的方式，有助于我们共同发展向前。例如，openGauss 完成了事务号的 64 位改造，其他厂商就不必再头疼事务号回卷问题；又例如 openGauss 通过 Ustore 增加了 Undo 机制，解决了空间膨胀和收缩的问题；再例如账本表的实现追平了 Oracle 21c 在这一方向的创新，并通过开源回馈社区。

在 openGauss 中创建账本表时，账本表会自动增加哈希（Hash）字段，用于记录行数据的摘要信息；同时系统还会自动创建与账本表对应的历史表，用于记录账本表的行级哈希的变更记录。账本表的每一次增、删、改操作还会被记录到全局表中，每个数据库共用一个全局表，该表记录了数据库中所有账本表的操作记录以及额外的区块信息和校验信息，如图 8.9 所示。

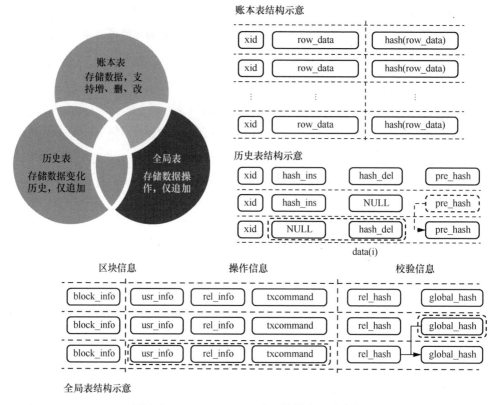

图 8.9　openGauss 原生区块链表和账本表

openGauss 以开源生态建设的方式，让国产数据库在这一方向真正避免了低层次循环。

（2）openMySQL 根生态。

主流的 MySQL 分支包括官方版本 MySQL、Percona Server、MariaDB。其中，MariaDB 是在 Oracle 收购 MySQL 之后，MySQL 创始人蒙提担忧 Oracle 开源策略的变化而创建的分支。MariaDB 采用 GPL 授权许可高度兼容 MySQL，主要由开源社区维护。在国内数据库领域，同样有很多厂商围绕着 MySQL 的生态扩展产品，其中包括 PolarDB-X、TDSQL-C、GoldenDB、GreatDB 等。

图 8.10 所示为 MySQL 及其相关分支产品的演进历程。

在围绕 MySQL 扩展产品时，需要遵从 GPL，如果修改了 MySQL 的内核，则产品需要保持开源或获得 Oracle 公司关于 MySQL 的商业授权，事实上，这对衍生自 MySQL 的商业数据库产品做出了约束。而如果不作内核方面的深入改写和改进，仅仅在 MySQL 的外围做投入，显然又无法承载国产数据库产业发展的厚望。

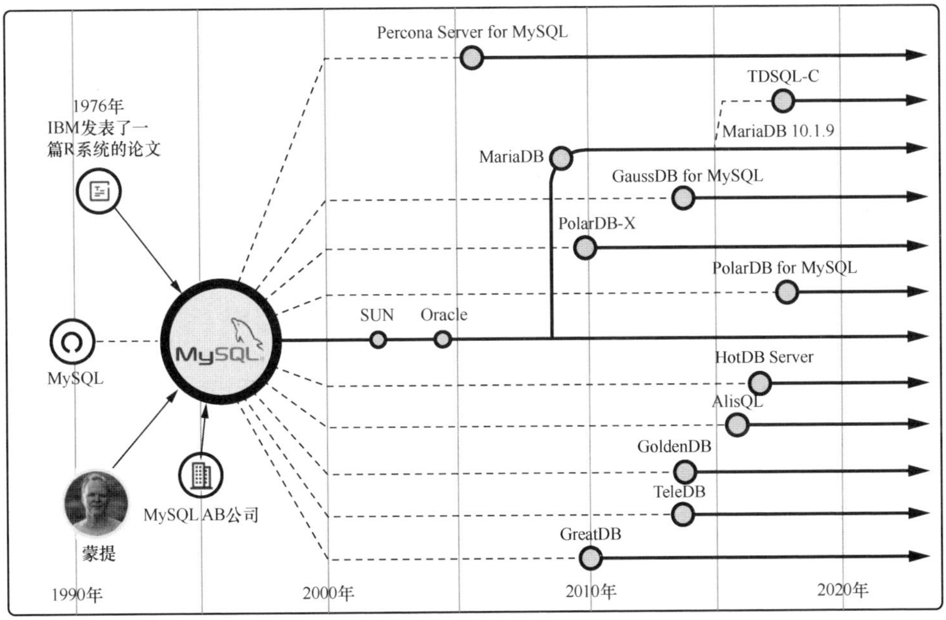

图 8.10　MySQL 数据库及其相关产品

如何破解这一难题呢？

针对 MySQL 生态，同样可以成立一个生态联盟，形成合力，进行基于 MySQL 的开源根生态建设，共同维护一个内核版本，进行满足 GPL 的开源。这样，一次分库分表的分布式扩展就能够满足大家的需求，而不是所有厂商重复建设。如此，也能够聚焦投入，加快发展。

唯有**真正掌握数据库内核，获得自由发展能力**，才有可能走上创新超越之路。

8.7　产业繁荣重在生态

在数据库发展的初级探索阶段，技术是关键，一个错误的路线选择可能会让商业上所有的努力灰飞烟灭，而**在当下的技术成熟阶段，生态就成为最重要的一环**。当用户选择了国产数据库之后，如何提供端到端的服务保障将是数据库产品能否健康发展的关键。

而从更长期来看，**产业厚度最终决定了创新高度**。中国数据库的发展需要全**链条、全方位的协作**，从厂商到企业用户再到第三方生态，从高等院校到科研院所，全行业都要协同运转起来，这样才能够让中国的数据库产业厚积薄发，真正实现持续的创新突破，才能持续地保证数据库行业繁荣和健康发展。

8.7.1　中国数据库元年

笔者愿意将 2019 年称为真正的"**中国数据库元年**"，因为自 2019 年开始，美国商务部工业和安全局不断将中国企业纳入实体清单，美国产品（包括数据库）开始断供实体清单企业。当所有中国企业目睹了大规模的数据库断供之后，他们开始认真探索国产数据库的应用。而在那之前，国产数据库厂商几乎是凭借一己之力在艰难求生，**企业用户几乎从未发自内心地拥抱国产数据库**。

当行业真正意识到中国必须有自己可用的数据库后，用户开始主动选择国产数据库，尤其是以金融行业为首的企业级用户对国产数据库的选用态度彻底改变——它们不再挑剔数据库的弱点，而是思考中国数据库可以用在哪些场景之中。这种视角转变，预示着中国数据库厂商将迎来自己的黄金时代。**只有当用户真正做出选择，发自内心地支持国产数据库，国产数据库的春天才会真正到来**。

中国数据库产业要想加速发展，需要建立以数据库为中心的生态联盟，构建统一的中国数据库生态体系（见图 8.11），从而通过统一的标准体系，高效进行产品适配。此外，还要建设具有广泛适应性的认证兼容机制，培养具备多样化服务能力的从业人员，这样才能促进整个行业兼容并包的高效率发展。

图 8.11　中国数据库技术生态体系

同时，当 100 多个国产数据库走向市场时，需要有一家能够统一提供服务、生态工具产品的企业作为国产数据库的统一提供商、生态建设者，为用户保驾护航，为厂商助力加油。

8.7.2　产业厚度与创新高度

2019 年，笔者在参加一个数据库闭门研讨会时，印象深刻地记得，其中一位参会专家慨然批评国产数据库不好用、不能用。笔者当时的回答是："你如果问国产数据库（仅指 OLTP）和 Oracle 相比好不好用，肯定不好用。但是在 20 年前，我们接触 Oracle 数据库的时候，也遇到非常多的问题。"时至今日，在墨天轮数据社区上提问的很多人也会说 Oracle 很多地方不好用，不过由于 Oracle 建设了非常良好的生态体系，培养了大量的专业工程师，使得用户在遇到问题时，能找得到支持，解决得了问题，从而保障了用户的业务运转。

根据测算，Oracle 在中国培养的认证工程师就有约 30 万人，其中包括多个级别，主要包括 OCP（Oracle 认证专家）和 OCM（Oracle 认证大师）。这只是冰山一角——当我们看到某个产品露出水面时，其实水下看不到的内容往往更为庞大，所谓厚积薄发也是这个道理。

所以，**国产数据库的发展也一定需要不同角色的广泛参与，只有建立起稳固和深厚的根基，才能够长期支持产业创新发展，才能在技术变革的不确定性中把握确定性。**

国产数据库的发展，需要有软件厂商基于国产数据库开发应用软件、第三方为国产数据库提供服务、机构为国产数据库培养输送人才、投资方容忍国产数据库试错成长，**以及媒体报道传播，让全社会多一些人关注基础软件**。唯有如此，国产数据库才能少摔跤、跑得快，才能吸引更多人才加入这个领域，共同建设产业生态！

时至今日，在国产数据库的发展过程中，各相关方一定要齐心协力、众志成城，任何单方面的努力都是单薄无力的，我们坚信这正是中国数据库最好的发轫之机。

8.8　立足国内和放眼国际

在复杂多变的国际政治和经济格局下，**中国数据库首先需要立足国内，打造出具备创新引领价值的产品；进而放眼国际，实现中国数据库的全球化应用；再而培养人才和生态，保持数据库产业的不断进步和持续创新。**

发源于国内的 TiDB、TDengine 等数据库产品，从一开始就选择了开源模式，并通过开源社区在全球范围内取得了广泛的行业影响力；openGauss 通过开源建设扎根中国的根社区，其产品影响力也已经辐射全球。

8.8.1 聚焦关键创新

无论如何，真正的技术崛起一定是靠创新，唯有实现创新引领，才能够站上世界科技的顶峰。开源是数据库产品建设全球影响力的重要手段，**而实现开源成功的关键，则毫无疑问是自主创新。所以，中国的数据库产品无论是基于 MySQL、PostgreSQL 开源产品来进行迭代演进，还是从头开始自主研发，关键要看在多大程度上实现了自主创新。**

《坛经》有云："时有风吹幡动。一僧曰风动，一僧曰幡动。议论不已。惠能进曰：'非风动，非幡动，仁者心动。'"而今，中国数据库的发展之路，选择开源迭代可，自主研发亦可，然而核心在于数据库厂商自我掌握（核心）能力。**只要掌握了核心能力，能够走上快速自主创新超越之路，就是正确之路。要想达成核心自主可控、创新发展超越**的目标，就要吸收掌握数据库内核代码，尤其是核心组件代码，并实现迭代创新。也唯有如此，才能有机会参与国际竞争。

通过抽象数据库的核心模块和体系架构蓝图，提取其中的核心组件，**可以用来识别和量度数据库的核心能力差距和创新攻关方向。**例如，图 8.12 所示为分布式事务型数据库的组件模块图，针对核心模块和代码建立评估体系建设、特性评，就可以对不同数据库的竞争力做出量度。**国产数据库要具备国际视野，参与国际竞争，就要努力在核心技术方面进行突破。**

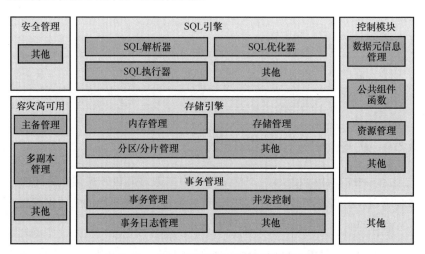

图 8.12　分布式事务型数据库组件模块图

在墨天轮"中国数据库流行度排行榜"上，积分规则上有专利和论文两个维度，就是希望通过更加"硬核"的指标来量度数据库产品的内核能力。只有在基础研究、核心算法上不断突破进取，我们才有可能在国际舞台上站稳脚跟。

8.8.2 产业发展关键环节

基于针对中国数据库产业发展的思考，笔者认为以下是一些关键环节。

（1）**加强学术研究，抓住数据库技术的创新成果**。在数据库下一次原始理论的关键性突破到来之前，仍然有很多重要的阶段性创新。数据库企业要能够**识别、抓住萌芽创新的机遇窗口，实现核心技术突破**，形成真正的产品竞争优势。这需要数据库企业具备学术洞察能力，也需要其加强产学研的合作。只有真正实现各具特色、各有所长的数据库产品格局，中国数据库才是真正的百花齐放。

（2）**推动应用企业提供关键场景进行产品验证**。只有通过关键场景的检验，数据库才有可能真正成熟起来。只有推动应用企业提供关键场景进行产品验证，才能加速中国数据库产品的发展成熟；而在数据库的生产实践中，用户必然要经历一段磨合期，因此也需要行业**对创新的阶段性问题给予宽容**。在关键场景的实践中，在中国的庞大数据基础设施的打磨中，中国数据库一定能够产生关键创新，从而提升国际竞争力。

（3）**健全市场理性定价机制和释放有效市场**。中国数据库产品研发起步较晚，要实现 OLTP 领域的赶超，必须通过释放有效市场，提供有效价值回报，才能保证创新企业发展、吸引人才投身其中；此外，通过建立健全市场机制、划分不同数据库赛道方向，给数据库企业提供方向引导，并推动其差异化创新和良性竞争，数据库市场才能够健康发展，才能抵御传统商业产品的低价冲击或盗版放任。

（4）**有效引导，打破低层次循环和低水平竞争**。在很长时间内，中国数据库产品都处于低层次循环、低水平竞争、产品创新力不足的境地；典型特征是重复的开源改造、重复的汉化和工具研发、重复的兼容性建设等。大量数据库企业在这些工作上浪费了大量的时间和人才，没有精力投入到真正的产品创新中，这种局面亟待打破，我们要鼓励真正的产品创新和应用创新。只有打造差异化产品，才能推动产业健康良性发展。

（5）**支持国内根社区发展，形成合力攻关突破**。由于行业人才短缺和分散，数据库企业规模有限，产品研发进度不及预期。如果能够**聚焦路线、开源共建、头部企业增加战略投入**，则可能快速突破，形成规模优势，推动数据库产品加速走向成熟。此外，基于产业链安全的考虑，应当**优先鼓励植根国内的开源根社区的建设**，呵护和培育中国的数据库研发和产业环境。

（6）**识别关键矛盾，设定引领指标推动行业发展**。犹如新能源汽车产业的政策指标牵引（对车的能源供给方式——新能源，以及整车系统的核心能力——智能化），行业组织**实现对数据库产业引领指标的确定，即下一代数据库的引领指标确定，可以有效地推动行业进行高水平竞争和核心创新攻关**。同时，通过国家投入和引导，攻关企业将攻关成果开源开放，还能够带动行业整体水平的提升。

（7）**鼓励产业链协同，打造统一的服务型平台**。数据库的产业链较长，开发商、服务商、生态软件厂商应当协同发展，发挥各自的优势，从而让数据库基础软件可以放开包袱，加速发展。中国数据库行业通过齐心协力、各展所长，才能够为用户提供最安全的系统服务保障。面对国产数据库厂商的生态困境，也应当考虑重点支持统一的生态企业、生态社区为行业提供整体服务，为用户的应用和后续迁移保驾护航。

（8）**推动产业健康发展，吸引人才投身基础软件**。未来市场需要形成稳定的正向循环，必须解决人才的供给问题。这需要从高校教育着手，培养专业人才，并通过改善行业待遇，鼓励社会化人才培养，吸引人才源源不断地投身到数据库基础软件行业；同时树立行业的标杆和领袖，通过模范的引领和带头作用，为人才发展指明方向。

总之，只有数据库产业形成良性健康的生态，吸引越来越多的从业者投身其中，并针对用户的真实生产需求不断创新，中国数据库产品才能够不断赢得客户，走向世界，并保持持续的生命力。

第 9 章　数据库架构的演进和未来

本书前文已经描述了数据库从计算机应用早期到互联网和云时代的发展和演进。本章将从技术的角度，对数据库架构的演进进行概括，以更为清晰地描述其发展脉络，进而推演数据库架构的未来。

人类总是通过不断挑战并解决复杂问题，而使得处理和解决问题更简单，这也正是世界丰富而美妙的动因之一。

我们还应当牢记计算机系统优化的关键法则——**缩短访问路径**。在熵增定律不可抗拒的现实中，我们所反复经历的变化就是由简入繁，再删繁就简，如此循环往复，大道存焉。

9.1　KISS 原则

KISS 是 Keep It Simple，Stupid 的缩写，意思是"保持简单和愚蠢"。这个词最初被美国海军使用，据说是由凯利・约翰逊（Kelly Johnson）想出来的。约翰逊是洛克希德・马丁公司臭鼬工厂[1]的首席飞机工程师和第一任团队领导，他还被誉为"组织天才"，在 40 多架飞机的设计中发挥了主导作用，是航空史上最有才华、最多产的飞机设计工程师之一。

约翰逊告诉设计师，**不管设计什么产品，这个产品都必须可以被该领域里的人，通过基础的技能练习后用简单的工具修理好。如果产品不是简单易懂的，那么，不仅会造成人员损失，而且在作战环境中也会很快被淘汰掉，最终毫无价值。**

1　臭鼬工厂（Skunk Works）成立于 1943 年，是洛克希德・马丁公司高级开发项目的一个官方认可绰号，因当时其厂址毗邻一家散发着恶臭的塑料厂而得名。臭鼬工厂的第一个任务是在 180 天研发一种全新的喷气式战斗机，结果该工厂用 143 天就完成了任务。臭鼬工厂总结的 14 条"臭鼬管理法"后来成为了全世界高科技公司所效法的标杆。臭鼬工厂以担任秘密研究计划为主，研制了许多著名的飞行器产品，包括 U-2 侦察机、SR-71 黑鸟式侦察机、F-117 夜鹰战斗机、F-35 闪电 II 战斗机和 F-22 猛禽战斗机等。

在软件工程领域，KISS 原则被广泛引用和讨论。在数据库领域，KISS 原则同样重要。2012 年，笔者在一个边远的城市，帮助用户解决 Oracle 数据库的集群故障。因为预算问题，用户的小型机资源配置紧张，只有 4 个 CPU 和 16GB 的内存，在高负载压力下，两台主机因为彼此探测失败而不断重启，最终发生了一次严重事故。笔者在用户现场发现了多台配备了 128GB 内存的高端 PC 服务器，于是帮助他们拆掉集群并将数据库迁移到了单机架构的 PC 服务器上，使得架构和维护简单化。此后数年，他们的 Oracle 数据库稳定运行，再也不需要笔者的技术援助了。

笔者相信，**复杂性是所有人的敌人。如果能够简单，就不要复杂**。如果能够使用一台服务器解决问题，就不要引入两台服务器和存储网络——合适的架构就是好的架构。

事实上，在笔者入行数据库领域的时候（大约是在 2000 年），服务器的内存普遍在 16GB ～ 32GB，存储也以机械硬盘为主，I/O 问题在那个时期是数据库的天敌，也是工程师感到力不从心的痛苦所在。如今，配备 TB 级别内存、数百 TB 的 NVMe[1] SSD 本地硬盘的服务器随处可见。硬件资源的进步以及成本的降低，将**单机数据库的处理能力提升了数百倍，使其远远超越了大多数行业负载容量的增长**。

所以，传统的以关系型数据为主的业务需求，90% 都可以通过集中式数据库、单一服务器来支撑和满足。

9.2 一个前提假设

然而，我们还有 10% 的业务需求不能通过集中式数据库、单一服务器来支撑和满足。这 10% 的业务需求来自何处？

我们要先认识到一个前提：**整个世界的数据是无限的，然而存力和算力资源是有限的**。

我们可以设想一下，是否能让全世界 80 亿人使用一个在线系统交流？是否能持续地将所有交流的信息存储下来？是否能将全世界 80 亿人的信息存放在一个数据库中处理和应用？

这样的系统，如果以现在的技术还无法开发，那么什么时候可以开发出来？

---

1 NVMe（Non-Volatile Memory Express，非易失性内存主机控制器接口规范）是一种专为通过 PCIe 总线连接的非易失性存储设备设计的高性能接口标准，NVMe 旨在充分利用现代存储介质的高速特性，提供更低的延迟和更高的 IOPS。

我们还需要做怎样的准备？

将这个问题缩小到一个国家、一家企业、一个组织同样成立，并且还可以对应到现实：我们如何向着一个可以预期的未来演进？

在数字化时代，高速增长的半结构化和非结构化数据存储成为了存力的挑战，海量用户并发计算成为了算力的挑战。

所以长期以来，**数据库面临的核心挑战就是如何在数据量和计算量不断增大的情况下，持续保证数据库的高性能和高可用性，并实现成本可控。**

在这个核心挑战的需求上，我们还应该牢记 9.1 节提到的 KISS 原则。我们并不希望为了一个单一的目标，过度放大数据库架构的复杂性。有了这些基本原则，可以来回顾一下数据库架构是如何演进的，以及数据库进化的终极目标。

9.3 单机、集群和分布式

回到 20 世纪 60 年代，用一台计算机、一个数据库处理一个现实问题是完全可能的，因为当时数据的信息化和数字化才刚刚开始，数据量较少。

早期的计算机，其软件和硬件是作为一个整体提供的， 例如 IBM 大型机（见图 9.1），在网络技术诞生之前，计算机大多位于研究所和大型机构的内部，通过其单机部件进行运算，依托大型机等设备的数据库也是通过计算机的单机部件来运行的。

大型机是指从 IBM System/360[1] 开始的一系列计算机，以及与其兼容或同等级的计算机，主要用于大量数据和关键项目的计算，例如银行金融

图 9.1 IBM 大型机

交易及数据处理、人口普查、企业资源规划等。大型机一般使用专用的操作系统和应用软件，常采用 COBOL 语言编程，其数据库为 IBM 的 IMS 和 DB2 等。目前，大型机在国内的金融机构中仍然普遍应用。

---

1 IBM System/360 是一个大型机系统系列，由 IBM 于 1964 年 4 月 7 日发布，并于 1965 年至 1978 年间交付。1964 年，IBM 发布的型号 Model 大型机以每秒 30 可以执行 34500 条指令，内存为 8KB 到 64KB。1967 年，IBM System/360 Model 91 型号的大型机每秒可以执行 1660 万条指令。这种较大的 IBM 360 型号的大型机可拥有高达 8 MB 的主内存，是历史上最成功的计算机之一。

IBM 在 2022 年推出的 z16 大型机，采用了 IBM Telum 芯片，该芯片基于 7 纳米工艺制造，每个处理器有 16 个内核，运行频率为 5.2GHz。单机可以配备多达 200 个处理器，并且每个主机系统**包括 40TB 的独立内存冗余阵列**（Redundant Array of Independent Memory，RAIM），是计算机工艺的集大成者。

在 IBM 成功将大型机商用之后，计算机的进化过程就成为一个挑战大型机王者地位的过程。在这个过程中，随着大型机的解构，数据库和操作系统等基础软件也开始独立出来。

分布式共享内存（Distributed Shared Memory，DSM）计算机的出现，向大型机发起了挑战。作为共享内存多处理器（Shared Memory Multiprocessor，SMP）系统，DSM 提供单一系统映像，并保持"共享一切"的服务模式，凭借简单的应用操作，迅速被用户广泛接受。DEC、惠普、Sun 等公司通过使用 SMP 架构的 UNIX 服务器获得了高速增长，迅速崛起。

此后，伴随着 PC 服务器的出现，为了解决廉价硬件的性能和高可用性问题，集群技术开始出现。**使用"无共享"模式的集群既对 SMP 和 DSM 进行了补充，也与它们之间展开了竞争。**高可用性应用、高增长市场（如互联网服务器、OLTP 和数据库系统）都可以使用集群。另外，集群是 SMP 和 DSM 的替代品，同时也是 SMP 在可靠性方面的补充，其历史可以追溯到 **20 世纪 80 年代中期**。

自 1975 年天腾电脑公司推出用于容错的集群以来，集群就一直为用户所青睐。DEC 公司于 1983 年推出了 VAX 集群（参考第 3 章的介绍），与天腾电脑公司的集群使用盛况一样，几乎所有用户都立即采用了 VAX 集群，因为它们提供了跨版本的增量升级能力，用户还可以透明地访问处理器和存储设备（这意味着共享存储出现了）。

1990 年，IBM 也推出了大型机集群，UNIX 厂商也开始引入这种集群，以获得高可用性和高于 SMP 的性能。IBM 最早于 1990 年提出系统综合体（Systems Complex，SysPlex）概念，于 1994 年提出并行系统耦合体（Parallel Sysplex），是大型机最具代表性的集群技术，可以将一台或多台机器组成 Sysplex（见图 9.2），用于跨系统的通信联络，最多支持 32 个 LPAR[1] 的资源共享读写。同时 IBM 还推出了一种支持共享对象的技术——耦合装置（Coupling Facility，CF）。在 DB2 集群

---

1 LPAR（Logical Partitioning，逻辑分区）是一种将单台服务器划分成多个逻辑服务器的技术。每个逻辑服务器都可以运行独立的应用程序，彼此之间互不干扰。逻辑分区不同于物理分区（Physical Partitioning，PPAR），物理分区是物理地将资源组合形成分区，在逻辑分区环境下，CPU、内存和 I/O 都可以独立地分配给每个分区。

中，CF 提供了一个集中化设备来管理锁，并且还充当脏页的全局共享缓冲池，从而帮助实现了系统的可伸缩性和可恢复性。

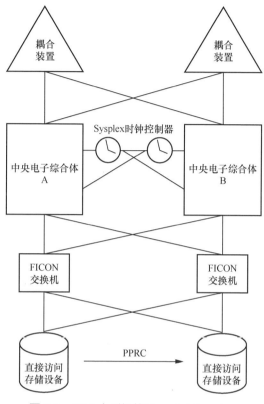

图 9.2 IBM 大型机的 Parallel Sysplex

基于服务器的集群技术出现之后，数据库快速地从这种架构中获益。Oracle 的集群数据库是以 DEC 的 VAX 集群为基础开发的，其共享磁盘的设计在很大程度上继承自底层集群技术。Oracle5 版本已经支持在 VAX/VMS 集群上运行，Oracle6.2 版将集群数据库的功能重新设计，并命名为 OPS，这也使得 Oracle 成为了第一个在数据库级别支持集群的商业数据库，它实际上定义了 UNIX 市场上的商业集群模式。

最初在 VAX 集群中，Oracle 依赖 DEC 提供的分布式锁管理器（Distributed Lock Manager，DLM）支持数据库活动，但是因为 VAXDLM 早期实现的是基于文件级的锁定和共享，速度太慢，支持数据库活动的粒度太低，Oracle 从 6.2 版本起推出了为 VAX/VMS 集群创建的 DLM，并且与 DEC 的集群配合得很好。事实上，Oracle 在 DLM 和集群管理上的设计，也大量参考了 VAX 集群的实现。

20 世纪 90 年代初，当开放系统主导计算机行业时，许多 UNIX 供应商开始采用集群技术，大部分集群是基于 Oracle 的 DLM 实现。OPS 几乎适用于所有 UNIX 系统，并且运行良好。Oracle 第 7 版以及其后期版本提供了集成分布式锁管理器（Integrated Distributed Lock Manager，IDLM）。从 1999 年开始，Oracle 8i 版（8.1.6 版）在选定的平台上提供了缓存融合（Cache Fusion）技术，以取代特定于操作系统的 DLM 和 Oracle 的 IDLM。最终在 2001 年 Oracle 9i 版本发布时，缓存融合技术全面迈上历史舞台，OPS 也正式更名为 RAC，意味着埃里森的雄心——众人皆假，唯我独真。

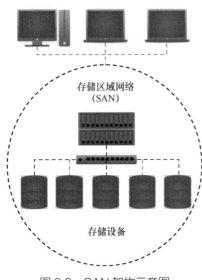

图 9.3　SAN 架构示意图

从单机到集群，这期间的技术进步，伴随着网络技术的发明与进步，当计算机可以通过网络进行连接，数据库的客户端和服务器开始分离，客户端 / 服务器（Client/Server，C/S）架构开始呈现。此时，**存储技术的高速发展使得在硬件上，计算和存储设备分离开来，SAN 架构（见图 9.3）成为了最常见的数据库架构模式，是 IOE 时代典型的部署形态。** Oracle 数据库软件安装在小型机服务器上，服务器通过网络设备连接到独立的存储设备，数据就存储在这些外部存储设备上。这一阶段，小型机的代表产品以 IBM、HP、Sun 为主，存储的代表产品以 EMC 为主，数据库主要是 Oracle 和 DB2。在数据库领域，这一时期的主导企业主要是以 Oracle、IBM、微软等为代表的商业数据库厂商，能够较好地满足企业级数据库应用需求，形成完善的解决方案，已经成为**商业数据库时代**的领导者。

回顾以上数据库架构历史演进历程，在大型机时代之后，**为了扩展单机的计算能力，计算节点通过集群技术来分担负载**，当数据库的本地资源不足以应对大量的应用负载时，架构方面的演进是**存算分离**——通过专用的外部存储设备来存储数据，以提供更高的 I/O 处理能力；在网络方面，光纤网络、InfiniBand 网络等进一步承担了这一重任。Oracle RAC 技术是这一演化过程中的数据库典型代表，Exadata 一体机则是更进一步的软硬件结合。

但是，数据库技术并未沿着这条道路一直向前发展。**随着互联网和开源的崛起，开源数据库的出现让单机的本地化部署再次成为一个基本模式。** 例如 MySQL

（图 9.4 为 MySQL 单机示意图）和 PostgreSQL 数据库都安装在服务器的本地硬盘上，很少依赖外部存储。这一时期，开源数据库成就了互联网，开源的自由精神促进软件成本大幅降低，互联网企业得以提供免费的业务应用，进而实现互联网的高速发展。而互联网的海量用户并发以及巨量的数据存储都迅速地触及了开源数据库的天花板。在改进开源数据库的过程中，互联网进一步推动了数据库的进步，这就是**开源数据库**的时代。

这一时期的技术应用探索的变化，有成本的因素，也有技术的因素。**成本因素让"IOE"成为了过去式，技术因素让"弹性伸缩"成为可能。**

当数据量越来越大、并发访问越来越高，本地的数据库再次无法满足计算和存储的需要时，MySQL 等开源数据库没有足够的时间进行 RAC 模式的演进，数据库没有重新回到集中式和专用存储路线上来，而是**迈向了以分布式存储和分布式数据库为主的云数据库时代。**

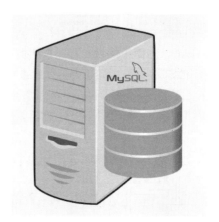

图 9.4　MySQL 单机示意图

就这样，**本地存储、共享存储、分布式存储 3 种存储形态，结合集中式数据库、分布式数据库进行排列组合，6 种搭配组合在如今的数据库环境中，都已经呈现出来，极大地丰富了数据库的供给方式。**例如，PolarDB-X 就实现了一种"分布式数据库 + 共享存储"的供给方式。

当然，从数据库角度看，**海量数据高并发的持续解决方案就是利用了分区、分表、分库等技术。而所有这些技术的原理都是相通的，那就是化整为零，分而治之，分散处理或并行处理。通过这些技术，数据库可以在硬件能力不足的情况下，快速响应和支持海量数据计算。**

9.4　分区、分表和分库技术

在需求和技术的不断演化历程中，数据库也在不断进化。

当数据量和并发负载增高时，可以通过分区、分表和分库技术对数据库进行优化，从而在一定程度上解决问题。

9.4.1 分区技术

当数据量不断增大时，数据库的分区技术在数据库内部对数据进行了分割，但是对外保持了逻辑完整性。这是一个优雅的设计，能在提升性能的同时，不增加应用的复杂性。

分区技术的前提是假设**大部分数据访问需求是针对部分数据进行的**，例如，当倾向于访问某个月度的销售数据时，只要将数据按月分割存储在一起，访问时的效率就会大大提升。此外，若希望按照地区访问数据时，例如查询 1 月份亚太地区（APAC）的销售信息，可以按照地区进行两个维度的复合分区。如图 9.5 所示，将销售信息表按照时间进行分区，在时间的基础上数据库还支持二级分区（或称复合分区），进一步地将每个月的数据按照地区分区存储。

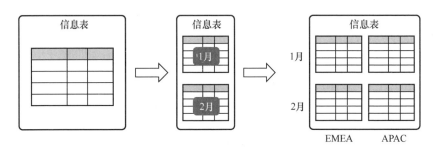

图 9.5　分区表示意图

分区的好处是，在需求确定的情况下，可以大幅度地减少数据访问量，从而加速 SQL 运算的执行。在以上示例中，我们计算 1 月份的销售额，可以通过求和（SUM 函数用于计算）来实现（假设表中每个记录有订单金额和时间字段）。

SELECT SUM(amount) FROM sales WHERE sale_month='JAN'

这样数据访问就集中在 1 月的分区中，只会访问一半的数据。进一步地讲，如果计算 APAC 1 月的销售金额，则计算语句可能类似（假定 LOC 代表地区）如下所示形式。

SELECT SUM(amount) FROM sales WHERE sale_month='JAN' AND loc ='APAC'

因为分区的作用，访问的数据量下降到约 1/4，查询速度得以进一步加快。

大多数数据库都支持分区技术，常用的分区方式包括按列表分区、范围分区、哈希分区等，如图 9.6 所示。

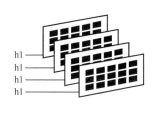
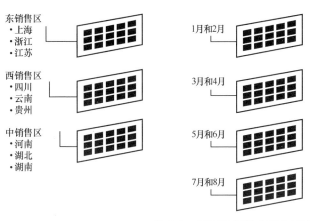

按列表分区　　　　　　按范围分区　　　　　　按哈希分区

图 9.6　不同种类的分区表示意图

　　在分区技术上，**如果将每个分区分别部署到一个独立的数据库上，每个数据库只存储一部分数据，这就形成了一个分布式数据库系统。**当分区分离到独立的数据库中时，通常将其称为"分片"。数据进行分片之后，应用访问数据的方式就必须做出相应的调整，例如查询增加分片键、尽量避免跨库连接等（见图 9.7）。为了避免这些问题，有的分布式数据库会将所有分片复制到其他节点，大大地增加了架构复杂性和存储成本。

分片是一种联合使用众多独立数据库的应用管理的扩展技术

- 数据切分到多个数据库中
- 每个数据库存储一个数据子集（按范围或者哈希拆分）
- 每个分片通过复制实现可用性和扩展性
- 分片是扩展大型网站的主要方法

分片用于需要极高扩展性的应用场景，并需要应用程序为此做出让步

- 应用程序根据键值将请求调度到特定数据库
- 查询受到限制，只能基于分片键的简单查询
- 对数据进行反范式化以避免跨分片操作（无联接）
- 因此这也被称为水平分片

分片架构的一种全量变体实现，是向每个分片库复制所有其他数据

- 每个数据库承载全量数据
- 请求基于读写、键值进行分发
- 写操作集中在一个数据库，变更复制到其他数据库，其他库承载读请求
- 主要受益包括不需要重分片

图 9.7　分片的特点和实现方式

　　虽然数据分片带来的应用上的复杂性是已知的，但是 Oracle 数据库还是在这个方向上进行了演进和持续探索。图 9.8 展示的就是 Oracle 在 12c 版本中推出的 Oracle 分片技术架构（该技术于 2017 年在 Oracle 12.2 版本中正式发布）。应用访问数据库时，通过分片键来判断数据的存储库，进而通过连接池路由到目标，为了管理分布式架构，还必须增加分片的目录库等元数据管理架构。

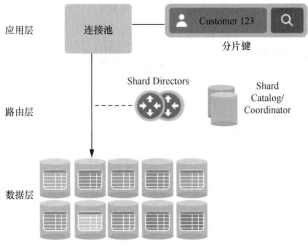

图 9.8 Oracle 数据库的分片技术架构示意图

在 Oracle 的分布式数据库架构中，为了保护每个分片，还需要为分片配置基于 Data Guard 的备库。各个分片之间的数据同步一般还需要通过 Data Guard 或者 GoldenGate 同步软件复制实现，其架构相当复杂。

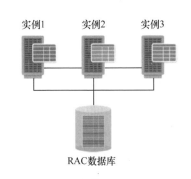

图 9.9 Oracle 的 Sharded RAC 示意图

由于 Oracle 集群技术的强大功能和影响力，Oracle 分片暂未取得足够的应用和成功，反而是分片技术融合到集群技术中为 RAC 带来了新的特性，那就是 Sharded RAC。Oracle 数据库的 Sharded RAC 架构（见图 9.9）支持多节点并发读写同一个数据库存储。在存储上，数据表分区存储；在计算节点上，每个节点处理一个分区数据；在应用上，通过连接时指向特定实例，从而实现了分区和分节点的并发性改进。

在某些场景下，如果数据库不具备足够的分区能力，或者分区仍然满足不了业务需要，那么分表就是一个可选项。

9.4.2　分表技术

分表有**垂直分表**和**水平分表**两种方案。

垂直分表是基于列字段进行拆分的，也就是按表结构进行拆分的。拆分的原则一般是：当表中的字段较多时，将不常用的或者是数据较大、长度较长的字段拆分到扩展表里，如 BLOB 或 TEXT 类型的字段。

水平分表是基于数据按照一定规则把一个表的内容拆分到多个表中，不影响表结构。水平分表降低了单个表的数据量，能够相应地提升业务 SQL 的执行效率，适度降低系统的 I/O 和 CPU 压力。水平分表的关键是选择合适的分片键和分片策略，并与业务场景配合，需要着重避免数据热点和访问不均衡。

图 9.10 展示了由单一的信息表进行垂直和水平分表的两种模式。

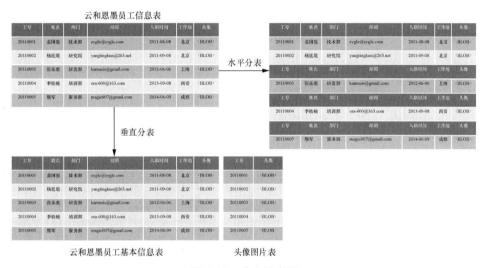

图 9.10 分表示意图

分表技术能够解决一定的查询问题，但是无法解决高并发的负载压力，例如电商的大促营销场景。此时，分库技术成为了一个新的思路。

9.4.3 分库技术

分库技术是通过多个数据库去分担业务压力，从而保障业务的连续性和性能。分库也有垂直分库和水平分库两种解决方案。

（1）**垂直分库**是指通过一定的业务属性区隔将一个数据库拆分成多个。垂直分库的优点是可以避免不同请求竞争同一个物理机的资源，其本质是通过不同业务的拆分解耦，弥补单一服务器的 CPU、内存、网络、磁盘等能力的不足。垂直分库一般用于对单体项目进行微服务改造。

（2）**水平分库**是把关键表数据按照一定规则分布到不同的数据库中。分库后业务请求需要根据数据分布路由到不同的数据库。其主要原则是选择合适的分片键和分片策略；并通过和业务场景配合，从而避免数据热点和访问不均衡。水平分库是对数据的行拆分，并不会影响表的结构。每个分库只存储局部数据，所有库的并集是全量数据。

通常情况下，用户分库还有业务上的需要，例如，核心业务和外围业务要在业务上分开处理，但这和本节讨论的不是一个范畴。本节讨论的是，单一数据库不能支撑一个应用时，不得不做出的折中选择。

分区、分表和分库都带来了数据库应用的复杂性，尤其以分库最为严重，所以在分库的技术之上，分布式得到了快速发展。

9.5 分布式数据库

分布式数据库是分布在计算机网络上，且逻辑上相互关联的数据库。 分布式数据库可以分散在多个位置，在不同位置的节点中存有数据库管理系统的一份完整副本或部分副本，这些节点通过网络互相连接，共同组成一个逻辑上集中、物理上分散的大型数据库。分布式数据库是数据库技术与网络技术相结合的产物，其通过将数据存放在不同的节点上，提高了数据库的扩展性和可靠性。

分布式数据库大体上可以分为中间件分布式、一体化分布式和原生分布式 3 种类型。

9.5.1 中间件分布式

中间件分布式 是传统单机数据库向前演进的第一阶段。当单机数据库不足以支撑高并发和负载时，分库成为最自然的选择。当分库出现后，应用访问数据库时就需要经过一次路由定位或者转发，因此，Sharding Sphere、Mycat 等数据库中间件应运而生，其独立于数据库而存在。大多数单机数据库和中间件结合都能提供一套分布式解决方案。

基于 openGauss 开源数据库，结合 Sharding Sphere 实现的分布式数据库架构，使用 8000 个仓库[1]，数据分散在 8 个 openGauss 数据节点上，经过持续超过 1 小时

---

1 数据库 TPC-C 基准测试中的仓库（Warehouse）是一个模拟的业务概念。每个仓库代表了一个批发商的物理仓库，负责为一定数量的销售点（District）提供商品和服务。在 TPC-C 的测试模型中，仓库是核心概念之一，它与客户（Customer）、订单（Order）、商品（Item）等其他表一起构成了整个测试数据库的架构。

的测试，得到了平均超过 1000 万 tpmC 的成绩。图 9.11 所示就是典型的基于中间件的 openGauss 分布式数据库架构。

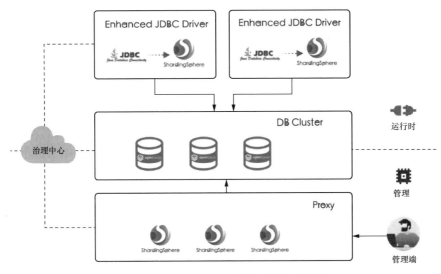

图 9.11　openGauss 分布式数据库架构

中间件分布式数据库**本质上其后端仍然是一个个单体数据库，通过主从复制实现高可用**，数据库之间并无内在连接。中间件分布式数据库通过中间件实现分库分表和访问路由，其整体架构成熟稳定，受到众多用户欢迎。

在中国邮政储蓄银行的新核心系统中，就是通过 openGauss 分库分表架构（见图 9.12）实现了微服务化改造，承载了该行 6 亿个人客户的每日数 10 亿笔交易。

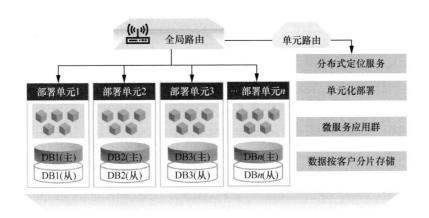

图 9.12　邮政储蓄银行的分库分表架构

当下，中国数据库行业呈现出的一个趋势是将"Sharding Sphere"写到数据库里，让分库分表和路由调度成为分布式数据库的一个基本能力。这就是 9.5.2 节要讨论的一体化分布式。

9.5.2　一体化分布式

中间件分布式数据库需要通过不同组件进行组合应用，各个单体数据库之间缺乏有机的融合和连接。随着数据库的不断应用和实践，**路由和数据库紧密融合协同，演进为一体化分布式数据库**。

一体化分布式和中间件分布式类似（见图 9.13），**却是通过数据分表或分片，使得数据库由一个变成多个，原有的单一数据库就变成了多个数据节点**。应用若想访问相应的数据，就需要一次协调才能路由到对应的数据节点，协调工作由前端的协调节点完成。协调节点与数据节点承担了不同的职责，都实现了一定程度上的计算与存储分离，这也是所有分布式数据库的架构基础。

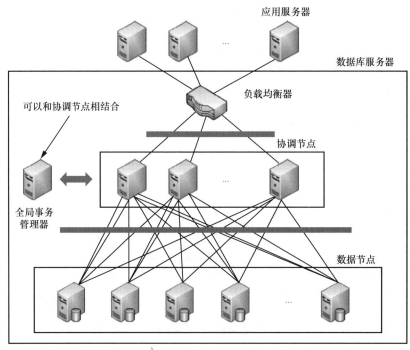

图 9.13　一体化分布式数据库架构

一体化分布式数据库有多个数据节点，需要在全局维持读一致性，也就是说，从全局看，要保证数据是按照统一的时间线呈现出来。为此，数据库引入了**全局事**

务管理器（GTM），用于提供全局事务标识，并跟踪所有事务的状态，以计算全局快照，维持数据的可见性。

至此，一体化分布式数据库就基本就绪了。在这个架构中，每个数据节点都是一个独立的数据库，可以依托分表分库只管理一部分数据；每个协调节点不存储数据，只负责提供数据分布信息并对应用请求进行路由转发。一体化分布式数据库的技术可靠成熟，是从传统的集中式数据库架构渐进式演化而来的。

PGXC（PostgreSQL-XC）的实现模式就是一体化分布式的典型架构。在此架构上演进出的数据库包括 TBase、GuassDB 和 AntDB 等，很多以 MySQL 为内核的产品也同样采用一体化分布式的架构，例如 GoldenDB、TDSQL 和 PolarDB-X 等。

其中，GoldenDB 的设计值得一提。GoldenDB 是由中兴通讯和中信银行自2014 年开始联合研发的一款一体化分布式数据库。2019 年 10 月，中信银行信用卡核心系统上线；次年 5 月，中信银行核心银行系统上线。

分片固然分散了数据库的压力，但是一旦需要进行批量处理，或者系统扩缩容的数据重均衡，都会引发严重的性能问题。在 GoldenDB 的架构（见图 9.14）中，不仅在前端加入了 DBProxy 代理用于 SQL 解析路由；也在后端引入了后置中间件，专门用于数据导入导出和数据重分布，实现了交易数据流和批量数据流的分离。

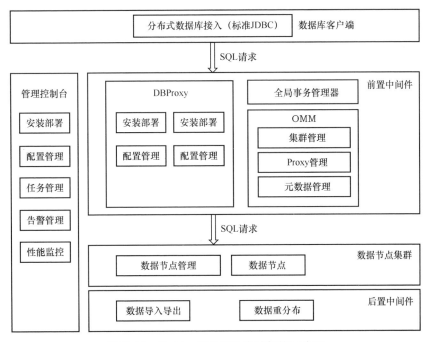

图 9.14　GoldenDB 的分布式架构示意图

根据 2019 年公布的数据，中信银行信用卡核心系统使用了 40 个数据分片和 10 个计算节点，共使用 165 台机器，其复杂性是可想而知的。所以，在数据库的世界中，节点同样是"合久必分、分久必合"，当单机能力提升后，必然要重新整合这些分散的节点。

9.5.3　原生分布式

NewSQL 的每个组件在设计之初都是基于分布式架构的，所以被称为原生分布式。原生分布式是具有革命性的系统重构。

NewSQL 的存储以 NoSQL 实践为基础，存储设计是类似 Bigtable 的分布式键值系统。分布式键值系统为了提高扩展性，牺牲了数据库事务处理能力，直到 Google Spanner 基于 Bigtable 构建了新的事务处理能力，NewSQL 的架构才被确立下来。

NewSQL 还有两个重要的革新，分别出现在高可靠机制和存储引擎的设计上。高可靠机制放弃了粒度更大的主从复制，转而以分片为单位采用 Paxos 或 Raft 等共识算法进行数据同步。这样，NewSQL 就可以使用更小粒度的高可靠单元，获得更高的系统整体可靠性。在存储引擎的设计上，则是使用 LSM-Tree 模型替换 B+Tree 模型，从而大幅提升了数据写入性能。

总结一下，**从系统架构上看，NewSQL 的设计思想更加领先，具有里程碑意义；中间件分布式的架构偏于保守，但优势在于架构稳健**，直接采用单机数据库作为数据节点，大幅降低了工程开发的工作量，也减少了引入风险的机会。

当然，不同产品总是在不断彼此借鉴和学习的发展过程中走向成熟。例如，Oracle 基于分区实现的分布式数据库，在 23c 版本中也引入了基于 Raft 的同步机制（见图 9.15），自动实现了分片间的数据复制，用户不再需要基于 Data Guard 或 GoldenGate 的复杂配置，Oracle 的分布式数据库也向原生分布式迈进了一大步。

但是无论是哪种分布式数据库架构，和集中式数据库相比都额外引入了多次网络 RPC 请求，所以其单点数据库性能较集中式数据库会有相当大的损耗。从部署上看，分布式数据库整体架构的复杂度大幅增加，**服务器数量的增长，也会增加能耗和空间的占用**。在集中式数据库和分布式数据库的选择权衡中，能耗和空间因素正在变得愈加重要。

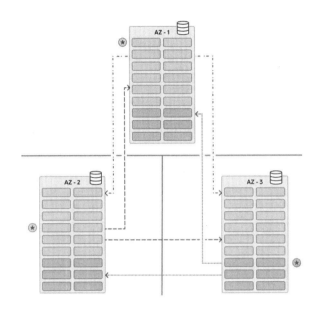

图 9.15　Oracle 分布式数据库的 Raft 同步机制

9.6　复杂性的降权

经过前面的分析可以发现，数据库架构已经从单机发展到了集群和分布式架构。回顾 KISS 原则，**集群和分布式架构的复杂性已经超出了很多用户的需要。所以，很多数据库都在通过降权来进行回归，回到单机或者集中式的架构上来，以满足更广泛的用户需求。**

9.6.1　RAC One Node

Oracle 数据库的 11g R2 版本**为了简化 RAC 集群技术，推出了 RAC One Node 新特性**。在这一新特性的支持下，用户可以创建一种特殊类型的集群，集群中只包含一个活跃节点，如果该节点发生故障，则可以在集群中的其他节点上启动实例，继续工作。在某种程度上，RAC One Node 相当于一个完整功能的 RAC 数据库，但是由于只有一个实例运行，不存在跨实例通信，因而可以规避集群的复杂性。

RAC One Node 能够对数据库存储进行虚拟化，对服务器进行池化，对数据库环境进行标准化，并且在需要的时候，不用停机或中断即可升级为一个完全多节点的 Oracle RAC 数据库，如图 9.16 所示。

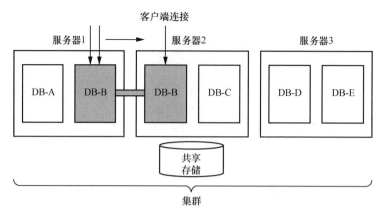

图 9.16　Oracle 的 RAC One Node 架构图

9.6.2　共享存储分布式

为了解决分布式数据库本地存储的伸缩问题，PolarDB-X 实现了一种"**分布式数据库＋共享存储**"的设计。

为什么会有这样一种设计呢？因为**无共享架构在单纯的数据容量的弹性上，是不如共享存储架构的**。无论使用哪一种无共享数据库，假如现在有 10 台机器和 10TB 的数据，若需要通过增加机器的方式扩展存储空间，则总是有一半的数据需要搬迁到新的机器上，搬迁所需要的时间跟数据量呈正相关。

PolarDB-X 共享存储版在 DN 引入基于 RDMA 硬件的共享存储架构（见图 9.17），从而可以在所有资源水平扩展的同时，大幅降低容量弹性的代价。在这样的架构下，计算节点保持了无共享架构的水平扩展能力；存储节点实现了随时扩容缩容，获得共享存储结构一样的垂直扩展能力，并且减少了存储副本，避免了伸缩时的数据同步。

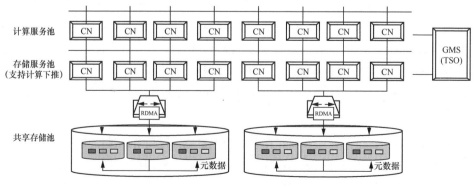

图 9.17　PolarDB 的共享存储架构

亚马逊在 2023 年 11 月 27 日举行的 re:Invent 大会上宣布推出 Aurora Limitless 数据库预览版，首个发布版本基于 PostgreSQL 构建，通过路由和分片实现了类似 PolarDB-X 的架构。在 Aurora Limitless 架构（见图 9.18）中，路由被称为分布式事务路由，数据分片被称为数据访问分片。

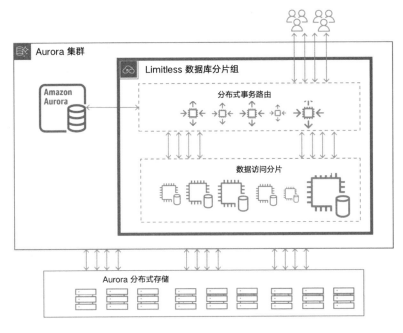

图 9.18　亚马逊的 Aurora Limitless 架构

9.6.3　单机分布式一体化

OceanBase 分布式数据库也在 4.0 版本中推出了单机分布式一体化的产品架构（见图 9.19），可以在单机和分布式之间动态转换，以满足不同体量和场景下的用户需求。

对于小规模业务，用户可以直接采用单机架构，一个 OBServer 即可独立运行，不需要分布式架构的复杂部署和多节点硬件资源。如果用户对读写分离有要求，希望分散负载，可以使用 OceanBase 主备库的能力（就像传统的 MySQL 的主备库一样）；如果用户关注主备库切换时的数据一致性问题（特别是远程容灾的时候），可以从主备库动态地升级到 OceanBase 三副本模式。此外，OceanBase 还具有很强的单机模式下垂直扩展的能力。

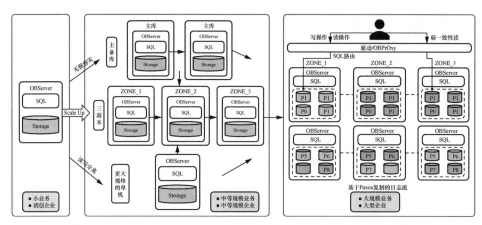

图 9.19　OceanBase 的单机分布式一体化架构

当单机模式不足以支撑大规模业务时，OceanBase 支持从单机部署平滑升级到完整的分布式架构。

OceanBase 的单机分布式一体化架构通过削减分布式架构的能力，以满足更普遍用户对于单机主备模式的需求，从而降低入门门槛，实现了技术路线的完整性。

9.7　环境的进化

以上讨论的**数据库演化和技术实现，都是和外部环境紧密结合的**，也会随着软硬件资源的进化而发生翻天覆地的变化。

9.7.1　硬件的进化

数据库的运行环境已经经历从大型机到小型机，再到 PC 服务器的不断进化。而其中，CPU、内存、外存、网络资源都是影响数据库技术的关键资源。

在数据库发展的早期，数据量不大，并发用户有限，所以通常用集中的服务器就能够很好地支持业务应用。然而，当海量数据高并发超出了单一服务器的性能后，用多服务器集群或分布式架构承载数据库应用，也就是对数据库进行分散，就成为了新方向。

但是分散会带来另外一个问题，那就是管理的复杂性。一个数据库分散成 100 个，一台服务器扩展成 100 台，对其管理的复杂性就成为一个挑战。此后，伴随着硬件处理能力的逐渐增强，又可以通过少量服务器来应对压力，通过整合分散的数据库环境来降低管理的复杂性。所以，**数据库架构随着硬件能力变化呈现出分分合合的演进历程。**

当下，硬件资源在不同方面的进化如下所示。

（1）**在外存方面。** 根据 Wikibon 的分析数据，SSD 每 TB 的价格已经从 2013 年的 2220 美元降低到 2023 年的 40 美元，而性能却提升了 20 倍以上，预计在 2026 年 SSD 每 TB 的价格将和 HDD 持平。2023 年，工业级单盘 256TB 的 SSD 也已经出现。

（2）**在 CPU 方面。** 虽然主频的算力提升已经遭遇到瓶颈，但是多核技术正在加速发展，华为鲲鹏 920 处理器提供 64 核心算力，两路服务器可以提供 128 核心算力，四路服务器可以提供 256 核心算力，在单机方向上，单机千核的算力已经接近现实。

（3）**在内存方面。** 单服务器 TB 级别内存已经属于常见情况，计算快速链接（Compute Express Link，CXL）技术也正在走向突破，将在内存融合方向带来革命性进展。

硬件的进化已经为软件的再次突破准备了条件。

9.7.2　软件的协同

很多时候，**数据库的问题往往可以在数据库之外找到解决方案**，9.5.1 节提到的中间件分布式，就是在数据库之上构建分布式路由，从而形成的数据库集群解决方案。而在数据库之下，同样可以**通过共享存储集群软件来构建高性能的解决方案**。技术上的曲线迂回，不断为数据库探索出更佳的实践应用场景。

1.　从集群件到 ASM

在 Oracle 数据库的发展历史上，集群数据库最初是和第三方的集群软件一起工作的，VaxCluster 是数据库集群成功的起点，VCS（Veritas Cluster Server）则是其中最著名的一个。

为了实现数据库集群，Oracle 从 6.2 版本就开始做自己的分布式锁管理器。而这一技术的鼻祖是 DEC，DEC 的分布式锁管理器最早就是 OpenVMS 集群软件中负责管理节点访问共享资源的组件。1982 年，DEC 在 VAX/VMS 的第 3 版中就出现了第一个用于单机系统的锁管理器，它为驻留在单个处理器上的多个进程提供同步服务，并能消除死锁。DEC 的分布式锁管理器由史蒂夫·贝克哈特（Steve

Beckhardt）设计，于 1984 年随 VAX/VMS 第 4 版一起发布。

另外一家对数据库集群软件市场影响深远的著名公司是 Veritas，该公司于 1983 年创立，其最初的名字是 Tolerant Systems，后来更名为 Veritas[1]，旨在打造可靠的容错计算机系统。该公司与美国电话电报公司合作，为其 UNIX 操作系统提供 Veritas 文件系统（Veritas File System，VxFS）和 Veritas 卷管理器（Veritas Volume Manager，VxVM）软件。Veritas 通过其 VCS 集群软件，解决多节点间的并发控制、弹性伸缩、故障切换等问题，通过 VxFS 和 VxVM 解决共享存储管理问题，从而为数据库带来了高性能的并行集群解决方案。在 Oracle 10g 版之前，Veritas 的系列软件是 Oracle 集群的最佳伴侣，几乎无处不在。图 9.20 所示为基于 VCS 集群软件构建的典型的数据库集群架构图。

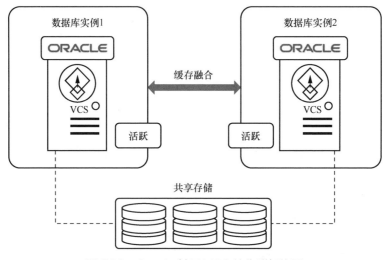

图 9.20　Oracle 基于 VCS 的集群架构图

由于集群文件系统对集群数据库至关重要、不可或缺，Oracle 又秉承着"卧榻之侧，岂容他人鼾睡"的风格，于是 Oracle 公司内部展开了一个内部研发计划，开始研发替代第三方集群软件的产品。据说，1998 年，康柏收购了 DEC 之后，向 Oracle 公司出售了 VAXcluster 和 TruCluster 微代码。DEC 曾经在 RDB 中获得成功的集群软件再一次在 Oracle 的产品中重生，并持续影响着数据库行业。

最终，Oracle 公司在 2004 年伴随 Oracle 10g 版本，推出了免费的集群软件

1　Veritas 在拉丁语中是真理的意思，这个词也印在哈佛大学盾形的红色校徽里，是该校的校训。
　　Veritas 也是罗马神话中真理女神（Goddess of Trath）的名字。

Oracle Clusterware 和自动存储管理（Automatic Storage Management，ASM）组件，彻底完成了对 RAC 集群的自主可控。图 9.21 所示为基于 Oracle 数据库集群架构示意图。

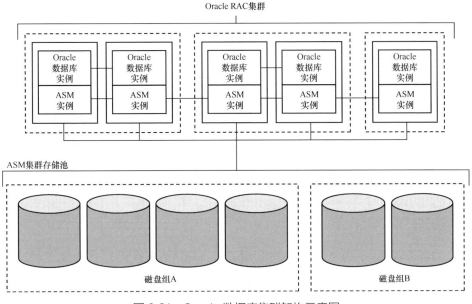

图 9.21　Oracle 数据库集群架构示意图

再如本书前文所述，几乎所有集群和分布式数据库都要依赖一个底层的集群文件系统，如 Google 的 GFS、阿里云的 PolarFS 和腾讯云的 TXStore。

在企业级数据库架构的演进历史上，Oracle RAC 集群是最成功的一个数据库架构，用户通过这一架构获得了计算能力的扩展。而更重要的是，用户可以获得业务的连续性保障，也就是说，当集群中的某一个节点出现故障时，业务不会中断，其他节点能够在线接管服务。注意，**很多用户选择 Oracle RAC 的原因并不是为了获得扩展性，而是为了高可用性。**

Oracle RAC 的一个典型案例来自淘宝网，如图 9.22 所示。淘宝网于 2004 年开始基于 Oracle 产品构建企业级数据仓库 EDW，于 2007 年部署了 4 节点的 Oracle RAC 10g 数仓环境，并分别于 2008 年和 2009 年将数仓环境扩展为 12 节点和 20 节点，日处理数据近 30TB，

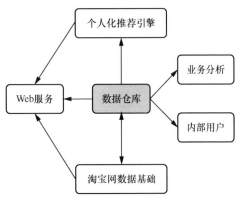

图 9.22　淘宝网的 Oracle RAC 业务示意图

组成了当时规模上全球领先、亚洲第一的数据库集群。

虽然距离 2004 年已经有 20 年的时间，但是当下用户的需求依然明确：只要单机能力足够强大，能够实现自动的故障接管，即使是极简的主备环境，也足以满足"类 Oracle 生产场景"的实际需要。

2. DataPod 集群

华为在 openGauss 5.0 版本中推出了 DataPod 集群（见图 9.23），对外可以通过多节点并行执行数据库读写来提高系统的性能，对**内则通过写入转发，实现在同一个主节点的写入落盘**。当主节点发生故障、宕机之后，其他节点自动接管服务，从而**实现一写多读、读写分离和多点写入的共享存储集群架构**。

DataPod 集群在内核的基础上通过增加分布式内存服务（Distributed Memory Service，DMS）和分布式存储服务（Distributed Storage Service，DSS）组件，实现内存池化和存储池化的解决方案。

目前 DataPod 集群支持 1 主 7 备，主节点支持读写，备节点可以横向扩展读能力，并支持写入转发。集群中的节点间数据保持实时一致，每个节点的数据页面都支持内存、存储级内存（Storage Class Memory，SCM）多级缓存，当集群主节点发生故障时，系统能在 RTO < 10 秒无缝切换到备节点，RPO = 0 秒。

共享存储支持企业级 SAN 存储和分布式存储。DataPod 集群通过多节点共享一份数据，可以将数据库存储空间降低 50% 以上。此外，基于共享存储的 NDP 近数据处理，还可以大幅度消减存储层和计算层的网络 I/O 流量，充分利用存储层 CPU 资源。

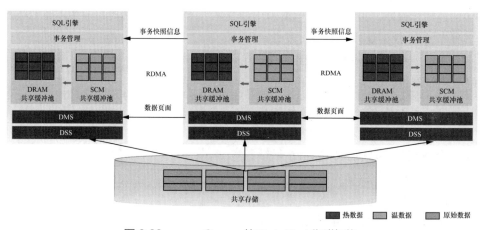

图 9.23　openGauss 的 DataPod 集群架构

3. "参天"多写引擎

在共享存储的基础上,华为存储产品线开源了"参天"多写引擎(见图9.24),推动实现 openGauss、MySQL、PostgreSQL 等开源数据库的多读多写。也就是说,**"参天"多写引擎将 RAC 带入到了开源世界,大大提升了开源数据库的计算能力和高可用能力。**

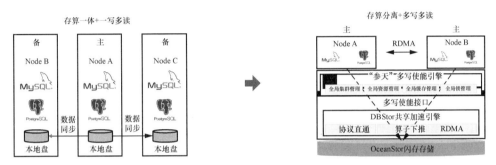

图 9.24 "参天"多写引擎架构原理图

"参天"多写引擎在共享存储的基础上,进一步实现了共享内存。其将在持久化层分布式改造的传统逻辑改为在缓存层分布式改造,通过缓存层高性能数据处理和 RDMA 的高性能通信,弥补持久化层数据同步带来的性能与可靠性问题。"参天"多写引擎主要有四大功能:全局集群管理、全局资源管理、全局缓存管理和全局锁管理。

回到用户需求上,比如,典型的金融核心系统从过去到现在的诉求并没有发生根本变化,因此,开源数据库的解题思路也应该是相似的。过去在开源领域,由于技术和资源的限制,数据库"单边"迈向了分布式架构;但共享存储集群一直是更佳的一个可选项。华为"参天"多写引擎的开源,为开源数据库带来了 ASM 组件,从而使 RAC 成为平民化架构,可以"飞入寻常用户家"。

在数据库集群技术发展的早期阶段,VaxCluster 等产品是数据库集群的最佳组成部分,可是**自从 Oracle 将 VaxCluster 写到数据库里后,集群软件和数据库的连接都被切断了**,这些软件也再未对数据库产生如早期般的深远影响。在这个领域,中国此前几乎没有探索者,一是因为集群技术的难度较大,二是因为数据库领域没有需求,中国数据库厂商将大部分注意力聚焦在分布式架构上。

被数据库"吞噬"的技术,还可以再独立出来。"参天"多写引擎的尝试,就是通过开源将集群软件的研发成果与行业共享,这样既能够实现其社会价值最大化,又能够助力中国数据库集体向前跃迁一大步。

9.7.3 软硬件的协同

在数据库的世界里，终极的目标是实现软硬件完美协同，使得**先进软件在先进的硬件基础上，充分实现性能的先进性，为用户带来卓越的价值体验**。在软硬件协同的领域里，典型的产品是 Oracle Exadata 一体机和云和恩墨的 zData X 等。

1. Oracle Exadata

在 Oracle Exadata 一体机中，Oracle RAC 通过结合 InfiniBand / RoCE 高速网络、Exadata Cell（每个 Cell 节点上一台独立的 X86 服务器）上的闪存或 SSD，为数据库提供了极致的网络带宽、存储能力，以及集群多节点的计算能力，从而实现近乎线性的扩展能力，如图 9.25 所示。Oracle Exadata 围绕硬件实现了大量的技术创新，例如通过在 Cell 节点上的数据过滤和计算卸载，避免了大量数据的网络传输，进一步地改善性能；又例如通过混合列压缩技术减少数据量，从而降低存储需求。

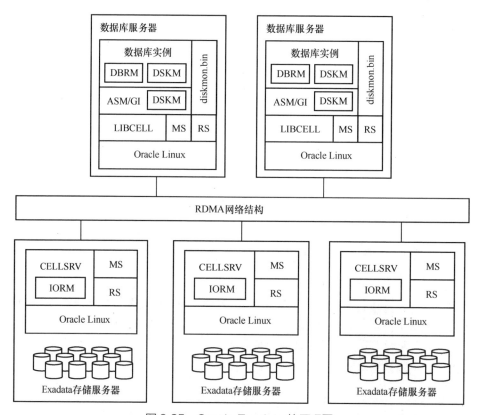

图 9.25　Oracle Exadata 的原理图

2．zData X

云和恩墨的 zData X 是基于高性能全闪分布式存储平台 zStorage（见图 9.26）的技术革新。zData X 是一个支持多元异构数据库运行的数据库一体机产品，同时支持 Oracle、MySQL、PostgreSQL、MogDB、openGauss、达梦、PolarDB 等多种数据库。

zStorage 面向数据库应用进行深度优化，采用基于 Raft 的分布式存储技术管理底层所有的 NVMe SSD。这些 SSD 共同构成一个统一的、高可靠、高性能的存储资源池。zStorage 拥有精简配置、2 副本、3 副本、纠删码、快照、克隆、加密等众多企业级存储特性，为数据库管理提供了灵活的方法和工具。zStorage 在平均时延小于 200μs、P99 时延小于 600μs 的条件下，4KB 随机读写（读写比例 7 : 3）能够达到 280 万 IOPS[1]。

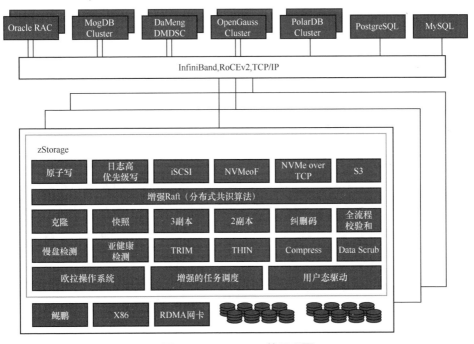

图 9.26　zStorage 的原理图

zStorage 采用中断轮询自适应的高性能任务调度框架处理 I/O 请求全流程，内部所有资源和对象打散到不同 CPU 核，并可以根据实际运行情况动态调整，避免了不同线程竞争访问相同的资源，避免了锁开销。zStorage 能够充分利用 NVMe

---

1　zStorage 测试配置为 3 个存储节点，每存储节点配置 4 片 NVMe Gen4 SSD，用了 14 个 X86 Xeon CPU 核，100G 的 IB（或者 RoCE）网卡，数据冗余模式为 3 副本。P99 是用于衡量服务响应时间的指标之一，P 代表百分比，而 99 表示排名在前 99% 的接口请求的响应时间。

SSD、RDMA 网卡、多核英特尔 CPU 和鲲鹏 CPU 等高性能硬件，并采用 X86 和 ARM 的 SIMD 指令对校验和、压缩、EC 等算法进行优化。此外，zStorage 还充分利用 CPU 的向量处理能力，以实现高性能的 I/O 处理。

3．面向软件的硬件优化

在软硬件社会化分工体系形成之后，软件和硬件相结合的终极优化莫过于专用硬件设计和软硬件联合优化。

Oracle 曾经在收购 Sun 公司之后，在数据库和芯片结合方面进行了研发投入，一度提出了 SQL in Silicon 的理念，即将 SQL 的特定计算下推至 CPU 处理，从而缩短访问路径，改善计算效率，极大地提升性能。在具体芯片优化上，Oracle 研发的 SPARC M7 提供了特定的数据分析加速器（Data Analytics Acceleration，DAX）来提升数据库的某些功能，特别是 Oracle 的内存选件（In-Memory Option）；SPARC M8 还增加了对数据库内所有数值相关操作的加速功能。

Oracle 公司配置 M7 芯片的服务器于 2015 年发售，单机最多可配置 4 个处理器（每个处理器 32 核心），每个处理器最高可以配置 2TB 内存。通过软硬件联合优化，CPU 针对数据库在内存解压缩、内存扫描、范围扫描、过滤和连接辅助等方面进行卸载，降低了内存占用率，并使数据库相关查询性能较之前提高了 10 倍。

虽然对于数据库来说，这是软硬件结合的最佳方向，但是随着 Oracle 在 CPU 方向投入的减弱，Oracle 在芯片方向软硬结合的探索最终转向了和英特尔合作。

在 openGauss 数据库的研发过程中，华为通过联合 CPU 和操作系统的深度优化，同样体现出数据库在软硬结合方面的创新优势。尤其是 openGauss 与鲲鹏处理器、欧拉操作系统的无缝融合。

图 9.27 展示了 openGauss 数据库 CAS（Compare And Swap）操作的指令集实现。CAS 是数据库需要频繁调用的一个原子操作，在多线程操作下，CAS 用于确保数据写入的一致性；在传统的指令集下，CAS 需要图 9.27 所示的 4 个指令操作才能完成。

```
20          os_compare_and_swap_ulint(&old,old,new);
   0x00000000004005bc <+24>:     ldr      w0, [x29,#24]
   0x00000000004005c0 <+28>:     mov      w2, w0
   0x00000000004005c4 <+32>:     ldr      w1, [x29,#28]
   0x00000000004005c8 <+36>:     add      x0, x29, #0x18
   0x00000000004005cc <+40>:     ldxr     w3, [x0]
   0x00000000004005d0 <+44>:     cmp      w3, w2
   0x00000000004005d4 <+48>:     b.ne     0x4005e0 <main+60>
   0x00000000004005d8 <+52>:     stlxr    w4, w1, [x0]
   0x00000000004005dc <+56>:     cbnz     w4, 0x4005cc <main+40>
   0x00000000004005e0 <+60>:     dmb      ish
```

图 9.27　openGauss 优化前的 CAS 指令调用

而 openGauss 通过和鲲鹏的联合优化，通过一个 casal 指令即可完成原 CAS 的操作，从而实现指令集的优化提升，如图 9.28 所示。

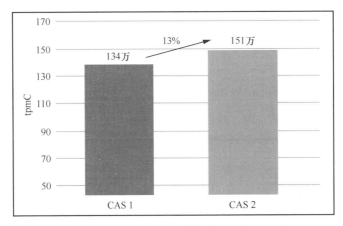

图 9.28　openGauss 优化后的 CAS 指令调用

仅在这个方面的小改进，openGauss 的性能就较原来提升了 10%。openGauss和鲲鹏联合优化的成果图如图 9.29 所示。

图 9.29　openGauss 和鲲鹏联合优化的成果图

从长期来看，硬件和软件深度结合的优化，将会为数据库带来不可估量的价值提升。

9.7.4　内核革新

随着技术的进步，CPU、内存、存储等资源性能和供给都获得了革命性的提升，问题开始转移到了数据库的内核之上。

1．内核效率瓶颈

斯通布雷克在 2007 年发表的 *The End of an Architectural Era*（《架构时代的终结》）论文中，系统地论述 Oracle、微软和 IBM 提出的 20 世纪 70 年代的数据库架构已经过时的论断，并在副标题旗帜鲜明地提出了："It's Time for a Complete Rewrite（是时候完全重写数据库了）"。他提出的 OLTP 数据库应具备下列特点。

- 专门用于解决某一个问题：快速执行短暂的预定义（非即席的）事务，查询计划相对简单。简而言之，就是专用的 OLTP 平台。

- 符合 ACID 规范：所有事务均为单线程运行，默认提供全部事务的可串行性。

- 总是可用：利用数据复制（而非热备）来提供高可用性，几乎不增加成本。

- 地理分散：在由分散多处的机器组成的网格上无缝运行（这进一步提高韧性，并局部地提高性能）。

- 无共享架构：多台机器通过对等网络互联，分担负载。添加机器是不会造成停机的无缝操作，并且失去一个节点仅会造成性能略微下降，而不是全系统停止运行。

- 基于内存：全部在内存中运行，以提高绝对速度，通过向其他节点进行内存数据复制来保证持久性。

- 消除瓶颈：彻底重新设计数据库的内部构件，实现单线程运行，同时消除重做日志，以及锁定和锁存的必要性——这些都是对数据库性能最为重大的制约。

为证明上述各项特点的可能性，斯通布雷克构建了一个原型系统，即 H-Store 数据库，并证明在使用相同硬件的情况下，其 TPC-C 基准性能是对比的商业产品的 82 倍。H-Store 原型成绩优异，每秒可处理 70000 个事务，与之相反，尽管数据库管理员付出了大量努力进行调优，某商业产品每秒仅能处理 850 个事务。此前的 TPC-C 世界纪录为每个 CPU 核心大约每秒处理 1000 个事务，但 H-Store 采用双核 2.8GHz 台式机，速度是原世界纪录的 35 倍。

H-Store 通过完全重写代码，消除了传统数据库的锁定、缓存等竞争，并使用基于内存的处理来代替基于磁盘的处理，既保证了全面的 ACID 和事务一致性，又使速度提升了几个数量级。VoltDB 是 H-Store 原型的商业化产品，最早发布于 2010 年，属于专用的 OLTP 系统，用于 Web 级的事务处理和实时分析。

斯通布雷克参与写作的一篇论文在 2008 年 SIGMOD 大会发表，论文题目为 *OLTP Through the Looking Glass, and What We Found There*（《**透视镜中的 OLTP 和我们的发现**》）。该论文详细阐述了传统数据库的性能症结所在，以及如何通过重构内核获得极致的性能成果。

这篇论文通过实证指出，OLTP 数据库包括一套功能：磁盘驻留的 B 树和堆文件、基于锁的并发控制和对多线程的支持，这些功能是**针对 20 世纪 70 年代末的计算机技术而出现的**。而现代处理器、内存和网络的进步意味着今天的计算机与近 40 年前的计算机有很大的不同。例如，许多 OLTP 数据库现在可以放在主内存中，而且大多数 OLTP 事务可以在几毫秒甚至更短的时间内处理；而数据库架构却没有什么变化。

利用当时的新硬件，斯通布雷克的团队通过对运行 TPC-C 子集的交易处理数据库系统进行了详细的指令级分解来推测性能，最终实现了对原始系统性能的 20 倍提升。图 9.30 表明，数据库在运行中处理查询的实际指令，只有大约 1/60 被标记为"有用的工作"（Useful work）。缓冲区管理器（Buffer manager）之下部分代表了精简之后仍能运行事务的系统，仅使用了原始系统的大约 1/15 的指令。

图 9.30　处理查询的实际指令分布

2．多核处理器并发

在 VLDB 2014 上，斯通布雷克参与写作的另外一篇论文发表：*Staring into the Abyss: An Evaluation of Concurrency Control with One Thousand Cores*（《**凝视深渊：千核并发控制评估**》）。这篇论文指出，计算机体系结构正在向一个由多核机器主导的时代迈进——在一个芯片上有几十个甚至几百个内核。这种前所未有的芯片上，并行化水平为可扩展性引入了一个新的维度，而目前的数据库管理系统在设计时并没有考虑到这一点。值得注意的是，**随着内核数量的增加，并发控制的问题变得极具挑战性**。在数百个线程并行运行的情况下，热点竞争很可能会削弱内核数量增加带来的收益。

通过在一个主内存 DBMS 上实现多种并发控制算法，并使用计算机模拟将系统扩展到 1024 个内核。该论文的分析表明，所有的算法都不能很好地扩展到这个量级。图 9.31 展示了在 6 种并发控制算法下，随着处理器核心数的增加，系统吞吐量反而出现了下降。该论文的结论是，**多核芯片可能需要一个完全重新设计的 DBMS 架构**，而不是追求渐进式的解决方案。这个架构是从头开始建立的，并与硬件紧密结合。

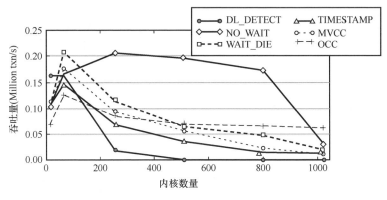

图 9.31　多核带来的挑战

数据库技术从来不是独立的技术领域，软硬件资源的进步和跨学科技术的发展，正在不断为数据库的发展注入新的生命力，也推动**数据库回归到内核本质上，重新聚焦通过充分利用硬件资源，革命性地提升单机性能，进而实现超极限的集群和分布式性能。这甚至需要重走一次数据库的演进历程，并设计全新的 DBMS 架构**。大道至简，单机和集群架构将在环境进化的伴随下，再次显示出**根基性的优势**。

9.8　HANA 的实践

伴随资源环境的进化，探索者的脚步从未停止、不断向前。SAP 的 HANA 就是一个破局而来的先行者。

哈索（见图 9.32）是 SAP 公司的创始人之一，还是公司的首席软件顾问，他致力于制定 SAP 的中长期技术战略和发展方向。

哈索·普拉特纳（Hasso Plattner）在他的《内存数据管理》一书中提到："**将企业系统分为 OLTP 系统和**

OLAP 系统，进而将企业级应用精确划分为事务处理应用程序和分析应用程序的做法是与实际情况相悖的。"

哈索有理由这样说，因为 SAP 首先**通过应用来理解用户需求**。在企业级管理软件领域，SAP 毫无疑问是领先者，从"R/3 时代"开始，SAP 开发的基于 C/S 架构和 RDBMS 的应用软件获得了巨大的成功。当数据越来越多时，**企业总是希望能更及时、更智能地分析和使用数据**，而从 OLTP 到 OLAP 的数据传递，需要反复地进行"抽取 - 转换 - 加载"（Extract-Transform-Load，ETL），OLAP 系统始终无法最及时地反映实时数据。

正是基于对用户需求的理解和判断，哈索期望打造一个融合 OLTP 和 OLAP 的数据库系统，这正是 HTAP 的思路。

当 SAP 准备研制新一代的 ERP 系统（第 4 代）时，哈索就开始着手探索融合 OLTP 和 OLAP 的可行性。基于硬件技术的进步，他得出的结论是，**通过内存关系型数据库可以实现 HTAP**。这一时期，在硬件领域，CPU 众核成为发展趋势，内存容量也越来越大；在软件领域，大数据在蓬勃兴

图 9.32　哈索

起，列式存储、分布式数据库、数据仓库、数据挖掘等技术都已经发展成熟。这些先决条件的存在使得哈索的想法具备了实践基础。

根据维沙尔·辛卡（Vishal Sikka）[1] 的回忆文章中说，SAP 关于内存数据库的研究早在 1998 年就开始了。由哈索资助的 HPI（Hasso Plattner Institut，哈索·普拉特纳研究所）承担了最初的研究工作。除了探索性研究之外，SAP 还有 3 个各有来头的数据库基石产品，分别是 MaxDB、P*Time 和 TREX。

- **MaxDB 是一个基于 MySQL 的关系型数据库**，是 2003 年 MySQL 创始人蒙提和 SAP 合作开发的数据库，Max 是蒙提儿子的名字。

- **P*TIME 是一个内存行式存储数据库**，P*TIME（Parallel* Transact-In-Memory Engine）的名字源自车相均（Sang Kyun Cha）教授的 Transact in

1　维沙尔·辛卡于 2002 年加入 SAP，领导先进技术团队，负责战略性创新项目。2007 年 4 月，他被任命为 SAP 的第一位 CTO。2010 年，当李艾科辞去执行董事会职务出任惠普 CEO 后，辛卡被任命为 SAP 董事会成员。2014 年 5 月 4 日，辛卡离开了 SAP 出任 Infosys 的 CEO。在 SAP 工作的 12 年中，辛卡领导了 SAP 的一系列创新产品研发，包括内存平台 SAP HANA 及其所有应用、云计算和技术解决方案。辛卡于 2019 年 12 月被任命为 Oracle 董事会成员。

Memory（TIM）公司，TIM 公司于 2002 年在硅谷成立（其全资控制韩国的 TIM System 公司）。据说 P*TIME 在硅谷做了一次 Demo 演示之后，被维沙尔·辛卡看中，2005 年，SAP 悄然将其收购。此后，SAP 于 2008 年 3 月正式宣布将 TIM System 转变为韩国 SAP 实验室。

- **TREX 是一个文本检索和信息提取（Text Retrieval & Information Extraction）系统，其采用列式存储**，在用于 HANA 之前，TREX 被应用于 SAP 的商业智能加速器 / 数据仓库加速器（BIA / BWA）。

哈索带着他的博士生团队于 2009 年完成了一个基于内存、列式存储、支持事务的数据库原型——SanssouciDB。**依托多核大内存的商业刀片集群，将表存储在压缩列中，并将主数据副本全部存储在主存中，尽量减少锁操作，这些充分利用新资源的设计最终成就了 HANA[1]**。

当然，HANA 不是凭空而来的，MaxDB、P*TIME 和 TREX 的技术积累，为 HANA 提供了基石，最终 SanssouciDB 在此基础上继续发展成为了一个支持全部事务，和多种高级分析功能的数据库系统，取名为 HANA，于 2010 年正式发布。

最终实现的 HANA 是一个采用无共享架构的内存数据库，通过充分利用高性能的硬件（多核处理器、大容量内存）和列存来做到高压缩比与实时计算。图 9.33 展示了 HANA 的架构，通过将一份数据在内存中进行列式压缩，形成行、列两种形态，从而实现了分析型应用的极致加速。HANA 针对列存与内存计算的优化，使得大量分析型业务可以直接构筑于列存之上。同时，HANA 的行存还可以提供常规的 OLTP 功能，行存数据根据策略来定期合并到列存之中。

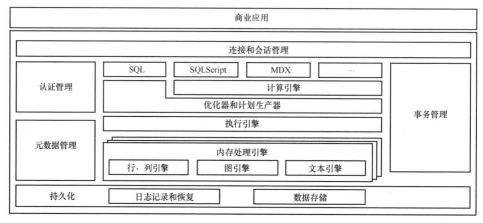

图 9.33　SAP HANA 架构图

1　HANA 代表的是 High performance ANalytic Appliance，也曾是 Hasso's New Architecture 的缩写。

在 2009 年的 SIGMOD 的会议上，哈索做了 *HANA-A Common Database Approach for OLTP and OLAP Using an In-Memory Column Database*（《HANA-A 使用内存列式数据库实现 OLTP 和 OLAP 通用数据库的方法》）的报告。这是 SAP 对于传统数据库领域理念的一次激烈碰撞，甚至引发了斯通布雷克的激烈批评，但是这篇报告的发表掀开了 HTAP 数据库的历史序幕。

HANA 成为第一个全面支持 ACID 的事务型列式存储数据库，也是第一个 HTAP 的内存型数据库。通过 HANA 可以避免传统 BI 的 ETL 过程，实现近乎于实时的数据分析。HANA 可以使当时需要跑一天的报表加速到 3s 内完成，技惊四座，为 SAP 吸引了诸多客户的尝试，也引发其他数据库企业的相继跟进，SAP 成为了内存数据库的开拓者。

为了补齐数据库技术上积累的短板，SAP 在 2010 年收购了 Sybase，通过继承 ASE、IQ、SQL Anywhere 等诸多数据库产品的积累，HANA 得以不断完善。2011 年，基于内存计算技术的高性能实时数据计算平台 SAP HANA 正式面向全球用户推出。SAP HANA 将数据库与数据仓库合二为一，让数据的分析路径更短，而且使得数据分析所依据的数据资源更广，数据分析的时间接近于实时。2012 年，SAP 发表了论文 *The SAP HANA Database: An Architecture Overview*，向外界全面介绍了 SAP HANA 的数据库架构和实现。

2015 年，SAP 推出了 ERP 领域的全新平台 SAP S/4 HANA。此时，SAP HANA 已经成长为一个生态健全、各方面都很领先的内存数据库，即使是 Oracle 也无法再撼动它的地位。以前，SAP 的 ERP 底层大多都是 Oracle 数据库，HANA 使得 SAP 彻底摆脱了 Oracle 的制约。鉴于第 3 章中描述的 Oracle 和 SAP 之间的恩怨情仇，这对于 SAP 来说，完全是一次绝地反击，对于竞争对手的，也是对于学术界的。直到 2014 年 6 月，Oracle 在 12c 的 12.1.0.2 版本中，才正式发布了基于内存和列式计算的 In-Memory Option，实现了和 HANA 类似的行列混存架构。

SAP HANA 也是 SAP 历史上成长最快的产品，到 2020 年十周年之际，HANA 已经服务了全球超过 32000 个客户。

作为数据库产品，HANA 源自对用户需求的洞察，SAP 和 Google 等互联网企业不同，SAP 并无自身应用场景需求，所以从用户视角出发，通过对成熟技术的重新排列组合，应用内存数据库技术、列存技术等，成功配搭出显著创新产品；而 Google 等互联网企业，能够针对自身应用场景，进行大刀阔斧式原始创新探索，进而对 NewSQL 进行了启蒙。

作为 SAP 美国公司的董事长、SAP 的联席董事长和 SAP R/3 的总架构师，哈索在 1997 年被授予全球一体化信息技术领导奖，并于 1998 年入选德国名人堂。

9.9　SQLite 启示录

在全球数据库市场上，有一个数据库堪称典范，这就是 SQLite。SQLite 是全球用户最多的数据库产品，有超过 1 万亿个实例在运行。SQLite 无处不在，但是很多人可能闻所未闻。**它完全符合应用至简、技术无感化的技术终极愿景。**

SQLite 是一个嵌入式数据库，执行程序可以小至 750 KB。Android 和 iOS 都将 SQLite 作为内置数据库，微信用其在本机存储好友信息、消息等数据，iMessages 和 WhatsApp 使用其存储信息，浏览器（如 Chrome、Firefox）用其在本地存储 Cookie 等。基于这些应用，几乎每个人都和 SQLite 产生了连接。

图 9.34　理查德·希普

SQLite 的开发者是理查德·希普（Richard Hipp，如图 9.34 所示），他最开始在一艘军舰上做开发外包，他做的程序用于指导军舰的故障处理，数据来自于位于服务器端的 Informix 数据库。当时的 Informix 很不稳定，经常崩溃连不上，因此程序经常出错。理查德说，如果军舰在战斗中受到伤害需要修复止损，无论任何情况，你绝不希望有一个对话框说："无法连接到数据库服务器"。

理查德的程序所做的只是将数据读入内存，通过计算，处理军舰部件的跳过问题。于是，他决定编写一个无须外部连接的本地数据库来解决这个问题。

2000 年，当理查德开始着手编写数据库时，他虽然没有数据库开发经验，但是他懂编译器。理查德最初的构想非常简单，他说："把每个 SQL 语句看作一个程序，我的任务就是把这个程序编译成某种可执行的代码。所以我写了一个字节码引擎，可以实际运行一个查询。然后我写了一个编译器，可以把 SQL 翻译成字节码，这样 SQLite 就诞生了。"

为了验证一些想法和测试其中的代码，理查德开始把 SQLite 发布到网上，很多人看到一个数据库居然能运行在 Palm 这种性能非常弱的掌机上时，都大为惊叹。

一些大公司也开始注意到了 SQLite。摩托罗拉、AOL（美国在线）、诺基亚纷纷采用了 SQLite，其中，诺基亚还把 SQLite 放到 Symbian 系统中。这阶段是 SQLite 发展的中期阶段，SQLite 发展的高峰阶段是 Android 的发明时期。当时 Android 还处于内测阶段，在 2005 年左右，当理查德发现这个系统可以通过网络下载，被安装运行到任何可能的设备上时，就立即预见到 Android 会迅猛发展。后面果如理查德所料，SQLite 也跟着 Android 广泛传播，看不见，但却无处不在。

作为一位自负的程序员，理查德曾经向很多人吹嘘说 SQLite 没有任何错误，或者说没有严重的错误，但 SQLite 在 Android 上，被打脸了。理查德从未想象到，当 SQLite 被安装到数以百万计的设备上时，竟然会出现这么多错误，系统经常崩溃。

这一阶段，理查德从客户罗克韦尔·柯林斯（Rockwell Collins，这是一家航空电子设备制造商）公司获得了灵感，通过他们推荐的 DO-178B 手册，改进了测试流程，解决了 MC/DC（代码覆盖率）这件事。SQLite 的代码位于非常底层的位置，有时甚至需要深入到机器码这个层面去测试，测试难度相当高，要做到 100% 测试覆盖绝非易事。理查德花了整整一年的时间，做到了 95% 的覆盖率。另外的 5% 覆盖率实现起来更困难，理查德为此花了更多的时间。据说，这 5% 的测试代码从未开放过，理查德甚至想作为产品的核心功能拿去卖钱。实现 100% 测试覆盖率后，SQLite 在 Android 上就没再被客户报过 Bug 了。

理查德说：**"在接下来的八九年里，我们真的没有任何 Bug。"**

这是令人难以置信的成就。

为了实现这一目标，理查德构建的测试代码量非常惊人，每个版本有 10 万个测试用例，会跑数十亿个测试。SQLite 可能是运行环境最广的软件，支持几乎所有的 CPU 和所有的操作系统。SQLite 的测试不仅仅需要进行代码的测试，还需要进行 SQL 语句的测试，要做到 SQL 执行结果和市面上 MySQL、Oracle、PostgreSQL 这些数据库的结果一致。

回顾 SQLite 的研发过程，理查德说，这是第一性原理的应用，按照事物本来的样子去设计，始终思考如何让数据库运行得更快，很多人的出发点不同，但最后大家都殊途同归。

理查德在 SQLite 官网写道：**"我们希望你能发现 SQLite 是有用的，我们恳请你好好使用它，制造快速、可靠、简单的好产品。"**

9.10　数据库的简化

数据库向下要发挥算力资源的能力，向上要承接应用的业务需求挑战。因此，数据库始终处于核心位置。数据库的终极未来是什么？这是数据库行业里一直在持续探讨的命题。

9.10.1　大道至简

Oracle 23c 提出的理念是 App Simple，其特性如图 9.35 所示。亚马逊在 re:Invent 2022 大会上提出的一个理念是 Zero-ETL，**其实都是在简化**。只不过，其中有些企业的简化是螺旋式上升的，他们在走一条循环往复的简化之路。

图 9.35　Oracle Database 23c 典型特性

在 Oracle 的世界里，应用简化的内涵是**通过多模数据库，不断融合各种数据类型、开发方法，使得万千应用"熔于一炉"**。让开发者能够尽可能简单地使用数据库，降低开发难度，为图形、时序、JSON 等各类数据设置统一接口以便访问，能够将行存和列存在一个数据库中实现，使得事务处理和分析计算能够通过同一个数据库提供。Oracle 公司已经通过一体机拥有了强大的底层算力，现在则着重通过应用简化让应用简单。

Oracle 数据库过去成功的基础就是为开发者提供丰富的功能和易用性，因此深受开发者的拥护和喜爱。现在，Oracle 再次回归到应用开发简化上来，可以说是山重水复之后的认知回归。在 Oracle 23ai 版本中，Oracle 进一步将 App Simple 的理念升级为"AI Made Simple"。

在 AWS 的世界里，则是将原有的 Oracle 数据库替代为各种云上的 RDS 数据库，然后通过简化 ETL，来加速数据复制和流通。

2019 年，亚马逊最终将 7500 个 Oracle 数据库中的 75 PB 内部数据迁移到多个 AWS 数据库服务，彻底替换掉了 Oracle。这一步打破 Oracle 的技术壁垒，虽然数据库的品类和数目都大大增加，但是**云的自动化管理和运维简化了管理流程，使得这一切可以达成**。

由于在新的架构上，数据集成变得复杂，所以，2022 年，AWS 提出了 Zero-ETL 来简化这一复杂性。首先，Zero-ETL 解决的是自身的 OLTP 和 OLAP 之间的数据整合问题，通过连续不断地将 Aurora 的数据同步到数据仓库 Redshift，以满足交易数据的近实时分析和机器学习需求。

这是解构再建构的过程。Oracle 使用一个数据库去解决 OLTP 和 OLAP 的双重需求，行列混存使得其在某些业务场景下鱼和熊掌可以兼得。AWS 看似在进化的路上循环往复，但是本质上，云在底层使得这一切的变化更有意义。

9.10.2　数据库无感化

数据库应用的演进，用户经历了从自建数据库到 PaaS 服务数据库、云原生数据库，再到无服务器（Serverless）数据库，如图 9.36 所示。**技术的进步是通过不断简化用户的管理，从而让数据库的应用更简单的。**无服务器数据库更进一步地将云数据库带到新时代，通过更精细化的弹性和计费，让经济性回归。

第1阶段：自建数据库。这是数据库部署最传统的方式，用户自建机房、自我组织，需要从头进行选型、搭建、维护和扩缩容管理。

第2阶段：PaaS服务数据库。从云平台提供方以租用服务的方式获得，这是云数据库应用的初级阶段，用户通过自建到云上租用，实现了快速部署和自动化运维等便利。

第3阶段：云原生数据库。数据库基于云技术进行了创新，可以提供快速的扩缩容的能力以及更小粒度的计费能力，实现按使用量付费。

第4阶段：无服务器数据库。数据库具备完全自动化的伸缩能力，为用户带来更经济的计费模式和更无感的扩容体验，它可以让业务根据请求的繁忙程度实现平滑的全自动响应，无需人工介入。

图 9.36　数据库应用发展的 4 个阶段

Serverless 的概念在 2012 由 Iron 公司首次提出，字面意思就是"不需要服务器"或"无服务器架构"，但是这一概念真正被大家熟知，是在 2014 年 AWS 推出 Lambda 之后。Serverless 数据库的服务端逻辑由开发者实现，运行在无状态的计算容器中，由事件触发，完全被第三方管理，其业务层面的状态则存储在数据库或其他介质中。Serverless 技术是云原生技术发展的高级阶段，可以使开发者更聚焦在业务逻辑，而减少对基础设施的关注。

Serverless 技术本质上又是一种简化，简化了环境管理和应用开发。在这一造词序列上，还有 Diskless，自然也有 Databaseless，**数据库的无感化也一定是数据库发展的未来**。

所有的 less 思想都可以用第一性原理重新注解。随着时间的流逝和技术的创新，任何现有的流程和认知，都可以被重新审视，追本溯源重新发现问题，以寻求更佳的解决方案。

Serverless 和 Databaseless 就是重新审视了架构的复杂性，用进步的技术替代原有架构中的落后环节，从而**让用户实现更佳的技术无感知，让开发者更加聚焦于业务**。

Serverless 在数据库上的关键技术，包括资源池化与弹性扩展、高可用、高性能和低成本。高可用和高性能是数据库的持续追求。低成本虽然看似技术无关，但是其本质上要依赖技术上的极致弹性和动态伸缩。只不过，如今这些技术基于云有了新的征途。

9.10.3　智能加持

数据库无感知地进一步进化的基础当然是 AI、AI4DB 和 DB4AI。数据库和 AI 技术无缝融合，可以对彼此形成助力。

AI4DB 是指将人工智能应用于数据库管理系统中，以提高数据库的性能、可伸缩性、安全性和易用性，AI4DB 的核心思想是利用机器学习算法和数据分析技术来优化数据库的数据存储、查询处理、事务管理、数据清洗和系统调优等方面；DB4AI 是指数据库为人工智能和机器学习应用而设计的数据库管理系统，通过数据库技术来优化 AI 技术。此外，随着 AIGC 技术的演进，过去数据库的一些长期挑战，也呈现出新的解决思路。

AI4DB 的发展趋势从**传统的以问题为导向的理性主义，演进到了以数据为导向的经验主义**。目前，学术界和工业界共识的研究重点是，将传统的理性主义与数据驱动的经验主义进行有机结合，将机器学习与数据管理在功能上融合统一，利用机器学习增强系统设计开发。

学术界在数据库的自优化、自监控、自诊断、自恢复等方面取得一定进展。

- **自优化是指数据库内核的智能优化**，包括但不限于利用深度学习进行基线估计、成本估计、连接顺序选择等，以及数据库外置的根据查询自动实现索引、视图、参数的推荐。

- **自监控是指通过强化学习等 AI 技术实时监测数据库运行过程中的各项指标**，如读写延迟、CPU/ 内存占用率等；当检测系统异常时，可以自动调整系统参数，提升数据库运行性能。

- **自诊断是指根据数据库性能表现和运行指标，来抽取特征，利用 AI 技术定位慢 SQL 根因、锁冲突等异常，并提供智能优化建议。**

- **自恢复是指利用历史诊断手段来自动避免错误和问题，自动恢复数据库运行**，保证数据库的高可用性。

在工业界方面上，不同数据库产品也通过对人工智能技术的不断实践，开始向智能化方向演进。

- Oracle 于 2018 年率先提出自治数据库（Autonomous Database）理念，依托云为用户提供自动化的部署、监控、备份等服务，从多角度实现了数据库的自主管理、自主优化。在 Oracle 的 19c 版本中实现的自动化索引（Automatic Indexing 如图 9.37 所示）技术就是通过内置的 AI 能力，模仿专家工作方式，通过捕获数据库的 SQL，分析并创建新的索引，评估性能来确定索引有效。这在数据库中是非常有价值的一个智能化实现。

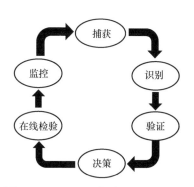

图 9.37　Oracle 自动化索引示意图

- 2020 年 5 月，数据库管理公司 OtterTune 成立，其创始人主要来自卡内基·梅隆大学，其研究成果最早发表于 2017 年的 SIGMOD 上。该公司的产品利用机器学习进行参数调优，寻找最优的数据库配置。

- 2021 年，阿里云 RDS 数据库进行品牌升级，基于人工智能和机器学习技术，推出云原生企业级自治数据库，能够提供自动升级、自动调优等数据库自动驾驶能力。

- 2022 年 3 月，openGauss 社区正式发布 2.0 版本，进一步完善数据库的 AI 框架，在慢 SQL 发现、智能索引、智能预测等场景引入大量的 AI 技术。

DB4AI 通过扩展 SQL 算子来支持 AI 算子，能够实现库内训练和推理。数据库赋能 AI 主要有 3 种实现方案。

- 数据库与 AI 的无共享方案通过数据库存储数据，分别使用 SQL 引擎和 AI 引擎执行 SQL 和 AI 操作。AI 操作所需的数据需要从数据库导出。一些系统会使用声明型语言统一定义关系操作和 AI 操作，并自动地在数据库与 AI 系统之间实现数据传输，代表产品为 SQLFlow、SQL4ML、MLog。

- 数据库与 AI 的共享数据方案，也被称为库内训练，用户通过自定义函数在数据库内实现 AI 操作，无须数据库导出数据，但数据库和 AI 仍由不同引擎处理，代表产品为 Polar4AI、MADlib、Vertica、SQL Server。

- 数据库与 AI 的全共享方案，通过统一的数据模型、数据操作模型与操作优化引擎实现数据库与 AI 的融合功能。该方案仍在初始研究阶段，难以支持复杂的 AI 操作，对非结构化等数据支持也较有限，代表产品为 RelationAI、openGauss、SciDB 等。

未来，**随着 AI 和数据库的深度融合，面向人工智能的 AI 原生数据库将成为满足用户需求的关键技术。**一方面，AI 原生数据库需要扩展 SQL 的算子来支持 AI 算子，实现库内的训练和推理；另一方面，其需要通过内置 AI 算法来提升数据库的智能优化、智能运维。AI 原生数据库在数据模型、数据操作和系统部署层面都会带来新的挑战和机遇。

当下，在 AIGC 技术方向，大模型和数据库结合已经呈现出独特的高价值场景。例如，基于大语言模型的自然语言 SQL 转换（LLM-based_NL2SQL）、知识库问答等，能够帮助数据库解决开发规范、即时支持响应等问题。学术界和工业界已经快速展开了相关尝试。

- **TiDB Cloud 发布了基于 OpenAI 的智能数据探索功能 Chat2Query**：可以使用自然语言向 Chat2Query 提问，由其生成相应的 SQL，进而对数据集进行分析。

- **阿里巴巴开源了 Chat2DB**：这是一个多数据库客户端工具，集成了 AIGC 的能力，能够将自然语言转换为 SQL，也可以将 SQL 转换为自然语言，还可以为研发人员 SQL 给出优化建议，极大地提升了人员的效率。

- 清华大学发表了论文 *LLM As DBA*，开发了一款名为 D-Bot 的大语言模型工具，从文本来源中持续获取数据库维护经验，并为目标数据库提供合理的、有根据的、及时的诊断和优化建议。

NL2SQL 技术的发展，为解决 SQL 质量问题带来了新的思路。传统方式通过优化器在库内解决执行计划问题，IBM 和 Oracle 在这方面几乎做到极致，但是仍然无法应对成千上万、各具特色的前端输入。通过 NL2SQL 等技术进行标准化的输入管控，再结合 AI 进行标准化和质量控制，这样有望通过内外结合方式更好地解决 SQL 质量问题。云和恩墨的 SQM 产品，通过基于专家经验和人工智能的 NLISQL 审核，就是在库外积累解决 SQL 质量问题的能力。

很多人乐观地预测，5 年内 GPT 就能够替代程序员进行开发。如果这个目标得以实现，通过 AI 的输入管控实现标准化，数据库的很多性能问题就自然迎刃而解了。

数据库和 AI 的融合发展是数据库技术发展的重要领域，具有十分广阔的探索空间。

9.10.4　新 DBA 时代

伴随 AI 技术在数据库中的应用，传统 DBA 的工作面临着严峻的挑战，挑战带来 DBA 的变革。在 AI 驱动的新 DBA 时代，传统数据库管理员必须经历**从管理到架构、从维护到设计的转变**。

只有做好前期的数据架构的选型、规划、建设，才能够实现可持续的企业数据环境，才能够在快速变化的数据库技术中，减少投资浪费，持续高效地支撑业务发展。这意味着，**DBA 的工作重心要从传统战术性工作（这些工作基本上可以由智能化应用自动完成）转变到战略性工作上来**。

战术性工作并非不重要，它依赖于 DBA 长期积累的知识和技能来进行数据库的运维和优化。然而，这些工作需要不断地培养人才去完成，且无法满足快速变化的业务和技术需求。所以别无他法，**要么是数据库软件通过简化和智能化功能实现自我管理，要么是外在的平台工具自动、智能地来完成这些工作**。

在数据库层面，在核酸检测年代暴露出来的并发障碍，其实和 20 年前我们遇到的数据库问题（快速增加的数据引发的全表扫描）别无二致，优化手段（优化索引和分表分享）也毫无差别，然而靠人工去优化解决总是事后救火。因此，根本上需要靠数据库自身来解决这些问题，从而消除人工的介入。

在平台工具层面，传统的 DBA 工作也正在加速被平台型产品所替代，云和恩墨的 zCloud 就是在私有云上构建的 dbPaaS 平台产品，而公有云上自然有云厂商的管理平台。**从云上到云下，从传统 DBA 到 CloudDBA，传统的工作自动化，新的工作全局化。**

因此，DBA 的工作必须更向前、更向全局发挥作用。这些全局化的战略性工作就包括以下几个方面。

- **架构、规划、数据模型**。越是向前迈进、呈现的数据价值影响将会越明显，越能够在前期进行科学规划和设计，越是有助于整体系统的合理性实现。

- **数据安全和数据生命周期管理**。数据安全随着数字经济发展越发重要，数据全生命周期管理、合规应用是未来的重要方向，亟须专业人才投身其中。

- **应用相关的调优和优化**。优化，尤其是前置优化，其价值越来越被重视，也将是数据库应用中未来唯一重要的工作事项。

- **端到端的服务级别管理**。数据架构思想融入全局，端到端地实现数据环境的可视化管理，确保前置的问题发现和预防，全流程地保障企业服务级别目标的实现。

在国产数据库的发展历程中，传统的 DBA 通过一流的国际产品实践，积累了丰富的经验，能够**向国产数据库的产品经理、产品架构师、运维产品设计师等角色转变，进而发挥出更重要的作用**，助力产业繁荣。

9.11　数据库的未来

在漫长的发展历程中，数据库技术左突右奔，博采众长，不断探索，发展出庞大的生态体系。可以借用《易经》的 3 个原则，从 3 个角度来看数据库。

- **变易**：随着业务应用的发展和多样化，数据类型不断丰富，数据体量爆炸增长，数据库作为数据存储的主体，不断面临新的挑战——从集中式到分布式，从关系型到非关系型，为满足业务需求而不断发展演进。

- **简易**：从软件分工体系来看，数据库基础软件承载了数据层的存储和应用的任务，其核心是通过软件功能的不断增强，简化业务应用开发，让业务人员专注业务，让数据人员专注数据。

- **不易**：在业务应用中，永远不变的准则是要以敏捷、经济的方式，提供满足业务需求的数据基础设施，支撑业务生产运行，同时保障数据安全、连续提供服务，不断探索数据价值。

最终，**不同技术路线竞争的本质，就是在不同历史时期、不同环境供给下所作出的软件与硬件的排列组合和取舍**。当资源供给能力强时，软件架构就获得了简化，因此集中式和集群数据库成为主流，解决了企业级数据库应用问题。当硬件能力不足时，就要靠软件能力提升，分布式数据库虽然带来了架构上的复杂性，但是解决了互联网的应用问题。当互联网进行技术输出，将分布式能力带到企业级数据库时，就产生了两个体系的冲突。

无论技术如何千变万化，满足企业根本需求的技术就是好的技术，而"简易"则是企业永恒的追求。所以在当下，"简易"成为了数据库能力的关键。在大多数企业应用中，集中式和集群数据库是通过简化故障切换、提高可用性赢得了用户；分布式数据库同样是通过简化故障管理、缩减故障影响和动态伸缩赢得了用户；而单机数据库也正通过资源池化、3 层解耦、多节点并行实现同样的目标。当不同架构的数据库在用户的核心关注点上重新站在同一起跑线上时，用户将获得选择数据库的自由。

而随着软硬件资源的进步、跨学科技术的发展，数据库领域的"文艺复兴"将再次发生。**数据库将回归到单机内核的本质上，重新审视数据库基础原理和实现法则。在新的软硬件资源上，重走一次数据库的演进历程，设计面向内存的全新DBMS 架构，在单机大容量上实现数量级基础能力突破，进而达成跨越式的集群和分布式性能，在云基础设施上"破土重生"。**

从长期看，多模态数据库将持续发展，以满足多样化数据处理需求；集中式数据库将借助硬件能力的革新，持续简化应用，继续以主流形态解决用户应用挑战；分布式数据库将聚焦于解决海量数据场景中的极限问题。当集中式数据库处理能力和可用性获得极致提升后，分布式数据库将进一步回归到极限场景和 NoSQL模型。不过有一点相同的是，无论单机还是分布式架构，对于内核的提升都是其永恒的追求。

- **单机架构**通过面向新硬件的新模型、新算法的全新研发，以 10 倍当下数据库的性能为起点去提升内核处理能力，进而满足更多业务场景需求，实现极简化的数据库架构。

- **分布式架构**通过不断提升内核的处理能力，提升跨节点的处理效率，降低整体架构成本，提升整体性能。此外，需要通过自动化体系建设，不断简化分布式系统管理和维护工作。

此外，在数据库演进的过程中，成本始终是一个关键的影响因素，无论是从事务成本，还是从成本智能（Cost Intelligence）[1]考虑，**成本总是用户选择的关键驱动力**。

从成本上看，越是高频、低延时的应用，越适合通过单机或者集中式数据库来解决问题；越是海量数据，以及相关的分析决策，越适合分布式数据库来解决问题。

当单机或集中式数据库的能力越来越强时，HTAP 将会成为 OLTP 数据库的一个基本能力，无须再单独提及；而 OLAP 则回退和聚焦在超大规模的海量数据分析一端，解决特定的或企业的全局性问题。

以中国工商银行的应用为例，从集中式到分布式，从复杂性到简约化，分布式数据库解决了集中式数据库性能容量扩展能力不足的问题，但是相应地也在系统层和应用层付出了多方面的成本，而且分布式系统的复杂度呈现指数级上升，对配套的运维管理能力、人才储备提出了严峻的挑战。因此，对于业务规模稳定的应用，应优先考虑使用集中式架构。

随着集中式和集群数据库能力的不断提升，硬件制约条件不断右移，工商银行的数据库中的边际收益点同样将右移（见图 9.38）；分布式数据库在面对海量高并发场景中，才能达成企业综合使用成本的优化，也即本章最初所谈到的 10% 业务需求。

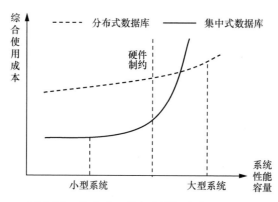

图 9.38　集中式和分布式数据库边际收益图

1　成本智能是张焕晨提出的一个理念，指的是未来的数据系统设计应该以成本调节来影响资源调节。当成本模型能够精确估算、负载模型可以预测、系统具备实时弹性后，用户可以通过简单的成本调节，获得最佳的系统提供。

随着 AIGC 技术的成熟，AI 原生数据库将加速发展，所有的数据库都将具备通用的 GPT 接口，用户可以通过更加友好的自然语言进行交互，自主地探索数据的价值，实现更广泛的数据应用。

在理想的未来，数据库将实现真正的技术无感知。应用通过调用标准接口将各种类型的数据向下传递，而后端数据库能够自动识别数据种类，选择最佳的存储方式对数据进行保存记录，并自动形成关于数据的元数据；当前台进行数据访问时（甚至是通过自然语言进行数据探索），后端系统能够自动地获取相应数据，给出用户需要的精准答案。

"One Size Does not Fit all，But AI Can Fit All"，在这样的未来场景下，用户将拥有以云为基础的"统一智能数据平台"，关系型、非关系型数据库融合在一个平台中，事务处理和分析型需求一体化呈现，结构化和非结构化数据无缝连接。从用户视角看，信息真正变得"唾手可得"。

"信息唾手可得"是比尔·盖茨在 1994 年提出的一个观点，即在未来可从任何位置提取任意数据。图 9.39 表明，在不同的地点，与会者都可实时浏览、查询并操作相同的信息。信息交换的时间会大为缩短，同时还能随时响应用户的即席分析查询，以支持业务发展。

图 9.39　让信息唾手可得

30 年的时间转瞬即逝，我们仍然处于实现这一理想的过程中。伴随着存储、网络、计算等基础设施能力持续不断地提升，数据库自身也在不断优化，以更加敏捷智能的形式对需求做出反馈。

在未来，数据库将永远可用、自动进化、对用户无感、数据永不丢失。

第10章　天道酬勤，缘起数据终不悔

我从 2000 年开始接触到数据库，至今已是 25 个年头。我经过了从程序员、DBA 到创业者等角色的转变，除此之外，我还有一些个人非常喜爱的非正式身份，包括作者、教师、布道者……在这 25 年中，我就这样一路向前。

在这一章中，我将自己的成长历程、学习经验分享出来，是给自己职场工作的一个回顾。**如果碰巧我的读者也在经历其中的某些环节，也希望我的经验感悟能以一个过来人的心路，为大家提供一点借鉴。**

10.1　缘起边陲，恰同学风华正茂

我和数据库的缘分始于第一份工作的机遇。2000 年，大学毕业，我在工作中第一次接触到 Oracle 数据库。那时我作为一个程序员，参与了红河卷烟厂（位于云南省红河州弥勒县）ERP 系统的开发工作，从大学实习开始，我就在这个地方开始了我的编程生涯，直到我离开云南，来到北京。也就是从那时开始，我由网络配置一步一步开始深入到 Oracle 数据库的内部。

很幸运，在我作为程序员的职业生涯中，我的第一位导师把云波先生不断给我信任和鼓励，也不断督促我学习。在我能够顺利完成开发工作之后，我获得的第一份额外工作是管理公司的域服务器和邮件服务器，从那时开始，我深入学习了和 Windows 相关的技术，并且在 ITPUB 技术社区上成为了微软技术版主。再然后，导师说："跟我一起研究一下 UNIX 和 Oracle 吧。"就这样，我走上了 DBA 之路，自那时起，我也在 ITPUB 技术社区担任了 Oracle 数据库管理版版主，这个职务目前仍然挂在我的头上，已然是近 25 年的时间。

我工作中的第一位导师是职业生涯中对我影响最深的人。最让我印象深刻的是，**他始终能够通过已有的知识积累，经由思考对未知问题做出解答，而且几乎不走弯路。**感谢我的第一家公司，那些卓越的项目和优秀的人才让我得以从一个毛头小伙走进了信息技术的深邃世界，并且在如梭的岁月中从未后悔最初的选择。

接触了 Oracle 数据库之后，我同时感受到了互联网的魅力。从那时起，我开始在论坛上疯狂地活跃起来，提问和回答，从此一发不可收。在很长一段时间内，我是论坛上发帖最多的那个人。我几乎为每个复杂的问题进行测试，尽我所能地回答网友提出的问题，有的甚至会耗时数日，然而我却乐此不疲。

第一次听到 Oracle 的认证，是从一位同事那里。他煞有介事地说，获得这个认证，就相当于拿到了一张金字招牌，好工作唾手可得。

我想，当时我的眼里一定有光芒闪烁，从那开始，我定下了一个目标：一定要获得这个认证。我确实经历了艰苦的学习过程。自学，从每一本能够找到的官方教材入手，夜以继日。那是自大学毕业之后参加的第一次考试，而且是全英文的上机答题，虽然我已经不太记得考场的情形，但是考试前一天夜晚的紧张和忐忑还历历在目。

最终，经过漫长的 3 个月，完成了 5 门课程的考试，我终于拿到了 Oracle 8i 的 OCP 认证证书（见图 10.1）。那是在 2002 年的昆明。

在当时，每考过一门课程，会先收到一张成绩单（我保存至今，大约也可以算得上"古董"了），如图 10.2 所示，而且要凑齐 5 张才能召唤证书啊！几张薄薄的纸却是沉甸甸的，那是我拿到的第一个 IT 相关的认证。

图 10.1 Oracle 认证证书

图 10.2 考试的成绩反馈

此后，一次偶然的机会，接触到一位 Oracle 公司的技术专家，我向他请教一个困扰我已久的数据库问题："为什么具备完好的数据文件、仅仅丢失了 Redo 日志，数据库就无法启动？应该有一种我不知道的方法可以启动数据库挽回数据吧。"他向我解释说："这是基于数据库一致性的考虑，但是的确有例外的解决方法。"他随后在一张纸上写下了完整的步骤。明确的原理、清晰的思路、确定的步骤，他专业的解答深深触动了我，激发了我成为该领域专家的决心。这张稿纸（见图10.3）成为一个宝贵的纪念，我保存至今。大约 20 年后，我才在重庆再次重遇了当年萍水相逢、一纸为师的启蒙者。

在后来总结这段经历时，我给一些朋友的建议是：如果你手上已经有了一份工作，那你需要做的就是——做好它，哪怕那不是你喜欢的！你必须向别人证明你有做好一件事情的能力，然后你才会获得下一个机会！ 我正是在不断努力工作的进程中，不断获得学习新事物的机会，并最终找到自己喜爱的道路。

而且，对于任何一门技艺的学习，积累都尤为重要。这个积累的过程需要时间，只有**去除浮躁、认真学习、不断积累、寻找机遇，才能够更好地把握自己的职业生涯。**

图10.3　我的技术启蒙

10.2　网络生涯，一念即起无声长

在学习和工作之余，我的网络生涯也随之展开。

还是在 1999 年，互联网开始在昆明出现时，学校附近开了第一个网吧，那时候的定价是 20 元每小时，这是个天价。好在开业时，每个人都可以领 1 小时的免费上网时长。我在那时第一次接触了互联网，并且注册了"eygle"这个网名，一直沿用至今。

等到我工作时，拨号上网变成了一个福利，我的网络生涯随之展开，开始混迹于各种网络社区。那时候我坚守的两个社区是**榕树下**（见图 10.4）和 ITPUB。潜在榕树下是因为从小就怀有的作家梦，而ITPUB 技术社区则是探讨和学习技术知识的大本营。

图10.4　榕树下首页

榕树下后来失去了，而在 ITPUB 技术社区我一直坚持到今天，并且最终成为了这个论坛的核心成员之一。

在注册 ITPUB 技术社区时，我对 Oracle 数据库技术（目前我主要从事的工作内容）还知之甚少，当时，靠着对技术的热情与执着，不停地学习、思考、阅读，在帮助别人的过程中也不断提升了自己。记得那时候，几乎所有和 Oracle 技术相关的帖子我都会通读、关注，并且力所能及地解答、探讨帖子上的问题，甚至搭建测试环境帮助网友们寻求解决方案。那一时期，论坛里极其活跃的讨论、学习氛围最终帮助一批数据库技术爱好者们成长了起来。现在这些人分布在全国各地，已经成为各个企业的骨干力量。

靠着求知欲、热情与互助，我在这个技术社区先后担任了微软技术版版主、Oracle 数据库管理版版主、超级版主，并成为核心团队的一员。

2004 年 4 月 13 日，我在网络上开启了自己个人的博客站点（见图 10.5），注册的域名就是 eygle.com。在随后的日子里，我基本坚持每天在网站上发表一篇或技术、或生活的个人文章，去记录自己成长的点滴，成人达己。

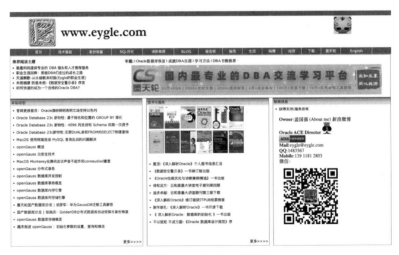

图 10.5　eygle.com 首页

在博客时代，十几年坚持下来，我的网站上已经累积了数千篇关于技术和生活感悟的文章，这些内容对我来说是无比宝贵的财富。通过网站，我还结识了很多的朋友。最令人高兴的是，很多文章能够帮助别人。朋友们经常发邮件来和我探讨技术内容或者因某个对他们有帮助的技术文章向我表示感谢。其中，有很多朋友来自中国台湾、中国香港甚至是国外的很多地方，这些都成为鼓励我坚持下去的动力。

现在经常有网友问我，这么多内容是如何积累起来的，以及如何构建一个个人站点？其实除了技术之外，只有两个字：**坚持**！如果你能够坚持数年如一日地做一件事，那么，最后的成绩一定会让你自己也吃惊的。

每个人在学习和成长的过程中，都做过无数的思考和学习。**很多时候，我们都只是将这些经验和过程记录在自己的头脑中，这些记忆时过境迁就可能模糊、遗忘。**如果将其记录总结下来，不仅可以帮助其他人，还可以对自己做个记录。当然这要付出很多时间和精力，可是我坚信，有付出就一定会有收获。

我们对于 ITPUB 技术社区的付出，最后迎来了终结的日子。ITPUB 技术社区在 2006 年被 IT168 网站所收购，交易金额大约为 100 万美元。这是一个终结，也是一个新的开始，在洽谈并购交易的过程中，我真正熟悉了资本的力量、网络的价值。

在收购协议最后接近达成的关头，我难免有一丝伤感和不舍。ITPUB 技术社区的创始人黄志洪（tigerfish）和我讲了一句话（我至今记得），他说："eygle，你看，**最终所有的事情我们都不得不放手。我们能做的最好的选择是，在最好的时机，予其最好的发展。**"

那一刻，终于释然！

10.3　京师磨炼，转眼已历二十载

2003 年 4 月 1 日，我离开原来学习、生活了 7 年的城市来到北京，开始寻找新的机会、新的起点。

结束一份熟悉多年的工作，离开一个生活多年的城市，走向一个陌生的城市、陌生的街道，这并不是一件容易的事。很多朋友问起我当时的抉择，回想起来感觉有两个重要的点：**一是感觉遇到了事业发展的瓶颈；二是做好了知识的积累。**当有一些契机和触发条件时，就很容易做出选择了，当然最重要的是，那时候我还年轻。

在北京寻找工作的过程中，我有两个选择的方向：一是作为一个程序员继续做 ERP 软件的开发工作；二是作为 DBA 寻找一个数据库管理的工程师职位。

虽然那时我还没有专门从事过 DBA 的工作，但是因为在论坛上回复过很多问题并担任版主的职务，很多人将我视为一个数据库专家；而作为一个程序员，我显然是籍籍无名的。在寻找工作的过程中，我在论坛发了一个帖子，在机缘巧合下，ITPUB 技术社区上的一位朋友为我介绍了一份 DBA 的工作（虽然那只是我众多面

试工作的其中之一）。在非典前夕的兵荒马乱之中，这家公司快速响应，让我在 4 月 17 日正式上岗。而在非典之后，还有一些公司陆续通知我去复试或者考虑入职。

在这之后，ITPUB 技术社区上几个素未谋面的好友陆续来到北京，叶梁（ITPUB 技术社区上的 Coolyl）从广州回到北京，冯春培（ITPUB 技术社区上的 biti_rainy）从珠海回到北京，他们和我住到了一起，那所租来的房子成为了那几年我们在北京的重要据点。我们家的技术实力空前壮大，我用 4 个字来形容那个阶段：**黄金时代**。那个时候，很多时间在讨论与学习中度过，大家经常提出值得研究的 Oracle 技术内容探讨研究。那一段时间，大家的技术进步飞快。社区网友 ORA-600、Kamus 都是家里的常客（他们现在都是我创业上的合作伙伴，见图 10.6），大家经常在一起打牌、讨论，甚至注册马甲，上网吵架。那一个阶段结下的朋友和友谊将永不磨灭。

图 10.6　朋友们

在北京的最初几年，工作之外，我几乎将所有的业余时间投入到 ITPUB 技术社区的培训课程中去。在 ITPUB 技术社区的创始人黄志洪的带领下，我们以培训来支持论坛的持续发展，后来，我也因此成为论坛的超级版主从而进入到核心团队中。在我们最初成长的岁月里，ITPUB 技术社区始终在我们身边，变成了我们无法割舍的精神家园。虽然论坛于 2006 年最终被出售，但是那些一同成长的老朋友始终聚在那里未曾离去。

今天回过头去看，我想，**能找到一些志同道合的人，互相促进、共同奋斗，是再幸运不过的事情了**。

2004 年，我第一次去上海，参加了 Oracle OpenWorld 大会，结识了来自全国数据库领域的朋友们（很多人当时是第一次相聚），他们后来在数据库应用领域都取得了非常好的发展。Oracle OpenWorld 大会一直是非常吸引人的技术盛会，在数据库的生态圈茁壮成长。幸运的是，在今天的微信时代，这些朋友又能够辗转相遇，时光流转，大家都在一起前行。

我在北京的第一家公司是一个快速成长的企业。我和北京共同经历了非典，也和这个公司共同经历了快速成长的整个过程。这个公司给了我宽松的工作环境、良好的同事氛围和足够的成长空间，使得我能够全心地投入到工作和学习中去。很多同事十分优秀，我从他们身上学到了很多优秀的品质，我感受到了工作的乐趣与成长的快乐。工作的锻炼、同事的影响和自我的学习，让我快速地成长起来，并且最终在职业上成熟起来。

在职业上成熟，从中获得充分的自信，并且能够清晰、冷静、严谨地思考，对于一个技术人员来说，尤其重要。 庆幸的是，我有机会在这家公司获得了这些成长。

随着技术上的进步和发展，我的职位开始有所变化。在公司工作的 5 年中，我的职位从工程师变化到部门经理，然后是部门总监。职位上的变化让我接触了新的内容，那就是如何领导和带领更多的同事为了一个共同的目标而努力。作为一个领头人，**要学习如何为他人着想，从他人的角度看问题，并且带动大家共同进步与发展。** 在这个职位上的思考与经历同样让我受益匪浅。

我并不能够清晰地回忆起，何时建立起**换位思考**的习惯，但是这一习惯对我至为重要。我一直以来的习惯是，从不轻易对一件事情下判断，哪怕对别人来说可能是一件理所当然的事情。有时候某个人所做的看起来似乎不可理喻的事情，了解之后总有其可原的情理。**理解、宽容，不要以恶意去揣度别人，** 是我一直遵循的人生法则。

可以说，Oracle 数据库技术帮助我开启了一段新的职业生涯，而社区则帮助我找到了朋友。 至今我相信仍然如此，社区和社群仍然是我们获取知识和结识朋友的重要途径。同声相应，同气相求，所谓相遇，实为必然。

10.4　笔耕不辍，年少曾怀作家梦

在北京工作的这些年，除了做好自己的本职工作之外，我仍然保持学习，根据自己的实践与积累，编写、翻译了一系列数据库方面的技术书籍。写作的最初想

第 10 章　天道酬勤，缘起数据终不悔

法很简单，那就是把自己积累的知识与经验分享出来，并且可以和朋友们一起为社区与网络生涯留下一点记忆。没想到就这样一路走下来到了今天，自己也在坚持之中受益匪浅。

我年轻时曾经有过一个梦想——成为一个作家，现在这个梦想在技术领域得以局部实现，也算是"失之东隅，收之桑榆"吧。这些作品（见图 10.7）或合著，或翻译，或独撰，这期间收获最大的其实是我自己的成长。而《Oracle DBA 手记》系列图书的合著者，今天多数都成为了云和恩墨的合伙人，一起继续奋斗在另一个方向，其中包括被称为"Oracle 百科全书"的杨廷琨和曾经"中国西部唯一的Oracle ACED"的老熊（熊军）。

图 10.7　作者参与编写、翻译的部分图书

关于自己的学习经验，我曾经在《Oracle 数据库性能优化》一书的序言中写道：

兴趣 + 勤奋 + 坚持 + 方法 ≈ 成功

首先，**兴趣**是最好的老师，如果我们能够找到对于一个事物的真正兴趣，那么就一定能够自我驱动地、见缝插针地、想方设法地、竭尽全力地去达成目标。当然，真正的兴趣也往往不是唾手可得、一贯蓬勃生长的，它需要保护、呵护和激励，从而确保其不断顽强健壮地成长。

至于**勤奋**自不必言，"天道酬勤"是我的座右铭，这是我们自己能够控制的因素之一，将自己的精力聚焦到一个重要方向上，遵循一万小时定律，任何人都能达成一个惊人的目标。

坚持有时候反而是最难的，在前进的路途中，总有人"乱花渐欲迷人眼"，也总有人会"心猿意马入新途"。这常常难以避免，但是人总要抓住一条主线，构建自己可持续的竞争力，不能在频繁的方向调整中消耗自己宝贵的、一去不回的时间。传说中的"21天习惯养成"虽然不免虚妄，但是总可以通过一定的训练养成适合自己的习惯，基于兴趣和习惯的持之以恒就完全谈不上费力。

在学习的过程中，找到正确的**方法**，会使我们获得事半功倍的效果。杨振宁先生说，每个人都要找到自己的风格。不同风格需要不同的方法。幸运的是，在每一条前进的道路上，**前人都已经践行了足够多的路线，我们必须要找到适合自己的那一条**。

很遗憾我不能给以上公式画上"="，但是我认为只要具备了以上因素，每个人都会离成功不远了。

瑞·达利欧（Ray Dalio）在《原则》中写道：

> 世界上最重要的事情是理解现实如何运行，以及如何应对现实。面对这一事情的心态至关重要。我发现很有帮助的做法是，把生活想象为一场游戏，**我面临的每个问题都是一个需要破解的谜。我通过解谜获得一块宝石，即一项原则**，它能帮助我在未来避免出现同样的问题。不断收集这样的宝石能够提高我的决策水平，这样我就能进入更高一级的游戏。当然，游戏变得越来越难，涉及的利益也变得越来越大。

这也是我的方法：不断为自己设定一个挑战目标，并不断调动自己的全能全力去完成它。最后，你会发现自己能够达成以前看来遥不可及的目标。

关于我的学习公式，还有一个"编外"条目值得一提。曾经一个偶然的机会，我和李笑来出席活动时向他分享了我的观点。他为我增加了一个因素：**健康**。他说，如果没有一个健康的体魄，勤奋无法达成。所以**要保持运动的习惯，比如有氧运动，让大脑和身心时刻氧气充足**。对此我当然深以为然。

在阅读和写作上，我关于勤奋的偶像是中国台湾作家李敖。据说，他在出版《千秋评论丛书》时，自己撰稿，每月一期，十年不辍，而且在此期间更是额外编辑出版了《万岁评论丛书》，共40期。在李敖四十几岁的时候，中国香港报纸曾说："李敖很可能是50岁以下的当代中国人中，读书最多而又最有文采的人。"

李敖读书、整理资料的方法可能冠绝古今。李敖买一本书都是买2本，随读随拆解，将有用的知识分解，再用自己的资料体系重组。李敖也深信，好记性不如烂笔头，随处记录灵感，便签纸条不绝。终身之功，令人叹为观止。

我个人读书、做笔记、整理资料素材的习惯也一直坚持至今，小学和中学我整理的剪报等资料夹，至今仍保留10余本。从接触计算机始，此后的二十多年的各种资料保存无缺，我在技术上遭遇到的案例知识，悉数保存齐备。因此，当我需要写作结集出版时，只要灵感所至，构思精巧，则内容组织顷刻可成。

虽然和李敖大师相比，我仍不可以道里计，但是方法相同，心向往之。李敖给出的学习方法和路径人人可学习、可践行，于平易中见真知。

最近，我在杨振宁先生的《曙光集》中读到他的治学研究三要素，也是他著名的 3P 模型，**分别是眼光（Perception）、坚持（Persistence）、力量（Power）**。毫无疑问，这是又一层至高境界，做大学问 Perception 总是第一位的，品味不可或缺。杨振宁说："一个做学问的人，除了学习知识以外，还要有 Taste。这个词不太好翻译，有的翻译成"品味""喜爱"。一个人要有大的成就，就要有相当清楚的 Taste。"

关于这个 3P 理论，许渊冲先生曾经给过杨振宁一个建议，应该翻译成为眼力、毅力和能力，也就是"三力"。两位西南联大的校友，相视一笑，思接千载！

10.5 挑战自我，勇于分享登舞台

2006 年 8 月，我和很多朋友一起参加了"中国首届杰出数据库工程师评选"活动，并且获评为"十大杰出数据库工程师"之一（见图 10.8），这是外界对我做出的一个非常积极的肯定。

关于这次评选，还有一个值得回味的故事。当年在这次大会上，我在论文中提出将故障树（FTA）分析法引入到数据库的问题诊断中，从而实现快速的根因定位和问题排除。这篇论文在当时并未引起多少反响，反而是当 2019 年我将其转发到墨天轮社区后，意外地获得了 2 万次以上的阅读量，并引发了一系列的讨论。

当然，看似简单的思路，在软件中实现出来也并非易事，云和恩墨的 zCloud 软件直到 2021 年才实现了基于故障树的智能诊断分析。

2010 年，我和张乐奕（Kamus）一起创立了 ACOUG（All China Oracle User Group），进一步地推动地面活动和技术交流。

这个阶段我可以做出的总结是：**积累知识，分享经验，收获快乐**！写作和

图 10.8 杰出数据库工程师奖

分享的过程是艰苦的，然而，分享的收获会超出你的想象。通过分享有价值的经验来帮助别人实在是一件快乐的事情。我计划将这个工作一直坚持下去。

由于个人对于技术的执着和热爱，这么多年来，不管在怎样的工作岗位上，我从来没有停止过对于技术的研究与探索。刚开始在北京做 DBA 时，经常为一个个技术问题废寝忘食。记得有一次，在公司思考一个问题未果，吃饭也觉得味同嚼蜡，灵感闪现时，立即丢下饭，跑回去做实验来推理验证了。有时，我会持续很多年关注和跟踪某个技术问题，直到某一天豁然开朗，融会贯通。

我相信每个人在学习的过程中，**都会在不同的阶段遇到自己的瓶颈，然而必须在山重水复之后才能有技进乎道的收获，我相信所有的技艺在最后的层面上都会如此——只有具备毅力与坚持者方能抵达。**

有一年，我去兰州大学做技术交流，兰州大学的一位李老师对我说，最近看我网站上提到的学习方法等内容，就感觉到一个字：虚！我当时跟他开玩笑说，我还有更虚无的 8 个字可以送给你，那就是：**运用之妙，存乎一心。**

这是玩笑，也不是玩笑。在对 Oracle 进行了深入的研究与探索之后，接下来如何运用这些知识去解决问题，实际上是非常灵活的，很多时候简单的常规方法经过巧妙运用之后就可以非常神奇地发挥出你意想不到的作用。然后才能在遇到问题时举重若轻、运用自如。

那些年，我在技术方面不断的努力带来的一个额外收获就是 Oracle 公司官方的认同。2007 年 3 月，我被 Oracle 公司授予 Oracle ACE 称号，是国内第一位获此称号的人；2008 年 2 月，我被 Oracle 公司授予 Oracle ACE Director（ACE 总监）称号，如图 10.9 所示。这是 Oracle 公司对 Oracle 公司之外的人所能授予的最高荣誉称号。截至 2016 年 8 月，国内目前仅有 10 人保有该称号，其中，Oracle 数据库方向有 8 人，MySQL 数据库方向有 2 人。我认为在这个技术方向上奋斗的朋友，都可以将此作为一个奋斗的小目标。

后来偶然一次朋友告诉我，百度翻译有一个错误，当输入"Oracle ACE"时，翻译的结果是"关于盖国强"，如图 10.10所示，我不知道他们什么时候会修正这一错误。

图 10.9　Oracle ACE

图 10.10　百度翻译关于 Oracle ACE 的截图

10.6　三重境界，见山见水见真我

最近在"云和恩墨微信大讲堂"中，仍然有很多朋友时常向我咨询学习 Oracle 的方法和提到学习之中的艰辛和困惑，我下面将自己最有感触的一些经验、观察和总结分享出来。

在讲堂中，最经常被提及的一个问题是，应该如何学习 Oracle，怎样才能快速提高自己的能力？很多人在学习的过程中经常感觉艰辛，甚至阶段性地停滞不前。我想这个旅程的体验不仅仅和 Oracle 学习相关，而是和任何一项技术的学习都有相关。

其实，学习任何东西都是一样，没有太多的捷径可走，必须打好了坚实的基础，才有可能在进一步学习中得到快速提高。王国维在他的《人间词话》中曾经概括了为学的 3 种境界，我在这里借用一下。

古今之成大事业、大学问者，罔不经过三种之境界。

"昨夜西风凋碧树。独上高楼，望尽天涯路。"此第一境界也。

"衣带渐宽终不悔，为伊消得人憔悴。"此第二境界也。

"众里寻他千百度，蓦然回首，那人却在灯火阑珊处。"此第三境界也。

在学习数据库技术的过程中，这三种境界也是我们需要经历的。

第一层境界：学习的路是漫长的，在开始学习之前必须做好充分的思想准备，如果半途而废还不如不要开始。这里，注意一个"尽"字，在学习的过程中，你必须充分阅读数据库的基础文档，包括概念手册、管理手册和备份恢复手册等；OCP 认证的教材也值得仔细阅读，那些教材内容非常详尽和精彩。打好基础，你才具备了进一步提升的能力，万丈高楼都是由地而起。

第二层境界：尽管经历挫折、打击、灰心、沮丧，也要坚持不放弃。具备了基础知识之后，你可以对自己感兴趣或者工作中遇到的问题进行深入的思考。但是**由浅入深的过程从来都不是轻而易举的**，甚至很多时候你会感到自己停滞不前，此时，请不要动摇，学习及理解上的突破也需要时间。

第三层境界：经历了那么多努力以后，你会发现，那让人百思不得其解的问题，有可能答案就在手边。你的思路豁然开朗，宛如拨云见月，这个时候，学习对你来说，不再是个难题，也许是种享受，是门艺术。

所以，如果你想问我如何速成，我是没有答案的。"不经一番寒彻骨，怎得梅花扑鼻香"。当然这三种境界在实际中也许是交叉的，在不断地学习中，不断有蓦然回首的收获。

我引用一下杨廷琨在一次访谈中的经验总结，他认为学习 Oracle 技术"持之以恒"是关键。

> "谈论 Oracle 技术学习的文章非常多，方法真的不是最重要的，持之以恒、不间断地学习才是成功的关键。而除了潜心研究外，多关注新的技术发展和趋势十分关键。低头做事，抬头看路，了解最新的技术发展和行业趋势可以避免走弯路，对于更好地理解技术的演进很有帮助。"

杨廷琨罗列了 4 种学习路径，此处，我稍加总结（包含杨廷琨、盖国强、崔华和张乐奕 4 人的见解）。

- 从阅读 Oracle 官方文档起步，先看 Concept，再看 Administrator，然后是 Backup、Performance Tunning、RAC、Data Guard、Upgrade、Utilities、Network 等，通读所有重要官方文档（杨廷琨）。

- 由点及面，抓住每个技术点，不断地深入下去，最终把整个体系的脉络理清楚（盖国强）。

- 通读 MOS 文档，每天要看几个小时的 MOS 文档，每天都会经历多次的页面超时（崔华）。

- 关注国外顶级专家的 BLOG 和 Mail List，这样可以快速地获取到业内专家的最新研究成果（张乐奕）。

这 4 种学习方法，我概括成两类：全表扫描和索引扫描。

- 杨廷琨有"Oracle 百科全书"的美誉，他看文档是全表扫描，遍历；崔华钻研技术也是如醉如痴、废寝忘食，他读 MOS 是经年累月持之以恒的，也属于全面扫描。

- 我和张乐奕的方法有点像索引扫描，我推荐由一个根节点下钻，然后你可能发现几个分支，一堆叶节点，通过这样的过程由点及面，形成体系。

方法可以借鉴，但是最终还是要找到适合自己的路径去学习前进。以上探讨的经验和思路适用于所有领域的学习之中，希望对大家有所帮助。

我自己在学习的过程中，经常是采用"**由点及面法**"，可以和大家分享。**由点及面是指当遇到一个问题后，一定是深入下去，穷究根本，这样你会发现，一个简单的问题也必定会带起一大片的知识点。如果你能对很多问题进行深入思考和研究，那么你会发现，这些面在深层次上逐渐接合，慢慢地延伸到 Oracle 的所有层面，逐渐你就能融会贯通。**这时候，你会主动去尝试全面学习 Oracle，扫除你的知识盲点，学习已经成为一种需要。

由实践触发的学习才最有针对性，才更能让你深入地理解书本上的知识，正所谓"纸上得来终觉浅，绝知此事要躬行"。实践的经验于我们是至为宝贵的。如果说有学习捷径，那么这就是我的捷径。在实践的过程中，我经常是"每有所获，便欣然忘食"，兴趣才是我们最好的老师。

作为一个数据库管理人员，需要做的是能够根据自己的知识和经验在各种复杂情况下做出快速正确的判断。当问题出现时，需要知道应该使用怎样的手段发现问题的根本；找到问题之后，需要运用自己的知识和经验找到解决问题的方法。

当然，这并不容易，举重若轻还是举轻若重，取决于具备怎样的基础以及经验积累。要是你觉得这一切过于复杂了，那我还有一句简单的话送给大家："不积跬步，无以至千里。"学习正是在逐渐积累的过程中提高的。

10.7 云和恩墨，数据服务起征途

时至今日，IT 行业仍然是最吸引毕业生的一个重要行业。记得多年前榕树下的一位朋友"落花如雨"说过一句话：**喜欢这个行业，因为这个行业里汇聚了这个时代最聪明的人才与最快速增长的财富。**

就因为这两点，众多的年轻人前仆后继地开始涌入 IT 行业。那么，IT 行业之后的出路又在何方呢？一直以来大家都认为，IT 领域是年轻人的天下，因为这里有变换迅速的技术和产品，而机遇和压力一直是呈正比增加的。

我也开始探索作为技术人的出路，云和恩墨就是这样一个开始。

很幸运，我在职业生涯的前 8 年里专注在数据库这一件事上，通过持续学习，打下了扎实的技术基础，并且通过技术社区持续帮助网友解答问题，从而拥有了一定的网络影响力，这些成为我开始创建云和恩墨最初的条件。更加幸运的是，在创建云和恩墨的过程中，我结识了一群值得信赖的伙伴，他们有的擅长管理，有的精通技术，我们怀着共同的梦想，逐渐汇聚到云和恩墨的大旗之下，为了共同的理想而奋斗。

虽然未来充满风险和未知，但是没有什么比挑战自我的极限更值得尝试的了。截至 2024 年 4 月，云和恩墨已经成长为一个超过 700 人的团队，我们拥有 250 名研发人员，拥有近 300 人的专业 DBA 交付团队。我们曾经拥有国内 10 位 Oracle ACE Director 中的 6 位、多名国内 SQL 大赛冠军、100 多位 OCM 认证大师，同时具备来自互联网公司的 MySQL 专家、国产数据库时代的专业人才，并打造出了国内最卓越的技术服务团队，其中的艰辛与甘甜并尝。

走一条不可预期的路，注定充满挑战，也充满乐趣，不管结果是成功还是失败，都将是全新的体验。

云和恩墨是一家依托互联网新型人脉建立起来的公司，也依托互联网进行传播和客户发展。我一直希望这个全新的公司能够带有一些 Web 2.0 的气息，能够跟进时代与潮流，更好地为用户提供服务。"专注、专业、灵动"是云和恩墨的目标，专注于数据，专业于人才，灵动于服务，由此实现"数据驱动，成就未来"的目标。**唯有成就客户，才能成就自我，云和恩墨始终将对客户的承诺放在第一位。**

在云和恩墨全体同人的努力之下，公司取得了快速的发展，获评为 2015 年中关村高成长企业 100 强（见图 10.11），进一步地在 2022 年被评选为工信部国家级专精特新"小巨人"企业。

当然，不管走哪一条路，都有一个前提，那就是：你必须面临严峻的竞争，取得快速的成长！这对于个人和企业都是如此。

图 10.11 云和恩墨获评高成长企业

张爱玲说过，成名要趁早。在技术行业是如此，个体和企业成长越早越好，越快越好。对于个体，在经历了足够的积累和成长之后，在尽快到达该技术领域的天花板并且超越之后，会发现前方供个人选择的道路会更多、更宽广。而对于企业，也必须具备快速迭代推进目标的能力，有视野、有执行力，才能最终取得良好发展。

这个快速变化的时代给我们的压迫感一直都在，时间与时机总是稍纵即逝，所以进入 IT 这个领域，注定我们要不断跋涉，不能停息。

说了那么多，其实有一个核心的思想：积累非常重要！不管在哪一个行业，做什么工作，如果你能够不断积累自己以前的学习、工作经验，提升自己的工作技能，那么做事情就会事半功倍。如果你试图进入一个全新的领域，那么一定要做好充足的功课才行。

总结一下这些年走过的路，零零碎碎有一些话可以和大家分享。

- **勤奋、坚持**。这两点非常重要，当然如果能够找到自己的感兴趣点，并将其作为职业，用正确的方法，走正确的路，那么取得成绩是早晚的事情。我经常写给读者的座右铭就是：天道酬勤。

- **在看不清方向的时候，低下头来把手中的工作做好。**

- 向他人学习，借鉴成功者、同行者的经验非常重要。

- 敞开心胸，平淡看得失。

- 在正确的时间做正确的事。

- 行动有时候比思想更重要。

这些话，永不落伍。

10.8　理想实践，开发运维平台化

在数据库行业那么久，我总希望能够通过自己的努力，将好的想法落地，逐渐改变行业中的不合理之处，让这个技术世界变得更美好。

那么，这个行业里有什么迫切需要改变的？

其实，我们 10 年前处理的数据库问题和今天没有什么不同。针对数据库**日复一日**的运维巡检，应对全表扫描或是隐式转换的 SQL 优化，转眼就耗费了经年的时光。所以我们有一个理想，不要让 DBA 重复在这些无休止的工作上，或者至少能够做得更有价值，也力争能够改变用户在使用数据库的过程中，屡见不鲜的事后救火。

10.8.1 自动巡检，Bethune 探索智能化

数据库巡检是每个数据库都需要进行的一项例常工作，就如同我们每年都要进行一次的健康体检，只不过数据库的体检要频繁得多，有的需要月度巡检，有的需要季度巡检，有的甚至需要每日巡检。

巡检之后的另外一项工作是出具巡检报告，撰写巡检报告是一项比较枯燥的工作，而且诊断结果可能因工程师的个人能力而迥异，就如同在医院的专家和医师，专家的诊断结果可能会更权威和全面。

我们很快意识到，需要找到更好的方案解决巡检报告质量不一致的问题，也即：**提供统一的报告质量，自动化地出具巡检报告。**

为此，我们研发了 BayMax 产品，供团队内部使用。首先，通过这个产品进行统一、自动化的巡检数据采集。然后，将采集后的数据加载到后台，通过**聚集云和恩墨整个专家团队经验和智慧的分析平台**，自动分析数据、提供建议。最后，BayMax 产品输出高质量的巡检报告。

这一产品提高了团队服务效率，提升了服务质量。随后，我们将这个产品进一步升级，变成了 Bethune 公有云版本（见图 10.12），在云上免费为社区提供服务。用户可以通过 Bethune 公有云版本统一开源的采集脚本，采集数据库的巡检数据，然后上传到平台，获得专业的分析报告。

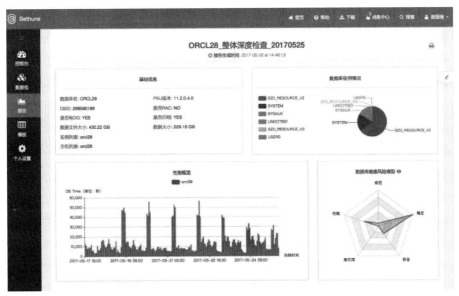

图 10.12　Bethune 公有版本

考虑到安全问题，很多用户不能够将数据外传，所以我们推出了 Bethune 私有云版本（见图 10.13），并且加入了监控功能，打造了一个数据库监控、告警和巡检于一体的综合平台。

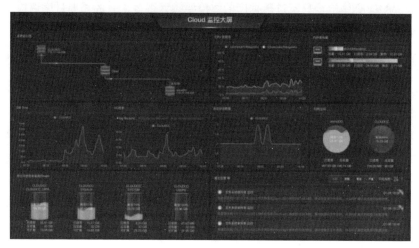

图 10.13　Bethune 私有云版本

Bethune 产品是一个非常有益的尝试，通过该产品，云和恩墨得以将整个团队的独特经验不断沉淀下来，固化到产品中，实现了经验的持续积累和行业输出。云和恩墨也通过 Bethune 成为了国内数据库"智能巡检"理念的倡导者和先行者。Bethune 中的很多功能源自云和恩墨独特的思考和创新。例如，图 10.14 体现了一个数据库的访问链路图，在这个图形成之前，用户从未预料到系统中存在如此复杂的网络，从未想过其中的安全隐患、性能隐患是值得认真关注的。

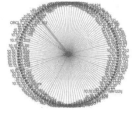

图 10.14　Bethune 的数据库网络链路分析

Bethune 产品通过多个产品形态的智能化探索，不同程度地帮助了很多 DBA 和客户，直至今日。

10.8.2 SQL 审核，前置管控问题

云和恩墨率先在国内提出了"SQL 审核"的理念，希望通过自动化工具前置来发现和凸显问题，推动提高 SQL 开发质量，从而防患于未然，提升系统稳定性，改善数据库运维的现状。我们相信只有通过规范化、标准化、智能化的持续产品创新，才能够不断推动业界向前。

早在 2011 年，云和恩墨基于对于业界的思考，就开始研发了一款 SQL 审核产品，称为 z3，该产品后更名为 SQM，SQM 逻辑架构图如图 10.15 所示。SQM 可以审核开发测试阶段的 SQL，发现问题，提出建议，从而推动研发人员在开发过程中解决 SQL 质量问题，防范上线之后由于 SQL 低效率运行引发的性能灾难。SQM 中的审核规则来自 DBA 长久以来的经验积累，云和恩墨希望通过这一 SQL 审核产品。将运维 DBA 和研发人员的工作紧密结合起来。我从未想过，后来这成为了热门的 DevOps 所讨论的重要范畴。

图 10.15 SQM 逻辑架构图

通过云和恩墨不断地呼吁和倡导，我们非常欣喜地看到国内很多企业都开始去开发这方面的工具，去推行 SQL 审核的理念。

那么什么是 DevOps 呢？有些资料是这样定义 DevOps 的。

DevOps（Development 和 Operations 的组合词）是一种重视**"软件开发人员"**（Dev）和**"IT 运维技术人员"**（Ops）之间沟通合作的文化、运动或惯例。

通过自动化"软件交付"和"架构变更"的流程，使得构建、测试、发布软件能够更加地快捷、频繁和可靠。

从这个定义可以看出，DevOps 实际上是一种在文化上的改变。开发人员和运维人员通过更多的沟通达成更可靠的系统输出，从而为企业的共同目标加注动力。

而根据多年的行业经验，云和恩墨认为 **DevOps 在数据库领域的最佳实践应该就是 SQL 审核**。江苏移动的一位技术专家的一段感触之言为我们提供了来自实践的依据，他明确提到：

> "其实在生产中，绝大多数 Oracle 的业务系统出现问题都是 SQL 导致的。但是大多 DBA，尤其是偏运维的 DBA 对 SQL 并不擅长。这些 DBA 承担着数据库运维和维护数据库稳定性的职责，而他们对这些问题可能又无能为力。原本 SQL 的质量应该是开发层负责的问题，但目前的现状是，**开发人员管不了，运维人员不擅长。所以当系统出现问题的时候，就需要专业人员"救火"**，而事发或事后救火往往是业务已经遭受了损失。"

SQL 审核的理念就是将这些"开发人员管不了，运维人员不擅长"的核心 SQL 问题抽取出来，作为 DevOps 的范畴。开发人员结合运维人员提供的经验、指导和辅助完成高性能的 SQL 改写。不断通过自动的 SQL 审核工具，并结合专家的修改建议，推进开发质量的提升，提高系统的稳定性，将事故消弭于无形。这也正是 DevOps 的理想所在。

对于开发人员来说，持续地进行 SQL 培训非常重要。开发人员的 SQL 能力提升了，数据库的稳定性自然会得到提升。DBA 也有职责去和开发人员沟通，对他们进行面向运维高性能培训。在 DevOps 时代，DBA 要勇于承担责任，去推进变化。而且在 DBA 的学习过程中，就是要不断深入去了解各个层面的知识，这样才能不断进步、融会贯通，找到如鱼得水、游刃有余的感觉，也才能从工作中找到自信和乐趣，进而培养和巩固兴趣，在完善自我的同时帮助他人。

在今天的云时代，各个领域都在发生变化，DBA 的领域同样面临挑战。对此我有两点建议。

- DBA 从后端走向前端才能更充分地体现其技术价值。
- 应用向着预防问题方向演进永远比事后救火更重要。

所以慢慢很多企业开始在开发环节，以开发 DBA 对产品进行把关，以 SQL 审核优化来控制质量。因此，建议 DBA 关注这个方向和变化。解决单个问题往往是简单的，但是 DBA 应该思考如何去防范一类问题，让更多的人免于重复落入类似的故障。

从经验到规范，从规范到规则，这是 DBA 工作价值更高的体现。 当 DBA 能够将经验固化成 SQL、算法或者程序之后，才能帮助到更多的人。只要每个人在自己熟悉的领域都能够努力一点点，就能够一起将我们所从事的行业变得美好一点点，从而使得我们的世界变得美好一点点。

10.8.3　智能运维，zCloud 平台化

从 Bethune 到 SQM，云和恩墨一直在探索通过自动化和智能化的手段，改变数据库运维的方方面面。最终，云和恩墨提出了 WaaS（Wisdom as a Service，智慧即服务的产品理念）。

WaaS 是一种理想，云和恩墨期望通过汇聚专家团队的知识和经验，抽象上升为最佳实践、行业守则、领域标准，进而通过产品外化，**助力客户在生产中遵循业界标准、沉淀自身经验、聚焦创新场景，以智慧智能促进运维数字化建设。**其中还包含 KaaS（Knowledge as a service，知识即服务）和 KaC（Knowledge as Code，知识即代码）两种内涵。zCloud 希望通过一个服务框架体系帮助用户去沉淀知识，并通过用户的知识生成包含自有经验的产品功能，解决因人员流失而带来的经验流失问题。如今，云和恩墨已经开始通过团队积累的知识去训练关于数据库的大模型，以便能够以更加便捷的交互方式让 WaaS 触手可及。

当开源数据库时代和国产数据库时代来临之后，云和恩墨认识到，传统 DBA 时代的运维模式一去不复返了。快速发展的行业不再允许用 10 年或 20 年的时间来培养人才、积累经验，唯有通过平台化去解决企业成百上千套数据库的管理和运维问题才是正途。zCloud 就是在这样的场景下开始研发的。

自 2015 年开始，云和恩墨开始和用户一起打造**多元异构的数据库 dbPaaS 云管平台——zCloud**，其框架图如图 10.16 所示。这个产品将各种数据库的安装部署、运行监控、智能巡检、问题诊断、备份恢复等功能融于一体，同时集成了过去的 SQM、Bethune 等产品功能，形成了这款企业级 dbPaaS 产品。这一次我们再次走在了行业的前面。

这一尝试的本质，是将公有云的 dbPaaS 能力下移到私有云，从而为用户带来管理上的提升。在 2018 年 Gartner 的数据管理技术成熟度曲线上，公有云 Database Platform as s Service（dbPaaS）技术进入成熟期，抵达曲线右侧终点，随后在 2019

年消失不见，这距离 dbPaaS 在曲线上首次出现已经过去了大约 10 个年头。而在这条曲线的开端，则是出现了一个新的 Private Cloud dbPaaS（私有云 dbPaaS）技术，这一领域的技术创新刚刚萌生。

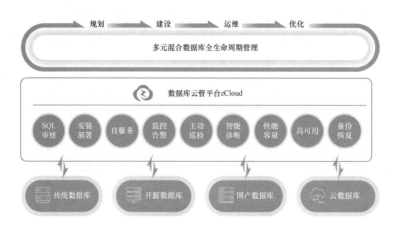

图 10.16　数据库云管平台 zCloud 架构图

云和恩墨和领先客户在一起，基于领先需求打造领先产品，较 Gartner 洞察到的行业变化还早了 3 年。而在 2021 年的数据管理技术成熟度曲线上，私有云 dbPaaS 已经处于高高的峰顶，这一技术将有可能在随后的 2 ～ 5 年内，进入成熟期。

这就是云和恩墨在云时代的持续探索——以团队智慧和经验，打造创新产品，以产品服务更多的客户，进而推动行业进步。

10.9　耕获菑畬，基础软件再启程

在基础软件领域的探索是极具挑战性的，不仅对人才要求高，同样对投入要求高。云和恩墨先是在分布式存储软件领域投资，研发了 zStorage，在其基础之上，推出了数据库一体机 zData X。随后，在 2020 年等到了一个新的机遇，云和恩墨开始进入数据库基础软件领域，展开了 MogDB 的研发历程。研发一款自己的数据库，将云和恩墨对于数据库的理解沉淀成自主产品，这是我在 20 多年前的梦想，只是并未想到，这一理想是以这样一种方式展开。

2019 年，当华为希望通过一款 AI 原生的 GaussDB 来进入市场时，云和恩墨下定决心来做生态，助力中国数据库的发展，可是到了 2020 年初，华为的开源策略席卷而来，openGauss 带给社区一个新的选择。华为致力于在中国建立一个自主

的数据库根社区。这一理念吸引了云和恩墨毫不犹豫地投身其中，加入到中国开源软件根生态的建设中。

新一轮的科技竞赛和冲突表明，中国必须要有植根在本土的根社区，和国际社区共生共舞，唯有如此，中国的数据库产业才能真正获得自由和平安。唯其不易，理所当行。

在加入数据库核心技术的攻关突破中，让我时常想起大学时最爱徘徊的西南联大校址，这个缔造传奇的地方（位于云南师范大学校内）和我的校园只有一墙之隔，我就经常到联大旧址去漫步，神往那民族危亡时期的琅琅书声、慷慨激昂、自强不息。西南联大纪念碑（见图10.17）由冯友兰先生撰文、罗庸书丹、闻一多篆刻，号称三绝，其碑文大气磅礴，我至今仍能背诵：

图 10.17　西南联大纪念碑

　　　　"中华民国三十四年九月九日，我国家受日本之降于南京，上距二十六年七
　　　月七日卢沟桥之变为时八年，再上距二十年九月十八日沈阳之变为时十四年，再
　　　上距清甲午之役为时五十一年。举凡五十年间，日本所鲸吞蚕食于我国家者，至
　　　是悉备图籍献还。全胜之局，秦汉以来所未有也……"

1937 年，抗战爆发，清华、北大和南开 3 所大学自强不息、万里西迁，在昆明造就了西南联大的传奇。传奇背后是 3 所大学的联合、人才的聚集以及学校之间的优势互补。这般历史会对致力科技自强的我们有怎样的激励意义？

在一次记者访谈中，我间或表达出这样一些思考：

　　　　"重读历史，就不觉得当下有什么好焦虑的。有时候，要从世界去看中国，
　　　避免把视野局限在内部。经营云和恩墨，联合 700 人在一起做一个事业，你已
　　　经参与到一个历史进程之中，也不知不觉参加到一个行业、一个国家的历史进程
　　　之中。"

　　　　"一群人的选择，最终构成了一个民族的选择。你不孤单，所以你不焦虑。
　　　很多人在殚精竭虑推动行业加速向前发展，只要你走在正确的方向上，就一定有
　　　很多人与你同行。"

　　　　"你在历史进程里，其实你也知道，如果你不在其中，历史仍然会向前走，

只是你有机会成为历史的一部分，还有可能可以发挥正向积极的作用，这其实是非常幸运的。在这样一个场景下，有这样的幸运，去努力就好了。"

"未来不是现实，未来只是潜在的现实。但是只要你为之努力奋斗，它一定就会变成现实。我还要加一句注脚，虽然它变成的现实，可能不是你最初期望的现实，但一定是你热爱的现实。"

"中国有最庞大的数据基础，用户的应用中最可能激发出原始创新。但是应该要有一个在国内的、有自主权的、代表未来的开源数据库。开源是让大家形成合力，去除无效竞争和低层次循环。"

2021 年 4 月 25 日，我被授予华为鲲鹏 MVP 荣誉称号，这让我有机会深度参与到鲲鹏计算产业的发展历程中，全心全力地为中国数据库根社区发展贡献力量。2021 年 12 月 28 日，在 openGauss 峰会上，我将源自《易经》上的**"耕获菑畬"** 4 个字送给社区，这实际上也是云和恩墨的一种企业文化。易经上说："不耕获，不菑畬"。"不耕获"是指只有不为收获而耕耘，才能最终收获，但问耕耘，莫问收获，做长期主义者；菑是指第一年开垦的田地，畬是指三年的熟田，只有不懈地付出汗水开荒耕种，才能收获最终的富饶。openGauss 从 2020 年开源到三年的探索，将经历从生地到熟地的过程。不必带着功利之心开始，不为畬而菑，才能得畬。

我为 openGauss 社区祝愿"耕获菑畬"，但是云和恩墨选择的这一条基础软件的创业创新之路，要用未来的 20 年来担当！

2023 年，在投身基础软件领域多年之后，我很荣幸再次收获了两个荣誉：一个是由中国电子信息行业联合会颁发的"2023 优秀软件工程师"荣誉；一个是由中国软件行业协会颁发的"2023 年软件行业突出贡献程序员"荣誉（见图 10.18）。这两者是激励，也是鼓舞。

沿着基础软件领域向前迈进，坚持不懈，这是云和恩墨不改的初心。

图 10.18　笔者作为程序员获得的两个荣誉

10.10　未雨绸缪，防患于未然之中

结合我自身的成长历程，对于从业者，尤其是国产数据库时代的从业者，总是想再从技术角度诉说一下过去、未来。2012 年，我曾经撰写了《Oracle DBA 手记 4，数据安全警示录》一书，这本书在 2019 年再版，持续不断地更新代表了我在技术上的一点执念。我也在此再次将这本书的核心理念和原则抽象出来，与朋友们分享。

在数据库领域十几年，我发现技术人员往往在充当救火员的角色，企业常常认为只有能够力挽狂澜、让数据库起死回生的技术人员，才是好的技术人员。而实际上，能够不犯错误、少犯错误，提前预防、规避灾难的技术人员才是企业技术环境的最有力保障。未雨绸缪，防患于未然，也是每个 DBA 应该具备的基本意识。

这本书其实就是想借助我在职业生涯中的所见、所闻、所历，将那些有关数据的风险、灾难如实地刻画下来，作为警示，引发读者思考，进而激发行动，制定原则，规避和防范问题。

我想没有什么比在工作中不断建立指导自己工作的原则，并且将其坚持执行更加重要的了。每年，我们都会目睹很多因为疏忽造成的低级错误，比如错误地删除数据文件、错误地删除对 Oracle 生死攸关的 Redo 日志文件。这些问题和技能无关，而事关工作原则。在具体工作中，知道如何绕过问题，往往比知道如何解决问题更重要。作为 DBA 的职业素养，应该包含一种叫作"预感"的东西，当我们需要执行某些任务的时候，应该敏锐地感知其中可能存在的风险点，然后设计方案防范或者迂回过去，而不是赴汤蹈火然后力挽狂澜。

人可以承认自己的知识有限，但是不能缺失行动准则。风险和灾难千变万化，而规则能以不变应对万变。我在工作历程中，不断总结提炼，形成了一系列指导自己工作的指导原则。通过这些原则的指引，我从未陷入不可控制的困境之中，也从未让自己有失所托。

从应急救援到建立规则也是云和恩墨这些年走过的历程。在成立公司之前，云和恩墨的技术团队以强大的单兵能力著称，屡屡临危受命并且久经考验，帮助很多用户拯救了大量的数据；然而随着服务体系的建立和完善，如今，云和恩墨更加关注的是通过制定标准的服务流程和规范，通过内嵌服务理念的产品，帮助用户防患于未然，不必再陷入"临危受命"这样的境地。前者治标，后者治本，显然后者才是用户的真正期待，而些微的技能和技巧，不过只是小道。

对于我自身来说，年纪越长，就越是认识到这个世界上最为宝贵的就是时间，

如果我的经验总结能够帮助他人规避错误或少犯错误，节省工程师们和用户的时间，那么这就是我最深刻的期盼。

以下这些内容，虽然主要源自 Oracle 数据库的经历，但大多数具备足够的普适性。通过分析总结云和恩墨所经历和遭遇到的各种案例，我总结了 DBA 四大生存守则，用于提醒 DBA 在工作中应当注意和遵循的内容，这些守则直至今天仍然具有其现实意义。以下是我认为极其重要的、需要铭记于心的 DBA 的四大生存守则。

（1）备份重于一切。

我们必须知道，系统总是要崩溃的，硬盘总是要损坏的；没有有效的备份只是等哪一天"死"！我经常开玩笑，唯一会使 DBA 在梦中惊醒的就是没有有效的备份。

如果你睡前想一想，"那个没有备份的数据库，如果今晚硬盘损毁，明天如何去恢复数据和业务？"如果真的没有备份，恐怕没有 DBA 能够安然入寝。

（2）三思而后行。

任何时候都要清楚你所做的一切，否则宁可不做！

有时候一个回车、一条命令就会造成不可恢复的灾难，所以，你必须清楚确认你所做的一切，并且在必要时保护现场，至少保证你的操作不会使事情变得更糟。我们见识过太多因为草率的操作导致的数据灾难。

（3）rm 是危险的。

要知道在 UNIX/Linux 系统中，这个操作意味着你可能将永远失去后面的东西，所以，确认你的操作！太多的人在"rm -rf"上悲痛欲绝。当年写下这条守则的促因是一个凌晨，我被一个朋友吵醒，他说误执行"rm -rf"操作，删除掉了 200GB 的数据，并且没有备份。

我当时能告诉他的只有一句话："要保持冷静，离开键盘，然后让你的领导知道这件事。"作为一个技术人员，当事情超出了你的掌握时，最好的处理方式就是让更多的人知道这件事，通过共同的决策来制定恢复方案，防止因为个人的再次判断失误造成进一步的损失。

rm 是危险的，以此类推，在数据库内部执行"DROP/TRUNCATE/RESETLOGS"等破坏性操作时，以及在数据库外执行"DD、FORMAT"等操作时，同样应当谨慎。**小心一万次也不多，疏忽一次就可能致命。**

（4）制定规范

良好的规范是减少故障的基础。所以，作为一个 DBA，你需要制订规范，规范开发人员甚至系统人员，这样可以尽量规避有意或是无意的误操作，减少数据库的风险。

而作为企业数据环境的管理人员，更应该从管理、流程上制定规范，防止因为管理流程不当而导致的数据安全问题和数据灾难。众所周知，在管理良好的数据库服务器上，"rm -rf" 是不允许使用的。

也许，DBA 需要遵守的守则可能有更多，所以 DBA 一定要严谨专注，在管理数据库的同时，要承担起保护数据的责任，不能有丝毫的马虎和大意，草率的判断和轻忽的选择对数据来说很可能是致命的。

当今，每个人的信息都在被数据量化，而当数据被记录和存储下来后，在漫长的存续周期内，数据时刻面临着各种风险，甚至可以说，数据终将泄露。在数据库运维过程中，硬盘固件的损坏可能让数据损毁，DBA 的误操作也可能导致灾难性的后果，而恶意的窃取更容易在利益的驱动下带来风险。所以，面对数据，一定是知己知彼，忘战必危的。

各行业的数据从业人员，也应当遵守数据道德，不断加强自我修养，成为数据的保护者，而不是窥探者、窃取者和破坏者；更要理智和情感分离，以理智成职业，不以情绪行偏颇。

数据安全，任重道远，加强防范，不可松懈。当然我也非常喜欢另外一句话：坚韧卓绝之人，必能成就万事。如果数据从业人员有兴趣、有毅力，就能够做好数据的守护人。

10.11　快乐生活，此心安处是吾乡

在本节的最后，我还想说几句的是，**除了工作，不要忘记了生活，没有什么比生活更重要的，家是世界上最重要的地方。**

想一想你匆忙的脚步是否已经很久没有为一览风景而停留？想一想你是否已经很久没有陪家人与朋友出游谈天？要记住，我们是为了生活而工作，而不是为了工作而生活。在 IT 圈子的朋友们尤其如此，高强度的工作，大量的加班，昼夜颠倒，这一切绝不是生活的目标。

我曾经在一本书的结尾写过如下一段话，与大家分享。

2008 年的 9 月 21 日 ~ 25 日，应 Oracle 公司的邀请，我到旧金山参加了 Oracle 2008 openWorld 大会。你能猜到大会上最打动我的一句话是什么？

不是 Oracle 发布的 HP Oracle Database Machine（后来成为了 Oracle 公司划时代的硬件产品），而是埃里森在主旨演讲时讲到的一段话，他说：在过去七八年间，我的主要工作是去赢得美洲杯（American's Cup），然后才是在 Oracle 的工作。

这件事给我的感悟是，**能够快乐地做自己喜爱的事情，才是人生最值得追求的**，而工作不过是生活的另一面。工作是永无穷尽的，而生活则是有限的，快乐的生活比什么都要重要。我们固然很难拥有富可敌国的财产，但是快乐是平等而且无价的。

到 2013 年的 Oracle openWorld 大会，埃里森关于美洲杯的热爱臻至顶峰。有两个场景叹为观止，第一个场景是，Oracle 花费力气拖延美洲杯的比赛，直到 Oracle openWorld 开幕，Oracle 向每位参会者发送邀请，数万人去为 Oracle 的船队呐喊助威，从那时起，Oracle 船队连赢七局，追平了比分。第二个场景是，当埃里森的一个大会主旨演讲开始时，他并未出现在舞台上。托马斯·库里安在舞台上出现并告诉大家，埃里森去参加最后一场比赛，由他来发表这个主题演讲。话音未落，能容纳上万人的会场，起身离席的人流宛如潮水。一者见埃里森的号召力，二者见托马斯·库里安随后的从容自若和如数家珍。

当然，最后 Oracle 的船队创造了奇迹，他们连赢 8 场比赛，最终以 9：8 赢得了冠军。埃里森终于能够高高地举起了奖杯（见图 10.19）。

图 10.19　Oracle 船队夺得美洲杯

关于生活，本书中提到的很多人都有过类似的表达，但是这些表达无关乎成功。

Sybase 公司的创始人鲍勃·爱泼斯坦说："**创业不应该是一项终身监禁。**"

库里南公司的创始人约翰·库里南说："**我感兴趣的是由四季而不是四个季度组成的一年。**"

把这些表达缩小再缩小，回望自身经历，作为芸芸众生中的普通一员，在为理想与未来奋斗之余，让我们也用更多一点的时间去经历更加快乐的生活吧！

行至水穷处，坐看云起时

——写在后面的话

从集中式到分布式，从私有部署到云服务，数据库向何处去，中国的数据库向何处去？

虽然经历了六十多年的发展历程，数据库的前路仍然迷雾重重。然而，在打造卓越产品的过程中，需求驱动始终是指引方向的北极星，它的光芒永远清晰而坚定。只有在真实的用户需求驱动之下，数据库才能找到真正的用武之地，也才能够不断探索出新的方向。在历史上，很多技术就是这样产生的，有的被寄予厚望，有的也归于沉寂。在数据库领域，面向对象、XML 技术都曾经被寄予厚望，最后却归于沉寂。虽然很多探索并未耀人耳目，但是仍然为数据库技术增加了积累的厚度，厚积之后，才能薄发。

今天，大模型技术再一次为数据库带来了冲击和挑战，也必然会润物细无声地融入数据产品之中，去找到适合自身的需求场景。

数据库技术正因为能够海纳百川，才能成就其大，不断演进，历久弥新。

所有重大的技术变革，都需要宏大的历史事件作为驱动，而今，中国信创产业的蓬勃发展，已经为数据库从业者带来百年难遇的机遇窗口。中国的数据库产业只有到实践中去，切实满足用户需求，锻造原始创新，才能找到自身的突破之路。

截至 2023 年 12 月，墨天轮的中国数据库流行度排行榜上，已经有 288 个数据库品牌，百花齐放，百家争鸣。在充分繁荣发展的背后，是人才的快速累积和成长，只有当中国数据库产业的人才丰足、生态健全之后，用户才能够放心选择、全面应用国产数据库产品，中国数据库的春天才会真正到来。

可是我也想警示，春天之前是严冬，需要"万类霜天竞自由"。

中国的数据库产业需要"万类"而不是"一类"，同质化产品和竞争对于产业长期健康发展是不利的，只有各具特色、各有峥嵘的产品创新涌现，才有中国数据库产业的"自由"。

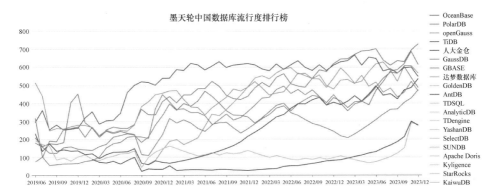

站在全球数据库发展的角度来看，也一定是经历过"霜天"考验之后的产品和企业，才能够实现规模收入和人才聚集，成为中国真正有担当的世界级数据库企业。

朋友们，让我们一起春天相见！

盖国强

2023-09-27 于北京

（2023-12-18 于北京改毕）